灾前抑制措施可以感知外界的异常,并通过自身变化弥补或消除热量等能量意外集中释放的变化,达到最大限度地抑制事故发生的目的。其抑制作用可以持续到事故已经发生、发展阶段,起到延缓进程、保护结构不受损的作用。

（二）前兆检测

由于很多火灾、爆炸等事故是因为物体过热或热量相对集中造成的,根据事故前所表现出来的温度或热特性,已经形成很多检测设备,例如热成像技术以其独有的方便直观等特点被广泛应用。一般材料的破损缺陷会直接导致热或能量的异常集中分布,所以超声波等材料缺陷检测技术对事故前兆检测也是极其重要的一环。

（三）早期监测

由被动式的抗灾技术向新一代的主动式防治技术转变的关键是以智能监测技术为核心,结合灾前抑制和高效扑救技术,实施最直接的灾害防治。传感手段、信号处理算法是智能探测的两个基本方面,新的监测技术一般都是从这两个方面入手,提高其智能程度、反应速度与稳健性。图像模式、次声等新型传感手段结合多信号多判据、基于模糊逻辑和神经网络技术、现场总线、专用集成芯片等技术,把智能监测带到一个崭新的时代。研究过程也从单一的实物探索尝试,发展到与计算机模拟、虚拟试验等方式相结合。

传感技术的发展和水平直接影响着安全监测技术的水平。现代传感技术的发展日新月异,安全监测也受惠其中,对众多技术先进、工艺成熟的传感器件,安全工程有了更大的选择余地。用于灾害监测的传感器非常多,如化学传感器、声学传感器、机械传感器、磁传感器、辐射传感器、热传感器、生物传感器、膜传感器、光纤传感器、硅传感器、应用 MEMS 的微传感器等。

传感器的信号已不再是简单的二值量,有意义的结论往往是对信号的深入加工分析,例如变化率检测、趋势分析、斜率求取、复合滤波、功率谱分析、时间序列分析、多传感器相关运算、模糊统计、模糊推理、神经网络等。神经网络与模糊系统融合的信号检测算法也已经应用于灾害探测,将模糊理论和神经网络有机地结合起来,取长补短,提高整个系统的学习能力和表达能力,可以进一步提高监测系统的智能化水平。

（四）灾害扑救

灾害发生后,有效的扑救技术可以大幅度地减少灾害损失。扑救过程涉及清洁、高效救灾,人员疏散,人员防护,防排烟等技术。

智能机器人技术在灾害救援方面也得到了应用。研制机器人的初衷就是制造一种用来代替人在复杂、危险及人的生理条件所不能承受的环境中工作的机器。从 20 世纪 50 年代末至今,机器人已经研制出三代。从第二代机器人起,已经有专门研制的机器人从事恶劣、危险环境下的检修、清洁等安全防范工作,以及从事消防灭火、火场搜索救援工作。1999年,英国消防科技部门成功研制了能扑灭特种火灾的机器人,这种外壳用特种不锈钢制成的机器人貌似叉车,可进入 800 ℃高温区域灭火救灾,能用水、泡沫和干粉扑灭各种火灾,并可把储有易燃易爆物品的容器转移到安全区域,也可将汽车残骸等笨重物移出路口,为消防人员和消防车进出提供方便。

思考题

1. 简述我国安全生产技术与发达国家的差距。

2. 安全生产关键技术有哪些?

3. 简述安全技术的发展与趋势。

第二节　安全检测的意义、目的和任务

【本节思维导图】

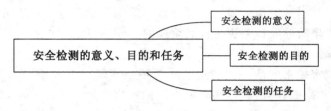

一、安全检测的意义

工业事故属于工业危险源,后者通常指人(劳动者)-机(生产过程和设备)-环境(工作场所)有限空间的全部或一部分,属于"人造系统",绝大多数具有观测性和可控性。表征工业危险源状态的可观测的参数称为危险源的"状态信息"。状态信息是一个广义的概念,包括对安全生产和人员身心健康有直接或间接危害的各种因素,如反映生产过程或设备的运行状况正常与否的参数,作业环境中化学和物理危害因素的浓度或强度等。安全状态信息出现异常,说明危险源正在从相对安全的状态向即将发生事故的临界状态转化,提示人们必须及时采取措施,以避免事故发生或将事故的伤害和损失降至最低程度。

安全检测方法依检测项目不同而异,种类繁多。根据检测的原理机制不同,大致可分为化学检测和物理检测两大类。化学检测是利用检测对象的化学性质指标,通过一定的仪器与方法,对检测对象进行定性或定量分析的一种检测方法。它主要用于有毒有害物质的检测,如有毒有害气体、水质和各种固体、液体毒物的测定。物理检测利用检测对象的物理量(热、声、光、磁等)进行分析,如噪声、电磁波、放射性、水质物理参数(水温、浊度、电导率等)等的测定。

二、安全检测的目的

(1)能及时、正确地对设备的运行参数和运行状况做出全面检测,预防和消除事故隐患。

(2)对设备的运行进行必要的指导,提高设备运行的安全性、可靠性和有效性,以期把运行设备发生事故的概率降低到最低水平,将事故造成的损失减少到最低程度。

(3)通过对运行设备进行检测、隐患分析和性能评估等,为设备的结构修改、设计优化和安全运行提供数据和信息。

三、安全检测的任务

在工业生产过程中,各种有关因素如烟、尘、水、气、热辐射、噪声、放射线、电流、电磁波以及化学因素,还有其他主、客观因素等,造成对生产环境的污染,对生产产生不安全作用,也对人体健康造成危害。查清、预测、排除和治理各种有害因素是安全工程的重要内容之

一． 安全检测的任务是为安全管理决策和安全技术有效实施提供丰富、可靠的安全因素信息。狭义的安全检测侧重于测量,是对生产过程中某些与不安全、不卫生因素有关的量连续或断续监视测量,有时还要取得反馈信息,用以对生产过程进行检查、监督、保护、调整、预测,或者积累数据,寻求规律。广义的安全检测,是把安全检测与安全监控统称为安全检测,认为安全检测是指借助于仪器、传感器、探测设备迅速而准确地了解生产系统和作业环境中危险因素与有毒因素的类型、危害程度、范围及动态变化的一种手段。

为了获取工业危险源的状态信息,需要将这些信息通过物理的或化学的方法转化为可观测的物理量(模拟的或数字的信号),这就是通常所说的安全检测和安全监测。它是作业环境安全与卫生条件、特种设备安全状态、生产过程危险参数、操作人员不规范动作等各种不安全因素检测的总称。不安全因素具体包括如下几种:

(1) 粉尘危害因素:浓度、粒径分布;全尘或呼吸性粉尘;煤尘、石棉尘、纤维尘、岩尘、沥青烟尘等。

(2) 化学危害因素:可燃气体、有毒有害气体在空气中的浓度和氧含量。

(3) 物理危害因素:噪声与振动、辐射(紫外线、红外线、射频、微波、激光、同位素)、静电、电磁场、照度等。

(4) 机械伤害因素:人体部位误入机械动作区域或运动机械偏离规定的轨迹。

(5) 电气伤害因素:触电、电灼伤。

(6) 气候条件因素:气温、气压、湿度、风速等。

思考题

1. 简述安全检测的意义。

2. 简述安全检测的目的。

3. 安全检测的主要任务是什么?

第三节 检测信号分析基础

【本节思维导图】

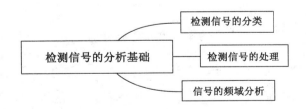

一、检测信号的分类

(一) 静态信号、动态信号

静态信号:是指在一定的测量期间内,不随时间变化的信号。

动态信号:是指随时间的变化而变化的信号。

(二) 连续信号、离散信号

连续信号(又称模拟信号):是指信号的自变量和函数值都取连续值的信号。

高等教育"十三五"规划教材

U0323864

安全检测技术

主　　编　　李雨成　　刘尹霞

副 主 编　　耿晓伟　　李晓伟　　张学博
　　　　　　宋佰超　　赵　丹

参编人员　　毕秋苹　　刘天奇　　郑　义　　赵晓涛
　　　　　　黄　旭　　沙　迪　　李俊桥　　富健涛
　　　　　　郑　强　　刘蓉蒸　　刘宗桃

中国矿业大学出版社

内 容 提 要

本书全面系统地介绍了安全检测基础知识、技术原理以及检测方法。全书分为 10 章。其中,第一至四章介绍了安全检测基础知识、生产工艺参数检测、环境与灾害参数检测、生产装置安全检测;第五章介绍了矿井气体参数及成分检测;第六章介绍了矿井通风阻力测定方法;第七章系统介绍了煤矿主要通风机性能检测方法;第八至十章介绍了粉尘检测、煤自燃检测及煤尘爆炸检测技术。为方便读者学习和复习每章节内容,编者在每章节均加入思维导图和相应的配套习题。

本书可以作为高等院校相关专业本科生和硕士研究生的专业教材或教学参考书,也可以作为安全管理和安全技术人员的实用参考书。

图书在版编目(C I P)数据

安全检测技术 / 李雨成,刘尹霞主编. 一徐州:
中国矿业大学出版社,2018.6
ISBN 978 - 7 - 5646 - 4027 - 9

Ⅰ. ①安… Ⅱ. ①李… ②刘… Ⅲ. ①安全监测一技术一教材 Ⅳ. ①X924.2

中国版本图书馆 CIP 数据核字(2018)第 139711 号

书　　名　安全检测技术
主　　编　李雨成　刘尹霞
责任编辑　满建康
出版发行　中国矿业大学出版社有限责任公司
　　　　　(江苏省徐州市解放南路　邮编 221008)
营销热线　(0516)83885307　83884995
出版服务　(0516)83885767　83884920
网　　址　http://www.cumtp.com　E-mail:cumtpvip@cumtp.com
印　　刷　徐州中矿大印发科技有限公司
开　　本　787×1092　1/16　印张 24　字数 600 千字
版次印次　2018 年 6 月第 1 版　2018 年 6 月第 1 次印刷
定　　价　39.80 元
(图书出现印装质量问题,本社负责调换)

前　言

当前,我国正处于经济的转型期,安全生产形势十分严峻,煤矿透水、瓦斯爆炸、油气泄漏、火灾、地震等各种灾难性事故频频发生,由此造成的重大安全事故和因各种事故死亡的人数触目惊心,对人民群众的生命财产也造成重大损失。

随着科学技术的飞速发展,新技术、新材料、新工艺不断出现并被及时地应用于生产活动和人们的日常生活中,由此也不可避免地引发出各种安全问题。为了发现、检查、预测、排除和防止各种安全隐患,就必须对各种危险、有害因素进行安全检测,因此,很有必要充分认识安全检测技术的重要性,认真开展安全检测技术的研究,切实提高安全检测的技术水平,为有效发现事故隐患、预防和控制特大事故的发生、保障国民经济的持续稳定发展起到其应有的作用。

安全检测技术是一门多学科交叉的技术科学,理论与工程技术相结合,涉及内容非常广泛。我们结合多年从事安全检测技术教学和科研工作的经验编写了本书。本书系统地阐述了安全检测基础知识、生产工艺参数的检测、环境与灾害参数的检测、生产装置的安全检测、矿井气体参数及成分检测、煤矿主要通风机性能检测、矿井通风阻力测定、粉尘检测、煤自燃检测及煤尘爆炸检测技术。为了方便读者学习和复习,在每章节均加入了思维导图和相应的配套习题。

本书由辽宁工程技术大学、中国矿业大学、河南理工大学及呼伦贝尔学院共同完成。辽宁工程技术大学李雨成和刘尹霞提出本书选题、担任主编并组织编写和统稿。全书共10章,其中第一章和第四章由辽宁工程技术大学李雨成、刘尹霞和耿晓伟共同编写,第二章和第三章由辽宁工程技术大学赵丹和呼伦贝尔学院宋佰超共同编写,第五章由河南理工大学张学博编写,第六章由呼伦贝尔学院宋佰超和辽宁工程技术大学赵丹编写,第七章由辽宁工程技术大学李雨成、呼伦贝尔学院宋佰超和辽宁工程技术大学赵丹编写,第八章、第九章由中国矿业大学李晓伟编写,第十章由辽宁工程技术大学刘天奇和呼伦贝尔学院宋佰超编写。辽宁工程技术大学博士研究生毕秋苹、黄旭负责全书的校对和修改工作。辽宁工程技术大学硕士研究生郑义、赵晓涛、沙迪、李俊桥、富健涛、郑强、刘蓉蒸、刘宗桃等负责全书习题和思考题的编制以及文字录入和制图工作。

由于作者水平有限,错误和不妥之处在所难免,敬请读者批评指正,以使我们能够不断提高和完善。

编　者

2018 年 6 月

目　录

第一章　安全检测基础知识 ·· 1

第一节　安全检测技术的发展和关键技术 ··· 1

第二节　安全检测的意义、目的和任务 ·· 4

第三节　检测信号分析基础 ·· 5

第四节　传感器基本知识 ··· 10

第二章　生产工艺参数检测 ·· 20

第一节　温度测量与仪表 ··· 20

第二节　压力测量与仪表 ··· 47

第三节　流量检测与仪表 ··· 67

第三章　环境与灾害参数检测 ··· 94

第一节　气体的检测 ··· 94

第二节　粉尘检测 ·· 106

第三节　噪声检测 ·· 111

第四节　火灾参数检测 ··· 121

第五节　防雷电安全检测 ··· 134

第六节　防静电安全检测 ··· 143

第四章　生产装置安全检测 ·· 152

第一节　超声检测 ·· 152

第二节　射线检测 ·· 158

第三节　红外检测 ·· 161

第五章　矿井气体参数及成分检测 ·· 167

第一节　矿井空气压力测定 ·· 167

第二节　矿井空气温度及湿度测定 ·· 176

第三节　矿井空气风速测定 ·· 180

第四节　氧气及二氧化碳浓度检测 ·· 187

第五节　一氧化碳浓度检测 ·· 192

第六节　硫化氢及二氧化硫浓度检测 ··· 197

第七节　氨气及氮氧化合物浓度检测 ··· 199

第八节　瓦斯浓度检测………………………………………………………… 201

第九节　矿井瓦斯等级鉴定及煤与瓦斯突出鉴定…………………………… 220

第六章　矿井通风阻力检测………………………………………………………… 226

第一节　自然风压……………………………………………………………… 227

第二节　井巷通风阻力………………………………………………………… 230

第三节　矿井通风阻力测定基础……………………………………………… 234

第四节　矿井通风阻力的测定方法…………………………………………… 245

第五节　矿井总阻力、总风阻计算与误差处理……………………………… 254

第六节　矿井通风阻力测定报告……………………………………………… 260

第七章　煤矿主要通风机性能检测………………………………………………… 261

第一节　矿用通风机类型及附属装置………………………………………… 262

第二节　主要通风机性能测定的理论依据和方法…………………………… 270

第三节　通风机现场性能检测………………………………………………… 278

第四节　检测数据分析与通风机实际特性曲线……………………………… 287

第五节　通风机性能检测报告的编写………………………………………… 290

第八章　粉尘检测…………………………………………………………………… 295

第一节　粉尘概述……………………………………………………………… 295

第二节　粉尘物理化学性质检测……………………………………………… 298

第三节　粉尘浓度检测………………………………………………………… 305

第四节　粉尘粒度检测………………………………………………………… 321

第五节　游离二氧化硅含量检测……………………………………………… 325

第六节　粉尘爆炸性检测……………………………………………………… 329

第九章　煤自燃检测………………………………………………………………… 336

第一节　煤自燃概述…………………………………………………………… 336

第二节　煤自燃倾向性检测…………………………………………………… 342

第三节　煤自然发火期检测…………………………………………………… 350

第四节　煤炭氧化自燃指标气体检测………………………………………… 353

第五节　工作面自燃"三带"测试…………………………………………… 357

第十章　煤尘爆炸检测技术………………………………………………………… 363

第一节　煤尘爆炸概述………………………………………………………… 363

第二节　煤尘爆炸的相关检测技术…………………………………………… 368

第三节　煤尘爆炸性影响参数的检测技术…………………………………… 372

参考文献……………………………………………………………………………… 377

第一章 安全检测基础知识

☞ **教学目的**

1. 掌握安全检测技术的发展和关键技术；
2. 了解并熟悉安全检测技术的定义、目的和任务。

☞ **教学重点**

1. 检测信号的分类与处理；
2. 传感器的作用及分类；
3. 传感器的转换原理。

☞ **教学难点**

1. 信号的频域分析；
2. 传感器的选用原则。

第一节 安全检测技术的发展和关键技术

【本节思维导图】

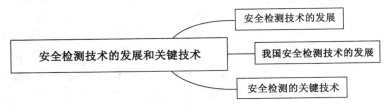

一、安全检测技术的发展

1815 年,英国发明了第一项安全仪器——安全灯,它是利用瓦斯在灯焰周围燃烧时,根据火焰高度来测量瓦斯含量的简单仪器。由于它构造简单、性能可靠、使用寿命长,200 多年来一直被沿用下来,至今仍在许多国家使用。随后,由于基础科学的发展和科学技术的进步,在石油、化工、制药、冶金、煤炭等工业生产中,陆续出现了利用光学原理、热导原理、热催化原理、热电效应、弹性形变、半导体器件、气敏元件等多种工作原理和不同性能元件的各类检测仪器,对影响生产安全的各种因素实现了不同程度的监测,并逐渐形成了不同种类的检(监)测仪器仪表。

20 世纪 50 年代之后,由于电子通信和自动化技术的发展,出现了能够把工业生产过程中不同部位的测量信息远距离传输并集中监视、集中控制和报警的生产控制装置,初步实现了由"间断"、"就地"检测到"连续"、"远地"检测的飞跃,由单体检测仪表发展到监测系统。早期的监测系统,其监测功能少、精度低、可靠性差、信息传递速度慢。20 世纪 80 年代以来,随着电子技术和微电子技术的发展,特别是计算机技术的应用,实现了化工生产过程控制最优化和管理调度自动化相结合的分级计算机控制。对于检测仪器仪表和监测系统,无论其功能、可靠性和实用性都产生了重大的飞跃,使安全监测技术与现代化的生产过程控制紧密地联系在一起。

目前,大型化工企业中的安全监测系统,已可使检(监)测的模拟量和开关量达上千个,巡检周期短,能同时完成信号的自动处理、记录、报警、联锁动作、打印、计算等;监测参数除可燃气体(如 H_2、CO 等)成分及浓度、可燃粉尘浓度、可燃液体泄漏量之外,还有温度、压力、压差、风速、火灾特征(烟、温度、光)等环境参数和生产过程参数。由于可以从连续监测数据、屏幕显示图形和经过数据处理得到各种图表,及时掌握整个化工生产过程的过程参数、环境参数和生产机械的状态,就保证了生产的连续与均衡,减少停顿和阻塞,防止重大事故发生。同时,由于及时掌握生产设备和机械的工作状态,可以分析设备的配置情况和利用率,发现生产薄弱环节,改善管理,提高生产效率。

改革开放以来,我国的工业生产发展很快,国家十分重视安全,在安全检测仪表的研究和生产制造方面投入很大,使安全仪表生产具备了相当大的规模,形成了以北京、抚顺、重庆、西安、常州、上海等为中心的生产基地,可以生产多种型号环境参数、工业过程参数及安全参数的监测、遥测仪器。此外,具有发达国家 20 世纪 90 年代水平的安全监测系统已开始装备我国的石油、化工、煤矿等工业生产部门;安全监测、报警及联锁控制装置等也在我国自行设计的石化生产设备中获得了应用,这标志着我国安全监测仪器的研制和装备进入了新的阶段。但必须指出,我国安全监测传感器目前种类较少,质量尚不稳定;监测数据处理、计算机应用与一些发达国家有一定差距,这些都需要在今后重点解决。

二、我国安全检测技术的发展

目前,在我国的大型石化企业的项目(如扬子乙烯工程、齐鲁乙烯工程等)中,大量装备使用各种安全监测仪表。装备和使用先进的安全监测系统,使生产事故率极大地下降,促进了生产发展,获得了很大的经济效益。因此,安全检测技术与石化生产过程控制的密切配合,是我国石化生产的发展方向,是防火防爆、预防重大火灾及爆炸事故发生的重要环节。

我国煤矿安全检测技术也有较大进步,主要表现在:

① 煤矿安全检测技术理论更加成熟,开发出了更先进、更实用的检测设备;

② 煤矿安全检测设备的生产逐渐进入正规化,设备操作更简便,数据处理更直观;

③ 在计算机技术的发展基础上,开发了矿井安全预警系统。

三、安全检测的关键技术

(一)灾前抑制

当热量过分集中于某一客体,并且超过其所能承受的能量阈值时,将引发重大的事故或灾害。如果不断聚集的热量作用于可燃物,可能导致火灾或爆炸;作用于非可燃物,则可能因局部过热受到破坏,从而引发事故。

离散信号：是指信号的时间自变量取离散值，但信号的函数值取连续值（采样值），这类信号被称为时域离散信号。如果信号的自变量和函数值均取离散值（量化了的值），则称为数字信号。

（三）确定性信号、随机信号

确定性信号：可以根据它的时间历程记录是否有规律地重复出现或根据它是否能展开为傅立叶级数而划分为周期信号和非周期信号两类。周期信号又可分为正弦周期信号和复杂周期信号；非周期信号又可分为准周期信号和瞬态信号。

随机信号：根据一个试验，不能在合理的试验误差范围内预计未来时间历程记录的物理现象及描述此现象的信号和数据，就认为是非确定性的或随机的。

二、检测信号的处理

信号处理是指对信号进行某种变换或运算（滤波、变换、增强、压缩、估计、识别等）。其目的是削弱信号中的多余成分，滤除夹杂在信号中的噪声和干扰，或将信号变换成易于处理的形式。

广义的信号处理可把信号分析也包括在内。

信号处理包括时域处理和频域处理。时域处理中最典型的是波形分析，示波器就是一种最通用的波形分析和测量仪器。把信号从时域变换到频域进行分析和处理，可以获得更多的信息，因而频域处理更为重要。信号频域处理主要指滤波，即是把信号中的有效信号提取出来，抑制（削弱或滤除）干扰或噪声的一种处理方法。

进行信号分析的方法通常分为：时域分析和频域分析。

由于不同的检测信号需要采用不同的描述、分析和处理方法，因此，要对检测信号进行分类。

三、信号的频域分析

（一）信号的分解与合成

为了便于研究信号的传输与处理等问题，可以对信号进行分解，将其分解为基本的信号分量之和。

1. 直流分量与交流分量

信号的直流分量就是信号的平均值，交流分量就是从原信号中去掉直流分量后的部分。

$$x(t) = x_D(t) + x_A(t) \tag{1-1}$$

2. 偶分量与奇分量

任何信号都可以分解为偶分量 $x_e(t)$ 与奇分量 $x_o(t)$ 两部分之和，即

$$x(t) = x_e(t) + x_o(t) \tag{1-2}$$

3. 脉冲分量

一个信号可以分解为许多脉冲分量之和，有两种情况，一种情况是可以分解为矩形窄脉冲分量，当脉冲宽度取无穷小时，可以认为是冲击信号的叠加；另一种情况是可以分解为阶跃信号分量之和。

另外，在描述某些变化过程的物理量时，会需要用复数量来描述，此时，可将信号分解为

实部分量和虚部分量。同时,任意信号可由完备的正交函数集来表示,如果用正交函数集来表示一个信号,那么组成信号的各分量就是相互正交的。也就是说,一个信号或函数可以分解为相互正交的 n 个函数,即可以用正交函数集的 n 个分量之和来表示该函数。

(二)周期信号与离散频谱

频域分析是以频率 f 或角频率 ω 为横坐标变量来描述信号幅值、相位的变化规律。信号的频域分析或者说频谱分析,是研究信号的频率结构,即求其分量的幅值、相位按频率的分布规律,并建立以频率为横轴的各种"谱"。其目的之一是研究信号的组成成分,它所借助的数学工具是法国人傅立叶为分析热传导问题而建立的傅立叶级数和傅立叶积分。连续时间周期信号的傅立叶变换表示为傅立叶级数,计算结果为离散频谱;连续时间非周期信号的傅立叶变换表示为傅立叶积分,计算结果为连续频谱;离散时间周期信号的傅立叶变换表示为傅立叶级数。进行离散时间非周期信号的傅立叶变换时,必须对无限长离散序列截断,变成有限长离散序列,并等效将截断序列沿时间轴的正负方向开拓为离散时间周期信号。

1. 傅立叶级数的三角函数展开式

$$
\begin{aligned}
x(t) &= \frac{a_0}{2} + a_1\cos \omega t + b_1\sin \omega t + \cdots + a_n\cos \omega t + b_n\sin \omega t + \cdots \\
&= \frac{a_0}{2} + \sum_{n=1}^{\infty}(a_n\cos \omega t + b_n\sin \omega t) \\
&= \frac{a_0}{2} + \sum_{n=1}^{\infty}A_n\sin(n\omega t + \varphi_n)
\end{aligned}
\tag{1-3}
$$

2. 傅立叶级数的复指数函数展开式

$$
x(t) = \sum_{m=-\infty}^{\infty}c_m e^{m\omega t}
\tag{1-4}
$$

式中　c_m——傅立叶系数。

$$
c_m = \frac{1}{T}\int_{t}^{t+T}x(t)e^{-jm\omega t}\,dt
\tag{1-5}
$$

(三)非周期信号与连续频谱

一般所说的非周期信号是指瞬变冲激信号,如矩形脉冲信号、指数衰减信号、衰减振荡、单脉冲等。对这些非周期信号,我们不能直接用傅立叶级数展开,而必须引入一个新的被称为频谱密度函数的量。

1. 频谱密度函数 $x(\omega)$

对于非周期信号,可以看成周期 T 为无穷大的周期信号。当周期 T 趋于无穷大时,则基波谱线及谱线间隔 $\omega = 2\pi/T$ 趋于无穷小,从而离散的频谱就变为连续频谱。所以,非周期信号的频谱是连续的。同时,由于周期 T 趋于无穷大,谱线的长度 $|c_m|$ 趋于零。也就是说,按傅立叶级数所表示的频谱将趋于零,失去应有的意义。但是,从物理概念上考虑,既然成为一个信号,必然含有一定的能量,无论信号怎样分解,其所含能量是不变的。如果将这无限多个无穷小量相加,仍可等于一有限值,此值就是信号的能量。而且这些无穷小量也并不是同样大小的,它们的相对值之间仍有差别。所以,不管周期增大到什么程度,频谱的分布依然存在,各条谱线幅值比例保持不变。

即当周期 $T \to \infty$ 时，$\omega \to d\omega \to 0$，$m\omega \to \omega$。因此，将傅立叶系数 c_m 放大 T 倍，得

$$\lim c_m T = \lim c_m \frac{2\pi}{\omega} = \lim_{T \to \infty} \int_{-\frac{2}{T}}^{\frac{2}{T}} x(t) e^{-jm\omega t} dt \tag{1-6}$$

当 $T \to \infty$ 时，$\omega \to d\omega$，上式变为

$$\lim_{d\omega \to 0} c_m \frac{2\pi}{d\omega} = \lim_{T \to \infty} \int_{-\infty}^{\infty} x(t) e^{-j\omega t} dt \tag{1-7}$$

由于时间 t 是积分变量，故上式积分后仅是频率 ω 的函数，可记作 $X(\omega)$ 或 $F[x(t)]$，即

$$X(\omega) = F[x(t)] = \int_{-\infty}^{\infty} x(t) e^{-j\omega t} dt \tag{1-8}$$

或

$$X(f) = F[x(t)] = \int_{-\infty}^{\infty} x(t) e^{-j2\pi ft} dt \tag{1-9}$$

2. 非周期信号的傅立叶积分表示

作为周期 T 为无穷大的非周期信号，当周期 $T \to \infty$ 时，频谱谱线间隔 $\omega \to d\omega$，$T \to \frac{2\pi}{d\omega}$，离散变量 $m\omega \to \omega$ 变为连续变量，求和运算变为积分运算，于是傅立叶级数的复指数函数的展开式变为

$$x(t) = \lim_{T \to \infty} \frac{1}{T} \sum_{m=-\infty}^{\infty} c_m T e^{jm\omega t} = \lim_{d\omega \to 0} \frac{d\omega}{2\pi} \int_{-\infty}^{\infty} X(\omega) e^{j\omega t} d\omega = \frac{1}{2\pi} \int_{-\infty}^{\infty} X(\omega) e^{j\omega t} d\omega \tag{1-10}$$

上式称为傅立叶积分。

（四）离散时间信号的频谱

通过采样从模拟信号 $x(t)$ 中产生离散时间信号，称为采样信号 $x_s(t)$。经过模拟/数字转换器在幅值上量化变为离散时间序列 $x(n)$，经过编码变成数字信号。从而在信号传输过程中，就以离散时间序列或数字信号替换了原来的连续信号。

这时有两个问题须弄清楚：① 采样信号的频谱与原连续信号的频谱有什么样的关系？② 信号被采样后，能否无失真地恢复到采样前的模拟信号？若要恢复成原连续信号，需要满足什么样的采样条件？

1. 采样信号的频谱

由于采样信号的信息并不等于原连续信号的全部信息，所以，采样信号的频谱 $E^*(s)$ 与原连续信号的频谱 $E(s)$ 相比，要发生许多变化。研究采样信号的频谱就是要找出 $E^*(s)$ 与 $E(s)$ 之间的相互联系。

单位理想脉冲序列为

$$\delta_T(t) = \sum_{n=-\infty}^{\infty} c_m e^{jm\omega_s(t)} \tag{1-11}$$

式中　$\omega = \dfrac{2\pi}{c}$ ——采样角频率；

　　　c_m ——傅立叶系数。

其值为

$$c_m = \frac{1}{T} \int_{-\frac{T}{2}}^{\frac{T}{2}} \delta_T(t) e^{jm\omega_s(t)} dt \qquad (1-12)$$

由于在$[-T/2, T/2]$区间中，$\delta_T(t)$仅在$t=0$时有值，此时，$e^{jm\omega_s(t)}|_{t=0}=1$，所以

$$c_m = \frac{1}{T} \int_{0-}^{0+} \delta_T(t) dt = \frac{1}{T} \qquad (1-13)$$

将式(1-13)代入式(1-11)有

$$\delta_T(t) = \frac{1}{T} \sum_{n=-\infty}^{\infty} e^{jm\omega_s(t)} \qquad (1-14)$$

因为采样信号

$$e^*(t) = e(t)\delta_T(t) \qquad (1-15)$$

将式(1-14)代入式(1-15)有

$$e^*(t) = \frac{1}{T} \sum_{n=-\infty}^{\infty} e(t) e^{jm\omega_s(t)} \qquad (1-16)$$

对式(1-16)两边取拉氏变换，并由拉氏变换的复数位移定理可得

$$E^*(s) = \frac{1}{T} \sum_{n=-\infty}^{\infty} E(s + jm\omega_s) \qquad (1-17)$$

如果$E^*(s)$在S平面右半面没有极点，则可令$s=j\omega$，代入式(1-17)，就得到了采样信号的傅立叶变换

$$E^*(j\omega) = \frac{1}{T} \sum_{n=-\infty}^{\infty} E[j(\omega + m\omega_s)] \qquad (1-18)$$

一般说来，连续信号$e(t)$的频谱$|E(j\omega)|$是单一的连续谱，而采样信号$e^*(t)$的频谱$|E^*(j\omega)|$则是以采样角频率ω_s为周期的无穷多个频谱之和，仅在幅值上变化了$\frac{1}{T}$倍，其余频谱$(m=1,2\cdots)$都是由采样引起的高频频谱，称为采样频谱的补分量。

2. 采样定理与频率混叠

如果增加采样周期T，采样角频率ω_s就会相应地减少，当$\omega_s < 2\omega h$(ωh为原连续信号的最大截止频率)时，采样频谱中的补分量相互混叠，致使采样信号发生了波形畸变，理想滤波器也无法将采样信号恢复成原连续信号。

因此，要想从采样信号$e^*(t)$中完全复现原连续信号$e(t)$，对采样角频率有一定的要求。采样定理指出：如果采样器的输入信号$e(t)$具有有限带宽，并且有直到ωh的频率分量，则使信号完全从采样信号$e^*(t)$复现，必须满足$\omega_s \geq 2\omega h$。

思考题

1. 检测信号通常分为几类？每一类里面都包含哪几种类型？

2. 什么是静态信号？什么是动态信号？

3. 求下列各信号的傅立叶级数表达式。

(1) e^{j200t}

(2) $\cos 4t + \sin 8t$

(3) $F(t)$是周期为2的周期信号，且$F(t) = e-t, -1 < t < 1$

第四节 传感器基本知识

【本节思维导图】

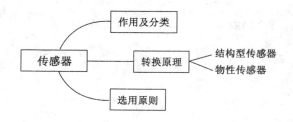

一、传感器的作用及分类

(一)传感器的作用

传感器是实现检测与自动控制(包括遥感、遥测、遥控)的首要环节,而传感技术是衡量科学技术现代化程度的重要标志。如果没有传感器对原始信息进行准确可靠的捕获与转换,一切准确的检测与控制将无法实现。当今的世界正处在信息革命的新时代,而信息革命的两大重要支柱是信息采集与信息处理。信息的采集(捕获)与转换主要依赖于各种类型的传感器,信息的处理主要依靠电子技术和各种计算机。计算机与各种智能仪器将很快地在各个科学技术部门发挥巨大作用。然而,如果没有各种类型的传感器去准确地捕获并转换信息,即使最现代化的计算机也无法充分发挥其应有的作用。目前,传感器的应用已经渗透到各个学科领域,从高新技术直到每个家庭日常生活。如空间技术、海洋开发、资源探测、生物工程、人体科学等高技术领域中许多新的进展和突破,都是以实验检测为基础并与传感器技术的发展密切相关的;工业生产过程的现代化,几乎主要依靠各种传感器来监测与控制生产过程的各种参数,使设备和系统正常运行在最佳状态,从而保证生产的高效率与高质量;传感器在生活领域中已进入每一个家庭,据不完全统计,现代高级轿车中所应用的传感器可达 56 种之多。又如目前常用的 19 种家用电器中,总共应用了 53 个(21 种)传感器。传感器应用的技术水平成为衡量一个国家的科技和工业水平的重要标志。传感器技术已形成一个完整独立的科学体系,相信在不久的将来,对传感器的研究将进入一个崭新的阶段。

(二)传感器的分类

1. 按输入量(被测对象)分类

输入量即被测对象,按此方法分类,传感器可分为物理量传感器、化学量传感器和生物量传感器三大类。其中,物理量传感器又可分为温度传感器、压力传感器、位移传感器等。这种分类方法给使用者提供了方便,容易根据被测对象选择所需要的传感器。

2. 按转换原理分类

从传感器的转换原理来说,通常分为结构型、物性型两大类。

结构型传感器是利用机械构件(如金属膜片等)在动力场或电磁场的作用下产生变形或位移,将外界被测参数转换成相应的电阻、电感、电容等物理量,它是利用物理学运动定律或电磁定律实现转换的。

物性型传感器是利用材料的固态物理特性及其各种物理、化学效应(即物质定律,如胡克定律、欧姆定律等)实现非电量的转换。它是以半导体、电介质、铁电体等作为敏感材料的固态器件。

3. 按能量转换的方式分类

按转换元件的能量转换方式,传感器可分为有源型和无源型两类。有源型也称能量转换型或发电型,它将非电量直接变成电压量、电流量、电荷量等(如磁电式、压电式、光电池、热电偶等);无源型也称能量控制型或参数型,它把非电量变成电阻、电容、电感等量。

4. 按输出信号的形式分类

按输出信号的形式,传感器可分为开关式、模拟式和数字式。

5. 按输入和输出的特性分类

按输入、输出特性,传感器可分为线性和非线性两类。

二、传感器的转换原理

(一)结构型传感器

1. 电阻式传感器原理

金属体都有一定的电阻,电阻值因金属的种类而异。同样的材料,越细或越薄,则电阻值越大。当加有外力时,金属若变细变长,则阻值增加;若变粗变短,则阻值减小。如果发生应变的物体上安装有(通常是粘贴)金属电阻,当物体伸缩时,金属体也按某一比例发生伸缩,因而电阻值产生相应的变化。设有一根长度为 l,截面积为 A,电阻率为 ρ 的金属丝,则它的电阻值 R 可用下式表示

$$R = \rho \frac{l}{A} \tag{1-19}$$

从上式可见,若导体的三个参数(电阻率、长度和截面积)中的一个或数个发生变化,则电阻值随着变化,因此可利用此原理来构成传感器。例如,若改变长度 l,则可形成电位器式传感器;改变 l、A 和 ρ,则可做成电阻应变片;改变 ρ,则可形成热敏电阻、光导性光检测器等。

2. 电容式传感器的工作原理和结构

电容式传感器常用的是平板电容器和圆筒形电容器。

(1) 平板电容器

平板电容器由两个金属平行板组成,通常以空气为介质,如图 1-1 所示。

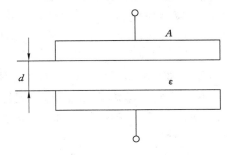

图 1-1　平板电容器

在忽略边缘效应时,平板电容器的电容为

$$C = \frac{\varepsilon_0 \varepsilon_r A}{d} \tag{1-20}$$

$$\varepsilon_0 = \frac{1}{4\pi \times 9 \times 10} = 8.854 \times 10^{-12} (\text{F/m})$$

式中　C——电容量，F；

ε_0——真空介电常数；

ε_r——极板间介质的相对介电常数；

A——极板的有效面积，m^2；

d——两平行极板间的距离，m。

（2）圆筒形电容器

圆筒形电容器由内外两个金属圆筒组成，设动极筒的外半径为 r，定极筒的内半径为 R，动极筒伸进定极筒的长度为 l，如图 1-2 所示。则圆筒形电容器的电容为

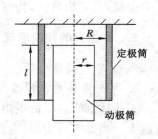

$$C = \frac{2\pi\varepsilon_0\varepsilon_r l}{\ln\dfrac{R}{r}} \tag{1-21}$$

当被测非电量使得式（1-20）中的 A、d 或 ε 发生变化时，电容量 C 也随之变化。如果保持其中两个参数不变而仅仅改变另一个参数，就可把被测参数的变化转换为电容量的变化。因此，电容量变化的大小与被测参数的大小成比例。这样，电容式传感器可依此划分为三种类型，即变间隙型（d 变化）、变面积型（A 变化）和变介质型（ε 变化）。

图 1-2　圆筒形电容器

3. 电感式传感器

（1）自感式电感传感器原理

自感式电感传感器主要用来测量位移或者是可以转换成位移的被测量，如振动、厚度、压力、流量等。工作时，衔铁通过测杆与被测物体相接触，被测物体的位移将引起线圈电感量的变化，当传感器线圈接入测量转换电路后，电感的变化将被转换成电压、电流或频率的变化，从而完成非电量到电量的转换。

（2）互感式电感传感器

互感式电感传感器是利用线圈的互感作用将位移转换成感应电势的变化。互感式电感传感器实际上是一个具有可动铁芯和两个次级线圈的变压器。变压器初级线圈接入交流电源时，次级线圈因互感作用产生感应电动势，当互感变化时，输出电势亦发生变化。由于它的两个次级线圈常接成差动的形式，故又称为差动变压器式电感传感器，简称差动变压器。

4. 磁电感应式传感器

磁电感应式传感器是利用导体和磁场发生相对运动而在导体两端输出感应电动势，是一种机-电能量转换型传感器，不需要供电电源，电路简单，性能稳定，输出阻抗小，又具有一定的频率范围（一般为 10～1 000 Hz），适应于振动、转速、扭矩等测量。

（二）物性传感器

1. 压电式传感器

某些电介质，当沿着一定方向对其施力而使它变形时，内部就产生极化现象，同时在它的两个表面上产生符号相反的电荷，当外力去掉后，又重新恢复不带电状态，这种现象称为

压电效应。当作用力方向改变时,电荷极性也随着改变。

逆向压电效应是指当某晶体沿一定方向受到电场作用时,相应地在一定的晶轴方向将产生机械变形或机械应力,又称电致伸缩效应。当外加电场撤去后,晶体内部的应力或变形也随之消失。压电式传感器如图 1-3 所示。

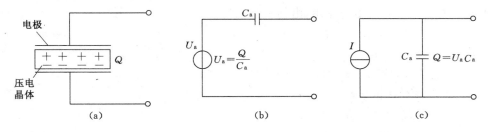

图 1-3　压电式传感器

(a) 压电元件;(b) 电压等效电路;(c) 电荷等效电路

2. 半导体敏感元件

半导体热敏电阻按半导体电阻随温度变化的典型特性分为三种类型,即负电阻温度系数热敏电阻(NTC)、正电阻温度系数热敏电阻(PTC)和在某一特性温度下电阻值会发生突变的临界温度电阻(CTR)。

3. 光电传感器

典型的光电管有真空光电管和充气光电管两类,两者结构相似。图 1-4(a)为光电管的结构示意图,它由一个阴极和一个阳极构成,它们一起装在一个被抽成真空的玻璃泡内,阴极装在光电管玻璃泡内壁或特殊的薄片上,光线通过玻璃泡的透明部分投射到阴极。要求阴极镀有光电发射材料,并有足够的面积来接受光的照射。阳极要既能有效地收集阴极所发射的电子,而又不妨碍光线照到阴极上,因此是用一细长的金属丝弯成圆形或矩形制成,放在玻璃管的中心。

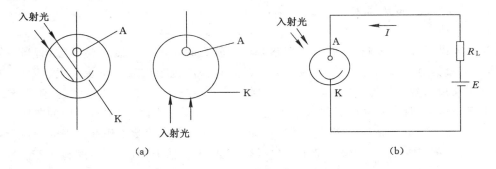

图 1-4　光电管结构示意图和连接电路

(a) 结构图;(b) 连接电路

光电管的连接电路图如图 1-4(b)所示。光电管的阴极 K 和电源的负极相连,阳极 A 通过负载电阻 R_L 接电源正极,当阴极受到光线照射时,电子从阴极逸出,在电场作用下被阳极收集,形成光电流 I,该电流及负载电阻 R_L 上的电压将随光照的强弱而改变,达到把光信号变化转换为电信号变化的目的。

⑤ 传感器的输出端的连接方式；

⑥ 传感器对所测量物理量的实际值的影响；

⑦ 传感器是否符合国家标准或工业规范；

⑧ 传感器的失效形式；

⑨ 传感器的维护、安装、使用工作人员所具备的最低技术能力；

⑩ 传感器的标定方法；

⑪ 传感器的安装方式；

⑫ 过载保护。

（4）传感器所接数据采集系统及辅助设备

① 传感器所连接数据系统的一般性质；

② 数据系统主要单元的性质，其中包括数据传输连接方式、数据处理方法、数据存储方法、数据显示方式；

③ 数据系统的精确性和频率的响应特性；

④ 传感器系统的负荷阻抗特性；

⑤ 传感器的输出是否需要进行频率滤波和幅值变换及其处理方法；

⑥ 数据系统对传感器输出误差检测或校正能力。

（5）关于购置与维护项目

① 传感器的价格；

② 出厂日期；

③ 服务体制；

④ 备件；

⑤ 保修期间。

2．传感器的应用及注意事项

每一个传感器都有自己的性能和使用条件，因此对于特定传感器的适应性很大程度上取决于传感器的使用方法。传感器的种类繁多，应用场合也各种各样，不可能将各种传感器的使用方法及注意事项一一列举，因此，用户在使用传感器之前应特别注意详细地阅读说明书。

这里列出传感器一些常见的使用方法：

（1）使用前必须要认真阅读使用说明书。

（2）正确地选择安装点和正确安装传感器都是非常重要的环节。若在安装环节失误，轻则影响测量精度，重则会影响传感器的使用寿命，甚至损坏传感器。安装固定传感器的方式要简单可靠。在某一周期内，传感器的功能将会达到连续可靠，该周期长达30 d。传感器在工业环境下至少工作两年或更长，在合理的费用基础之上进行更新和替换。

（3）一定要注意传感器的使用安全性，比如传感器自身和操作人员的安全性，特别注意在说明书中所标注的"注意"和危险项目。

（4）传感器和测量仪表必须可靠连接，系统应有良好的接地，远离强电场、强磁场。传感器和仪表应远离强腐蚀性物体，远离易燃、易爆物品。

（5）仪器输入端与输出端必须保持干燥和清洁。传感器在不用时，保持传感器的插头和插座的清洁。

（6）传感器通过插头与供电电源和二次仪表连接时，应注意引线号不能接错、颠倒，连接传感器与测量仪表之间的连接电缆必须符合传感器及使用条件的要求。

（7）精度较高的传感器都需要定期校准，一般来说，需要3～6周校准一次。

（8）各种传感器都有一定的过载能力，但使用时应尽量不要超量程。

（9）在插拔仪表与外部设备连接线前，必须先切断仪表及相应设备电源。

（10）传感器不使用时，应存放在温度为10～35 ℃，相对湿度不大于85％，无酸、无碱和无腐蚀性气体的房间内。

（11）传感器如果出现异常或故障应及时与厂家联系，不得擅自拆卸传感器。

课外拓展

由于矿井所处地层条件，井壁受力状况复杂多变，因此，对井壁的应力、应变状态进行现场实时监测就显得非常重要。目前，这项工作往往都是采用人工方式来完成，这样一方面不利于随时掌握井壁变形、受力信息，另一方面受人为因素影响比较大，极有可能漏采具有代表性的数据，从而给井壁的受力状况分析带来困难，甚至会发生危险。因此，建立一套能完成实时监测和超载预警功能的监测系统非常必要。

光纤光栅传感系统介绍如下：

（1）宽带光源及光信号分配系统（图1-6）

为了提高整个系统复用传感器的数量，光源可选用线宽为50 nm的宽带光源。光分配系统由2×2和2×1光纤耦合器组成，可以很方便地对宽带光源进行光功率分配。

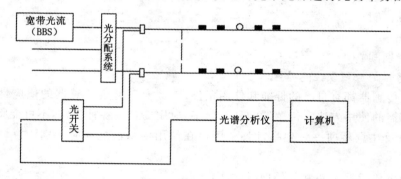

图1-6　宽带光源及光信号分配系统

（2）传输系统

光传输系统采用的是串联的拓扑结构。可在系统中运用带有AGC（自动增益控制）功能的掺铒光纤放大器对传输系统中的光纤损耗进行有效的补偿，同时还可防止反射光引起的光源紊乱。

（3）光纤光栅复用系统

利用波分复用和时分复用技术极大地提高了在一根光纤上复用光纤光栅的数量。

（4）信号检测系统

利用光谱分析仪和光探测器对传感器传回的光信号进行光谱分析，分析后的数据输入计算机数据分析系统进行进一步的分析，并完成应力的大小确定和超载预警功能。

思考题

1. 简述电阻式传感器的工作原理。
2. 简述电容式传感器的优缺点。
3. 分析压电式传感器测量误差产生的原因。
4. 光电器件的基本特性有哪些？它们各是如何定义的？
5. 传感器的选择要注意哪些方面？

第二章　生产工艺参数检测

☞ **教学目的**

1. 掌握生产工艺参数检测的目的和意义；
2. 了解并熟悉温度、压力、流量等生产工艺参数检测的原理与过程；
3. 了解生产工艺参数检测技术发展的现状与前景。

☞ **教学重点**

1. 温度、压力、流量检测方法的分类；
2. 生产工艺参数检测仪器仪表的工作原理；
3. 生产工艺参数检测仪器仪表的应用。

☞ **教学难点**

1. 生产工艺参数检测仪器仪表的工作原理；
2. 生产工艺参数检测仪器仪表的应用。

第一节　温度测量与仪表

【本节思维导图】

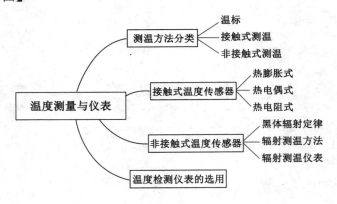

一、测温方法分类

（一）温标

为了保证温度量值的统一，必须建立一个用来衡量温度高低的标准尺度，这个标准尺度称为温标。温度的高低必须用数字来说明,温标就是温度的一种数值表示方法,并给出了温度数值化的一套规则和方法,同时明确了温度的测量单位。人们一般是借助于随温度变化而变化的物理量(如体积、压力、电阻、热电势等)来定义温度数值,建立温标和制造各种各样的温度检测仪表。

各种温度计和温度传感器的温度数值均由温标确定,温标三要素为:

① 可实现的固定点温度;

② 表示固定点之间温度的内插仪器;

③ 确定相邻固定温度点之间的内插公式。

下面对常用温标作一简介。

1. 经验温标

借助于某一种物质的物理量与温度变化的关系,用实验的方法或经验公式所确定的温标称为经验温标。常用的有摄氏温标、华氏温标和列氏温标。

(1) 摄氏温标。摄氏温标是把在标准大气压下水的冰点定为 0 摄氏度,把水的沸点定为 100 摄氏度的一种温标。在 0 摄氏度到 100 摄氏度之间进行 100 等分,每一等分为 1 摄氏度,单位符号为℃,如图 2-1 所示。

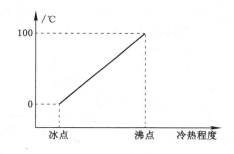

图 2-1 摄氏温标

(2) 华氏温标。人们规定标准大气压下的纯水的冰点温度为 32 华氏度,水的沸点定为 212 华氏度,中间划分 180 等分,每一等分称为 1 华氏度,单位符号为℉。

(3) 列氏温标。列氏温标规定标准大气压下纯水的冰融点为 0 列氏度,水沸点为 80 列氏度,中间等分为 80 等分,每一等分为 1 列氏度,单位符号为°R。

摄氏、华氏、列氏温度之间的换算关系为

$$C = \frac{5}{9}(F - 32) = \frac{5}{4}R \qquad (2\text{-}1)$$

式中 C——摄氏温度值;

F——华氏温度值;

R——列氏温度值。

摄氏温标、华氏温标都是用水银作为温度计的测温介质,而列氏温标则是用水和酒精的混合物来作为测温物质的。但它们均是依据液体受热膨胀的原理建立温标和制造温度计的。

2. 热力学温标

1848 年,英国科学家开尔文提出以卡诺循环为基础建立热力学温标。他根据热力学理论,认为物质有一个最低温度点存在,定为 0 K,把水的三相点温度 273.15 K 选作唯一的参考点,在该温标中不会出现负温度值。从理想气体状态方程入手可以复现热力学温标,称作绝对气体温标。这两种温标在数值上完全相同,而且与测温物质无关。由于不存在理想气体和理想卡诺热机,故这类温标是无法实现的。在使用气体温度计测量温度时,要对其读数进行许多修正,修正过程又依赖于许多精确的测量,于是就导致了国际实用温标的问世。

3. 国际温标

国际温标是用来复现热力学温标的,其指导思想是采用气体温度计测出一系列标准固定温度(相平衡点),以它们为依据在固定点中间规定传递的仪器及温度值的内插公式。第一个国际温标制定于 1927 年,此后随着社会生产和科学技术的进步,温标的探索也在不断地进展,1989 年 7 月国际计量委员会批准了新的国际温标,简称 ITS-90。我国于 1994 年起全面推行 ITS-90 新温标。

ITS-90 同时定义国际开尔文温度(变量符号为 T_{90})和国际摄氏温度(变量符号为 t_{90})。水三相点热力学温度为 273.15 K,摄氏度与开尔文度保留原有简单的关系式

$$t_{90} = (T_{90} - 273.15)℃ \tag{2-2}$$

ITS-90 对某些纯物质各相(固、液体)间可复现的平衡态之温度赋予给定值,即给予了定义,定义的固定点共 17 个,见表 2-1。ITS-90 规定把整个温标分成四个温区,其相应的标准仪器如下:0.65～5.0 K 之间,T_{90} 用 ^{3}He 和 ^{4}He 蒸气压与温度的关系式来定义;3.0～24.556 1 K(氖三相点)之间,用氦气体温度计来定义;13.803 3(平衡氢三相点)～1 234.93 K(银凝固点)之间,用基准铂电阻温度计来定义;961.78 ℃以上,用单色辐射温度计或光电高温计来复现。

表 2-1　　　　　　　　　　ITS-90 定义的固定点

序号	定义固定点	国际实用温标规定值	
		T_{90}/K	$t_{90}/℃$
1	氦蒸气压点	3～5	−270.15～−268.15
2	平衡氢三相点	13.803 3	−259.346 7
3	平衡氢(或氦)蒸气压点	≈17	≈−256.15
4	平衡氢(或氦)蒸气压点	≈20.3	≈−252.85
5	氖三相点	24.556 1	−248.593 9
6	氧三相点	54.358 4	−218.791 6
7	氩三相点	83.805 8	−189.344 2
8	汞三相点	234.315 6	−38.834 4
9	水三相点	273.16	0.01
10	镓熔点	302.914 6	29.764 6
11	铟凝固点	429.748 5	156.598 9
12	锡凝固点	505.078	231.928
13	锌凝固点	692.677	419.527
14	铝凝固点	933.473	660.323
15	银凝固点	1 234.93	961.78
16	金凝固点	1 337.33	1 064.18
17	铜凝固点	1 357.77	1 084.62

（二）接触式测温方法

接触式测温方法是使温度敏感元件和被测温度对象相接触,当被测温度与感温元件达到热平衡时,温度敏感元件与被测温度对象的温度相等。这类温度传感器具有结构简单,工作可靠,精度高,稳定性好,价格低廉等优点。这类测温方法的温度传感器主要有:基于物体受热体积膨胀性质的膨胀式温度传感器;基于导体或半导体电阻值随温度变化的电阻式温度传感器;基于热电效应的热电偶温度传感器。

（三）非接触式测温方法

非接触式测温方法是应用物体的热辐射能量随温度的变化而变化的原理。物体辐射能量的大小与温度有关,并且以电磁波形式向四周辐射,当选择合适的接收检测装置时,便可测得被测对象发出的热辐射能量,并且转换成可测量和显示的各种信号,实现温度的测量。这类测温方法的温度传感器主要有光电高温传感器、红外辐射温度传感器、光纤高温传感器等。非接触式温度传感器理论上不存在热接触式温度传感器的测量滞后和在温度范围上的限制,可测高温、腐蚀、有毒、运动物体及固体、液体表面的温度,不干扰被测温度场,但精度较低,使用不太方便。

表 2-2   **温度检测方法的分类**

测温方式	温度计或传感器类型		测量范围/℃	精度/%	特点
接触式	热膨胀式	水银	50～650	0.1～1	简单方便,易损坏(水银污染)
		双金属	0～300	0.1～1	结构紧凑,牢固可靠
		压力 液体	30～600	1	耐振,坚固,价格低廉
		压力 气体	20～350		
	热电偶式	铂铑-铂	0～1 600	0.2～0.5	种类多,适应性强,结构简单,经济方便,应用广泛。需注意寄生热电势及动圈式仪表电阻对测量结果的影响
		其他	200～1 100	0.4～1.0	
	热电阻式	铂	260～600	0.1～0.3	精度及灵敏度均较好,需注意环境温度的影响
		镍	50～300	0.2～0.5	
		铜	0～180	0.1～0.3	
	热敏电阻		50～350	0.3～0.5	体积小,响应快,灵敏度高,线性差,需注意环境温度影响
非接触式	辐射温度计		800～3 500	1	非接触测温,不干扰被测温度场,辐射率影响小,应用简便
	光高温计		700～3 000	1	
	热探测器		200～2 000	1	非接触测温,不干扰被测温度场,响应快,测温范围大,适于测温度分布,易受外界干扰,标定困难
	热敏电阻探测器		50～3 200	1	
	光子探测器		0～3 500	1	
其他	碘化银,二碘化汞,氯化铁,液晶等		35～2 000	<1	测温范围大,经济方便,特别适于大面积连续运转零件上的测温,精度低,人为误差大

二、接触式温度传感器

（一）热膨胀式温度计

热膨胀式温度计是利用液体、气体或固体热胀冷缩的性质，即测温敏感元件在受热后尺寸或体积会发生变化，根据尺寸或体积的变化值得到温度的变化值。热膨胀式温度计分为液体膨胀式温度计和固体膨胀式温度计两大类。这里以固体膨胀式温度计中的双金属温度计和压力式温度计为例进行介绍。

1. 双金属温度计

固体膨胀式温度计中最常见的是双金属温度计，其典型的敏感元件为两种贴在一起且膨胀系数有差异的金属。双金属片组合成温度检测元件，也可以直接制成温度测量的仪表。通常的制造材料是高锰合金与殷钢。殷钢的膨胀系数仅为高锰合金的1/20，两种材料制成叠合在一起的薄片，其中膨胀系数大的材料为主动层，小的为被动层。将复合材料的一端固定，另一端自由。在温度升高时，自由端将向被动层一侧弯曲，弯曲程度与温度相关。自由端焊上指针和转轴则随温度可以自由旋转，构成了室温计和工业用的双金属温度计。它也可用来实现简单的温度控制。

双金属温度计敏感元件如图 2-2 所示。它们由两种热膨胀系数 a 不同的金属片组合而成，例如一片用黄铜，$a_1 = 22.8 \times 10^{-6}℃^{-1}$，另一片用镍钢，$a_2 = 1 \times 10^{-6}℃^{-1} \sim 2 \times 10^{-6}℃^{-1}$，将两片粘贴在一起，并将其一端固定，另一端设为自由端，自由端与指示系统相连接。当温度由 t_0 变化到 t_1 时，由于 A、B 两者热膨胀不一致而发生弯曲，即双金属片由 t_0 时初始位置 AB 变化到 t_1 时的相应位置 $A'B'$，最后导致自由端产生一定的角位移，角位移的大小与温度成一定的函数关系，通过标定刻度，即可测量温度。双金属温度计一般应用在 $-80 \sim 600 ℃$ 范围内，最好情况下，精度可达 0.5～1.0 级，常被用作恒定温度的控制元件，如一般用途的恒温箱、加热炉等就是采用双金属片来控制和调节"恒温"的，如图 2-3 所示。

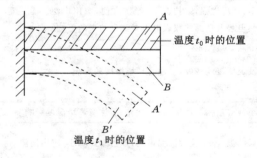

图 2-2　双金属温度计敏感元件

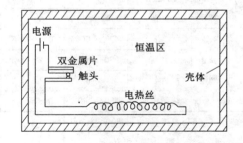

图 2-3　双金属片控制恒温箱示意图

2. 压力式温度计

压力式温度计是根据一定质量的液体、气体在定容条件下其压力与温度呈确定函数关系的原理制成的。其主要由感温包、传递压力元件（毛细管）、压力敏感元件（弹簧管、膜盒、波纹管等）、齿轮或杠杆传动机构、指针和读数盘组成，如图 2-4 所示。温包、毛细管和弹簧管的内腔共同构成一个封闭容器，其中充满了感温介质。当温包受热后，内部介质因温度升高而压力增大，压力的变化经毛细管传递给弹簧管使其变形，并通过传动系统带动指针偏

4. 霍尔传感器

霍尔效应的产生是由于电荷受磁场中洛仑兹力 f_L 作用的结果。如图 1-5(a)所示,一块长为 L、宽为 b、厚度为 d 的 N 型半导体薄片(称为霍尔基片),沿基片长度通以电流 I(称激励电流或控制电流),在垂直于半导体薄片平面的方向上加以磁感应强度 B,则半导体中的载流子电子要受到洛仑兹力的作用,由物理学知

$$f_L = qvB \tag{1-22}$$

式中　f_L——洛仑兹力;

　　　q——电子的电荷量,$q \approx 1.60 \times 10^{-19} C$;

　　　v——半导体中电子运动速度;

　　　B——外磁场的磁感应强度。

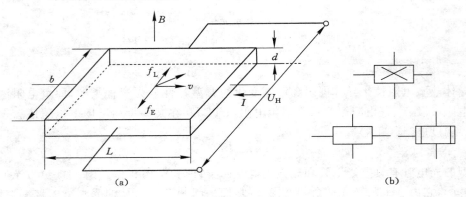

图 1-5　霍尔效应原理图及符号

(a)霍尔效应原理图;(b)图形符号

三、传感器的选用原则

(一)传感器的选用指标

1. 灵敏度

一般来讲,检测精度越高,就要求传感器具有较高的灵敏度。然而要考虑到,当灵敏度高时,与测量信号无关的外界噪声也容易混入,并且噪声也会被放大系统放大。因此,必须考虑既要求检测微小量值,又要噪声小。为保证此点,往往要求信噪比越大越好,即要求传感器本身噪声小,且不易从外界引入干扰噪声。当输入量增大时,除非有专门的非线性校正措施,传感器不应进入非线性区,更不能进入饱和区域。有些检测工作在较强的噪声干扰下进行,这时对传感器来讲,其输入量不仅包括被测量,也包括干扰量,两者的叠加不能进入非线性区。显然,过高的灵敏度将会影响其适用测量范围。

2. 响应特性

传感器的响应特性是指在所测频率范围内保持不失真的测量条件。实际传感器的响应总有一定的延迟,但希望延迟时间越小越好。

一般来讲,利用光电效应、压电效应等制作的物性型传感器,其响应时间短,可工作频率范围宽。而结构型(如电感、电容、磁电式等)传感器,由于受结构特性的影响,以及机械系统惯性质量的限制,其固有频率较低。

在动态测量中,传感器的响应特性对测试结果有直接影响。在选用时,应充分考虑到被测物理量的变化特点(如稳态、瞬变、随机等)。

3. 线性范围

任何传感器都有一定的线性范围,在线性范围内输出与输入成比例关系。传感器工作在线性区域内,是保证测量精度的基本条件。线性范围越宽,表明传感器的工作量程越大。

然而,任何传感器都不容易保证其绝对线性,某些情况下,在保证检测精度的前提下,可利用其近似线性区。例如,变间隙型电容传感器、电感式传感器等,均采用在初始间隙附近的近似线性区内工作。选用时必须考虑被测物理量的变化范围,令其非线性误差在允许的范围之内。在进行自动检测的情况下,可利用微机系统,通过软件对传感器的输出特性进行线性补偿,往往可以使其线性范围扩大很多。

4. 稳定性

稳定性表示传感器经过长时间使用以后,其输出特性不发生变化的性能,以及传感器在正常工作条件下,环境参数(如温度、湿度、大气压力等)的变化对其输出特性影响程度的指标。因而,影响传感器稳定性的因素是时间与环境。

为了保证稳定性,在选定传感器之前,应对使用环境进行调查,以选择较合适的传感器类型。例如湿度会影响电阻应变式传感器的绝缘性能;温度的变化将产生零点漂移;长期使用会发生蠕变现象等。又如:变间隙型电容传感器,环境湿度或油剂侵入间隙时,相当于电容器的介质发生变化;光电式传感器感光表面有尘埃或水汽时,会导致灵敏度下降;磁电式传感器在电场或磁场中工作时,亦会带来测量误差等。

5. 精确度

传感器的精确度表示传感器的输出与被测量的对应程度。传感器处于检测系统的输入端,因此,传感器能否真实地反映被测量值,对整个系统具有直接影响。

在实际工作中,并非要求传感器的精确度越高越好。传感器的精确度越高价格也越昂贵。因此应考虑到经济性从实际出发来选择。

在确定传感器的精确度时,首先应了解检测的目的和要求,判定是定性分析还是定量分析。如果是属于相对比较性的试验研究,只需获得相对比较值即可,那么要求传感器的精密度高,而无需要求绝对量值。如果是进行定量分析,那就必须获得精确量值,因而要求传感器要有足够高的精确度。例如,超精密切削机床,为研究其运动部件的定位精度、主轴回转运动误差、振动及热变形等,往往要求测量精度在 $0.015 \sim 0.15$ m 范围内,要测得这样的量值,必须选用高精度的传感器。

6. 测量方式

在实际检测工作中,传感器的工作方式(如接触测量、在线测量与非在线测量等)也是选用传感器时应考虑的重要因素。条件的不同,对传感器的要求也不同。

在机械系统中,运动部件的被测参数(例如回转轴的运动误差、振动、扭矩等)往往采用接触测量,有许多实际因素,诸如测量头的磨损、接触状态的变动等都不易妥善解决,也易造成测量误差,同时给信号的采集带来困难。若采用电容式、电涡流式等非接触传感器,将带来很大方便。若选用电阻应变片时,则需配以遥测应变仪。

在某些情况下,有时要求对测试件进行破坏性检验,如果合理地选择检测方法,可以把破坏性检测用非破坏性检测(如涡流探伤、超声探伤、核辐射探伤、测厚等)来代替。由于非破坏性检测可带来直接经济效益,尽可能地选用非破坏性检测方式在线实时检测是与实际情况更接近一致的检测方法。特别是实现自动化过程的控制与检测系统,往往对真实性与可靠性要求很高,因此必须进行在线实时检测才能达到检测的要求。而实现在线实时检测是比较困难的,对传感器和测试系统都有一定的特殊要求。例如在加工过程中进行表面粗糙度的检测时,以往的静态检测方法(如光切法、触针法、干扰法等)都无法运用,而需要采用激光检测法。各种新型在线实时检测传感器的研制,是当前检测技术发展的一个重要方向。

(二)传感器的选择与应用

1. 传感器的选择与方法

如何根据具体的测量目的、测量对象以及测量环境合理地选用传感器,是在进行某个量测量时首先要解决的问题。当传感器确定之后,与之相配套的测量方法和测量设备也就可以确定了。测量结果的成败,在很大程度上取决于传感器的选用是否合理。为此,要从系统总体考虑,明确使用的目的以及采用传感器的必要性,绝对不要采用不适宜的传感器与不必要的传感器。因此,有必要根据不同的测试目的,规定选择传感器的某些标准。选择传感器所应考虑的项目是各种各样的,可是要满足所有项目要求也未必是必要的。应根据传感器实际使用目的、指标、环境条件和成本,从不同的侧重点,优先考虑几个重要的条件为宜。选择的标准主要考虑以下因素:传感器的性能、传感器的可用性、能量消耗、成本、环境条件以及与购置有关的项目等。

(1)测试条件与目的

① 测试的目的;

② 被测量的选择;

③ 测量范围;

④ 过载的发生频度;

⑤ 输入信号的频带;

⑥ 测量要求精度;

⑦ 测量时间。

(2)传感器的性能

① 精度;

② 稳定性;

③ 响应速度;

④ 输出信号类型(模拟或数字);

⑤ 静态特性、动态特性和环境特性;

⑥ 传感器的工作寿命或循环寿命;

⑦ 标定周期;

⑧ 信噪比。

(3)传感器的使用条件

① 所测量的流体、固体对传感器的影响;

② 传感器对被测对象的质量(负荷)效应;

③ 安装现场条件及环境条件(温度、湿度、振动等);

④ 信号的传输距离;

转,指示出相应的温度数值。因此,这种温度计的指示仪表实际上就是普通的压力表。压力式温度计的主要特点是结构简单,强度较高,抗震性较好。

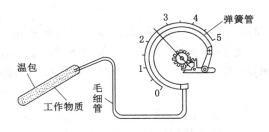

图 2-4 压力式温度计

为了利于传热,温包的表面面积与其体积的比值应尽量大,所以通常采用细而长的圆筒型温包。虽然扁平断面要比圆断面更利于传热,但耐压能力远不如圆断面的好。压力式温度计的毛细管细而长,其作用是传递压力,常用铜或不锈钢冷轧无缝管制作,内径为 0.4 mm。为了减小周围环境温度变化引起的附加误差,毛细管的容积应远小于温包的容积,为了实现远距离传递,这就要求其内径小。当然,长度加长内径减小会使传递阻力增大、温度计的响应变慢,在长度相等的条件下,管越细则准确度越高。一般检测温度点的位置与显示温度的地方可相距 20 m(特殊需要场合可制作到 60 m),故它又被称为隔离温度计。

目前生产的压力式温度计,根据充入密闭系统内工作物质的不同可分为充气体的压力式温度计和充蒸气的压力式温度计。

(1) 充气体的压力式温度计

气体状态方程式 $pV=mRT$ 表明,对一定质量 m 的气体,如果它的体积 V 一定,则它的温度 T 与压力 p 成正比(R 为气体常数)。因此,在密封容器内充以气体,就构成充气体的压力温度计。工业上用的充气体的压力式温度计通常充氮气,它能测量的最高温度为 $500\sim550\ ℃$;在低温下则充氢气,它的测温下限可达 $-120\ ℃$。在过高的温度下,温包中充填的气体会较多地透过金属壁而扩散,这样会使仪表读数偏低。

(2) 充蒸气的压力式温度计

充蒸气的压力式温度计是根据低沸点液体的饱和蒸气压只和气液分界面的温度有关这一原理制成的。其感温包中充入约占 2/3 容积的低沸点液体,其余容积则充满液体的饱和蒸气。当感温包温度变化时,蒸气的饱和蒸气压发生相应变化,这一压力变化通过一插入到感温包底部的毛细管进行传递。在毛细管和弹簧管中充满上述液体,或充满不溶于感温包中液体的、在常温下不蒸发的高沸点液体,称为辅助液体,以传递压力。感温包中充入的低沸点液体常用的有氯甲烷、氯乙烷和丙酮等。

(二) 热电偶式温度传感器

热电偶式温度传感器是目前应用广泛、发展比较完善的温度传感器,它在很多方面都具备了一种理想温度传感器的条件。

1. 热电偶的特点

(1)温度测量范围宽。随着科学技术的发展,目前热电偶的品种较多,它可以测量

−271～2 800 ℃甚至更高的温度。

（2）性能稳定、准确可靠。在正确使用的情况下，热电偶的性能是很稳定的，其精度高，测量准确可靠。

（3）信号可以远传和记录。由于热电偶能将温度信号转换成电压信号，因此可以远距离传递，也可以集中检测和控制。此外，热电偶的结构简单，使用方便，其测量端能做得很小。因此，可以用它来测量"点"的温度。又由于它的热容量小，因此反应速度很快。

2. 热电偶的测温原理

（1）热电效应

热电偶的基本工作原理是基于热电效应。所谓热电效应，即将两种不同的导体组成一个闭合回路，只要两个结点处的温度不同，则回路中就有电流产生，这一现象称为热电效应。如图 2-5 所示，导体 A、B 称为热电极。在热电偶的两个结点中，位于被测温度（T）中的结点 1 称为工作端（热端），而处于恒定温度（T_0）中的结点 2 称为参考端（冷端）。

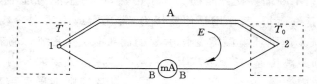

图 2-5　热电偶的测温原理

由于热电效应，回路中产生的电动势称为热电势 E。当两个结点间的温差越大，产生的电动势就越大。通过测量热电偶输出的电动势的大小，就可以得到被测温度的大小。热电偶的热电势是由两种导体的接触电势和单一导体的温差电势组成的。

（2）接触电势

两种材料不同的导体 A 和 B 接触在一起时，由于自由浓度不同，便在接触处发生电子扩散，若导体 A、B 的电子浓度分别为 N_A、N_B，且 $N_A > N_B$，则在单位时间内，由 A 扩散到 B 的电子数要多于由 B 扩散到 A 的电子数。所以，导体 A 因失去电子而带正电，导体 B 因得到电子而带负电，在 A、B 的接触面处便形成一个从 A 到 B 的静电场，如图 2-6 所示。这个电场又阻止电子继续由 A 向 B 扩散。当电子扩散能力与此电场阻力相平衡时，自由电子的扩散达到了动态平衡，这样在接触处形成一个稳定的电动势，称为接触电势，如图 2-7 所示。

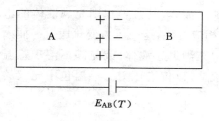

图 2-6　热电偶的接触电势示意图

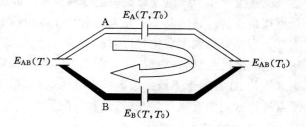

图 2-7　两端接触电势形成示意图

在图 2-5 回路中，T_0 点的接触电势大小为

$$E_{AB}(T_0) = \frac{KT_0}{e} \ln \frac{N_A(T_0)}{N_B(T_0)} \tag{2-3}$$

式中 $E_{AB}(T_0)$——导体 A、B 在温度 T_0 的接触电势；

K——接触处绝对温度，为波耳兹曼常数，$K = 1.38 \times 10^{-23}$ J/K；

e——电子电荷，$e \approx 1.60 \times 10^{-19}$ C。

可以看出，如果热电偶的两个电极材料相同（$N_A = N_B$），则不会产生接触电势。因此，热电偶的两个电极材料必须不同。

如果以顺时针方向为接触电势正方向，则回路中 $E_{AB}(T_0)$ 与 $E_{AB}(T)$ 的方向相反，热电偶回路中的总接触电势应为

$$E_{AB}(T) - E_{AB}(T_0) = \frac{K}{e}\left[T \cdot \ln \frac{N_A(t_0)}{N_B(t_0)} - T_0 \cdot \ln \frac{N_A(t_0)}{N_B(t_0)} \right] \tag{2-4}$$

（3）温差电势

温差电势（也称汤姆逊电势）是指在同一根导体中，由于两端温度不同而产生的电动势。导体 A 两端的温度分别为 T_0 和 T 时的温差电势表示为 $E_A(T, T_0)$。设导体 A（或 B）两端温度分别为 T_0 和 T，且 $T > T_0$。此时导体 A（或 B）内形成温度梯度，使高温端的电子能量大于低温端的电子能量，因此从高温端扩散到低温端的电子数比从低温端扩散到高温端的要多，结果高温端因失去电子而带正电荷，低温端因获得电子而带负电荷。因而，在同一导体两端便产生电位差，并阻止电子从高温端向低温端扩散，最后使电子扩散达到动平衡，此时形成温差电势。

在图 2-5 回路中，A 导体上的温差电势 $E_A(T, T_0)$ 为

$$E_A(T, T_0) = \frac{K}{e} \int_{T_0}^{T} \frac{1}{N_A(T)} d[T \cdot N_A(T)] \tag{2-5}$$

B 导体上的温差电势 $E_B(T, T_0)$ 为

$$E_B(T, T_0) = \frac{K}{e} \int_{T_0}^{T} \frac{1}{N_B(T)} d[T \cdot N_B(T)] \tag{2-6}$$

则在导体 A、B 组成的热电偶回路中，两导体上产生的温差电势之和为

$$E_A(T, T_0) - E_B(T, T_0) = \frac{K}{e}\left\{ \int_{T_0}^{T} \frac{1}{N_A(T)} d[T \cdot N_A(T)] - \int_{T_0}^{T} \frac{1}{N_B(T)} d[T \cdot N_B(T)] \right\}$$
$$\tag{2-7}$$

（4）热电偶闭合回路的总电势

在图 2-5 回路中，接触点 1 处将产生接触电势 $E_{AB}(T)$，接触点 2 处将产生接触电势 $E_{AB}(T_0)$，导体 A 上将产生温差电势 $E_A(T, T_0)$，导体 B 上将产生温差电势 $E_B(T, T_0)$，所以热电偶回路中的热电势为接触电势与温差电势之和，取 $E_{AB}(T)$ 的方向为正向，则整个回路总热电势可表示为

$$E_{AB}(T, T_0) = [E_{AB}(T) - E_{AB}(T_0)] + [E_A(T, T_0) - E_B(T, T_0)] \tag{2-8}$$

通常情况下，温差电势比较小，因此

$$E_{AB}(T, T_0) \approx E_{AB}(T) - E_{AB}(T_0) \tag{2-9}$$

如果能使冷端温度 T_0 固定，即 $E_{AB}(T_0) = C$（常数），则对确定的热电偶材料，其总电势 $E_{AB}(T, T_0)$ 就只与热端温度呈单值函数关系，即

$$E_{AB}(T, T_0) \approx E_{AB}(T) - C \tag{2-10}$$

由上式可见，热电偶回路总接触电势的大小只与热电极材料及两接点的温度有关，当两接点的温度相等时，总接触电势为零。

根据国际温标规定：在 $T_0 = 0\ ℃$ 时，用实验的方法测出各种不同热电极组合的热电偶在不同的工作温度下所产生的热电势值，并将其列成一张表格，这就是常说的分度表。温度与热电势之间的关系也可以用函数关系表示，称为参考函数。同时，需注意以下几点：

（1）两种相同材料的导体构成热电偶时，其热电势为零；

（2）当两种导体材料不同，但两端温度相同时，其热电偶的热电势为零；

（3）热电势的大小只与电极的材料和结点的温度有关，与热电偶的尺寸、形状无关。

3. 热电偶基本定律

（1）中间导体定律

热电偶回路中接入中间导体，只要中间导体两端温度相同，则对热电偶回路总的热电势没有影响，如图 2-8 所示。

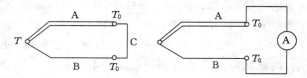

图 2-8　中间导体定律

热电偶回路中接入中间导体 C 后的热电势为

$$E_{ABC}(T, T_0) = E_{AB}(T) + E_{BC}(T_0) + E_{CA}(T_0) \tag{2-11}$$

若回路各接触温度为 T_0，则回路的总电动势为零，即

$$E_{AB}(T_0) + E_{BC}(T_0) + E_{CA}(T_0) = 0 \tag{2-12}$$

即

$$E_{BC}(T_0) + E_{CA}(T_0) = -E_{AB}(T_0) \tag{2-13}$$

所以

$$E_{ABC}(T, T_0) = E_{AB}(T) - E_{AB}(T_0) = E_{AB}(T, T_0) \tag{2-14}$$

（2）中间温度定律

热电偶在结点温度为 (T, T_0) 时的热电势，等于在结点温度为 (T, T_n) 及 (T_n, T_0) 时的热电势之和，其中，T_n 称为中间温度，如图 2-9 所示。其热电势可用下式表示

$$E_{AB}(T, T_0) = E_{AB}(T, T_n) + E_{AB}(T_n, T_0) \tag{2-15}$$

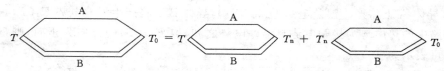

图 2-9　中间温度定律

中间温度定律的实用价值在于：

① 当热电偶冷端不为 $0\ ℃$ 时，可用中间温度定律加以修正；

② 由于热电偶电极不能做得很长，可根据中间温度定律选用适当的补偿导线。

（3）标准电极定律

如图 2-10 所示，如果 A、B 两种导体分别与第 3 种导体 C 组成热电偶，当两结点温度为

(T,T_0) 时热电势分别为 $E_{AC}(T,T_0)$ 和 $E_{BC}(T,T_0)$，那么在相同温度下,由 A、B 两种热电偶配对后的热电势为

$$E_{AB}(T,T_0) = E_{AC}(T,T_n) - E_{BC}(T,T_0) \qquad (2\text{-}16)$$

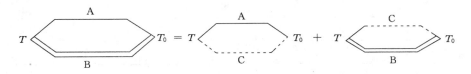

图 2-10　标准电极定律

（4）均质导体定律

由一种均质导体组成的闭合回路中,不论导体的截面和长度如何,以及各处的温度分布如何,都不能产生热电势。这条定理说明,热电偶必须由两种不同性质的均质材料构成。

4. 热电偶的材料

根据上述热电偶的测温原则,理论上任何两种导体均可配成热电偶,但因实际测温时对测量精度及使用等有一定要求,故对制造热电偶的热电极材料也有一定要求。除满足上述对温度传感器的一般要求外,还应注意以下要求:

（1）在测温范围内,热电性质稳定,不随时间和被测介质而变化,物理化学性能稳定,不易氧化或腐蚀;

（2）电导率要高,并且电阻温度系数要小;

（3）它们组成的热电偶的热电势随温度的变化率要大,并且希望该变化率在测温范围内接近常数;

（4）材料的机械强度要高,复制性好,复制工艺要简单,价格便宜。

完全满足上述条件要求的材料很难找到,故一般只根据被测温度的高低选择适当的热电极材料。下面分别介绍国内生产的几种常用热电偶。它们又分为标准化热电偶与非标准化热电偶。标准化热电偶是指国家标准规定了其热电势与温度的关系和允许误差,并有统一的标准分度表。

5. 热电偶的分类

（1）按热电偶材料分类

按热电偶材料分类有廉金属、贵金属、难熔金属和非金属四大类。廉金属中有铁-康铜、铜-康铜、镍铬-考铜、镍铬-康铜、镍铬-镍硅（镍铝）等;贵金属中有铂铑$_{10}$-铂、铂铑$_{30}$-铂铑、铂铑系、铱铑系、铱钌系和铂铱系等;难熔金属中有钨铼系、钨铂系、铱钨系和铌钛系等;非金属中有二碳化钨-二碳化钼、石墨-碳化物等。热电偶的分类见表 2-3。

① 铂铑$_{10}$-铂热电偶（S 型）。这是一种贵金属热电偶,由直径为 0.5 mm 以下的铂铑合金丝（铂 90%,铑 10%）或纯铂丝制成。由于容易得到高纯度的铂和铂铑,故这种热电偶的复制精度和测量准确度较高,可用于精密温度测量。在氧化性或中性介质中具有较好的物理化学稳定性,在 1 300 ℃ 以下范围内可长时间使用。其主要缺点是金属材料的价格昂贵;热电势小,而且热电特性曲线非线性较大;在高温时易受还原性气体所发出的蒸气和金属蒸气的侵害而变质,失去测量准确度。

表 2-3　　　　　　　　　　　　　　　热电偶的分类

名称	IEC	中国		美国	英国	日本	
		新	旧			新	旧
铂铑$_{10}$-铂	S	S	LB-3	S	S	S	—
铂铑$_{13}$-铂	R	R	—	R	R	R	PR
铂铑$_{30}$-铂铑$_6$	B	B	LL-2	B	B	B	—
镍铬-镍铝(硅)	K	K	EU-2	K	K	K	CA
镍铬-铜镍	E	E	EA-2	E	E	E	CRC
铁-铜镍	J	J		J	J	J	IC
铜-铜镍	T	T	CK	T	T	T	CC

② 铂铑$_{30}$-铂铑$_6$ 热电偶(B 型)。它也是贵金属热电偶,长期使用的最高温度可达 600 ℃,短期使用可达 1 800 ℃,它宜在氧化性和中性介质中使用,在真空中可短期使用。它不能在还原性介质及含有金属或非金属蒸气的介质中使用,除非外面套有合适的非金属保护管才能使用。它具有铂铑$_{10}$-铂的各种优点,抗污染能力强;主要缺点是灵敏度低、热电势小,因此,冷端在 40 ℃ 以上使用时,可不必进行冷端温度补偿。

③ 镍铬-镍硅(镍铬-镍铝)热电偶(K 型)。其由镍铬与镍硅制成,热电偶丝直径一般为 1.2～2.5 mm。镍铬为正极,镍硅为负极。该热电偶化学稳定性较高,可在氧化性介质或中性介质中长时间地测量 900 ℃ 以下的温度,短期测量可达 1 200 ℃;如果用于还原性介质中,就会很快地受到腐蚀,在此情况下只能用于测量 500 ℃ 以下温度。这种热电偶具有复制性好,产生热电势大,线性好,价格便宜等优点。虽然测量精度偏低,但完全能满足工业测量要求,是工业生产中最常用的一种热电偶。表 2-4 为其分度表。

表 2-4　　　　　　　　　　　　　　　K 型热电偶分度表

电势/mV　分度 温度/℃	0	10	20	30	40	50	60	70	80	90
−0	0	−0.392	−0.777	−1.156	−1.527	−10.89	−2.243	−2.586	−2.92	−3.242
+0	0	0.397	0.798	1.203	1.611	2.022	2.436	2.85	3.266	3.681
100	4.095	4.508	4.919	5.327	5.733	6.137	6.539	6.939	7.338	7.737
200	8.137	8.537	8.938	9.341	9.745	10.151	10.56	10.969	11.381	11.793
300	12.207	12.623	13.039	13.456	13.874	14.292	14.712	15.132	15.552	15.974
400	16.395	16.818	17.241	17.664	18.088	18.513	18.938	19.363	19.788	20.214
500	20.64	21.066	21.493	21.919	22.346	22.772	23.198	23.624	24.05	24.476
600	24.902	25.327	25.751	26.176	26.599	27.022	27.445	27.867	28.288	28.709
700	29.128	29.547	29.965	30.383	30.799	31.214	31.629	32.042	32.455	32.866

续表 2-4

电势/mV　　分度 温度/℃	0	10	20	30	40	50	60	70	80	90
800	33.277	33.686	34.095	34.502	34.909	35.314	35.718	36.121	36.524	36.925
900	37.325	37.724	38.122	38.519	38.915	39.31	39.703	40.096	40.488	40.897
1 000	41.269	41.657	42.045	42.432	42.817	43.202	43.585	43.968	44.349	44.729
1 100	45.108	45.486	45.863	46.238	46.612	46.985	47.356	47.726	48.095	48.462
1 200	48.828	49.192	49.555	49.916	50.276	50.633	50.99	51.344	51.697	52.049

例　用镍铬-镍硅(K 型)热电偶测量某一物体温度,已知热电偶参考端温度为 30 ℃,测得热电动势为 33.686 mV,求被测物体温度为多少?

解　查 K 型热电偶分度表可知,$E_n(30,0)=1.203$ mV,$E_k(T,40)=33.686$ mV,$E_k(T,0)=E_k(T,40)+E_n(30,0)=33.686+1.203=34.889$ mV。

再查表可知:被测物体温度大约为 840 ℃。

④ 镍铬-康铜热电偶(E 型)。其正极为镍铬合金,9%～10%铬,0.4%硅,其余为镍;负极为康铜,56%铜,44%硅。镍铬-康铜热电偶的热电势是所有热电偶中最大的,如 $E_A(100.0)=6.95$ mV,比铂铑-铂热电偶高了 10 倍左右,其热电特性的线性也好,价格又便宜。它的缺点是不能用于高温,长期使用温度上限为 600 ℃,短期使用可达 800 ℃;另外,康铜易氧化而变质,使用时应加保护套管。以上几种标准热电偶的温度与电势特性曲线如图 2-11 所示。

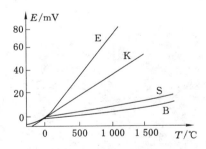

图 2-11　热电偶温度与电势特性曲线

非标准热电偶无论在使用范围或数量上均不及标准热电偶,但在某些特殊场合,譬如在高温、低温、超低温、高真空等被测对象中,这些热电偶则具有某些特别良好的特性。随着生产和科学技术的发展,人们正在不断地研究和探索新的热电极材料,以满足特殊测温的需要。下面三种热电偶为非标准热电偶。

⑤ 钨铼系热电偶。该热电偶属廉价热电偶,可用来测量高达 2 760 ℃的温度,通常用于测量低于 2 316 ℃的温度,短时间测量可达 3 000 ℃。这种系列热电偶可用于干燥的氢气、中性介质和真空中,不宜用在还原性介质、潮湿的氢气及氧化性介质中。常用的钨铼系热电偶有钨-钨铼$_{26}$,钨铼-钨铼$_{25}$,钨铼$_5$-钨铼$_{20}$ 和钨锌$_5$-钨铼$_{26}$,这些热电偶的常用温度为

$300\sim2\,000$ ℃,分度误差为±1％。

⑥ 铱铑系热电偶。该热电偶属贵金属热电偶。铱铑-铱热电偶可用在中性介质和真空中,但不宜用在还原性介质中,在氧化性介质中使用将缩短寿命。它们在中性介质和真空中测温可长期使用到 $2\,000$ ℃左右。它们热电势虽较小,但线性好。

⑦ 镍钴-镍铝热电偶。测温范围为 $300\sim1\,000$ ℃。其特点是在 300 ℃以下热电势很小,因此不需要冷端温度补偿。

（2）按用途和结构分类

热电偶按照用途和结构分为普通工业用和专用两类。普通工业用的热电偶分为直形、角形和锥形（其中包括无固定装置、螺纹固定装置和法兰固定装置等品种）。专用的热电偶分为钢水测温的消耗式热电偶、多点式热电偶和表面测温热电偶等。

6. 热电偶的结构

热电偶的基本组成包括热电极、绝缘套管、保护套管和接线盒等部分,其结构如图 2-12 所示,其实物如图 2-13 所示。

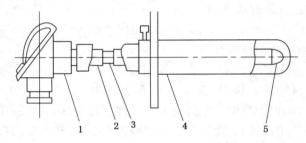

图 2-12　热电偶的结构

1——接线盒；2——绝缘套管；3——电热极；4——保护套管；5——热端

图 2-13　热电偶外形

热电偶的结构形式各种各样,按其结构形式,热电偶可分为以下 4 种形式:

（1）普通型热电偶。这类热电偶主要用来测量气体、蒸气和液体介质的温度,目前已经标准化、系列化。

（2）铠装热电偶。铠装热电偶又称缆式热电偶,它是将热电极、绝缘材料和金属保护套三者结合成一体的特殊结构形式,其断面结构如图 2-14 所示。它具有体积小、热惯性小、精度高、响应快、柔性强的特点,广泛用于航空、原子能、冶金、电力、化工等行业中。

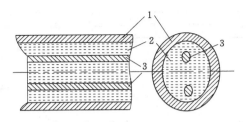

图 2-14　铠装热电偶断面结构
1——保护套管；2——绝缘套管；3——热电极

（3）薄膜热电偶。薄膜热电偶是采用真空蒸镀的方法，将热电偶材料蒸镀在绝缘基板上而成的热电偶。它可以做得很薄，具有热容量小、响应速度快的特点，适于测量微小面积上的瞬变温度。

（4）快速消耗型热电偶。这种热电偶是一种专用热电偶，主要用于测量高温熔融物质的温度，如钢水温度，通常是一次性使用。这种热电偶可直接用补偿导线接到专用的快速电子电位差计上，直接读取温度。

7. 热电偶参考端的处理

从热电偶测温基本公式可以看到，对某一种热电偶来说热电偶产生的热电势只与工作端温度 t 和自由端温度 t_0 有关，即热电偶的分度表是以 $t_0 = 0$ ℃作为基准进行分度的。而在实际使用过程中，参考端温度往往不为 0 ℃，因此需要对热电偶参考端温度进行处理。热电偶的冷端温度补偿有下面几种方法：

（1）温度修正法。采用补偿导线可使热电偶的参考端延伸到温度比较稳定的地方，但只要参考端温度不等于 0 ℃，需要对热电偶回路的电势值加以修正，修正值为 $E_{AB}(t_0, 0)$。经修正后的实际热电势可由分度表中查出被测实际温度值。温度修正法分硬件法和软件法，硬件法如图 2-15 所示，软件法如图 2-16 所示。

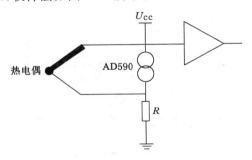

图 2-15　硬件温度修正法

（2）冰浴法。在实验室及精密测量中，通常把参考端放入装满冰水混合物的容器中，以便参考端温度保持 0 ℃，这种方法又称冰浴法。冰点槽如图 2-17 所示。

（3）补偿电桥法。补偿电桥法是在热电偶与显示仪表之间接入一个直流不平衡电桥，也称冷端温度补偿器，如图 2-18 所示。图中经稳压后的直流电压 E 经过电阻 R 对电桥供电，电桥的 4 个桥臂由电阻 R_1、R_2、R_3（均由锰铜丝绕成）及 R_{Cu}（铜线绕制）组成，R_{Cu} 与热电偶冷端感受同样的温度。设计时使电桥在 20 ℃处于平衡状态，此时电桥的 a、b 两端无电压

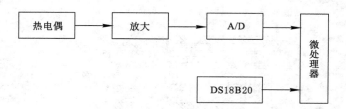

图 2-16　软件温度修正法

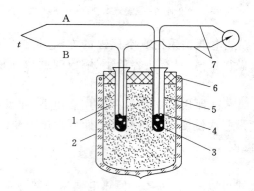

图 2-17　冰点槽

1——冰水混合物；2——保温瓶；3——油类或水银；

4——蒸馏水；5——试管；6——盖；7——铜导线

输出，电桥对仪表无影响。当环境温度变化时，热电偶冷端温度也变化，则热电动势将随其冷端温度的变化而改变。但此时 R_{Cu} 阻值也随温度而变化，电桥平衡被破坏，电桥输出不平衡电压，此时不平衡电压与热电偶电动势叠加在一起送到仪表，以此起到补偿作用。应该设计出这样的电桥，使它产生的不平衡电压正好补偿由于冷端温度变化而引起的热电动势变化值，仪表便可以指示正确的测温值。

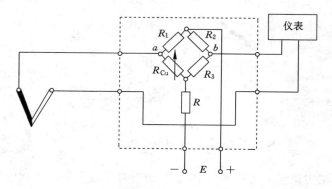

图 2-18　具有补偿电桥的热电偶测量线路

（4）补偿导线法。在实际测温时，需要把热电偶输出的电势信号传输到远离现场数十米的控制室里的显示仪表或控制仪表，这样参考端温度 t_0 也比较稳定。热电偶一般做得较短，需要用导线将热电偶的冷端延伸出来，如图 2-19 所示。

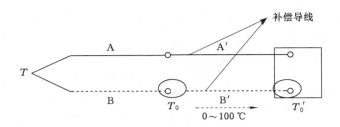

图 2-19 补偿导线法

表 2-5 常用热电偶的补偿导线规格

热电偶	补偿导线				热端为 100 ℃,冷端为 0 ℃时的标准电动势/mV
	正极		负极		
	材料	颜色	材料	颜色	
铂铑-铂铑	铜	红	镍铜	白	0.64±0.03
镍铬-镍铝(硅)	铜	红	康铜	白	4.10±0.15
镍铬-考铜	镍、铬	褐、绿	考铜	白	6.95±0.30
铁-考铜	铁	白	考铜	白	5.75±0.25
铜-康铜	铜	红	康铜	白	4.10±0.15

（三）热电阻式温度传感器

1. 工作原理

大多数金属导体的电阻具有随温度变化的特性,其特性方程如下

$$R_t = R_0[1 + a(t - t_0)] \tag{2-17}$$

式中 R_t——任意绝对温度 t 时金属的电阻值;

    R_0——基准状态 t_0 时的电阻值;

    a——热电阻的温度系数,1/℃。

对于绝大多数金属导体,a 并不是一个常数,而是与温度有关的函数,但在一定的温度范围内,可近似地看成一个常数。不同的金属导体,a 保持常数所对应的温度范围也不同。

一般选作感温电阻的材料必须满足如下要求:

（1）电阻温度系数 a 要高,这样在同样条件下可加快热响应速度,提高灵敏度。通常纯金属的温度系数比合金大,一般均采用纯金属材料。

（2）在测温范围内,化学、物理性能稳定,以保证热电阻的测温准确性。

（3）具有良好的输出特性,即在测温范围内电阻与温度之间必须有线性或接近线性的关系。

（4）具有比较高的电阻率,以减小热电阻的体积和质量。

（5）具有良好的可加工性,且价格便宜。比较适合的材料有铂、铜、铁和镍等。它们的阻值随温度的升高而增大,具有正温度系数。

2. 热电阻类型

（1）铂热电阻（WZP 型号）

铂的物理、化学性能稳定,是目前制造热电阻的最好材料。铂电阻主要作为标准电阻温

度计,广泛应用于温度的基准、标准的传递。它是目前测温复现性最好的一种温度计。铂丝的电阻值与温度之间的关系如下:

在 0~850 ℃ 范围内为

$$R_t = R_0(1 + At + Bt^2) \tag{2-18}$$

在 -190~0 ℃ 范围内为

$$R_t = R_0[1 + At + Bt^2 + C(t - 100)t^3] \tag{2-19}$$

式中　R_t——温度为 t 时的电阻值;

　　　R_0——温度为 0 ℃ 时的电阻值;

　　　t——任意温度值;

　　　A——度系数,$A = 3.908\ 02 \times 10^{-3}\ ℃^{-1}$;

　　　B——分度系数,$B = 5.802 \times 10^{-7}\ ℃^{-2}$;

　　　C——分度系数,$C = 4.273\ 50 \times 10^{-12}\ ℃^{-4}$。

铂热电阻中的铂丝纯度用电阻比 $W(100)$ 表示,即

$$W(100) = \frac{R_{100}}{R_0} \tag{2-20}$$

式中　R_{100}——铂热电阻在 100 ℃ 时的电阻值;

　　　R_0——铂热电阻在 0 ℃ 时的电阻值。

电阻比 $W(100)$ 越大,其纯度越高。按 IEC 标准,工业使用的铂热电阻的 $W(100) \geqslant$ 1.385 0。目前技术水平可达到 $W(100) = 1.393\ 0$,其对应铂的纯度为 99.999 5%。铂热电阻 Pt100 的分度表如表 2-6 所示。

表 2-6　　　　　　　　　　　　铂热电阻 Pt100 的分度表

温度/℃	0	10	20	30	40	50	60	70	80	90
	电阻/Ω									
-200	18.49									
-100	60.25	56.19	52.11	48.00	43.87	39.71	35.53	31.32	27.08	22.80
-0	100.00	96.09	92.16	88.22	84.27	80.31	76.33	72.33	68.33	64.30
0	100.00	103.90	107.79	111.67	115.54	119.41	123.24	127.07	130.89	134.70
100	138.50	142.29	146.06	149.82	153.58	157.31	161.04	164.76	168.46	172.16
200	175.84	179.51	183.17	186.82	190.45	194.07	197.69	201.29	204.88	208.45
300	212.02	215.57	219.12	222.65	226.17	229.69	233.17	236.65	240.13	243.59
400	247.04	250.48	253.90	257.32	260.72	264.11	267.49	270.86	274.22	277.56
500	280.90	284.22	287.53	290.83	294.11	297.39	300.65	303.91	307.15	310.38
600	313.59	316.80	319.99	323.18	326.35	329.51	332.66	335.79	338.92	342.03
700	345.13	348.22	351.30	354.37	357.37	360.47	363.50	366.52	369.53	372.52
800	375.51	378.48	381.45	384.40	387.34	390.26				

(2) 铜热电阻(WZC 型号)

铂电阻虽然优点多,但价格昂贵。铜易于提纯,价格低廉,电阻-温度特性线性较好。在

测量精度要求不高且温度较低的场合,铜电阻得到广泛应用。铜的电阻温度系数大,易加工提纯,其电阻值与温度呈线性关系,价格便宜,在 $-50 \sim 150 \, ℃$ 内有很好的稳定性。但温度超过 $150 \, ℃$ 后易被氧化而失去线性特性,因此,它的工作温度一般不超过 $150 \, ℃$。

铜的电阻率小,要具有一定的电阻值,铜电阻丝必须较细且长,则热电阻体积较大,机械强度低。在 $-50 \sim 150 \, ℃$ 的温度范围内,铜电阻与温度近似呈线性关系,可用下式表示,即

$$R_t = R_0(1 + At + Bt^2 + Ct^3) \tag{2-21}$$

由于 B、C 比 A 小得多,所以可以简化为

$$R_t = R_0(1 + at) \tag{2-22}$$

式中 R_t——温度为 t 时铜电阻值;

  R_0——温度为 $0 \, ℃$ 时铜电阻值;

  a——常数,$a = 4.28 \times 10^{-3} \, ℃^{-1}$。

铜电阻的 R_0 分度表号 Cu50 为 $50 \, \Omega$;Cu100 为 $100 \, \Omega$。铜的电阻率仅为铂的几分之一。因此,铜电阻所用阻丝细而且长,机械强度较差,热惯性较大,在温度高于 $100 \, ℃$ 以上或侵蚀性介质中使用时,易氧化,稳定性较差。因此,只能用于低温及无侵蚀性的介质中。热电阻新、旧分度号如表 2-7 所列。

表 2-7   热电阻新、旧分度号

名称	新型	旧型
铂电阻	—	BA$_1$($R_0 = 46 \, \Omega$) ($a = 0.003 \, 91 \, ℃^{-1}$)
	Pt100($R_0 = 100 \, \Omega$) ($a = 0.003 \, 85 \, ℃^{-1}$)	BA$_2$($R_0 = 100 \, \Omega$) ($a = 0.003 \, 91 \, ℃^{-1}$)
	Pt10($R_0 = 10 \, \Omega$)	—
铜电阻	Cu50($R_0 = 50 \, \Omega$) Cu100($R_0 = 100 \, \Omega$)	G($R_0 = 53 \, \Omega$)

(3)其他热电阻

近年来,在低温和超低温测量方面,采用了新型热电阻。

铟电阻是用 99.999% 高纯度的铟绕成的电阻,可在室温到 42 K 温度范围内使用,$42 \sim 15 \, K$ 温度范围内,灵敏度比铂高 10 倍。缺点是材料软,复制性差。

3. 热电阻传感器的结构

热电阻传感器是由电阻体、绝缘管、保护套管、引线和接线盒等组成,如图 2-20 所示。

热电阻传感器外接引线如果较长时,引线电阻的变化会使测量结果有较大误差,为减小误差,可采用三线式电桥连接法测量电路或四线电阻测量电路,具体可参考有关资料。

例 用分度号为 Cu50($R_0 = 50 \, \Omega$)的铜热电阻测温,测得某介质温度为 $100 \, ℃$,若 $a = 4.28 \times 10^{-3} / ℃$,求:

(1)此时的热电阻值是多少?

(2)检定时发现该电阻的 $R_0 = 51 \, \Omega$,求由此引起的热电阻值绝对误差和相对误差。

解 (1)根据 $R_t = R_0(1 + at)$,代入数值,可求得 $100 \, ℃$ 时的热电阻值

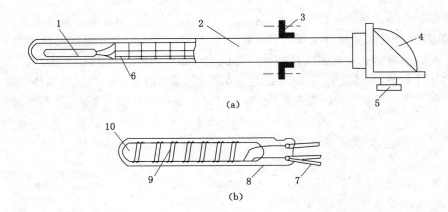

(a)

(b)

图 2-20 热电阻传感器结构

（a）热电阻传感器结构；（b）电阻体结构

1——电阻体；2——不锈钢套管；3——安装固定件；4——接线盒；5——引线口；

6——瓷绝缘套管；7——引线端；8——保护膜；9——电阻丝；10——芯柱

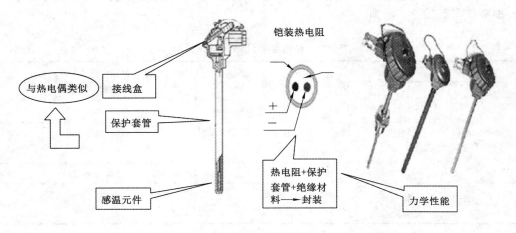

图 2-21 热电阻传感器外形

$$R_t = 50 \times (1 + 4.28 \times 10^{-3} \times 100) = 71.4 \ \Omega$$

（2）当 $R_0 = 51 \ \Omega$ 时，计算得

$$R'_t = 51 \times (1 + 4.28 \times 10^{-3} \times 100) = 72.82 \ \Omega$$

则绝对误差为

$$\Delta R = R'_t - R_t = 72.82 - 71.4 = 1.42 \ \Omega$$

相对误差为

$$\delta = \frac{\Delta R}{R_t} \times 100\% = \frac{1.42}{71.4} \times 100\% = 1.9\%$$

4. 温度变送器

温度变送器与测温元件配合使用将温度信号转换成为统一的标准信号 4～20 mA DC 或 1～5 V DC，以实现对温度的自动检测或自动控制。温度变送器还可以作为直流毫伏变送器或电阻变送器使用，配接能够输出直流毫伏信号或电阻信号的传感器，实现对其他工艺

参数的测量。

温度变送器可分为以 DDZ-Ⅲ 温度变送器为主流的模拟温度变送器和智能化温度变送器两大类。在结构上,温度变送器有测温元件和变送器连成一个整体的一体化结构及测温元件另配的分体式结构。

DDZ-Ⅲ 温度变送器主要有 3 种:直流毫伏变送器、热电偶温度变送器和热电阻温度变送器。其原理和结构形式大致相同。直流毫伏变送器是将直流毫伏信号转换成 4～20 mA DC 电流信号,而热电偶、热电阻温度变送器是将温度信号线性地转换成 4～20 mA DC 电流信号。这三种变送器均属安全火花防爆仪表,采用四线制连接方式,都分为量程单元和放大单元两部分,它们分别设置在两块印刷电路板上,用接插件相连接,其中,放大单元是通用的,而量程单元随品种、测量范围的不同而不同。

(1) 直流毫伏变送器

直流毫伏变送器的作用是把直流毫伏信号 E_i 转换成 4～20 mA DC 电流信号。直流毫伏变送器的构成框图如图 2-22 所示。它把由检测元件送来的直流毫伏信号 E_i 和桥路产生的调零信号 V_z 以及同反馈电路产生的反馈信号 V_f 进行比较,其差值送入前置运放进行电压放大,再经功率放大器转换成具有一定带负载能力的电流信号,同时把该电流调制成交流信号,通过 1:1 的隔离变压器实现隔离输出。

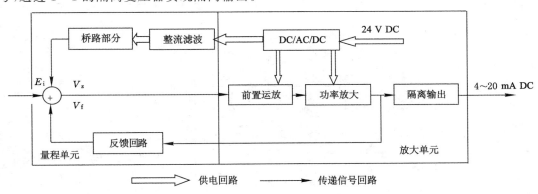

图 2-22 直流毫伏变送器构成框图

(2) 热电偶温度变送器

热电偶温度变送器与热电偶配合使用,要求将温度信号线性地转换为 4～20 mA DC 电流信号或 1～5 V DC 电压信号。由于热电偶测量温度的两个特点,一是需冷端温度恒定,二是热电偶的热电势与热端温度成非线性的关系,故热电偶温度变送器线路需在直流毫伏线路的基础上做两点修改:

① 在量程单元的桥路中,用铜电阻代替原桥路中的恒电阻,并组成正确的冷端补偿回路。

② 在原来的反馈回路中,构造与热电偶温度特性相似的非线性反馈电路,利用深度负反馈电路来实现温度与热电偶温度变送器输出电流呈线性关系。热电偶温度变送器的构成框图如图 2-23 所示。

需要注意的是,由于不同分度号热电偶的热电特性不相同,故与热电偶配套的温度变送器中的非线性反馈电路也是随热电偶的分度号和测温范围的不同而变化的,这也正是热电

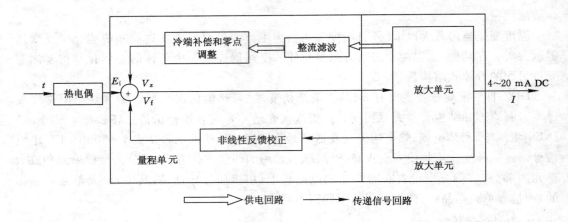

图 2-23　热电偶温度变送器的构成框图

偶温度变送器量程单元不能通用的原因。

热电偶温度变送器接线端子如图 2-24 所示。"A"、"B"分别代表热电偶正、负极连接端;"+"、"－"为 24 V DC 电源的正、负极接线端;"4"、"5"为热电偶温度变送器的 1～5 V DC 电压输出端;"7"、"8"为热电偶温度变送器的 4～20 mA DC 电流输出端;有零点和量程调节螺钉。

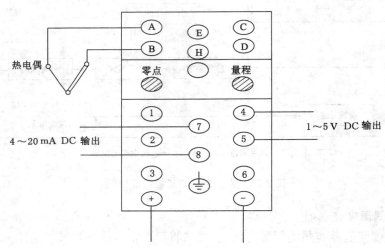

图 2-24　热电偶温度变送器接线端子

（3）热电阻温度变送器

热电阻温度变送器与热电阻配合使用,要求将温度信号线性地转换为 4～20 mA DC 电流信号或 1～5 V DC 电压信号。由于热电阻传感器的输出量是电阻的变化,故需引入桥路,将电阻的变化转换成电压的变化。又由于热电阻温度特性具有非线性,故在直流毫伏线路的基础上需引入线性化环节。热电阻温度变送器的构成框图如图 2-25 所示。

需要注意的是,热电阻温度变送器的线性化电路不同于热电偶温度变送器。它采用的是热电阻两端电压信号正反馈的方法,使流过热电阻的电流随电压增大而增大,即电流随温度的增高而增大,从而补偿热电阻引线电阻由于环境温度增加而导致输出变化量减小的趋

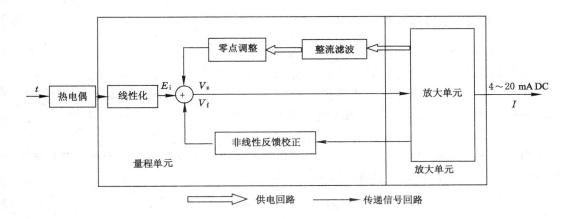

图 2-25 热电阻温度变送器构成框图

势,最终使热电阻两端的电压信号与被测温度呈线性关系。

由于热电阻温度变送器本质上测量的是电阻的变化,故它对引线电阻的要求较高,一般采用三线制接法。

热电阻温度变送器接线端子如图 2-26 所示。"A"、"B"、"H"分别代表热电阻连接端;"+"、"−"为 24 V DC 电源的正、负极接线端;"4"、"5"为热电阻温度变送器的 1～5 V DC 电压输出端;"7"、"8"为热电阻温度变送器的 4～20 mA DC 电流输出端;有零点和量程调节螺钉。

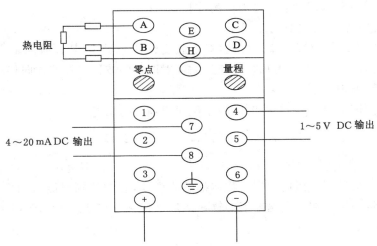

图 2-26 热电阻温度变送器接线端子

(4) DDZ-Ⅲ温度变送器防爆措施

DDZ-Ⅲ温度变送器安全火花防爆措施有 3 条:在输入、输出及电源回路之间通过变压器而相互隔离;在输入端设有限压和限流元件;在输出端及电源端装有大功率二极管及熔断丝。以上 3 条措施使 DDZ-Ⅲ温度变送器能适用于防爆等级为 $H_{Ⅲc}$ 的场所。

三、非接触式温度传感器

（一）黑体辐射定律

辐射测温的理论基础是黑体辐射定律，黑体是指能对落在它上面的辐射能量全部吸收的物体。自然界中任何物体只要其温度在绝对零点以上，就会不断地向周围空间辐射能量。温度愈高，辐射能量就愈多。黑体辐射满足下述各定律。

（1）普朗克定律

当黑体的温度为 T（K）时，它的每单位面积向半球面方向发射的对应于某个波长的单位波长间隔、单位时间内的辐射能量与波长、温度的函数关系为

$$E_b(\lambda, T) = \frac{C_1}{\lambda^5 (e^{\frac{C_2}{\lambda T}} - 1)} \tag{2-23}$$

式中 $E_b(\lambda, T)$——黑体在温度 T、波长 λ、单位时间、单位波长间隔辐射的能量，$W/(cm^2 \cdot \mu m)$；

       C_1——普朗克第一辐射常数，$C_1 = 3.7413 \times 10^{-16} W \cdot m^2$；

       C_2——普朗克第二辐射常数，$C_2 = 1.4388 \ cm \cdot K$；

       λ——辐射波长，μm；

       T——黑体表面的绝对温度，K。

（2）维恩位移定律

黑体对应最大辐射能量的波长随温度的升高，而向短波方向移动，其关系为

$$\lambda_m T = 2998 \tag{2-24}$$

式中 λ_m——对应黑体辐射能量最大值的波长，μm；

       T——黑体表面的绝对温度，K。

式（2-24）称为维恩位移定律。可见，对于温度较低的黑体，其辐射能量主要在长波段。当它的温度升高时，辐射能量增加。对应最大辐射能量的波长向短波方向移动。

（3）斯忒藩-玻耳兹曼定律

在一定的温度下，黑体在单位时间内单位面积辐射的总能量为

$$E_b = \int_0^\infty E_b(\lambda, T) d\lambda = \alpha T^4 Eb \tag{2-25}$$

式中 α——斯忒藩-玻耳兹曼常数，$\alpha = 5.67 \times 10^{-12} W/(cm^2 \cdot K^4)$。

上述各定律只适用于黑体。实际物体都是非黑体，它们的辐射能力均低于黑体。实际物体的辐射能量与黑体在相同温度下的辐射能量之比称为该物体的比辐射率或黑度，记为 ε，则

$$E = \varepsilon E_b \tag{2-26}$$

（二）辐射测温方法

（1）亮度测温法

亮度温度的定义是：某一被测体在温度为 T、波长为 λ 时的光谱辐射能量，等于黑体在同一波长下的光谱辐射能量。此时，黑体的温度称为该物体在该波长下的亮度温度（简称亮温）。由普朗克定律可以得到

$$\frac{1}{T} = \frac{\lambda_e}{C_2} \ln \varepsilon_\lambda + \frac{1}{T_L} \tag{2-27}$$

式中　λ_e——有效波长；

ε_λ——有效波长 λ_e 的比辐射率；

T——被测体的真温；

T_L——被测体的亮温。

（2）比色测温法

比色温度的定义是：黑体在波长 λ_1 和 λ_2 下的光谱辐射能量之比等于被测体在这两个波长下的光谱辐射能量之比，此时黑体的温度称为被测体的比色温度（简称色温）。

由普朗克定律可求得被测体的温度与其色温的关系为

$$\frac{1}{T} - \frac{1}{T_c} = \frac{\ln(\varepsilon_1/\varepsilon_2)}{C_2\left(\dfrac{1}{\lambda_1} - \dfrac{1}{\lambda_2}\right)} \tag{2-28}$$

式中　T_c——被测体的色温；

T——被测体温度；

ε_1，ε_2——被测体对应于波长 λ_1 和 λ_2 的比辐射率。

当比辐射率 ε_1、ε_2 为已知时，根据式（2-28）可由测得的色温求出被测体的真温。

（3）全辐射测温法

全辐射测温的理论依是斯忒藩-玻耳兹曼定律。全辐射温度的定义是：当某一被测体的全波长范围的辐射总能量与黑体的全波长范围的辐射总能量相等时，黑体的温度就称为该被测体的全辐射温度。此时有

$$T = T_b \sqrt[4]{\frac{1}{\varepsilon}} \tag{2-29}$$

当被测体的全波比辐射率 ε 为已知时，可由式（2-29）校正后，求得真温 T。

由上述 3 种测温原理可知，比色测温与亮度测温都具有较高的精度。比色测温的抗干扰能力强，在一定程度上可以消除电源电压的影响和背景杂散光的影响等。全辐射测温容易受背景干扰。

从 3 种辐射测温原理可见，辐射法测温并非直接测得物体的真温，每种方法都需要由已知的比辐射率校正后求出真温。这样，由于比辐射率的测量误差将会影响辐射测温结果的准确性，这是辐射测温法的缺点。因此，尽管辐射测温具有很多优点，但测温精度还不够高，这在一定程度上影响了它的使用。加之辐射测温仪器复杂，价格较贵，因此它的使用范围远不及接触式测温仪表广泛。

（三）辐射测温仪表

（1）光学高温计

光学高温计按其结构可分为灯丝隐灭式和灯丝恒亮式两类。灯丝隐灭式是光学高温计中最完善的一类，这里只介绍灯丝隐灭式光学高温计的工作原理。

当被测物体辐射的单色亮度与光学高温计内灯丝的单色亮度相等时，两者的温度便是一致的，而灯丝的温度可由流过它的电流的大小来确定。测量时，将光学高温计对准被测体。调节灯丝电流、改变灯丝的亮度，使之与被测物体亮度相等。这时被测体辐射强度就等于标准灯泡灯丝的辐射强度，灯丝便消失在被测物的背景之中。灯丝的电流与它的温度有着确定的关系，因此可把电流值直接刻度成温度值。

光电高温计的工作原理如图 2-27 所示。被测体的辐射光由物镜聚焦后经光栏、调制遮光板的上方孔、滤光片，投射到光敏元件上。另一路光是由参比光源灯泡发出的一束光经透镜、调制遮光板的下方孔、滤光片后投射到光敏元件的同一位置。调制遮光板将来自被测体和参比光源的两束光变成脉冲光束，并交替地投射到光敏元件上。如果两束光存在亮度差，则差值将被放大推动可逆电动机旋转带动滑线电阻的触点，调节灯泡的电源，直至两束光的亮度平衡为止。同时可逆电动机也带动显示记录仪表记录出相应的温度值。

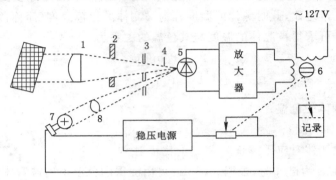

图 2-27　光电高温计原理图

1——物镜；2——光栏；3——调制遮光板；4——滤光片；
5——光敏元件；6——可逆电动机；7——参比光源；8——透镜

（2）光电比色高温计

光电比色高温计在光路结构上与光电亮度高温计有很多相似之处，但它是利用被测对象两个不同波长的辐射能量之比与其温度之间的关系来实现辐射测量的。比色高温计有两种基本结构形式：单通道式和双通道式。图 2-28 是双通道式光电比色高温计的结构原理图。

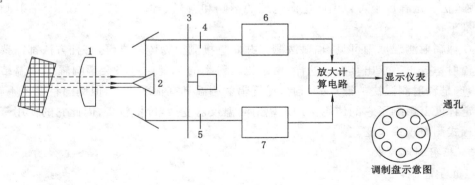

图 2-28　双通道式光电比色高温计的结构原理图

1——透镜；2——棱镜；3——调制盘；4，5——滤光片；6，7——光敏元件

它的原理是：来自被测体的光穿过透镜经棱镜分成两束平行光。两束光同时通过（或同时不通过）调制盘，然后再分别经过滤光片后投射到两个光敏元件上。由于两个滤光片的波长不同，因此投射到两个光敏元件上的是经过调制了的两束不同波长的光。它们在光敏元件上产生的电信号送入放大电路，经计算后即显示出被测体的温度。

（3）全辐射温度计

全辐射温度计的工作原理如图 2-29 所示。与前面几种辐射温度计相比，它是把被测体的所有波长的能量全部接收下来，而不需要变为单色光。因此，全辐射式温度计要求光敏元件对整个光谱的光都能较好的响应。一般选用热电堆或热释电器件。热释电器件近年来应用较多，它的响应速度快，并且有很宽的动态范围，对光谱辐射的响应几乎与波长无关，直到远红外波段灵敏度都相当均匀。

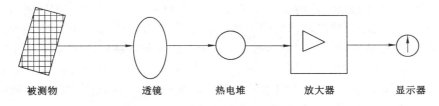

被测物　　　　透镜　　　热电堆　　　放大器　　　显示器

图 2-29　全辐射温度计的工作原理

四、温度检测仪表的选用

温度检测仪表的选用应根据工艺要求，正确选择仪表的量程和精度。正常使用温度范围，一般为仪表量程的 30%～90%。现场直接测量的仪表可按工艺要求选用。

玻璃液体温度计具有结构简单、使用方便、测量准确、价格便宜等优点，但强度差、容易损坏，通常用于指示精度较高、现场没有震动的场合，还可作温度报警和位式控制。

双金属温度计具有体积小、使用方便、刻度清晰、机械强度高等优点，但测量误差较大，适用于指示清晰、有震动的场合，也可作报警和位式控制。

压力式温度计有充气式、充液体式和充蒸气式 3 种。可以实现温度指示、记录、调节、远传和报警，刻度清晰，但毛细管的机械强度较差，测量误差较大，一般用于就地集中测量或要求记录的场合。

热敏电阻温度计具有体积小、灵敏度高、惯性小、结实耐用等优点，但是热敏电阻的特性差异很大，可用于间断测量固体表面温度的场合。

测量微小物体和运动物体的温度或测量因高温、振动、冲击等原因而不能安装测温元件的物体的温度，应采用光学高温计、辐射感温器等辐射型温度计。

辐射型温度计测温度必须考虑现场环境条件，如受水蒸气、烟雾、一氧化碳、二氧化碳等影响，应采取相应措施，克服干扰。

光学高温计具有测温范围广、使用携带方便等优点，但是只能目测，不能记录或控制温度。

辐射感温器具有性能稳定、使用方便等优点，与显示仪表配套使用能连续指示记录和控制温度，但测出的物体温度和真实温度相差较大，使用时应进行修正。当与瞄准管配套测量时，可测得真实温度。

课外拓展

阿蒙顿的空气温度计与低温极点的预言

在众多尝试研制测温仪器的人中有一位法国科学家阿蒙顿，他从自己的测温实践中天才猜测到低温存在极点。

法国科学家阿蒙顿(Guillaume Amontons)年轻时失聪,但他并没有把它视为太大的不幸,因为这使他更可能潜心于科学研究,少受外界干扰。他在巴黎政府中任职,但也热心于科学工作。1702 年阿蒙顿尝试改进伽利略的空气温度计,设想利用空气的压强测量温度。他的温度计由一个 U 形管组成,U 形管较短的一臂连接一个空心的玻璃球,较长的一臂有45 英寸(114 cm),将水银注入 U 形管并进入玻璃球的下部。测温时用水银来保持玻璃球内空气容积始终不变,而通过两边的水银面的高度差,也就是球内定容气体的压强与大气压强之差来测量温度。阿蒙顿将玻璃球先浸入冰水中,然后再放入沸水中,记下这两种情况下水银面的差值,并假定玻璃球内空气的压强正比于温度的变化,因而可以依据长臂中水银面的高度来确定任意温度。虽然阿蒙顿也选择了水的沸点作为一个温度的固定点,但由于不了解水的沸点受大气压变化影响,所以他的温度计不是很准确,加之这种温度计使用上的不便,使其没有引起当时致力于研制更有实用价值温度计的科学家的注意。

在标定温度计时阿蒙顿发现,定量的空气在定容情况下从冰的熔点加热到水的沸点,压强增加了约 1/3。阿蒙顿敏锐地意识到,从冰点的温度逆推,温度下降压强变小,在某一温度下,空气的压强将降为零。因为压强不可能为负值,温度的降低终有一刻停止,达到冷的极点。他猜测说:"看来,这个温度计的极冷点是通过空气的弹力使空气变成为完全不受负荷的状态,在这个状态下冷的程度比认为的很冷的那个温度要冷得多。"尽管未曾使用"绝对零度"这样一个术语,阿蒙顿已经得到绝对零度的概念。从阿蒙顿的资料中可以推算出,用摄氏温度表示,他推定的绝对零度是-239.5 ℃。

(引自——马溥《通往绝对零度的道路》)

思考题

1. 试比较热电偶测温与热电阻测温的区别。
2. 中间导体定律和标准电极定律的实用价值是什么?
3. 正确使用补偿导线和引入中间导体的条件是什么?
4. 分度号分别为 S、K、D 的三种热电偶,它们在单位温度变化下其热电势值哪个最大?哪个最小?
5. 热电偶测温时为什么要进行冷端温度补偿?有哪些补偿方法?各适用于什么场合?
6. 用镍铬-镍硅热电偶测量炉温,如果热电偶在工作时的冷端温度为 30 ℃,测得热电势指示值为 33.34 mV,求被测炉温的实际值是多少?
7. 用分度号为 Cu50 的铜热电阻测温,测得 $R_t=71.02$ Ω。若 $\alpha=4.28\times10^{-3}$℃$^{-1}$,求此时的被测温度。
8. 用分度号为 Cu50 的热电阻测得某介质的温度为 84 ℃,但检定时发现该电阻的 $R_0=50.4$ Ω。若电温系数为 $\alpha=4.28\times10^{-3}$℃$^{-1}$,求由此引起的绝对误差和相对误差。
9. 用分度号为 Pt100 铂电阻测温,但错用了 Cu100 铜电阻的分度表,查得温度为140 ℃,求实际的被测温度。
10. 当一个热电阻温度计所处的温度为 20 ℃时,电阻是 100 Ω;当温度是 25 ℃时,它的电阻是 101.5 Ω。假设温度与电阻间的变换关系为线性关系,试计算当温度计分别处在-100 ℃和 150 ℃时的电阻值。

第二节 压力测量与仪表

【本节思维导图】

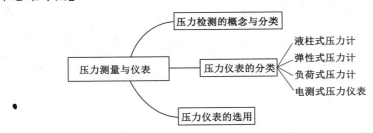

一、压力检测的概念与分类

（一）压力的描述与单位

（1）绝对压力。指作用于物体表面上的全部压力，其零点以绝对真空为基准，又称总压力或全压力，一般用小写字母 p 表示。

（2）大气压力。指地球表面上的空气柱重量所产生的压力，以 p_0 表示。

（3）相对压力。指绝对压力与大气压力之差，一般用 p 表示。当绝对压力大于大气压力时，称为正压，简称压力，又称表压力；当绝对压力小于大气压力时，称为负压，负压又可用真空度表示，负压的绝对值称为真空度。测压仪表指示的压力一般都是表压力。

（4）压差。任意两个压力之差称为压差。压力在国际单位制中的单位是牛顿/米²（N/m²），通常称为帕斯卡或简称帕（Pa）。由于帕的单位很小，工业上一般采用千帕（kPa）或兆帕（MPa）作为压力的单位。在工程上还有一些习惯使用的压力单位，如我国在实行法定计量单位前使用的工程大气压（kgf/cm²），它是指每平方厘米的面积上垂直作用1千克力的压力；标准大气压（760 mmHg）是指 0℃时水银密度为 13.595 1 g/cm³，在标准重力加速度9.806 65 m/s²下高 760 mm 水银柱对底面的压力；毫米水柱（mmH₂O）是指标准状态下高 1 mm 的水柱对底面的压力；毫米汞柱（mmHg）指标准状态下高 1 mm 的水银柱对底面的压力等。一些西方国家尚有使用 bar（或 mbar）和 bf/in² 等旧时压力单位的，这些压力单位的相互换算见表 2-8。

表 2-8 　　　　　　　　　　　　压力单位的相互换算

帕（Pa）	工程大气压（kgf/cm²）	标准大气压（atm）	毫米水柱（mmH₂O）	毫米水银柱（mmHg）	毫巴（mbar）	磅力/英寸²（bf/in²）
1	$1.019\ 71\times10^{-5}$	$0.986\ 92\times10^{-5}$	0.101 971	$0.750\ 0\times10^{-2}$	1×10^{-2}	$1.450\ 44\times10^{-4}$

（二）压力仪表的分类

由于在各个领域中都广泛地应用着不同的压力测量仪表，所以致使压力表的种类繁多，对压力表的分类也常采用不同的方法，如表 2-9 所列。为了测量方便，根据所测压力高低不同，习惯上把压力划分成不同的区间。在各个区间内，压力的发生和测量都有很大差别，压力范围的划分对仪表分类也有影响。

表 2-9　　　　　　　　　　　　　　　压力仪表的分类

类别	压力表形式	测压范围/kPa	精度等级	输出信号	性能特点
液柱式压力计	U形管	−10～10	0.2,0.5	水柱高度	实验室压力低,微压压力测量
	补偿式	−2.5～2.5	0.02,0.1	旋转刻度	用作微压基准仪器
	自动液柱式	−102～102	0.005,0.01	自动计数	用光、电信号自动跟踪液面,用作压力基准仪器
弹性式压力表	弹簧管	−102～106	0.1～4.0	位移,转角或力	就地测量或校验
	膜片	−102～102	1.5～2.5		用于腐蚀性、高黏度介质测量
	膜盒	−102～102	1.0～2.5		微压测量与控制
	波纹管	0～102	1.5,2.5		生产过程低压测控
负荷式压力计	活塞式	0～106	0.01～0.1	砝码负荷	结构简单,坚实,精度极高,用作压力基准器
	浮球式	0～104	0.02,0.05		
电气式压力表（压力传感式）	电阻式	−102～104	1.0,1.5	电压,电流	结构简单,耐震动性差
	电感式	0～105	0.2～1.5	毫伏,毫安	环境要求低,信号处理灵活
	电容式	0～104	0.05～0.5	伏,毫安	响应速度极快,限于动态测量
	压阻式	0～105	0.02～0.2	毫伏,毫安	性能稳定可靠,结构简单
	压电式	0～104	0.1～1.0	伏	响应速度极快,限于动态测量
	应变式	−102～104	0.1～0.5	毫伏	冲击、温湿度影响小,电路复杂
	振频式	0～104	0.05～0.5	频率	性能稳定,精度高
	霍尔式	0～104	0.5～1.5	毫伏	灵敏度高,易受外界干扰

1. 压力范围的划分

（1）微压:压力在 0～0.1 MPa 以内。

（2）低压:压力在 0.1～10 MPa 以内。

（3）高压:压力在 10～600 MPa 以内。

（4）超高压:压力高于 600 MPa。

（5）真空（以绝对压力表示）:

① 粗真空:$1.333\ 2\times10^{3}$～$1.013\ 3\times10^{5}$ Pa;

② 低真空:$0.133\ 32$～$1.333\ 2\times10^{3}$ Pa;

③ 高真空:$1.333\ 2\times10^{-6}$～$0.133\ 32$ Pa;

④ 超高真空:$1.333\ 2\times10^{-10}$～$1.333\ 2\times10^{-6}$ Pa;

⑤ 极高真空:$<1.333\ 2\times10^{-10}$ Pa。

2. 压力仪表的分类

（1）按敏感元件和转换原理的特性不同分类。

① 液柱式压力计。根据液体静力学原理,把被测压力转换为液柱的高度来实现测量。如 U 形管压力计、单管压力计和斜管压力计等。

② 弹性式压力计。根据弹性元件受力变形的原理,把被测压力转换为位移来实现测量。如弹簧管压力计、膜片压力计和波纹管压力计等。

③ 负荷式压力计。基于静力平衡原理测量。如活塞式压力计、浮球式压力计等。

④电测式压力仪表。利用敏感元件将被测压力转换为各种电量,根据电量的大小间接进行检测。

电阻、电感、感应式压力计是把弹性元件的变形转换成相应的电阻、电感或者感应电势的变化,再通过对电阻、电感或电势的测量来测量压力;霍尔式压力计是弹性元件的变形经霍尔元件的变换,变成霍尔电势输出,再根据电势大小测量压力;应变式压力计是应用应变片(丝)直接测量弹性元件的应变来测量压力;电容式压力计是把弹性膜片作为测量电容的一个极,当压力变化时使极向电容发生变化,根据电容变化测量压力;振弦式压力计是用测量弹性元件位移的方法通过测量一端固定在膜片(弹性元件)中心的钢弦频率,从而测量出压力;压电式压力计是利用压电晶体的压电效应测量压力。

(2) 按测量压力的种类分类,可分为压力表、真空表、绝对压力表和压差压力表。

(3) 按仪表的精确度等级分类。

① 一般压力表精确度等级有 1 级、1.5 级、2.5 级和 4 级;

② 精密压力表精确度等级有 0.4 级、0.25 级、0.16 级、0.1 级和 0.05 级数字压力表;

③ 活塞式压力计 0.2 级(三等)、0.05 级(二等)、0.02 级(一等)。

除上述一些分类方法外,还有根据使用用途划分的,如标准压力计、实验室压力计、工业用压力计等。

二、液柱式压力计

液柱式压力计是利用液柱高度和被测介质压力相平衡的原理所制成的测压仪表。它具有结构简单、使用方便,测量准确度比较高、价格便宜,并能测量微小压力,还能自行自造等优点,因此在生产上和实验室应用较多。液柱式压力计外形如图 2-30 所示。

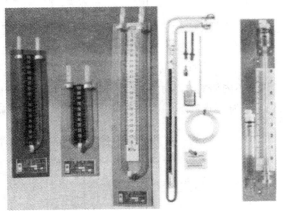

图 2-30　液柱式压力计外形

1. U 形管压力计

U 形管压力计可以测量表压、真空以及压力差,其测量上限可达 1 500 mm 液柱高度。U 形管压力计的示意图如图 2-31 所示,它由 U 形玻璃管、刻度盘和固定板三部分组成。根据液体静力平衡原理可知,在 U 形管的右端接入待测压力,作用在其液面上的力为左边一段高度为 h 的液柱,和大气压力 p_0 作用在液面上的力所平衡,即

$$p_绝 A = (h\rho g + p_0)A \qquad (2\text{-}30)$$

如将上式左右部分的 A 消去，得

$$h = \frac{p_绝 - p_0}{\rho g} = \frac{p_表}{\rho g} \qquad (3\text{-}31)$$

或

$$p_表 = h\rho g \qquad (2\text{-}32)$$

式中　A——U 形管截面积；

ρ——U 形管内所充入的工作液体密度；

$p_绝$，p_0——绝对压力和大气压力；

$p_表$——被测压力的表压力，$p = p_绝 - p_0$；

h——左右两边液面高度差。

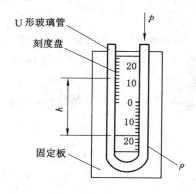

图 2-31　U 形管压力计

2. 单管压力计

U 形管压力计在读数时，需读取两边液位高度，将其相减，使用起来比较麻烦。为了能够直接从一边读出压力值，人们将 U 形压力计改成单管压力计形式，其结构如图 2-32 所示。即把 U 形管压力计的一个管改换成杯形容器，就成为单管压力计。杯内充有水银或水，当杯内通入待测压力时，杯内液柱下降的体积与玻璃管内液柱上升的体积是相等的。这样，就可以用杯形容器液面作为零点，液柱差可直接从玻璃管刻度上读出。

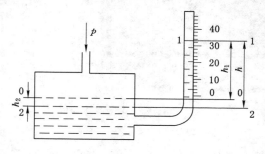

图 2-32　单管压力计

由于左边杯的内径 D 远大于右边管子的内径 d，当压力 $p_绝$ 加于杯上，杯内液面由 0—0 截面下降到 2—2 截面处，其高度为 h_2，玻璃管内液柱由 0—0 截面上升到 1—1 截面处，其高

度为 h_1，而杯内减少的工作液的体积等于玻璃管内增加的工作液的体积，即

$$\frac{\pi D^2}{4} \cdot h_2 = \frac{\pi d^2}{4} \cdot h_1 \tag{2-33}$$

或

$$h_2 = \left(\frac{d}{D}\right)^2 \cdot h_1 \tag{2-34}$$

因为

$$h = h_1 + h_2 \tag{2-35}$$

故

$$h = h_1 + \left(\frac{d}{D}\right)^2 \cdot h_1 \tag{2-36}$$

由于 $D \gg d$，所以 $\left(\frac{d}{D}\right)^2$ 项可以忽略，则

$$h \approx h_1 \tag{2-37}$$

被测压力 $p_表$ 可写成

$$p_表 = \rho g h_1 \tag{2-38}$$

单管压力计的"零"位刻度在刻度标尺的下端，也可以在上端。液柱高度只需一次读数。使用前需调好零点，使用时要检查是否垂直安装。单管压力计的玻璃管直径，一般选用 3～5 mm。

3. 斜管压力计

一般当测量的压力较低，并要求有较高的测量精确度时，不应采用 U 形或单管压力计。这时，通常改用斜管压力计。

斜管压力计就是将单管压力计的玻璃管倾斜放置，如图 2-33 所示。由于 h_1 读数标尺连同单管一起被倾斜放置，使刻度标尺的分度间距离得以放大，这样就可以测量到 1/10 mm 水柱的微压，所以有时又把斜管压力计叫做微压力计。

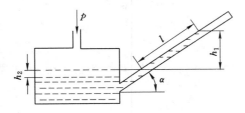

图 2-33　倾斜管压力计

斜管压力计有倾斜角固定的和变动的两种。使用时注入容器内的液体密度一定要和原刻度标尺时所用的液体密度一致，否则要加以校正。为了使用方便，通常把标尺直接制成毫米水柱的刻度。

倾斜管压力计的零位刻度在刻度标尺的下端。倾斜管角度是可以根据生产需要改变的，固定的斜管压力计的液面变化范围比单管压力计放大 $\frac{1}{\sin \alpha}$ 倍。使用前需放置水平调好零位。更换工作液时，其密度与原刻度标尺时的密度要一致。

若将被测压力 p 通入容器，则玻璃管中液面的位置将移动为 l。如忽视容器中波面的

降低,则测得的压力可用下式表示

$$h_1 = \rho g l \sin \alpha \tag{2-39}$$

式中　l——液体自标尺零位向上移动的毫米数;

　　　α——玻璃管的倾斜角;

　　　ρ——液体密度。

可见,斜管压力计所测量的压力等于倾斜管中液面移动的距离,与该液体密度和玻璃管倾斜角 α 的正弦之乘积。

三、弹性式压力计

弹性式压力表是以弹性元件受压产生弹性变形作为测量基础的,它结构简单、价格低廉、使用方便、测量范围宽、易于维修,在工程中得到应用的广泛。

(一)弹性元件

不同材料、不同形状的弹性元件适配于不同场合、不同范围的压力测量。常用的弹性元件有弹簧管、波纹管和膜片等,图 2-34 为一些弹性元件的示意图。

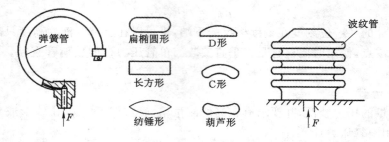

图 2-34　弹簧管与波纹管

1. 弹簧管

它是一端封闭并且弯成圆弧形的管子,管子的截面为扁圆形或椭圆形。当被测压力从固定端输入后,它的自由端会产生弹性位移,通过位移大小进行测压。弹簧管式压力计测量范围最高可达 10^9 Pa,在工业上应用普遍。这一类压力计的弹簧管又有单圈管和多圈管之分,多圈弹簧管自由端的位移量较大,测量灵敏度也较单圈弹簧管高。弹簧管压力计如图 2-35所示。

2. 波纹管

这是一种表面上有多个同心环形状波纹的薄壁筒体,用金属薄管制成。当输入压力时,其自由端产生伸缩变形,从而测取压力大小。波纹管对压力灵敏度较高,可以用来测量较低的压力或压差。

3. 波纹膜片和膜盒

波纹膜片由金属薄片或橡皮膜做成,在外力作用下膜片中心产生一定的位移,反映外力的大小。薄膜式压力计中膜片又分为平膜片、波纹膜片和挠性膜片。其中,平膜片可以承受较大被测压力,平膜片变形量较小,灵敏度不高,一般在测量较大的压力而且要求变形不很大的场合使用。波纹膜片测压灵敏度较高,常用在小量程的压力测量中。

平膜片在压力或力作用下位移量小,因而常把平膜片加工制成具有环状同心波纹的圆

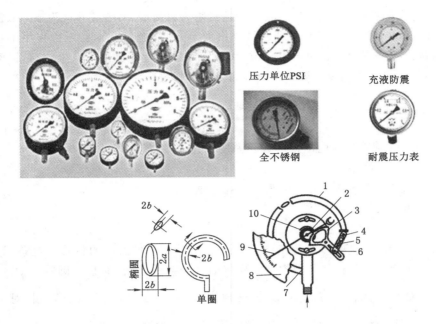

图 2-35　弹簧管压力计

1——弹簧管；2——小齿；3——扇形齿轮；4——拉杆；5——连杆调节螺钉；
6——放大调节螺钉；7——接头；8——刻度盘；9——指针；10——游丝

形薄膜，这就是波纹膜片。其波纹形状有正弦形、梯形和锯齿形，如图 2-36(a)所示。膜片的厚度在 0.05～0.3 mm 之间，波纹的高度在 0.7～1 mm 之间。波纹膜片中心部分留有一个平面，可焊上一块金属片，便于同其他部件连接。当膜片两面受到不同的压力作用时，膜片将弯向压力低的一面，其中心部分产生位移。

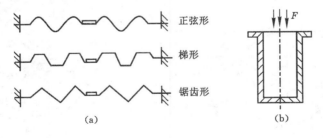

图 2-36　波纹膜片与薄壁圆筒

(a) 波纹膜片；(b) 薄壁圆筒

4. 薄壁圆筒

薄壁圆筒弹性敏感元件的结构如图 2-36(b)所示。圆筒的壁厚一般小于圆筒直径的 1/20，当筒内腔受流体压力时，筒壁均匀受力，并均匀地向外扩张，所以在筒壁的轴线方向产生拉伸力和应变。薄壁圆筒弹性敏感元件的灵敏度取决于圆筒的半径和壁厚，与圆筒长度无关。

(二) 弹簧管压力表

弹簧管压力表的应用历史悠久，其敏感元件是弹簧管，弹簧管的横截面呈非圆形(椭圆形或扁形),弯成圆弧形的空心管子,其中一端封闭为自由端、另一端开口为输入被测压力的固定端,如图 2-37 所示。当开口端通入被测压力 p 后,非圆横截面在压力作用下将趋向圆形,并使弹簧管有伸直的趋势而产生力矩,其结果使弹簧管的自由端产生位移,同时改变中心角。中心角的相对变化量与被测压力有如下的函数关系

$$\frac{\Delta y}{y} = \frac{pR^2\alpha(1-\mu^2)\left(1-\dfrac{b^2}{a^2}\right)}{Ebh(\beta+k^2)} \tag{2-40}$$

式中 μ, E——弹簧管材料的泊松系数和弹性模数;

h——弹簧管的壁厚;

a, b——扁形或椭圆形弹簧管截面的长半轴、短半轴;

k——弹簧管的几何参数,$k=Rh/a^2$;

α, β——与 a/b 比值有关的系数。

由式(2-40)可知,要使弹簧管在被测压力 p 作用下其自由端的相对角位移 $\Delta y/y$ 与 p 成正比,必须保持由弹簧材料和结构尺寸决定的其余参数不变,而且扁圆管截面的长、短轴差距愈大,相对角位移愈大,测量的灵敏度愈高。当 $b=a$ 时,由于 $1-\dfrac{b^2}{a^2}$,相对角位移量 $\Delta y/y=0$,说明具有均匀壁厚的完全圆形弹簧管不能作为测压元件。

弹簧管压力表(图 2-38)测量范围宽,包括负压、微压、低压、中压和高压的测量。弹簧管的材料因被测介质的性质、被测压力的大小而不同。一般在 $p<20$ MPa 时采用磷铜;$p>20$ MPa 时,则采用不锈钢或合金钢。使用压力表时,必须注意被测介质的化学性质。例如,测量氨气压力时必须采用不锈钢弹簧管,而不能采用铜质材料;测量氧气压力时,严禁沾有油脂,以免着火甚至爆炸。

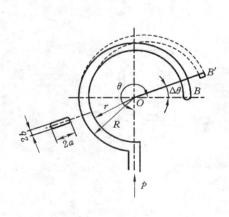

图 2-37　单圈弹簧管结构

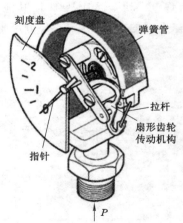

图 2-38　弹簧管压力表

弹性式压力表价格低廉,结构简单,坚实牢固,因此得到广泛应用。其测量范围从微压或负压到高压,精确度等级一般为 1～2.5 级,精密型压力表可达 0.1 级。它可直接安装在各种设备上或用于露天作业场合,制成特殊形式的压力表还能在恶劣的环境(如高温、低温、振动、冲击、腐蚀、黏稠、易堵和易爆)条件下工作。但因其频率响应低,所以不宜用于测量动态压力。

四、负荷式压力计

(一)活塞式压力计

活塞式压力计也称为压力天平,主要用于计量室、实验室以及生产或科学实验环节作为压力基准器使用,也有将活塞式压力计直接应用于高可靠性监测的环节,对其他压力仪表进行校验。活塞式压力计是基于帕斯卡定律及流体静力学平衡原理产生的一种高准确度、高复现性和高可信度的标准压力计量仪器。活塞式压力计是通过将专用砝码加载在已知有效面积的活塞上所产生的压强来表达精确压力量值的,由于活塞式压力计较其他压力量仪其测量结果极具真值可信、性能更显稳定,因此,活塞式压力计在其领域内有着相当广泛的应用。国际上常将活塞式压力计作为国家基准和工作基准或压力计量标准器。

0.05级的活塞式压力计是用来检定0.25级和0.4级精密压力表的基准仪器。此种仪器是按国家标准进行生产的,其测量范围有0.04～0.6 MPa、0.1～6 MPa、0.5～25 MPa、1～60 MPa、5～250 MPa。另外,−0.1～0.25 MPa的活塞式压力真空计是按企业标准进行生产的。

活塞式压力计如图2-39所示。由图2-39(a)的原理图可知,仪表的测量变换部分包括活塞、活塞筒和砝码。

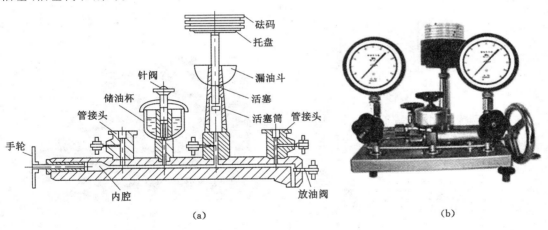

图 2-39　活塞式压力计
(a)原理图;(b)实物图

活塞一般由钢制成,在它上边有承受重物的圆盘,而在活塞下边为了防止活塞从活塞筒中滑出,装了一个比活塞直径稍大的限程螺帽。活塞筒的内径是经过仔细研磨的,它的下部与底座相连,而上部装有漏油斗,用它可以把系统中漏出的油积聚起来。活塞筒下边的孔道是与螺旋压力计的内腔相通的,转动螺旋压力机手轮,可以压缩内腔中的工作液体,以产生所需的压力。与活塞系统相连的还有管接头,通过它可以把被校压力表接在系统中。往系统中注油或放油通过针阀和放油阀来实现。工作时,把工作液(变压器油或蓖麻油等)注入系统中,再在活塞承重盘上部加上必要的砝码,旋转手轮,使系统压力提高,当压力达到一定程度时,由于系统内压力的作用,使活塞浮起。

在活塞压力计工作中,应使活塞及重物旋转。旋转的目的是使活塞与活塞筒之间不会有机械接触,产生摩擦。这样也便于发现活塞工作中的一些不正常现象,如点接触、偏心、阻力过大等。活塞旋转以后,如果能很平稳地转动,并且保持足够的旋转持续时间,说明仪表在最佳状态下工作。

当系统处于平衡时,即系统内的压力作用在活塞上的力与重物及活塞本身的质量相平衡,系统内部的压力为

$$p = \frac{G}{S_0} \tag{2-41}$$

式中　G——重物(砝码)加活塞及上部圆盘的总质量;

　　　S_0——活塞的有效面积。

（二）浮球式压力计

浮球式压力计是以压缩空气或氮气作为压力源,以精密浮球处于工作状态时的球体下部的压力作用面积为浮球有效面积的一种气动负荷式压力计。如图 2-40(a)所示,精密浮球置于筒形的喷嘴内部,专用砝码通过砝码架作用在球体的顶端,喷嘴内的气压作用在球体下部,使浮球在喷嘴内漂浮起来。当已知质量的专用砝码所产生的重力与气压的作用力相平衡时,浮球式压力计便输出一个稳定而精确的压力值。

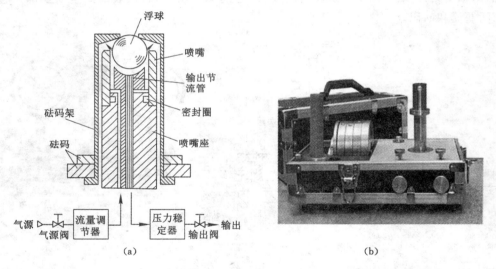

图 2-40　浮球式压力计
(a) 原理图;(b) 实物图

在浮球式压力计的砝码架上增、减砝码时,会改变测量系统的平衡状态,致使浮球下降或上升,排入大气的气体流量随即发生改变,浮球下部的压力则发生变化,流量调节器会及时准确地改变气体的流入量,使系统重新达到平衡状态,保持浮球的有效面积恒定,保持输出压力与砝码负荷之间的比例关系。确保了浮球式压力计的高准确度。

浮球式压力计原理图如图 2-40(a)所示,压缩空气或氮气通过流量调节器进入球体的下部,并通过球体和喷嘴之间的缝隙排入大气,在球体下部形成的压力将球体连同砝码向上托起。当排气体流量等于来自调节器的流量时,系统处于平衡状态。这时,球体将浮起一定高度,球体下部的压力作用面积(即浮球的有效面积)也就一定。由于球体下部的压力通过压力稳定器后作为输出压力,因此输出压力将与砝码负荷成比例。

在砝码架上增、减砝码时，将破坏上述的平衡状态，使浮球下降或上升。从而也改变了排入大气的气体流量，使浮球下部的压力发生变化。调节器测出压力变化后，立即改变气体的流入量，使系统重新达到平衡状态，以保持浮球的有效面积不变。因而，保持了输出压力与砝码负荷之间的固定比例关系，使浮球式压力计达到很高的精确度。

与传统的活塞式压力计相比，浮球式压力计具有下列特点：

（1）浮球式压力计内置自动流量调节器，增减砝码后无需任何操作，即可得到精确的输出压力。

（2）工作时浮球不下降，可连续、稳定地输出精确的压力信号。

（3）浮球式压力计具有流量自行调节功能，其精确度与操作者的技术水平无关。

（4）仪器工作时气流使浮球悬浮于喷嘴内，球体与喷嘴之间处于非接触状态。其摩擦小、重复性好、分辨能力高，且免除了旋转砝码的必要，这是浮球式压力计所独具的特性。

（5）工作进程中，气流能不断地对浮球体进行自清洗，确保了仪器的高可靠性。

五、电测式压力仪表

（一）应变式压力传感器

金属应变片式传感器的核心元件是金属应变片，它可将试件上的应变变化转换成电阻变化。应用时将应变片用黏结剂牢固地粘贴在被测试件表面上，当试件受力变形时，应变片的敏感栅也随同变形，引起应变片电阻值变化，通过测量电路将其转换为电压或电流信号输出。

应变式传感器已成为目前非电量电测技术中非常重要的检测部件，广泛地应用于工程测量和科学实验中。

1．金属应变片式传感器

（1）精度高，测量范围广。对测力传感器而言，量程从零点几牛至几百千牛，精度可达 0.05%FS（FS 表示满量程）；对测压传感器，量程从几十帕至 10^{11} Pa，精度为 0.1%FS。

（2）频率响应特性较好。一般电阻应变式传感器的响应时间为 10^{-7} s，半导体应变式传感器可达 10^{-11} s，若能在弹性元件设计上采取措施，则应变式传感器可测几十甚至上百、上千赫的动态过程。

（3）结构简单，尺寸小，重量轻。因此，应变片粘贴在被测试件上对其工作状态和应力分布的影响很小，同时使用维修方便。

（4）可在高（低）温、高速、高压、强烈振动、强磁场及核辐射和化学腐蚀等恶劣条件下正常工作。

（5）易实现小型化、固态化。随着大规模集成电路工艺的发展，目前已有将测量电路，甚至 A/D 转换器，与传感器组成一个整体。传感器输出可直接接入计算机进行数据处理。

（6）价格低廉，品种多样，便于选择。

但是应变式传感器也存在一定的缺点：在大应变状态中具有较明显的非线性，半导体应变式传感器的非线性更为严重；应变式传感器输出信号微弱，故它的抗干扰能力较差，因此，信号线需要采取屏蔽措施；应变式传感器测出的只是一点或应变栅范围内的平均应变，不能显示应力场中应力梯度的变化等。

2. 平膜式应变传感器

图 2-41 是一种最简单的平膜式压力传感器。由膜片直接感受被测压力而产生的变形,应变片贴在膜片的内表面,在膜片产生应变时,使应变片有一定的电阻变化输出。

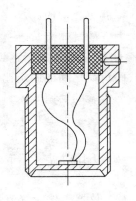

对于边缘固定的圆形膜片,在受到均匀分布的压力 p 后,膜片中一方面要产生径向应力,同时还有切向应力,由此引起的径向应变 ε_r 和切向应变 ε_τ 分别为

$$\varepsilon_r = \frac{3p}{8h^3 E}(1-\mu^2)(R^2 - 3x^2)\times 10^{-4} \qquad (2\text{-}42)$$

$$\varepsilon_\tau = \frac{3p}{8h^3 E}(1-\mu^2)(R^2 - x^2)\times 10^{-4} \qquad (2\text{-}43)$$

图 2-41 平膜式压力传感器

式中　R, h——平膜片工作部分半径和厚度;

　　　E, μ——膜片的弹性模量和材料泊松比;

　　　x——任意点离圆心的径向距离。

由式(2-42)和式(2-43)可知,在膜片中心处,即 $x=0$,ε_r 和 ε_τ 均达到正的最大值,即

$$\varepsilon_{r\max} = \varepsilon_{\tau\max} = \frac{3p}{8h^3 E}(1-\mu^2)R^2 \qquad (2\text{-}44)$$

而在膜的边缘,即 $x=R$ 处,$\varepsilon_\tau=0$,而 ε_r 达到负的最小值

$$\varepsilon_{r\min} = \frac{-3p}{4h^3 E}(1-\mu^2)R^2 \qquad (2\text{-}45)$$

在 $x=\dfrac{R}{\sqrt{3}}$,$\varepsilon_r=0$,得到

$$\varepsilon_\tau = \frac{p}{4h^3 E}(1-\mu^2)R^2 \qquad (2\text{-}46)$$

由式(2-42)和式(2-43)可画出在均匀载荷下应变分布曲线,如图 2-42 所示。为充分利用膜片的工作压限,可以把两片应变片中的一片贴在正应变最大区(即膜片中心附近),另一片贴在负应变最大区(靠近边缘附近),这时可得到最大差动灵敏度,并且具有温度补偿特性。图 2-43(a)中的 R_1、R_2 所在位置以及将两片应变片接成相邻桥臂的半桥电路就是按上述特性设计的。

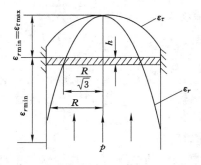

图 2-42　平膜式压力传感器应变分布曲线

图 2-43 是专用圆形的箔式应变片,在膜片 $R/\sqrt{3}$ 范围内两个承受切力处均加粗以减小

变形的影响,引线位置在 $R/\sqrt{3}$ 处。这种圆形箔式应变片能最大限度地利用膜片的应变形态,使传感器得到很大的输出信号。平膜式压力传感器最大优点是结构简单、灵敏度高,但它不适于测量高温介质,输出线性差。

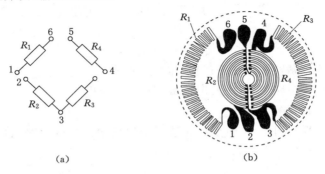

图 2-43　专用圆形的箔式应变片

(a) 箔式应变片半桥电路；(b) 箔式应变片结构图

3. 电阻应变片的粘贴技术

应变片在使用时通常是用黏合剂粘贴在弹性体上的,粘贴技术对传感器的质量起着重要的作用。

应变片的黏合剂必须适合应变片基底材料和被测材料,另外还要根据应变片的工作条件、工作温度和湿度、有无腐蚀、加温加压固化的可能性、粘贴时间长短等因素来进行选择。常用的黏合剂有硝化纤维素黏合剂、酚醛树脂胶、环氧树脂胶、502 胶水等。

应变片在粘贴时,必须遵循正确的粘贴工艺,保证粘贴质量,这些都与最终的测量精度有关。应变片的粘贴步骤如下:

(1) 应变片的检查与选择

首先应对采用的应变片进行外观检查,观察应变片的敏感栅是否整齐、均匀,是否有锈斑以及断路、短路或折弯等现象。其次要对选用的应变片的阻值进行测量,确定是否选用了正确阻值的应变片。

(2) 试件的表面处理

为了获得良好的黏合强度,必须对试件表面进行处理,清除试件表面杂质、油污及疏松层等。一般的处理方法可采用砂纸打磨,较好的处理方法是采用无油喷砂法,这样不但能得到比抛光更大的表面积,而且可以获得质量均匀的效果。为了表面的清洁,可用化学清洗剂如四氯化碳、甲苯等进行反复清洗,也可采用超声波清洗。为了避免氧化,应变片的粘贴应尽快进行。如果不立刻贴片,可涂上一层凡士林暂作保护层。

(3) 底层处理

为了保证应变片能牢固粘贴在试件上,并具有足够的绝缘电阻,改善胶接性能,可在粘贴位置涂上一层底胶。

(4) 贴片

将应变片底面用清洁剂清洗干净,然后在试件表面和应变片底面各涂上一层薄而均匀的黏合剂,待稍干后,将应变片对准划线位置迅速贴上,然后盖一层玻璃纸,用手指或胶辊加压,挤出气泡及多余的胶水,保证胶层尽可能薄而均匀。

（5）固化

黏合剂的固化是否完全，直接影响到胶的物理机械性能，关键是要掌握好温度、时间和循环周期。无论是自然干燥还是加热固化都要严格按照工艺规范进行。为了防止强度降低、绝缘破坏以及电化腐蚀，在固化后的应变片上应涂上防潮保护层，防潮层一般可采用稀释的黏合剂。

（6）粘贴质量检查

首先从外观上检查粘贴位置是否正确，黏合层是否有气泡、漏黏、破损等，然后测量应变片敏感栅是否有断路或短路现象，以及测量敏感栅的绝缘电阻。

（7）引线焊接与组桥连线

检查合格后即可焊接引出导线，引线应适当加以固定。应变片之间通过粗细合适的漆包线连接组成桥路，连接长度应尽量一致，且不宜过长。

（二）压电式压力计

压电式压力计灵敏度高、线性范围大、体积小、结构简单、可靠性高、寿命长，应用非常广泛。尤其是它的动态响应频带宽、动态误差小的特点，使它在动态力（如振动压力、冲击力、振动加速度）的测量中占据了主导地位。它可用来测量压力范围为 $10^4 \sim 10^8$ Pa、频率为几赫至几十千赫（甚至上百千赫）的动态压力。但不能应用于静态压力的测量。

压电式压力计内含有弹性敏感元件和压电转换元件，弹性敏感元件接受压力并传递给压电元件。压电元件通常采用石英晶体。

压电式压力计的结构如图 2-44 所示，它主要由石英晶片、膜片、薄壁管、外壳等组成。石英晶片由多片叠堆放在薄壁管内，并由拉紧的薄壁管对石英晶片施加预载力。感受外部压力的是位于外壳和薄壁管之间的膜片，它由挠性很好的材料制成。

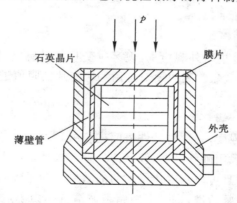

图 2-44　压电式压力计结构

1. 压电式压力传感器

压电式压力传感器由本体（用途不同结构不同）、弹性敏感元件（平膜片）和压电转换元件组成。实际中由传力块将加于膜片上的压力加于压电转换元件（两片石英并联）组成，如图 2-45 所示。膜片受到压力 p 作用时，两片石英输出总电荷量为 $Q = 2d_{11}Ap$（式中，d_{11} 为纵向压电系数，A 为受力面积，Q 为通过电荷放大器电路读出产生电荷值，即可测量压力）。

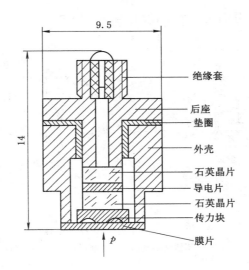

图 2-45　膜片式压电压力计

2．压电式加速度传感器

图 2-46 为一压电式加速度测量装置。压电片上放置一质量块,利用弹簧对压电元件及质量块施加预紧力,并一起装于基座上,用壳子封装。测量时质量块受到与基座相同的振动作用,并受到与加速度 a 相反的惯性力作用。石英受到力 $T=ma$(m 为压电元件上的有效质量)作用时,产生与力成正比的电荷 Q,测量时再将 Q 经电荷放大电路放大后输出,按照 $Q=d_{ij}T=d_{ij}ma$(d_{ij} 为二阶压电张量)式计算出加速度值。

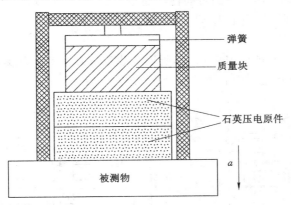

图 2-46　压电式加速度测量装置

（三）电容式压力计

1．电容式压差计

电容式压差计的核心部分如图 2-47 所示。将左右对称的不锈钢基座的外侧加工成环状波纹沟槽,并焊上波纹隔离膜片。基座内侧有玻璃层,基座和玻璃层中央都有孔。玻璃层内表面磨成凹球面,球面除边缘部分外镀以金属膜,此金属膜层为电容的定极板并有导线通往外部。左右对称的上述结构中央夹入并焊接弹性平膜片,即测量膜片,为电容的中央动极板。测量膜片左右空间被分隔成两个室,故有两室结构之称。

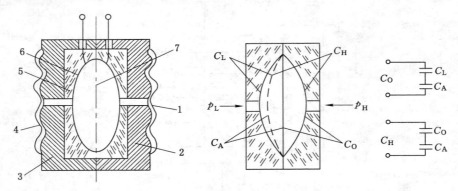

图 2-47 两室结构的电容压差计

1,4——隔离膜片;2,3——不锈钢基座;5——玻璃层;6——金属膜;7——测量膜片

在测量膜片左右两室中充满硅油,当左右隔离膜片分别承受高压 p_H 和低压 p_L 时,硅油的不可压缩性和流动性便能将压差 $\Delta p=p_H-p_L$ 传递到测量膜片的左右面上。因为测量膜片在焊接前加有预张力,所以当 $\Delta p=0$ 时处于中间平衡位置并十分平整,此时定极板左右两电容的电容值完全相等,即 $C_H=C_L$,电容量的差值等于0。当有压差作用时,测量膜片发生变形,也就是动极板向低压侧定极板靠近,同时远离高压侧定极板,使得电容 $C_L>C_H$。这就是差动电容传感器对压力或压差的测量工作过程。

此种电容压差传感器的特点是灵敏度高、线性好,并减少了由于介电常数受温度影响引起的不稳定性。该传感器能实现高可靠性的简单盒式结构,测量范围为 $(-1\sim5)\times10^7$ Pa,可在 $-40\sim100$ ℃的环境温度下工作。

2. 变面积式压力计

这种传感器的结构原理如图 2-48(a)所示。被测压力作用在金属膜片上,通过中心柱、支撑簧片,使可动电极随膜片中心位移而动作。

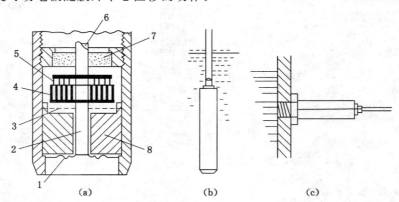

图 2-48 变面积式电容压力计

(a)结构原理图;(b)软导线悬挂安装示意图;(c)螺纹或法兰安装示意图

1——金属膜片;2——中心柱;3——支撑簧片;4——可动电极;5——固定电极;

6——固定电极中心柱;7——绝缘支架;8——外壳

可动电极与固定电极都是由金属材质切削成的同心环形槽构成的,有套筒状突起,断面呈梳齿形,两电极交错重叠部分的面积决定电容量。

固定电极的中心柱与外壳间有绝缘支架,可动电极则与外壳连通。压力引起的极间电容变化由中心柱引至电子线路,变为直流信号 4~20 mA 输出。电子线路与上述可变电容安装在同一外壳中,整体小巧紧凑。

这种压力计的测量范围是固定的,不能随意迁移,而且因其膜片背面为无防腐能力的封闭空间,不可与被测介质接触,故只限于测量压力,不能测压差。膜片中心位移不超过 0.3 mm,其背面无硅油,可视为恒定的大气压。采用两线制连接方式,由直流 12~36 V 供电,精度为 0.25~0.5 级。允许在 -10~150 ℃ 环境中工作。

除用于一般压力测量之外,这种传感器还常用于开口容器的液位测量,即使介质有腐蚀性或黏稠不易流动,也可使用。

(四)电感式压力计

在电感式压力计中,大都采用变隙式电感作为检测元件,它和弹性元件组合在一起构成电感式压力计。图 2-49 为这种压力计的工作原理图。

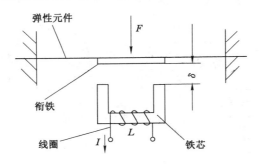

图 2-49 变隙式电感压力计工作原理图

图 2-49 中,检测元件由线圈、铁芯、衔铁组成,衔铁安装在弹性元件上。在衔铁和铁芯之间存在着气隙 δ,它的大小随着外力 F 的变化而变化。其线圈的电感 L 可按下式计算

$$L = \frac{N^2}{R_m} \tag{2-47}$$

式中 N——线圈匝数;

R_m——磁路总磁阻(I/h),表示物质对磁通量所呈现的阻力。

磁通量的大小不但和磁势有关,而且也和磁阻的大小有关;当磁势一定时,磁路上的磁阻越大,则磁通量越小。磁路上气隙的磁阻比导体的磁阻大得多。假设气隙是均匀的,且导磁截面与铁芯的截面相同,在不考虑磁路中的铁损时,磁阻可表示为

$$R_m = \frac{L}{\mu A} + \frac{2\delta}{\mu_0 A} \tag{2-48}$$

式中 L——磁路长度,m;

μ——导磁体的导磁率,H/m;

A——导磁体的截面积,m²;

δ——气隙量,m;

μ_0——空气的导磁率($4\pi \times 10^{-7}$ H/m)。

由于 $\mu_0 \ll \mu$，因此式(2-48)中的第一项可以忽略，代入式(2-47)可得到

$$L = \frac{N^2 \mu_0 A}{2\delta} \tag{2-49}$$

如果给传感器线圈通以交流电源，流过线圈电流 I 与气隙之间有如下关系

$$I = \frac{2U\delta}{\mu_0 \omega N^2 A} \tag{2-50}$$

式中　U——交流电压，V；

　　　ω——交流电源角频率，rad/s。

（五）霍尔式压力计

图 2-50(a)为 HWY-1 型霍尔式微压计，当被测压力 p 送到膜盒中使膜盒变形时，膜盒中心处的硬芯及与之相连的推杆产生位移，从而使杠杆绕其支点轴转动，杠杆的一端装上霍尔元件。霍尔元件在两个磁铁形成的梯度磁场中运动，产生的霍尔电势与其位移成正比，若膜盒中心的位移与被测压力 p 呈线性关系，则霍尔电势的大小即反映压力的大小。

图 2-50(b)为 HYD 霍尔式压力计，弹簧管在压力作用下，自由端的位移使霍尔元件在梯度磁场中移动，从而产生与压力成正比的霍尔电势。

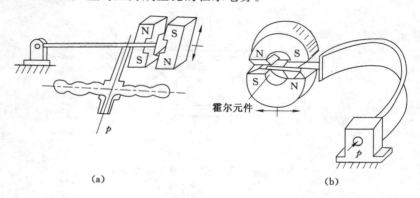

图 2-50　霍尔式微压和压力计结构原理图
(a) HWY-1 型霍尔式微压计；(b) HYD 霍尔式微压计

六、压力仪表的选用

（一）压力仪表种类和型号的选择

1. 从被测介质压力大小来考虑

如测量微压（几百至几千帕），宜采用液柱式压力管表或膜盒压力计；如被测介质压力不大，在 15 kPa 以下，且不要求迅速读数的，可选 U 形管压力计或单管压力计；如要求迅速读数，可选用膜盒压力表；如测高压（>50 kPa），应选用弹簧管压力表。

2. 从被测介质的性质来考虑

对稀硝酸、酸、氨及其他腐蚀性介质应选用防腐压力表，如以不锈钢为膜片的膜片压力表；对易结晶、黏度大的介质应选用膜片压力表；对氧、乙炔等介质应选用专用压力表。

3. 从使用环境来考虑

对爆炸性气氛环境，使用电气压力表时，应选择防爆型；机械振动强烈的场合，应选用船

用压力表;对温度特别高或特别低的环境,应选择温度系数小的敏感元件以及其他变换元件。

4. 从仪表输出信号的要求来考虑

若只需就地观察压力变化,应选用弹簧管压力计;若需远传,则应选用电气式压力计,如霍尔式压力计等;若需报警或位式调节,应选用带电接点的压力计;若需检测快速变化的压力,应选压阻式压力计等电气式压力计;若被检测的是管道水流压力且压力脉动频率较高,应选电阻应变式压力计。

(二)压力仪表量程的选择

为了保证压力计能在安全的范围内可靠工作,并兼顾到被测对象可能发生的异常超压情况,对仪表的量程选择必须留有余地。测量稳定压力时,最大工作压力不应超过量程的3/4;测量脉动压力时,最大工作压力则不应超过量程的2/3;测高压时,则不应超过量程的3/5。为了保证测量准确度,最小工作压力不应低于量程的1/3。当被测压力变化范围大,最大和最小工作压力可能不能同时满足上述要求时,应首先满足最大工作压力条件。

目前,我国出厂的压力(包括压差)检测仪表有统一的量程系列,它们是 1 kPa、1.6 kPa、2.5 kPa、4.0 kPa、6.0 kPa 以及它们的 10^n 倍数(n 为整数)。

(三)压力表准确度等级的选择

压力表的准确度等级主要根据生产允许的最大误差来确定。我国压力表准确度等级有0.005、0.02、0.05、0.1、0.2、0.35、0.5、1.0、1.5、2.5、4.0 等。一般 0.35 级以上的表为校验用的标准表。

(四)压力表的安装

压力表的安装示意如图 2-51 所示。ρ_1、ρ_2 为隔离液和被测介质的密度。

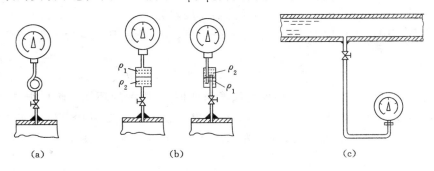

| (a) | (b) | (c) |

图 2-51 压力表安装示意

(a)测量蒸气;(b)测量有腐蚀性介质;(c)压力表位于生产设备之下

1. 取压口的选择原则

(1)取压口要选在被测介质直线流动的管段部分,不要选在管道弯曲、分叉及流束形成涡流的地方。

(2)当管道中有突出物(如温度计套管)时,取压口应在突出物的上游方向一侧。

(3)取压口处在管道阀门、挡板之前或之后时,其与阀门、挡板的距离应大于 $2D$ 及 $3D$(D 为管道内径)。

(4)流体为液体介质时,取压口应开在管道横截面的下侧部分,以防止介质中气泡进入压力信号导管,引起测量延迟,但也不宜开口在最低部,以防沉渣堵塞取压口。

(5)如果是气体介质,取压口应开在管道横截面上侧,以免气体中析出液体进入压力信号导管,产生测量误差,但对水蒸气压力测量时,由于压力信号导管中总是充满凝结水,因此应按液体压力测量办法处理。

2. 压力信号导管安装

(1)为了减小管道阻力而引起的测量迟延,导管总长一般不应超过 60 m,内径一般在 6～10 mm。

(2)应防止压力信号导管内积水(当被测介质为气体时)或积气(被测介质为液体时),以避免产生测量误差,因此对于水平敷设的压力信号导管应有 3% 以上的坡度。

(3)当压力信号管路较长并需要通过露天或热源附近时,还应在管道表面敷设保温层,以防管内截止汽化或结冰,为检修方便,在取压口到压力表之间应装切断阀,并应靠近取压口。

3. 压力表的安装

(1)压力表应安装在易观察和检修的地方。

(2)安装地点应避免振动、高温、潮湿和粉尘等影响。

(3)测量蒸气压力时应加凝液管,以防高温蒸气直接与测压元件接触;测量腐蚀性介质压力时,应加装充有中性介质的隔离罐等。总之,针对具体情况,要采取相应的防护措施。

(4)压力表连接处要加装密封垫,一般低于 80 ℃ 及 2 MPa 压力,用石棉纸或铝片,温度和压力更高时用退火紫铜或铅垫。另外,还要考虑介质影响。

课外拓展

压力传感器发展趋势

当今世界各国压力传感器的研究领域十分广泛,几乎渗透到了各行各业,但归纳起来主要有以下几个趋势。

(1)小型化。目前市场对小型压力传感器的需求越来越大,这种小型传感器可以工作在极端恶劣的环境下,并且只需要很少的保养和维护,对周围的环境影响也很小,可以放置在人体各个重要器官中收集资料,不影响人的正常生活。如美国恩特莱(Entran)公司生产的量程为 2～500 PSI 的传感器,直径仅为 1.27 mm,可以放置在人体的血管中而不会对血液的流通产生大的影响。

(2)集成化。压力传感器已经越来越多地与其他测量用传感器集成以形成测量和控制系统。集成系统在过程控制和工厂自动化中可提高操作速度和效率。

(3)智能化。由于集成化的出现,在集成电路中可添加一些微处理器,使得传感器具有自动补偿、通信、自诊断、逻辑判断等功能。

(4)广泛化。压力传感器的另一个发展趋势是正从机械行业向其他领域扩展,例如,汽车元件、医疗仪器和能源环境控制系统。

(5)标准化。传感器的设计与制造已经形成了一定的行业标准。如 ISO 国际质量体系;美国的 ANSI、ASTM 标准,俄罗斯的 OCT,日本的 JIS 标准。

随着硅、微机械的加工技术、超大集成电路技术和材料制备与特性研究工作的进展,使得压力传感器在光纤传感器的批量生产、高温硅压阻及压电结传感器的应用成为可能,在生物医学、微型机械等领域,压力传感器有着广泛的应用前景。

(引自——耿欣《传感器与检测技术(项目教学版)》)

思考题

1. 解释如下术语:压力、压强、绝对压力、大气压力、表压、压差、负压、真空度,并说明它们之间的关系。

2. 某压力表的指示压力(表压力)为 1.3 kPa,当时当地的大气压力正好为 0.1 MPa,求该被测压力的绝对压力。

3. 应变片式压力计采用的测压元件是什么?

4. 说明应变片测量应变时要进行温度补偿的目的及补偿方法。

第三节　流量检测与仪表

【本节思维导图】

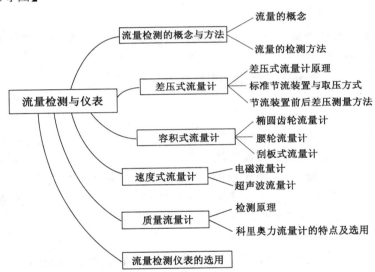

一、流量检测的概念与方法

(一)流量的概念

1. 瞬时体积流量

体积流量 Q_V 是以体积计算的单位时间内通过的流体量,在工程中可用 L/h(升/小时)或 m³/h(立方米/小时)等单位表示。

若设被测管道内某个横截面 S 的截面积为 A,取其上的面积微元 ds,对应流速为 v,则

$$Q_V = \int_S v \mathrm{d}s \tag{2-51}$$

若设被测管道内整个横截面 S 上的各处流速相等,均为 v,则 $Q_V = vA$。但在工程中,管道内各处的流体流速往往是不相等的。为了解决流体中各点速度往往不相等的问题,设定截面 S 上各点有一个平均流速 $\bar{v}$,则有

$$\bar{v} = \frac{Q_V}{A} = \frac{\int_s v\,\mathrm{d}s}{A} \qquad\qquad (2\text{-}52)$$

2. 瞬时质量流量

质量流量 Q_m 是以质量表示单位时间内通过的流体量,工程中常用 kg/h(千克/小时)表示。显然质量流量 Q_m 等于体积流量 Q_V 与流体密度 ρ 的乘积,用数学表达式可以表示为

$$Q_m = Q_V \cdot \rho \qquad\qquad (2\text{-}53)$$

除了上述瞬时流量之外,生产过程中有时还需要测量某段时间之内流体通过的累积总量,称为累积流量,也常被称为总流量。质量总量以 M 表示,体积流量以 V 表示。

3. 累积体积流量

累积体积流量 V 是以体积计算的单位时间内通过的流体量,在工程中可用 L(升)或 m³(立方米)等单位表示。

若设被测管道内某个横截面 S 上的瞬时体积流量为 Q_V,则在 t 时间内流体的累积体积流量则为

$$V = \int_t Q_V\,\mathrm{d}s \qquad\qquad (2\text{-}54)$$

若设被测管道内整个横截面 S 上的瞬时体积流量在 t 时刻内相等,则 $V = Q_V t$。

4. 累积质量流量

显然,累积质量流量 M 等于累积体积流量 V 与流体密度 ρ 的乘积。

(二)流量的检测方法

1. 节流压差法

在管道中安装一个直径比管径小的节流件,如孔板、喷嘴、文丘里管等,当充满管道的单相流体流经节流件时,由于流道截面突然缩小,流速将在节流件处形成局部收缩,使流速加快。由能量守恒定律可知,动压能和静压能在一定条件下可以互相转换,流速加快必然导致静压力降低,于是在节流件前后产生静压差,而静压差的大小和流过的流体流量有一定的函数关系,所以通过测量节流件前后的压差即可求得流量。

2. 容积法

应用容积法可连续地测量密闭管道中流体的流量,它是由壳体和活动壁构成流体计量室。当流体流经该测量装置时,在其入、出口之间产生压力差,此流体压力差推动活动壁旋转,将流体一份一份地排出,记录总的排出份数,则可得出一段时间内的累积流量。容积式流量计有椭圆齿轮流量计、腰轮(罗茨式)流量计、刮板式流量计、膜式煤气表及旋转叶轮式水表等。

3. 速度法

测出流体的流速,再乘以管道截面积即可得出流量。显然,对于给定的管道,其截面积是个常数。流量的大小仅与流体流速大小有关,流速大则流量大,流速小则流量小。由于该方法是根据流速而来的,故称为速度法。根据测量流速方法的不同,有不同的流量计,如动压管式、热量式、电磁式和超声式等。

4. 流体阻力法

流体阻力法是利用流体流动给设置在管道中的阻力体以作用力,而作用力大小和流量大小有关的原理来测流体流量。常用的靶式流量计其阻力体是靶,由力平衡传感器把靶的

受力转换为电量,达到测量流量的目的;转子流量计是利用设置在锥形测量管中可以自由运动的转子(浮子)作为阻力体,它受流体自下而上的作用力而悬浮在锥形管道中某个位置,其位置高低和流体流量大小有关。

5. 涡轮法

在测管入口处装一组固定的螺旋叶片,使流体流入后产生旋转运动。叶片后面是一个先缩后扩的管段,旋转流被收缩段加速,在管道轴线上形成一条高速旋转的涡线。该涡线进入扩张段后,受到从扩张段后返回的回流部分流体的作用,使其偏离管道中心,涡线发生进动运动,而进动频率与流量成正比。利用灵敏的压力或速度检测元件将其频率测出,即可测出流体流量。

6. 卡门涡街法

在被测流体的管道中插入一个断面为非流线型的柱状体,如三角柱体或圆柱体,称为旋涡发生体。旋涡分离的频率与流速成正比,通过测量旋涡分离频率可测出流体的流速和瞬时流量。当流体流过柱体两侧时,会产生两列交替出现而又有规则的旋涡列。由于旋涡在柱体后部两侧产生压力脉动,在柱体后面尾流中安装测压元件,则能测出压力的脉动频率,经信号变换即可输出流量信号。

7. 质量流量测量

质量流量测量分为间接式和直接式。间接式质量流量测量是在直接测出体积流量的同时,再测出被测流体的密度或测出压力、温度等参数,求出流体的密度。因此,测量系统的构成将由测量体积流量的流量计(如节流压差式、涡轮式等)和密度计或带有温度、压力等的补偿环节组成,其中还有相应的计算环节。

直接式质量流量测量是直接利用热、压差或动量来检测,如双涡轮质量流量计,它是一根轴上装有两个涡轮,两涡轮间由弹簧联系,当流体由导流器进入涡轮后,推动涡轮转动,涡轮受到的转矩与质量流量成正比。由于两涡轮叶片倾角不同,受到的转矩是不同的。因此,使弹簧受到扭转,产生扭角,扭角大小正比于两个转矩之差,即正比于质量流量,通过两个磁电式传感器分别把涡轮转矩变换成交变电势,两个电势的相位差即是扭角。又如科里奥力质量流量计就是利用动量来检测质量流量。

二、压差式流量计

压差式流量计是目前流量测量中用得最多的一种流量仪表,它的使用量大概占整个流量仪表的 $60\%\sim70\%$,应用范围特别广泛,例如工作环境可以是清洁的,也可是脏污的;工作条件则有高温、常温、低温、高压、常压、真空等不同情况;测量管径也可从几个毫米到几米,全部单相流体,包括液、气、蒸气皆可测量,部分混相流,如气固、气液、液固等亦可应用,一般生产过程的管径、工作状态(压力、温度)皆有产品。其他优点还包括性能稳定、结构牢固、便于规模生产;测量的重复性、精确度在流量计中属于中等水平。节流式压差流量计应用最普遍的节流件标准孔板,其结构简单、牢固,易于复制,性能稳定可靠,使用期限长,价格低廉;应用范围极广泛,至今尚无任何一类流量计可与之相比。

节流式压差流量计也存在测量精度普遍偏低、压力损失大、测量范围窄、现场安装要求高等缺点。使用范围度窄,一般范围度仅为 $3:1\sim4:1$;现场安装条件要求较高,如需较长的直管段;检测件与压差显示仪表之间引压管线为薄弱环节,易产生泄露、堵塞、冻结及信号失真等故障;孔板、喷嘴的压损大;流量刻度为非线形。

（一）压差式流量计原理

当连续流动的流体遇到安插在管道内的节流装置时,由于节流的截面积比管道的截面积小,形成流体流通面积的突然缩小,在压头作用下流体的流速增大,挤过节流孔,形成孔板附近的流动图束收缩。在挤过节流孔后,流速又由于流通面积的变大和流束的扩大而降低。与此同时,在节流装置前后的管壁处的流体静压力产生差异,形成静压力差 $\Delta p = p_1 - p_2$,并且 $p_1 > p_2$,此即节流现象。也就是节流装置的作用在于造成流束的局部收缩,从而产生压差。并且流过的流量愈大,在节流装置前后所产生的压差也就越大,因此可通过测量压差来衡量流体流量的大小。这种测量方法是以流体流动的连续性方程(质量守恒定律)和伯努利方程(能量守恒定律)为基础的。压差的大小不仅与流量有关,还与其他许多因素有关。图 2-52所示为孔板附近的流速和压力状况。

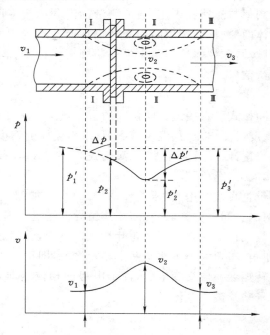

图 2-52 孔板附近的流速和压力

流量方程为

$$Q_V = \alpha \varepsilon a \sqrt{\frac{2\Delta p}{\rho}}$$

$$Q_m = \alpha \varepsilon a \sqrt{2\Delta p \rho} \tag{2-55}$$

式中 α——流量系数,它与节流件的结构形式、取压方式、孔口截面积与管道截面积之比、直径、雷诺数、孔口边缘锐度、管壁粗糙度等因素有关;

ε——膨胀校正系数,它与孔板前后压力的相对变化量、介质的等熵指数、孔口截面积与管道截面积之比等因素有关;

a——节流件的开孔截面积;

Δp——节流件前后实际测得的压力差；

ρ——节流件前的流体密度。

（二）标准节流装置与取压方式

1. 标准节流装置

人们对节流装置作了大量的研究工作，一些节流装置已经标准化。对于标准化的节流装置，只要按照规定进行设计、安装和使用，不必进行标定就能准确地得到其精确的流量系数，从而进行准确的流量测量。图 2-53 为全套标准节流装置。

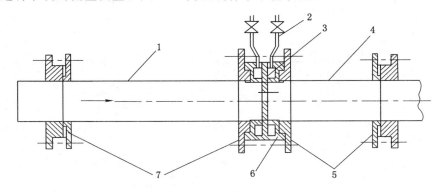

图 2-53　全套节流装置

1——上游直管段；2——导压管；3——孔板；4——下游直管段；5,7——连接法兰；6——取压环室

标准节流装置的使用条件如下：

（1）被测介质应充满全部管道截面并连续地流动；

（2）管道内的流束（流动状态）是稳定的；

（3）在节流装置前后要有足够长的直管段，并且要求节流装置前后长度为二倍管道直径，管道的内表面上不能有凸出物和明显的粗糙不平现象。

2. 节流装置取压方式

目前，对各种节流装置取压的方式均不同，即取压孔在节流装置前后的位置不同。即使在同一位置上，为了达到压力均衡，也采用不同的方法。对标准节流装置的每种节流元件的取压方式都有明确规定。

以孔板为例，通常采用的取压方式有角接取压法、理论取压法、径距取压法、法兰取压法和管接取压法 5 种。标准孔板结构如图 2-54 所示，喷嘴结构如图 2-55 所示。

（1）角接取压法

上、下游的取压管位于孔板前后端面处，如图 2-56 中 1—1 所示。通常用环室或夹紧环取压，环室取压是在紧贴孔板的上、下游形成两个环室，通过取压管测量两个环室的压力差。夹紧环取压是在紧靠孔板上、下游两侧钻孔，直接取出着道压力进行测量。两种方法相比，环室取压均匀，测量误差小，对直管段长度要求较短，多用于管道直径小于 400 mm 处，而夹紧环取压多用于管道直径大于 200 mm 处。

（2）法兰取压法

不论管道直径大小，上、下游取压管中心均位于距离孔板两侧相应端面 25.4 mm 处，如图 2-56 中 2—2 所示。

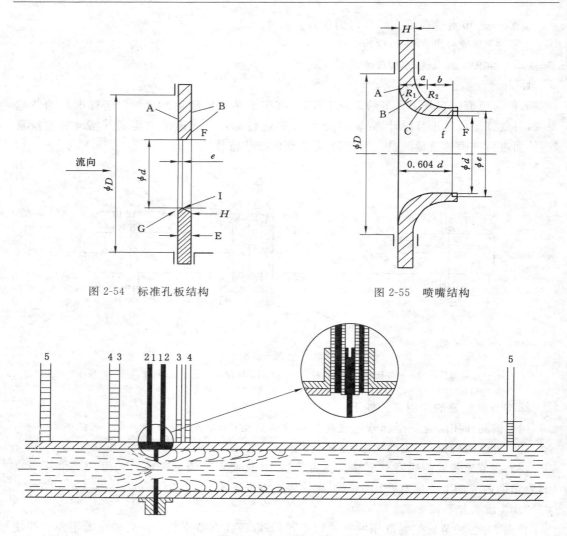

图 2-54　标准孔板结构　　　　　　　　图 2-55　喷嘴结构

图 2-56　各种取压位置图

（3）理论取压法

上游取压管的中心位于距孔板前端面一倍管道直径 D 处,下游取压管的中心位于流速最大的最小收缩断面处,如图 2-56 中 3—3 所示。通常最小收缩断面位置和面积比 m 有关,而且有时因为法兰很厚,取压管的中心不一定能准确地放置在该位置上。这就需要对压差流量计的示值进行修正。特别是由于孔板流束的最小断面位置随着流量的变化也在变化,而取压点不变。因此,在流量的整个测量范围内,流量系数不能保持恒定。通常这种取压方法应用于管道内径 $D>100$ mm 的情况,对于小直径管道,因为法兰的相对厚度较大,不易采用该法。

（4）径距取压法

上游取压管的中心位于距离孔板前端一倍管道直径 D 处,下游取压管的中心位于距离孔板前端面 $D/2$ 处,如图 2-56 中 4—4 所示。径距取压法和理论取压法的差别仅为其下游取压点是固定的。

（5）管接取压法

上游取压管中心位于距孔板前端面 $2.5D$ 处,下游取压管中心位于距孔板后端面 $8D$ 处,如图 2-56 中 5—5 所示。这种取压方式测得的压差值,即为流体流经孔板的压力损失值,所以也叫损失压降法。

（三）节流装置前后压差测量方法

1. 双波纹管压差计

双波纹管压差计主要由两个波纹管、量程弹簧、扭力管及外壳等部分组成。当被测流体的压力 p_1 和 p_2 分别由导压管引入高、低压室后,在压差 $\Delta p = p_1 - p_2 > 0$ 的作用下,高压室的波纹管 B_1 被压缩,容积减小,内部充填的不可压缩液体将流向 B_2,使低压侧的波纹管 B_2 伸长,容积增大,从而带动连接轴自左向右运动。当连接轴移动时,将带动量程弹簧伸长,直至其弹性变形与压差值产生的测量力平衡为止。而连接中心上的挡板将推动扭管转动,通过扭管的心轴将连接轴的位移传给指针或显示单元,指示压差值。

CW-612-Y 型双波纹管压差计如图 2-57 所示。该压差计附加有压力自动补偿装置,与节流装置相配合测量工业锅炉饱和蒸气的流量,并可连续地对流量进行累计,还可用于其他气体流量的测量和计量。它具有现场记录装置,可将被测流体（蒸气）的瞬时流量记录在直径为 300 mm 的圆图记录纸上,还有压差、压力及流量的现场指示及变送功能,输出 0～10 mA 的标准电流信号,并可与 DDZ-Ⅱ型电动单元组合仪表配合使用进行远距离传送,对被测流体（蒸气）进行自动控制和调节。

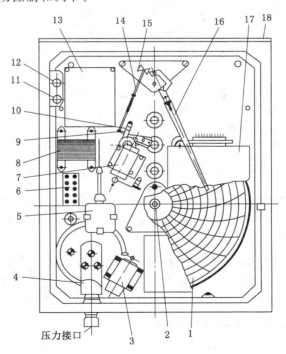

图 2-57　双波纹管压差计结构图

1——记录图纸;2——驱纸机构;3——差动线圈;4——压力弹簧管;5——记录墨水瓶;6——接线架;
7——连杆机构;8——变压器;9——拨杆;10——限位柱;11——保险丝座;12——电源开关;
13——电源印板;14——连杆;15——量程微调器;16——记录笔;17——运算部分印板;18——表壳

2. 膜片式压差计

膜片式压差计主要由压差测量室(高压和低压室)、三通导压阀和差动变压器三大部件构成,如图 2-58 所示。

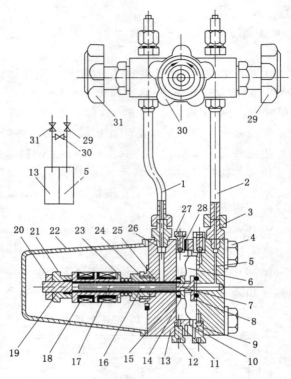

图 2-58　膜片式压差计结构图

1——低压导管;2——高压导管;3——连接螺母;4——螺栓;5——高压容室;6——膜片;7——挡板;
8,15——密封环;9——密封垫圈;10,28——滚珠;11,12,27——螺钉;13——低压容室;14——挡板;
16——连杆;17——差动变压器线圈;18——铁芯;19——套管;20——紧固螺母;21——调整螺母;22——罩壳;
23——弹簧;24——空心螺栓;25——密封垫浮圈;26——垫片;29——高压阀;30——平衡阀;31——低压阀

当高压 p_1 和低压 p_2 分别导入高、低压室之后,在压差 $\Delta p = p_1 - p_2$ 的作用下,膜片向低压室方向产生位移,从而带动不锈钢连杆及其端部的软铁在差动变压器线圈内移动,通过电磁感应将膜片的位移行程转化为电信号,再通过显示仪表显示。

膜片式压差计安装的正确和可靠与否,对能否保证将节流装置输出的压差信号准确地传送到压差计或压差变送器上,是十分重要的。因此,流量计的安装必须符合要求。

(1) 安装时,必须保证节流件的开孔和管道同心,节流装置端面与管道的轴线垂直。在节流件的上下游,必须配有一定长度的直管段。

(2) 导压管尽量按最短距离敷设在 3～50 m 之内。为了不致在此管路中积聚气体和水分,导压管应垂直安装。水平安装时,其倾斜率不应小于 1∶10,导压管为直径 10～12 mm 的铜、铝或钢管。

(3) 测量液体流量时,应将压差计安装在低于节流装置处。如一定要装在上方时,应在连接管路的最高点处安装带阀门的集气器,在最低点处安装带阀门的沉降器,以便排出导压管内的气体和沉积物。

例　油田联合站采用压差流量计测量回注水流量,其压差变送器的测量范围(量程)为 0~16 kPa,对应输出信号为 4~20 mA,相应的流量为 0~100 m³/h。油田联合站正常工作时,此时压差流量计测量输出信号为 12 mA。

计算:(1) 此时压差是多少?

(2) 相应的回注水流量是多少?

解　设压差为 x,相应的流量 y。

根据压差流量计的计量原理,流量方程为

$$Q_V = \alpha \varepsilon a \sqrt{\frac{2\Delta p}{\rho}}$$

$$Q_m = \alpha \varepsilon a \sqrt{2\Delta p \rho}$$

可有

$$\frac{\sqrt{x-0}}{\sqrt{16-0}} = \frac{12-4}{20-4} = \frac{y-0}{100-0}$$

由上可计算得

$$x = 4 \text{ kPa}, y = 50 \text{ m}^3/\text{h}$$

三、容积式流量计

容积式流量计又称定排量流量计,是一种很早就使用的流量测量仪表,用来测量各种液体和气体的体积流量。由于它是使被测流体充满具有一定容积的空间,然后再把这部分流体从出口排出,所以叫容积式流量计。它的优点是测量精度高,在流量仪表中是精度最高的一类仪表。它利用机械测量元件将流体连续不断地分割成单个已知的体积部分,根据计量室逐次、重复地充满和排放该体积部分流体的次数来测量流体体积总量。因此,受测流体黏度影响小,不要求前后直管段等,但要求被测流体干净,不含有固体颗粒,否则应在流量计前加过滤器。容积式流量计一般不具有时间基准,为得到瞬时流量值,需要另外附加测量时间的装置。

容积式流量计精度高,基本误差一般为±0.5%R(在流量测量中常用两种方法表示相对误差:一种为测量上限值的百分数,以%FS表示;另一种为被测量的百分数,以%R表示),特殊的可达±0.2%R或更高,通常在昂贵介质或需要精确计量的场合使用;没有前置直管段要求;可用于高黏度流体的测量;范围度宽,一般为10:1到5:1,特殊的可达30:1或更大;它属于直读式仪表,无需外部能源,可直接获得累积总量。

容积式流量计结构复杂,体积大,一般只适用于中、小口径;被测介质种类、介质工况(温度、压力)、口径局限性大,适应范围窄;由于高温下零件热膨胀、变形,低温下材质变脆等问题,一般不适用于高、低温场合,目前可使用温度范围为-30~+160 ℃,压力最高为10 MPa;大部分只适用洁净单相流体,含有颗粒、脏污物时上游需装过滤器,既增加压损,又增加维护工作;如测量含有气体的液体,必须装设气体分离器;安全性差,如检测活动件卡死,流体就无法通过;部分形式仪表(如椭圆齿轮式、腰轮式、卵轮式、旋转活塞式、往复活塞式)在测量过程中会给流动带来脉动,较大口径仪表还会产生噪声,甚至使管道产生振动。

（一）椭圆齿轮流量计

椭圆齿轮流量计由流量变送器和计数机构组成,如图 2-59 所示。变送器与计数机构之间加装散热器,则构成高温型流量计。变送器由装由一对椭圆齿轮转子的计量室和密封联轴器组成,计数机构则包含减速机构、调节机构、计数器、发讯器。椭圆齿轮流量计的结构如图 2-60 所示。

美国塔海尔椭圆齿轮流量计EPP

上海西派埃气体腰轮流量计

图 2-59　椭圆齿轮流量计

计量室内由一对椭圆齿轮与盖板构成初月形空腔作为流量的计量单位。椭圆齿轮靠流量计进出口压力差推动而旋转,从而不断地将液体经初月形空腔计量后送到出口处,每转流过的液体是初月形空腔的 4 倍,由密封联轴器将椭圆齿轮旋转的总数以及旋转的快慢传递给计数机构或发讯器,便可知道通过管道中液体总量和瞬时流量。

椭圆齿轮流量计的工作原理见图 2-61。在仪表的测量室中安装两个互相啮合的椭圆形齿轮,可绕轴转动。当被测介质流入仪表时,推动齿轮旋转。由于两个齿轮所处位置不同,分别起主、从动轮作用。在图 2-61(a)位置时,由于 p_1 大于 p_2,轮 I 受到一个顺时针的转矩,而轮 II 虽受到 p_1 和 p_2 的作用,但合力矩为 0,此时轮 I 将带动轮 II 旋转,于是将外壳与轮 I 之间标准测量室内液体排入下游。当齿轮转至图 2-61(b)所示位置时,轮 I 受顺时针力矩,轮 II 受逆时针力矩,两齿轮在 p_1、p_2 作用下继续转动。

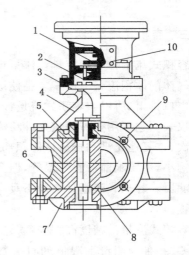

图 2-60　椭圆齿轮流量计结构图
1——计数机构;2——调节机构;
3——密封联轴器;4——上盖;5——盖板;
6——壳体;7——下盖;8——椭圆齿轮;
9——法兰;10——发讯器接口

当齿轮转至图 2-61(c)位置时,类似图 2-61(a),只不过此时轮 II 为主动轮,轮 I 为从动轮。上游流体又被封入轮 II 形成的测量室内。这样,每个齿轮转一周,两个齿轮共送出四个标准体积的流体(阴影部分)。

椭圆齿轮的转数通过设在测量室外部的机械式齿轮减速机构及滚轮计数机构累计。为了减小密封轴的摩擦,这里多采用永久磁铁做成的磁联轴节传递主轴转动,既保证了良好的

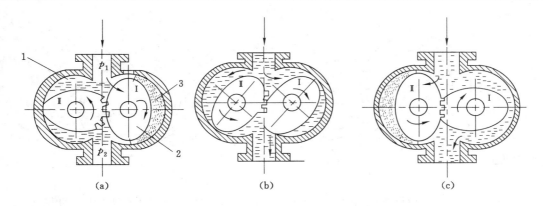

图 2-61　椭圆齿轮流量计原理图

1——外壳；2——椭圆形转子（齿轮）；3——测量室

密封，又减小了摩擦。设流量计"循环体积"为 v，一定时间内齿轮转动次数为 N，则在该时间内流过流量计的流体体积为 V，则

$$V = Nv$$

由于齿轮在一周内受力不均，其瞬时角速度也不均匀。其次，被测介质是由固定容积分成一份份地送出，因此不宜用于瞬时流量的测量。椭圆齿轮流量计有时虽可以外加等速化机构，输出等速脉冲，但也很少用于瞬时流量的测量。

（二）腰轮流量计

腰轮流量计如图 2-62 所示，其工作原理与椭圆齿轮流量计相同，只是转子形状不同。腰轮流量计的两个轮子是两个摆线齿轮，故它们的传动比恒为常数。为减小两转子的磨损，在壳体外装有一对渐开线齿轮作为传递转动之用。每个渐开线齿轮与每个转子同轴。为了使大口径的腰轮流量计转动平稳，每个腰轮均做成上下两层，而且两层错开 45°，称为组合式结构。

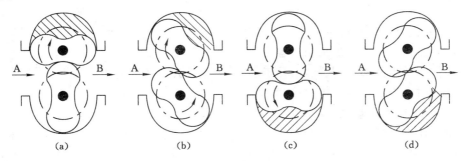

图 2-62　腰轮流量计原理图

（三）刮板式流量计

刮板流量计与上面两种流量计的原理相似，它有两种形式：一种是凸轮式刮板流量计，如图 2-63 所示；另一种是凹陷式刮板流量计，如图 2-64 所示。

凸轮式刮板流量计的计量部分由转子、凸轮、轮轴、刮板、连杆、滚柱和外壳构成。外壳内腔是一个圆柱形空腔，转子为一空心薄壁圆筒。流量的转子中开有 4 个两两垂直的槽，槽

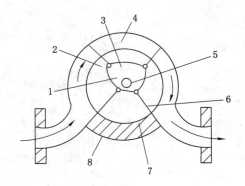 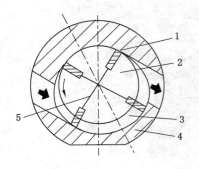

图 2-63　凸轮式刮板流量计原理图　　　　图 2-64　凹陷式刮板流量计原理图

1——连杆；2——空心转子(筒)；3——凸轮；4——计量室；　　1——刮板；2——空心转子；3——计量部分；

5——转轴；6——刮板；7——滚柱；8——外壳　　　　　　　4——外壳；5——连杆

中装有可以伸出、缩进的刮板，伸出的刮板在被测流体的推动下带动转子旋转。伸出的两个刮板与壳体内腔之间形成计量容积，转子每旋转一周便有 4 个这样容积的被测流体通过流量计。因此，计量转子的转数即可测得流过流体的体积。凸轮式刮板流量计的转子是一个空心圆筒，中间固定一个不动的凸轮，刮板一端的滚子压在凸轮上，刮板在与转子一起运动的过程中还按凸轮外廓曲线形状从转子中伸出和缩进。

凹陷式刮板流量计其工作原理和凸轮式类似。相对的刮板之间仍用定长连杆连接，刮板的滑动是靠壳内壁凹陷控制的。凹陷式刮板流量计的转子是实心的，中间有槽，槽中安装刮板，刮板从转子中伸出和缩进是由壳体内腔的轮廓线决定的。当被测介质从左向右流入流量计时，将推动刮板和转子旋转，与此同时刮板会沿着滑槽滑进、滑出。两个相对刮板之间的距离是一定的，因此，当刮板连续转动时，在两个相邻刮板、转子、壳内壁及前后端盖之间形成一个固定容积的计量空间（即标准容积），转子每转一周就排出 4 个精确的计量空间的体积的流体。为了提高测量精度，必须设法减少刮板根、梢两处的泄漏，因此，加工精度要高。

1. 凸轮式刮板流量计的特点

(1) 凸轮小，厚度也小，加工制造容易；

(2) 壳体内壁呈圆形，工艺性好，易于加工，易做成大口径流量计；

(3) 运转时刮板不接触壳体内壁，磨损小；

(4) 结构复杂，加工量大；

(5) 量程比小。

2. 凹陷式刮板流量计的特点

(1) 壳体内腔是非圆曲线，与凸轮式相比加工难度较大，不宜制成大口径刮板流量计；

(2) 运转时刮板与壳体内壁接触，有磨损，而且压损也比凸轮式压损稍大；

(3) 密封性好，泄漏量小，刮板磨损后可自动补偿，不影响计量精度；

(4) 结构比较简单；

(5) 通用性好，大口径组合式计量腔，零件通用性强。

由于刮板的特殊运动轨迹，使被测流体在通过流量计时，完全不受扰动，不产生漩涡。因此，精度可达 $\pm 0.2\%$，甚至 $\pm 0.1\%$；压力损失也很小，在最大流量下也低于 3×10^4 Pa。

刮板式流量计在石油、石化工业中均得到了广泛应用。

四、速度式流量计

（一）电磁流量计

电磁流量计是基于电磁感应原理工作的流量测量仪表如图 2-65 所示。它能测量具有一定电导率的液体的体积流量。由于它的测量精度不受被测液体的黏度、密度及温度等因素变化的影响，且测量管道中没有任何阻碍液体流体的部件，所以几乎没有压力损失。适当选用测量管中绝缘内衬和测量电极的材料，就可以测量各种腐蚀性（酸、碱、盐）溶液流量，尤其在测量含有固体颗粒的液体，如泥浆、纸浆、矿浆等的流量时，更显示出其优越性。

西门子电磁流量计　　　　ABB 电磁流量计　　　罗斯蒙特电磁流量计

图 2-65　电磁流量计

1. 电磁流量计原理

图 2-66 为电磁流量计原理图。磁场方向有一个直径为 D 的管道。管道由不导磁材料制成，管道内表面衬挂衬里。当导电的液体在导管中流动时，导电液体切割磁力线，于是在和磁场及其流动方向垂直的方向上产生感应电动势，如安装一对电极，则电极间产生和流速成比例的电位差，即

$$E = BDv \qquad (2-56)$$

式中　E——感应电动势；

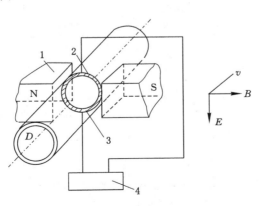

图 2-66　电磁流量计的工作原理

1——磁铁；2——绝缘衬里；3——不导磁材料管道；4——电磁流量计

B——磁感应强度；

D——管道内径；

v——流体在管道内平均流速。

由上式得

$$v = \frac{E}{BD} \tag{2-57}$$

所以流量为

$$Q_v = \frac{\pi D^2}{4}v = \frac{\pi DE}{4B} \tag{2-58}$$

从式（2-58）可见，流体在管道中流过的体积流量与感应电动势成正比。在实际工作中由于永久磁场产生的感应电动势为直流，会导致电极极化或介质电解，引起测量误差，所以在工业用仪表中多采用交变磁场。则感应电动势为

$$E = DvB_{max}\sin\omega t = \frac{4Q_v}{\pi D}B_{max}\sin\omega t = KQ_v \tag{2-59}$$

式中

$$K = \frac{4B_{max}}{\pi D}\sin\omega t$$

可见，感应电动势和体积流量成正比，只要设法测出 E，Q_v 就知道了。在求 Q_v 时，应进行 E/B 的除法运算，在电磁流量计中常用霍尔元件实现这一运算。

采用交变磁场以后，感应电势也是交变的，这不但可以消除液体极化的影响，而且便于后面环节的信号放大，但增加了感应误差。

2. 电磁流量计的结构

电磁流量计由外壳、励磁线圈及磁扼、电极和测量导管四部分组成，内部结构如图 2-67 所示。

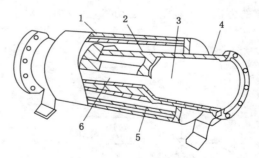

图 2-67　电磁流量计传感器典型结构图

1——壳体；2——激磁线圈；3——衬里；4——测量管；5——铁芯；6——电极

（1）激磁线圈及磁轭

磁场是用 50 Hz 工频电源激励产生，激励线圈有 3 种绕制方法。

① 变压器铁芯型：适用于 $\phi25$ 以下的小口径变送器，如图 2-68 所示。

② 集中绕组型：适用于中等口径，它有上、下两个马鞍型线圈。为了保证磁场均匀，一般加极靴，在线圈的外面加一层磁轭，如图 2-69 所示。

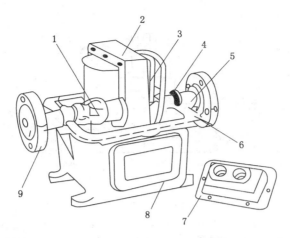

图 2-68　变压器铁芯型电磁流量计

1——调零电位器；2——铁芯；3——激磁线圈；4——密封垫圈；5——导管；

6——密封橡皮；7——接线盒；8——外壳；9——法兰盘

③ 分段绕制型：适用于大于 ϕ 10 口径的变送器，按余弦分布绕制，线圈的外部加一层磁轭，无极靴。分段绕制可减小体积，并使磁场均匀，如图 2-70 所示。

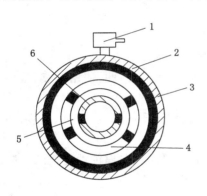

图 2-69　集中绕组型电磁流量计（剖面）

1——接线盒；2——外壳；3——磁轭；

4——激磁线圈；5——电极；6——流体导管

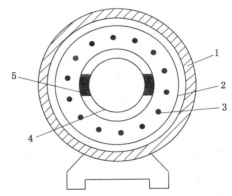

图 2-70　分段绕制型电磁流量计

1——外壳；2——磁轭；3——激磁线圈；

4——流体导管；5——电极

（2）电极

电极与被测介质接触，一般使用不锈钢和耐酸钢等非磁性材料制造，通过加工成矩形或圆形，如图 2-71 所示。

（3）测量导管

当导管内通过较强的交流磁场时，会使管壁产生较大的涡流，因而产生二次磁通，这是产生噪声的原因之一。因此，为了能让磁力线穿过，使用非磁性材料制造测量导管，以免造成磁分流。中小口径电磁流量计的导管用不导磁的不锈钢或玻璃钢等制造；大口径的导管用离心浇铸的方法把橡胶和线圈、电极浇铸在一起，可减小因涡流引起的误差。金属管的内壁挂一层绝缘衬里，防止两个电极被金属导管短路，同时还可以防腐蚀，一般使用天然橡胶

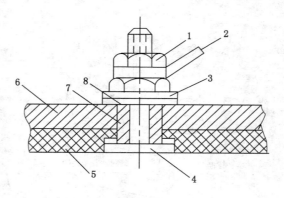

图 2-71　电极分布结构图

1——螺母；2——引线；3——垫片；4——电极；

5——绝缘衬里；6——导管壁；7——绝缘套；8——绝缘垫片

（60 ℃）、氯丁橡胶（70 ℃）、聚四氟乙烯（120 ℃）等。除氟酸和高温碱外，玻璃衬里适用于各种酸、碱溶液的测量，使用温度可达 120 ℃ 以上。

（4）外壳

电磁流量变送器的外壳起隔离和保护作用。

3. 电磁流量计的特点、选型及安装

（1）电磁流量计的特点

从电磁流量计的基本原理和结构来看，它有如下主要特点：

① 电磁流量变送器的测量管道内无运动部件和阻力环节，因此，使用可靠、维护方便、寿命长，而且压力损力很小；

② 只要流体具有一定的导电性，测量过程就不受被测介质的温度、密度、黏度、压力、流动状态（层流或紊流）的影响；

③ 测量管道为绝缘衬里，只要选择合适的衬里材料，就可测量腐蚀性介质的流量；

④ 测量中无惯性、滞后现象，流量信号反应快，可测脉冲流量；

⑤ 测量范围大，满刻度量程连续可调；

⑥ 仪表呈均匀刻度和线性输出，便于配套。

但是，在使用电磁流量计时，被测介质必须有足够的电导率，故不能测量气体、蒸气和石油制品等的流量。

（2）电磁流量变送器的选择

电磁流量计用于测量管道内导电液体的体积流量。选择电磁流量计的前提是介质必须具有足够的电导率。标准型仪表要求介质电导率不低于 10 $\mu s/cm$，低电导率型仪表其被测介质电导率不低于 0.1 $\mu s/cm$，低电导率型仪表其流量信号传输电缆需采用双芯双重屏蔽电缆。

电磁流量计的选用应综合使用场合、被测介质、测量要求等因素来考虑。一般的化工、冶金、污水处理等行业可以选用通用型电磁流量计，有爆炸性危险的场合应选用防爆型，医药卫生等行业则可选用卫生型。

对于测量精度的选择也应视具体情况而定，应在经济允许范围内追求精度等级高的流量计,例如一些高精度的电磁流量计误差可以达到 $\pm0.5\%\sim\pm1\%$,可用于昂贵介质的精确测量;而一些低精度流量计成本较为低廉,用于对控制调节等一般要求的场合。

被测介质的腐蚀性、磨蚀性、流速、流量等因素也会影响电磁流量计的选择,测量腐蚀性大的介质应选用具有耐腐蚀衬里和电极的电磁流量计。

① 量程的选择

变送器量程的选择对提高电磁流量计的可靠性及测量精度十分重要。量程可根据不低于最大流量值的原则来确定。常用流量超过测量上限的 50%,流量上限测定值在转换器上设定,转换器有单量程、双量程、可变量程 3 种可供选择。

② 口径的选择

变送器的口径可采用与管道相同的口径,或者略小一些,如果在量程确定的条件下,其口径可根据不同的测量对象由测量管道内的流速大小来决定。在一般使用条件下,流速以 $2\sim4$ m/s 为最适宜,但在有些场合,其流速可达 10 m/s。

在介质对衬里有磨损危害或沉淀物易黏附电极的场合,可考虑改变口径。介质对衬里有磨损时,可增大变送器口径,使流速在 3 m/s 以下,并加装保护法兰;介质容易产生沉淀物黏附电极时,可减小变送器口径,使流速在 2 m/s 以上。

③ 压力的选择

根据工业生产要求,目前生产的电磁流量计的工作压力为:

a. 小于 $\phi50$ mm 口径的为 1.6 MPa;

b. $\phi80\sim900$ mm 口径的为 1.0 MPa;

c. 大于 $\phi1\,000$ mm 口径的为 0.6 MPa;

d. 使用温度的选择,被测介质的温度不能超过内衬材料的容许使用温度。

（3）传感器的安装

传感器的安装应注意以下问题:

① 避免安装在周围有强腐蚀性气体的场所;避免安装在周围有电动机、变压器等可能带来电磁场干扰的场合;如果测量对象是两相或多相流体,应避免可能会使流体相分离的场所;避免安装在可能被雨水浸没的场所,避免阳光直射。

② 水平安装时,电极轴应处于水平状态,防止流体夹带气泡可能引起的电极短时间绝缘;垂直安装时流动方向应向上,可使较轻颗粒上浮离开传感电极区。

③ 传感器应采取接地措施以减小干扰的影响。在一般情况下,可通过将参比电极或金属管将管中流体接地,将传感器的接地片与地线相连。如果是非导电的管道或者没有参比电极,可以将流体通过接地环接地。

（二）超声波流量计

超声波在流动介质中传播时,如果其方向与介质运动方向相同,则传播速度加快;如果其方向与介质运动方向相反,则传播速度降低。超声波流量计正是根据传播速度与流体流速有关这样一个基本的物理现象而工作的。超声波流量计适合于测量大管径、非导电性、强腐蚀性的液体或气体的流量,并且不会造成压力损失。

超声波流量计是在管道的两侧斜向上分别安装一个发射换能器和一个接收换能器,如图 2-72 所示,两个换能器的轴线重合在一条斜线上,换能器多由压电陶瓷元件制成,接收换能器利用压电效应,发射换能器则利用逆压电效应。

德国 KROHNE 美国 CONTROLOTRON

(a)

SCL-70xSL系列插入式超声流量计　SCL-61x系列管段式数字流量计　SCL-62x外夹式数字超声流量计

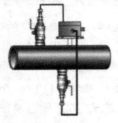

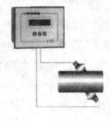

(b)

图 2-72　超声波流量计

(a) 国外超声波流量计；(b) 国产超声波流量计

假定流体静止时的声速为 c，流体流速为 v，则顺流时超声波传播速度 $v_1 = c + v$，逆流时传播速度 $v_2 = c - v$。若两换能器间距离为 L，则

顺流传播时间为

$$t_1 = \frac{L}{c + v} \tag{2-60}$$

逆流传播时间为

$$t_2 = \frac{L}{c - v} \tag{2-61}$$

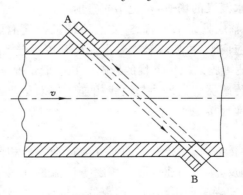

图 2-73　超声波流量计结构示意图

1. 时差法

超声波顺流传播，速度快，时间短；逆流传播，速度慢，时间长。时间差 Δt 可写为

$$\Delta t = t_1 - t_2 = \frac{2Lv}{c^2 - v^2} \tag{2-62}$$

因 $v \ll c$,故 v^2 可忽略,可得

$$\Delta t = t_1 - t_2 \approx \frac{2Lv}{c^2} \tag{2-63}$$

或

$$v = t_1 - t_2 \approx \frac{2L}{c^2} \Delta t \tag{2-64}$$

当流体中的声速 c 为常数时,流速 v 便和 Δt 成正比,测出时间差,即可求出流速,进而得到流量。

值得注意的是,一般液体中的声速往往在 1 500 m/s 左右,而流速只有每秒几米,如要求流速测量的精确度达到 1%,则对声速测量的精确度需为 $10^{-5} \sim 10^{-6}$ 数量级。这是难以做到的,何况声速受温度的影响不容忽略。所以,直接利用式(2-64)不易实现精确的流量测量。

2. 速差法

顺流速度 v_1 与逆流速度 v_2 的差为

$$\Delta v = v_1 - v_2 = 2v = \frac{L}{t_1} - \frac{L}{t_2} = \frac{L \Delta t}{t_1 t_2} \tag{2-65}$$

$$v = \frac{L \Delta t}{2 t_1 t_2} = \frac{L \Delta t}{2 t_1 (t_1 + \Delta t)} \tag{2-66}$$

此式中的 L 为常数,只要测出顺流传播时间 t_1 和时间差 Δt,就能求出 v,进而得到流量,这就避免了求声速 c 的困难。这种方法不受温度的影响,容易得到可靠的数据。

3. 频差法

发射换能器和接收换能器可以经过放大器接成闭环,使接收到的脉冲放大之后去驱动发射换能器,这就构成了振荡器。振荡频率取决于从发射到接收的时间,即上述 t_1 或 t_2。如果 A 发射,B 接收,则频率为

$$f_1 = \frac{1}{t_1} = \frac{c + v}{L} \tag{2-67}$$

反之,如果 B 发射,A 接收,则频率为

$$f_2 = \frac{1}{t_2} = \frac{c - v}{L} \tag{2-68}$$

以上两个频率之差为

$$\Delta f = f_1 - f_2 = \frac{2}{L} v \tag{2-69}$$

可见,频差和流速成正比,式(2-69)中也不含声速 c,测量结果不受温度影响,这种方法更为简单实用。不过一般频率差 Δf 很小,直接测量不易精确,往往采用倍频电路。

因为两个换能器是轮流发射和接收的,所以要有控制其转换的电路,两个方向闭环振荡的倍频利用可逆计数器求差,然后经数模转换,并放大成 0~10 mA 或 4~20 mA。

4. 多普勒法

这种流量计是利用流体中的散射体(微粒物质)对声能的反射原理工作的,即将超声波射束放射于与流体同一速度流动的微粒子,并由接收器接收从微粒子反射回来的超声波信

号,通过测量多普勒频移来求出流速,从而求出体积流量。可以用发射器本身,即同一个换能器作接收器,也可以用另一个单独的换能器作接收器,如图 2-74 所示。设定接收器和发射器构成指向方向的角度为 θ 且相等,若流体的流速为 v,流体的音速为 c,发射器发出的超声波频率 f_t,则接收器检测到的由微粒所反射的超声波频率 f_r 有

$$f_r = \frac{c + v\cos\theta}{c - v\cos\theta} f_t \qquad (2\text{-}70)$$

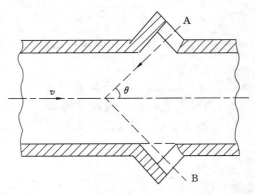

图 2-74 超声波多普勒流量计原理

通常水中声速约为 1 500 m/s,流体流速为数米每秒,由于 $v \ll c$,上式可改为

$$f_r \approx \left(1 + \frac{2v\cos\theta}{c}\right) f_t \qquad (2\text{-}71)$$

多普勒频移 f_d 可由下式求出

$$f_d = \mid f_r - f_t \mid = \frac{2v\cos\theta}{c} f_t \qquad (2\text{-}72)$$

从而流速 v 为

$$v = \frac{c}{2\cos\theta} \frac{f_d}{f_t} \qquad (2\text{-}73)$$

5. 相关法

超声技术与相关法结合也可测流量。在管道上相距 L 处设置两组收发换能器,流体中的随机旋涡、气泡或杂质都会在接收换能器上引起扰动信号,将上游某截面处收到的这种随机扰动信号与下游相距 L 处另一截面处的扰动信号比较,如发现两者变化规律相同,则证明流体已运动到下游截面。将距离 L 除以两相关信号出现在不同截面所经历的时间,就得到流速,从而求出流量。这种方法特别适合于气液、液固、气固等两相流甚至多相流的流量测量,它也不需在管道内设置任何阻力体,而且与温度无关。

超声波流量计的主要优点是可以实现非接触测量,对测量管道来讲,无插入零件,没有流体附加阻力,不受介质黏度、导电性及腐蚀性影响。不论哪种方案,均为线性特性。

超声波流量计的主要缺点是精度不太高,约为 1‰,温度对声速影响较大,一般不适于温度波动大、介质物理性质变化大的流量测量;也不适于小流量、小管径的流量测量,因为这时相对误差将增大。

五、质量流量计

质量流量检测对于在工业生产中的物料平衡、热平衡以及储存、经济核算等都起着重要的作用。由于 $Q_m = Q_{V\rho}$，所以对于质量流量的检测，往往根据已测出的体积流量乘以密度，换算成质量流量。而密度是随流体的温度、压力的变化而变化的，因此，在检测体积流量时，必须同时检测出流体的温度和压力，以便将体积流量换算成标准状态下的数值，从而求出质量流量。这样，在温度、压力变化比较频繁的情况下，因换算工作麻烦，而难以满足检测的要求。所以，直接地检测质量流量，不仅有利于提供准确流量，同时有利于工业生产中的经济核算等。

通常质量流量检测的方法包括：

① 直接式。检测元件的输出直接反映出质量流量。

② 推导式。同时检测出被测流体的体积流量和密度，通过计算得出与质量流量有关的输出信号。

（一）检测原理

U 形管科里奥力质量流量计结构原理如图 2-75 所示。当 U 形管内充满流体且流速为零时，在驱动器的作用下，如图 2-76 所示，使 U 形管产生振动，U 形管要绕 O—O 轴（按其本身的性质和流体的质量所决定的固有频率）上、下同时振动，如图 2-77 所示。当流体的流速为 v 时，则流体在直线运动速度 v 和旋转运动角速度 ω 的作用下，对管壁产生一个反作用力，即科里奥力为

$$F = 2mv \cdot \omega \tag{2-74}$$

式中　F, ω, v——向量；

　　　m——流体的质量。

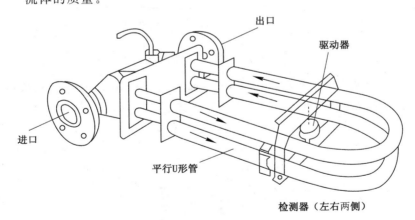

图 2-75　U 形管科里奥力质量流量计结构原理

由于入口侧和出口侧的流向相反，越靠近 U 形管，管端的振动越大，流体在垂直方向的速度变化也越大，由于流体在垂直方向具有相同的加速度 a，因此，当 U 形管向上振动时，流体作用于入口侧管端的是向下的力 F_1，作用于出口侧管端的是向上的力 F_2，如图 2-78 所示，并且大小相等，r_1 为 F_1 的力臂，r_2 为 F_2 的力臂。向下振动时，情况相似。

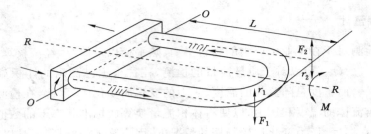

图 2-76　U 形管的受力分析

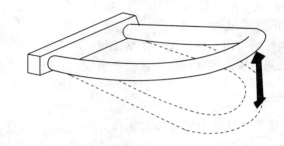

图 2-77　U 形管的振动

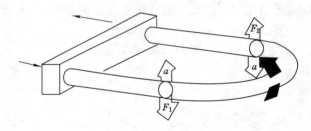

图 2-78　加速度与科里奥力

由于在 U 形管的两侧,受到两个大小相等方向相反的作用力,则使 U 形管产生扭曲运动,U 形管管端绕 $R—R$ 轴扭曲,如图 2-79 所示。其扭力矩为

$$M = F_1 r_1 + F_2 r_2 \tag{2-75}$$

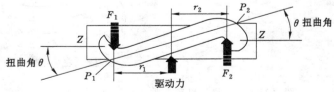

图 2-79　U 形管的扭转

因 $F_1 = F_2 = F, r_1 = r_2 = r$,则

$$M = 2Fr = 4m\omega vr \tag{2-76}$$

又因质量流量 $q_\mathrm{m} = m/t$,流速 $v = L/t, t$ 为时间,则上式可写成

$$M = 4\omega r L q_m \tag{2-77}$$

由式(2-78)知,当 L 一定时, q_m 取决于 m、v 的乘积。

设 U 形管的弹性模量为 K_s,扭曲角为 θ,由 U 形管的刚性作用所形成的反作用力矩为

$$T = K_s \theta \tag{2-78}$$

因 $T = M$,则由式(2-77)和式(2-78)可得出如下公式

$$q_m = \frac{K_s}{4\omega\, rL} \theta \tag{2-79}$$

假定管端在中心位置时的振动速度为 v_t,从图 2-79 可知存在如下关系

$$\sin\theta = \frac{v_t}{2r}\Delta t \tag{2-80}$$

式中 Δt——图 2-79 中 P_1 和 P_2 点横穿 Z—Z 水平线的时间差。

由于 θ 很小,则 $\sin\theta = \theta$,且 $v_t = L\omega$,则可得出

$$\theta = \frac{\omega L}{2r}\Delta t \tag{2-81}$$

并由式(2-79)、式(2-81)可得如下关系

$$q_m = \frac{K_s}{4\omega\, rL} \times \frac{\omega L}{2r}\Delta t = \frac{K_s}{8r^2}\Delta t \tag{2-82}$$

式中 K_s, r——由 U 形管所用材料和几何尺寸所确定的常数。

因而科里奥力质量流量计中的质量流量 q_m 与时间差 Δt 成比例。而这个时间差 Δt 可以通过安装在 U 形管端部的两个位移检测器所输出的电压的相位差检测出来,在二次仪表中将相位差信号进行整形放大之后,对时间积分得出与质量流量成比例的信号,得到质量流量。

(二)科里奥力流量计的特点及选用

1. 科里奥力流量计的主要特点

(1)优点

由于科里奥力流量计是一种直接式质量流量计,因而具有许多其他流量计无可比拟的优点。

① 实现了真正地、高精度地直接质量流量测量。精度一般可达 0.1%～0.2%,重复性优于 0.1%。

② 可以测量多种介质,如油品、化工介质、造纸黑液、浆体及天然气等。

③ 可测量多个参数,在测量质量流量的同时,获取密度、温度、体积流量等参数。

④ 流体的介质密度、黏度、温度、压力、导电率、流速分布等特性对测量结果影响较小。安装时无上下直管段要求。

⑤ 无可动部件,流量管内无障碍物,便于维护。

(2)缺点

① 零点漂移较大。科里奥力流量计的零点不稳定性是它的最主要缺陷,这与它本身的高精度很不相称。

② 对外界振动干扰较敏感。为防止管内振动的影响,流量传感器安装要求较高。

③ 流体中气泡含量超过某一界限会显著影响测量值。

④ 价格较贵。

2. 科里奥力流量计的选用

科里奥力流量计用于测量液体、悬浮液、乳浊液和高压气体的质量流量、密度和温度,主要用于要求精确测量的场合。对于强振动、强磁场场合,以及管道内流体有强水击效应、强脉动流、夹带气流等场合不宜采用。另外,要根据被测流体的腐蚀性、温度、压力等选用相应型号的科里奥力流量计。如安装在需要保温的场合,应选用带保温夹套的;危险场合应选用防爆产品。

科里奥力流量计的选择一般主要考虑其性能和可靠性。性能包括各种指标,如准确度、量程利用率、压力损失和量程能力等;可靠性需要实践的检验。

准确度主要包括:偏差、重复性、线性和回滞。它有 3 种描述方式:流量百分比准确度、满量程准确度和带零点稳定度的准确度。不同的厂家可能以不同的方式给出,比较时应考虑到这一点。其中,带零点稳定度的准确度更能体现科里奥力流量计在整个流量范围内的准确度,因为零点稳定度表示了流量计测量实际零流量的能力。

根据操作条件和传感器的最大流量,预选出传感器的规格(公称管径),计算出压力损失是选型工作的一个重要环节。不实际的高流量会引起高的压力损失,但由于灵敏度高,准确度就好;相反,低流量会使压力损失降低,灵敏度低,准确度较差。所以,选择的时候要综合考虑,在尽可能低的压力损失下得到高的流量灵敏度和准确度。

量程能力(相对 mA 输出,最大量程和最小量程的比值)也是一个考虑因素。如果使用 mA 输出信号的话,与许多其他常规仪表的选择一样。量程利用率(额定流量与瞬时流量的比值)也很重要,一般可通过厂家给出的科里奥力流量计在各种流速下的量程利用率、压力损失和准确度曲线来计算其在给定应用中的性能。

3. 科里奥力质量流量计的安装、使用及维护

(1) 安装

① 流量传感器应安装在平稳坚固的基础上,避免因振动而造成对流量检测的影响。在需要多台流量计串联或并联使用时,各流量传感器之间的距离应足够远,管卡和支承应分别设置在各自独立的基础上。

② 流量传感器在使用时不应存积气体或液体残渣,对于弯管型流量计,最好垂直安装,需要水平安装时传感器的外壳与工艺管道保持水平,便于弯曲的检测管道内气泡上升,固体颗粒下沉;对于直管型流量计,水平安装时应避免安装在最高点上,以免气团积存。

③ 传感器和工艺管道连接时,要做到无应力安装。

(2) 使用

① 流量计零点调整

流量计零点调整的方法是在流量传感器充满被测流体后关闭传感器下游阀门,在接近工作温度的条件下,调整流量计的零点。需要注意的是:调整零点时一定要保证下游阀门彻底关闭。若调零点时阀门存在泄漏,将会带来很大的检测误差。

② 正确设置流量和密度校准系数

流量校准系数代表传感器的灵敏度及流量温度系数,灵敏度表示每微秒时差代表多大的流量(单位为 g/s);流量温度系数表示传感器弹性模量受温度的影响程度;密度校准系数代表传感器在 0 ℃下管内为空气和管内为水时的自振周期(单位为 μs)和密度温度系数,显

然,这些与流量计的检测准确度都有直接关系,一定要正确设置。

(3) 维护

在使用时,及时发现和排除故障对流量计正常工作很重要,常见的有以下几种故障现象。

① 无输出。有流量通过传感器而传感器没有信号输出。

② 输出不变化。流量变化了,输出却保持不变。

③ 输出不正常。输出随意变化(即与流量的变化无关)。

④ 断续地有输出。断续输出,开始和结束都无规律,但当有输出时,输出信号能正确反映流量大小。

六、流量检测仪表的选用

流量计选型是指按照生产要求,从仪表产品供应的实际情况出发,综合地考虑测量的安全、准确和经济性,并根据被测流体的性质及流动情况确定流量取样装置的方式和测量仪表的形式和规格。

流量测量的安全可靠,首先是测量方式可靠,即取样装置在运行中不会发生机械强度或电气回路故障而引起事故;其次是测量仪表无论在正常生产或故障情况下都不致影响生产系统的安全。例如,对发电厂高温高压主蒸气流量的测量,其安装于管道中的一次测量元件必须牢固,以确保在高速气流冲刷下不发生机构损坏。因此,一般都优先选用标准节流装置,而不选用悬臂梁式双重喇叭管或插入式流量计等非标准测速装置,以及结构强度低的靶式、涡轮流量计等。燃油电厂和有可燃性气体的场合,应选用防爆型仪表。

在保证仪表安全运行的基础上,力求提高仪表的准确性和节能性。为此,不仅要选用满足准确度要求的显示仪表,而且要根据被测介质的特点选择合理的测量方式。发电厂主蒸气流量测量,由于其对电厂安全和经济性至关重要,一般都采用成熟的标准节流装置配压差流量计,化学水处理的污水和燃油分别属脏污流和低雷诺数黏性流,都不适用标准节流件。对脏污流一般选用圆缺孔板等非标准节流件配压差计或超声多普勒式流量计,而黏性流可分别采用容积式、靶式或楔形流量计等。水轮机入口水量、凝汽器循环水量及回热机组的回热蒸气等都是大管径(400 mm 以上)的流量测量参数,由于加工创造困难和压损大,一般都不选用标准节流装置。根据被测介质特点及测量准确度要求,分别采用插入式流量计、测速元件配压差计、超声波流量计,或采用标记法、模拟法等无能损方式测流量。

为保证流量计使用寿命及准确性,选型时还要注意仪表的防振要求。在湿热地区要选择湿热式仪表。

正确地选择仪表的规格,也是保证仪表使用寿命和准确度的重要一环。应特别注意静压及耐温的选择。仪表的静压即耐压程度,它应稍大于被测介质的工作压力,一般取 1.25 倍,以保证不发生泄漏或意外。量程范围的选择,主要是仪表刻度上限的选择。选小了,易过载,损坏仪表;选大了,有碍于测量的准确性。一般选为实际运行中最大流量值的 1.2～1.3 倍。安装在生产管道上长期运行的接触式仪表,还应考虑流量测量元件所造成的能量损失。一般情况下,在同一生产管道中不应选用多个压损较大的测量元件,如节流元件等。

总之,没有一种测量方式或流量计对各种流体及流动情况都能适应的。不同的测量方式和结构,要求不同的测量操作、使用方法和使用条件,每种形式都有它特有的优缺点。因此,应在对各种测量方式和仪表特性作全面比较的基础上,选择适于生产要求的,既安生可靠又经济耐用的最佳形式。几种流量检测仪表相互比较如表 2-10 所列。

表 2-10 　　　　　　　　　　　　　几种流量检测仪表比较

名称	刻度特性	量程比	精度	适用场合	价格
转子流量计	线型	10:1	1.5～2.5	小流量	便宜
压差流量计	平方根	3:1	1	已标准化、耐高温高压中大流量应用广泛	中等
靶式流量计	平方根	3:1	2	黏稠、脏污、腐蚀性介质,耐高温及高压	中等
涡轮流量计	线型	10:1	0.5～1	低黏度、清洁液体、耐高压、中温中大流量	贵
漩涡流量计	线型	10:1	1.5	气体及低黏度液体,大口径、大流量	较贵
电磁流量计	线型	10:1	1～1.5	导电液体、大流量	贵
齿轮流量计	线型	10:1	0.2～0.5	清洁、黏性液体	较贵
罗茨流量计	线型	10:1	0.2～0.5	清洁及高黏度液体,耐较高温度、中压、中等流量	较贵

课外拓展

基于科氏效应的流量计发展史

科氏质量流量计的研发始于 20 世纪 50 年代初,起初由于未能很好解决使流体在直线运动的同时还要处于旋转系的实用性技术难题,一直未能达到工业推广应用阶段。直到 20 世纪 70 年代中期,美国的詹姆士·史密斯(James E. Smith)巧妙地将流体引入到处于谐振状态的测量管中,发明了利用科氏效应将两种运动结合起来的谐振式质量流量计。1977 年,美国的 Rosemount 公司研制成功世界上第一台这种原理的质量流量计。之后,许多仪器仪表技术领域的企业对该流量计进行了研发。

科氏质量流量计技术含量高、难度大,设计材料、力学、机械、电子、磁、控制、计算机等多学科领域;其性能优、附加值高,市场应用广泛且价值高,自问世后发展十分强劲。美国、德国、日本等国家都投入了大量的人力、物力、财力从事开发与应用工作,其中最具代表性的世界知名公司 Rosemount、Krohne、E＋H、Foxboro、Schlumberger、ABB 等都研制出了相关的产品,并获得了可观的经济效益。在这些公司中,美国的 Rosemount 作为科氏质量流量计研制的先驱,所推出的产品在原理、技术和性能上具有代表性。

国内对科氏质量流量计的研究始于 1987 年。经过 20 多年的发展,已有多家企业能够生产不同型号、规格的科氏质量流量计。与国外相比,国产科氏质量流量计产品常用的一些型号上,主要技术指标已达到国外同期同类产品的水平。在管型多样化、规格系列化、现场适应性、稳定性等方面,也开展了很好的自主研究工作,取得了一些研究成果。

近年来,随着科学技术的发展与进步,基于科氏效应的直接质量流量计发展很快,相继出现了一些新的热点,如基于微机械电子系统 MEMS(Micro Electro-Mechanical Systems)的硅微结构科氏质量流量计,用于检测微流量;基于数字技术的智能化流量测试技术;基于高灵敏度检测的气体科氏质量流量计等。

(引自——樊尚春《谐振式传感器》)

思考题

1. 试述生产中测量流量的意义,写出体积流量、质量流量、累积流量、瞬时流量的表达式及其相互之间的关系。

2. 试述节流现象及节流原理。

3. 测量流量时,配接一压差变送器,设其测量范围为 0～10 kPa,对应输出信号为 4～20 mA,相应的流量为 0～320 m³/h。求输出信号为 16 mA 时,压差是多少? 相应的流量是多少?

4. 原来测量水的压差式流量计,现在用来测量相同测量范围的油的流量,那么读数是否正确? 为什么?

5. 分析电磁流量计结构原理及其使用特点。

6. 选用流量仪表时应考虑那些问题?

7. 简述质量流量计的原理。

第三章　环境与灾害参数检测

☞ **教学目的**

1. 了解可燃性气体和有毒气体的性质；
2. 掌握气体测定方法及操作程序；
3. 学会使用可燃性气体和有毒气体的检测仪表；
4. 了解粉尘的种类以及粉尘的检测仪表；
5. 掌握噪声的量度参数以及声音的检测仪表。

☞ **教学重点**

1. 掌握气体测定方法及操作程序；
2. 粉尘的种类。

☞ **教学难点**

1. 掌握气体测定方法及操作程序；
2. 噪声的量度参数数据处理。

第一节　气体的检测

【本节思维导图】

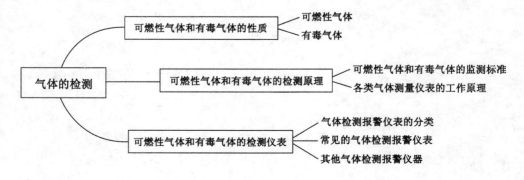

一、可燃性气体和有毒气体的性质

（一）可燃性气体

可燃性气体的涉及面十分广泛，凡在空气中可以燃烧的气体都属于可燃性气体，如日常生活中的城市煤气、液化石油气、工业原料气（乙烯、丙烷）、煤矿中的甲烷等。在石油化工生产中，有关规则规定：表 3-1 所列气体中的 32 种气体以及爆炸下限含量在 10％以下或爆炸上限与爆炸下限含量差大于 20％的气体称为可燃性气体。表 3-1 所列的 32 种可燃性气体均为最常见的可燃气体或可燃有毒气体，也是石化生产环境有可能存在的气体。

表 3-1　　　　　　　　　　　　　常见的可燃性气体和有毒气体

序号	归属		物质名称	化学式	爆炸极限/%		允许浓度	
	可燃	有害			LEL	UEL	$\times 10^{-6}$	mg/m³
1	√		乙炔	HC≡CH	2.5	100		
2	√		乙醛	CH_3CHO	4.0	60		
3	√		乙烷	C_2H_6	3.0	12.4		
4	√		乙胺	$C_2H_5NH_2$	3.5	13.95		
5	√		乙苯	$C_6H_5C_2H_5$	1.0	6.7		
6	√		乙烯	$CH_2=CH_2$	2.7	36		
7	√		氯乙烷	C_2H_5Cl	3.8	15.4		
8	√		氯乙烯	$CH_2=CHCl$	3.6	33		
9	√		环氧丙烷	CH_2CHCH_2O	2.1	21.5		
10	√		环丙烷		2.4	10.4		
11	√		二甲胺	$(CH_3)_2NH$	2.8	14.4		
12	√		氢	H_2	4.0	75		
13	√		丁二烯	$CH_2=CHCH=CH_2$	2.0	12		
14	√		丁烷	$CH_3(CH_2)_2CH_3$	1.8	8.4		
15	√		丁烯	C_4H_8	9.7			
16	√		丙烷	$CH_3CH_2CH_3$	2.1	9.5		
17	√		丙烯	$CH_3CH=CH_2$	2.4	11		
18	√		甲烷	CH_4	5.0	15.0		
19	√		二甲醚	CH_3OCH_3	3.4	27		
20	√	√	丙烯腈	$CH_2=CHCN$	3.0	17.0	20	2
21	√	√	一氧化碳	CO	12.5	74	50	30
22	√	√	丙烯醛	$CH_2=CHCHO$	2.8	31	0.1	0.3
23	√	√	氨	NH_3	15	28	25	30
24	√	√	一氯甲烷	CH_3Cl	7	17.4	100	—
25	√	√	氧乙烯	$(CH_2)_2O$	3	100	50	—
26	√	√	氰化氢	HCN	6	41	10	0.3
27	√	√	三甲基胺	$(CH_3)_3N$	2.0	12	10	—
28	√	√	二硫化碳	CS_2	1.3	50	10	10
29	√	√	溴甲烷	CH_3Br	10	15	15	1
30	√	√	苯	C_6H_6	1.3	7.9	10	40

序号	归属		物质名称	化学式	爆炸极限/%		允许浓度	
	可燃	有害			LEL	UEL	$\times 10^{-6}$	mg/m³
31	√	√	甲胺	CH_3NH_2	4.9	20.7	10	5
32	√	√	硫化氢	H_2S	4	4.4	10	10
33		√	二氧化硫	SO_2	—	5	15	
34		√	氯	Cl_2	—		1	1
35	√		二乙胺	$(C_2H_5)_2NH$	1.8	10	25	—
36		√	氟	F_2	—	—	1	1
37		√	光气	$COCl_2$			0.1	0.5
38	√		氯丁二烯	C_4H_5Cl	4.0	20	25	2

对生产环境常见的可燃性气体进行安全监测时,以可燃性气体浓度为检测对象,以可燃性气体的爆炸极限为标准来确定测量与报警指标。可燃性气体或蒸气与空气的混合物能使火焰蔓延或爆炸的可燃性气体或蒸气的最低浓度,称为该气体或蒸气的爆炸下限。同理,能使火焰蔓延的最高浓度称为该气体或蒸气的爆炸上限。爆炸极限浓度通常用可燃性气体的体积分数表示,爆炸下限用 LEL 表示,即 Lower Explosive Limit 的缩写;爆炸上限用 UEL 表示,即 Upper Explosive Limit 的缩写。有些可燃性气体测量报警仪表以 LEL(%)作测量单位,此即是以某种可燃性气体的爆炸下限为满刻度(100%),例如丁烷的 LEL=1.8%,若以 1.8%作为 100%,则有 1LEL%相当于 0.018%丁烷。

链烷烃类的爆炸下限可用下式估算

$$LEL = 0.55 \times C_0 \tag{3-1}$$

式中　C_0——可燃性气体完全燃烧时的化学计量浓度。

当某些作业环境中,由于存在多种可燃性气体,与空气形成具有复杂组成的可燃性气体混合物时,混合可燃气体爆炸下限可根据各组分已知的爆炸下限求出,即

$$LEL_{混} = \frac{100}{\dfrac{C_1}{LEL_1} + \dfrac{C_2}{LEL_2} + \cdots + \dfrac{C_n}{LEL_n}} \tag{3-2}$$

式中　$LEL_{混}$——混合物爆炸下限;

$C_1 \sim C_n$——各组分在总体积中所占的体积分数,且 $C_1 + C_2 + \cdots + C_n = 100$;

$LEL_1 \sim LEL_n$——各组分爆炸下限。

(二)有毒气体

在工业生产过程中使用或产生的对人体有害,能引起慢性或急性中毒的气体或蒸气称为有毒气体。我国《工业企业设计卫生标准》中列出有毒物质共计 111 种,其中绝大部分为气体或蒸气。我国现已制定出毒物毒性分级标准和毒物管理分级标准,有毒气体方面的规定与表 3-1 所列的有毒气体及参数规定相似,这里不做详细叙述。需指出,表 3-1 中列出的 32 种可燃性气体和 19 种有毒气体,其中有 13 种重叠,即这 13 种气体既是可燃性气体又是有毒气体,因此在测量仪表的选用上要特别加以注意。

在工业生产过程中进行有毒气体监测时,是以有毒气体浓度为检测对象,并以有毒气体

的最高允许浓度为标准确定监测与报警指标的。所谓最高允许浓度,是指人员工作地点空气中的有害物质在长期分次有代表性的采样测定中均不应超过的浓度值,以确保现场工作人员在经常性的生产劳动中不致发生急性和慢性职业危害。我国采用最高允许浓度作为卫生标准。除最高允许浓度(MAC)外,有毒气体还有以 TLV 作为卫生标准的。TLV 即阈限值(Threshold Limit Values),是指空气中有毒物质的浓度。在此浓度下,几乎全体现场工作人员每日重复接触不会产生有害影响。

有毒气体的浓度单位一般不采用质量分数表示,而是采用 ppm 值或 mg/m³ 来表示。ppm 值是指一百万份气体总体积中,该气体所占的体积分数(ppm 为非法定计量单位)。它使用相对浓度表示法,与体积分数的换算关系为:ppm=(体积分数%)×10⁴。mg/m³ 是气体浓度的绝对表示法,是指 1 立方米气体(空气)中含该种气体的毫克数。我国卫生标准中的最高允许浓度是以 mg/m³ 为单位,两种单位的换算关系为

$$mg/m^3 = ppm \times \frac{M}{24.45} \tag{3-3}$$

$$ppm = (mg/m^3) \times \frac{24.45}{M} \tag{3-4}$$

式中:M 为有毒气体的相对分子质量;24.45 为常数,是 25 ℃、101 325 Pa 时气体的摩尔体积。

二、可燃性气体和有毒气体的检测原理

(一)可燃性气体和有毒气体的监测标准

为了保护环境,保障人的身体健康,保证安全生产和预防火灾爆炸事故发生,必须首先确知生产和生活环境中可燃性气体的爆炸下限和有毒气体的最高允许浓度的阈限值,以及氧气的最低浓度阈限值,以便通过应用各种类型的测量仪器、仪表对这些气体进行检测。通过检测了解生产环境的火灾危险程度和有毒气体的恶劣程度,以便采取措施或通过自动监测系统实现对生产、生活环境的监控。

1. 可燃性气体的监测标准

可燃性气体的监测标准取决于可燃物质的危险特性,且主要是由可燃性气体的爆炸下限决定的。从监测和控制两方面的要求来看,监测首先应做到可燃性气体与空气混合物中可燃气体的浓度达到阈限值时,给出报警或预警指示,以便采取相应的措施,而其中规定的浓度阈值和可燃性气体与空气混合物的爆炸下限直接相关。一般取爆炸下限的 10% 左右作为报警阈值,当可燃性气体的浓度继续上升,一般达到其爆炸下限的 20%~25% 时,监控功能中的联动控制装置将产生动作,以免形成火灾及爆炸事故。

2. 有害气体的监测标准

有害气体即有毒气体,其监测标准由多种气体的环境卫生标准来确定,这里的多种气体是指氧气及各种有害气体。我国制定的《大气环境质量标准》(GB 3095—2012)中规定了空气污染物二级标准浓度限值。《工业企业设计卫生标准》中列出了居住区大气有害气体的最高允许浓度值,以及工矿车间环境有害气体的最高允许浓度值。此外,我国对煤矿井下环境也作了必要的规定。

(二)各类气体测量仪表的工作原理

为了实现对可燃性气体和多种有害气体的测量和预防,采用各种气体传感器构成的测

量仪表品种繁多,其结构原理、测定范围、性能、操作使用等互不相同,无法一一分析。但是,从所用气体传感器的基本工作方式和原理来划分,目前用于测量可燃性气体和多种气体的仪器、仪表可归纳划分成如下几种主要类型。

1. 接触(催化)燃烧式气体传感器

此类仪器是利用可燃性气体在有足够氧气和一定高温条件下发生催化燃烧(无焰燃烧),放出热量,从而引起电阻变化的特性,达到对可燃性气体浓度进行测量的目的。这类可燃气体测量仪器采用有代表性的气体传感材料:Pt 丝＋催化剂(Pd^-、Pt^-、Al_2O_3、CuO),其具有体积小、质量轻的特点。

可燃性气体(H_2、CO 和 CH_4 等)与空气中的氧接触,发生氧化反应,产生反应热(无焰接触燃烧热),使得作为敏感材料的铂丝温度升高,具有正的温度系数的金属铂的电阻值相应增加,并且在温度不太高时,电阻率与温度的关系具有良好的线性关系。一般情况下,空气中可燃性气体的浓度都不太高(低于 10%),可以完全燃烧,其发热量与可燃性气体的浓度成正比。这样,铂电阻值的增大量就与可燃性气体浓度成正比。因此,只要测定铂丝的电阻变化值(ΔR),就可以检测到空气中可燃性气体的浓度。但是,使用单纯的铂丝线圈作为检测元件,其使用寿命较短。所以实际应用的检测元件,都是在铂丝线圈外面涂覆一层氧化物触媒,以延长其寿命,提高其响应特性。

气敏元件的结构一般用直径 $50\sim60~\mu m$ 的高纯(99.999%)铂丝,绕制成直径约为 0.5 mm 的线圈。为了使线圈具有适当的阻值($1\sim2~\Omega$),一般应绕 10 圈以上,在线圈外面涂以氧化铝(或者由氧化铝和氧化硅组成)的膏状涂覆层,干燥后在一定温度下烧结成球状多孔体。烧结后,放在贵金属铂、钯等的盐溶液中,充分浸渍后取出烘干,然后经过高温热处理,使在氧化铝载体上形成贵金属接触媒层,最后组装成气体敏感元件。除此之外,也可以将贵金属触媒粉体与氧化铝等载体充分混合后配成膏状,涂覆在铂丝绕成的线圈上,直接烧成后使用。

催化燃烧式气体检测原理及其电路如图 3-1 所示。所用检测元件有铂丝催化型和载体催化型两种。其中,铂丝催化型元件没有专门的催化外壳,而是由铂丝承担三种工作:铂丝表面完成可燃气体氧化催化功能,同时铂丝又兼作加热丝和测温元件。而载体催化型元件由加热芯丝和载体催化外壳组成,催化外壳对可燃气体的氧化过程起催化作用,加热电流通

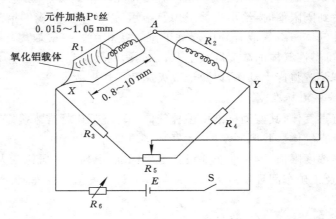

图 3-1　催化燃烧式气体检测原理及其电路

过芯丝将催化外壳加热到正常工作温度,而芯丝又兼作电阻测温元件来检测催化外壳的温度变化。

2. 热传导式气体传感器

(1) 气体热传导式气体传感器

它是利用被测气体的热传导率与铂丝(发热体)的热传导率之差所引起的温度变化的特性测定气体的浓度的。这类气体传感器主要用于测定氢气(H_2)、一氧化碳(CO)、二氧化碳(CO_2)、氮气(N_2)、氧气(O_2)等气体的浓度,多制成携带式仪器。

(2) 固体热传导式气体传感器

它是利用被测气体的不同浓度在金属氧化物表面燃烧引起的电阻变化特性,来达到测定被测气体浓度的目的的。这类仪器多制成携带式仪器,用于测定氢气(H_2)、一氧化碳(CO)、氨气(NH_3)等气体的浓度,也可用于测定其他可燃性气体的浓度。

热传导式气体传感器的测量仪器仪表的检测电路原理与催化燃烧式的检测电路原理相同,只是其中 R_1 用热传导式元件。热导式气体浓度检测方法的优点是在测量范围内具有线性输出,不存在催化元件中毒问题,工作温度低,使用寿命长,防爆性能好。其缺点是背景气要干扰测量结果(如二氧化碳、水蒸气等),在环境温度骤变时输出也要受影响,在低浓度检测时有效信号较弱。

3. 半导体式气敏传感器

半导体式气敏传感器的品种也是很多的,其中金属氧化物半导体材料制成的数量最多(占气敏传感器的首位),其特性和用途也各不相同。金属氧化物半导体材料主要有 SnO_2 系列、ZnO 系列及 Fe_2O_3 系列,由于它们的添加物质各不相同,因此能检测的气体也不同。半导体气敏传感器适用于检测低浓度的可燃性气体及毒性气体如 CO、H_2S、NO_x 及 C_2H_5OH、CH_4 等碳氢气体。其测量范围为百万分之几到百万分之几千。

半导体式气敏传感器的基本工作电路如图 3-2 所示。负载电阻 R_L 串联在传感器中,其两端加工作电压,加热丝 f 两端加上加热电压 U_f。在洁净空气中,传感器的电阻较大,在负载电阻上的输出电压较小;当遇到待测气体时,传感器的电阻变得较小(N 型半导体型气敏传感器检测还原性气体),则 R_L 上的输出电压较大。气敏传感器主要用于报警器,超过规定浓度时,发出声光报警。

众所周知,对于某些危害健康,引起窒息、中毒或容易燃烧爆炸的气体,应注意其含量为何值时达到危险程度,有的时候并不一定要求测出其含量的具体数值。在这种情况下,就需要一种气敏元件,它可以及时提供报警,以便及早采取措施,保证生命和财产的安全。一般来说,半导体气敏元件对气体的选择性比较差,并不适合精确地测定气体成分,这种元件一般只能够检查某种气体的存在与否,却不一定能够精确地分辨出是哪一种气体。尽管如此,这类元件在环境保护和安全监督中仍然有极其重要的作用。

4. 湿式电化学气体传感器

(1) 恒电位电解式气体传感器

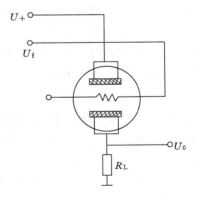

图 3-2 半导体气敏传感器的基本工作电路

恒电位电解式气体传感器利用的是定电位电解法原理,其构造是在电解池内安置了3个电极,即工作电极、对电极和参比电极,并施加一定的极化电压,以薄膜同外部隔开,被测气体透过此膜到达工作电极,发生氧化还原反应,从而使传感器有一输出电流,该电流与被测气体浓度呈正比关系。由于该传感器具有3个电极,因此也称为三端电化学传感器。恒电位电解式气体传感器的结构和测量电路如图3-3所示。传感器电极薄膜由3块催化膜组成,在催化膜的外面覆盖多孔透气膜。测定不同的气体,选择不同的催化剂,并将电解电位控制为一定数值。其中,传感器电极一般是采用外加电源的燃烧电池(也称极谱电池),电解液用硫酸,一面使电极与电解质溶液的界面保持一定电位,一面进行电解,通过改变其设定电位,有选择地使用气体进行氧化还原反应,从而在工作极间形成电流,以此电流可定量检测气体的浓度。

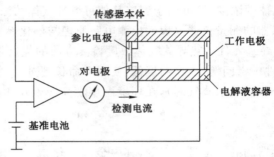

图 3-3　恒电位电解式气体传感器的结构和测量电路

（2）燃料电池电解式气体传感器

燃料电池电解式气体传感器是利用被测气体可引起电流变化的特性来测定被测气体的浓度的。这类仪器主要用于测定 H_2S、HCN、$COCl_2$（二氯甲烷）、NO_2、Cl_2、SO_2 等气体的浓度。目前,这类产品主要产自国外。

（3）隔膜电池式气体传感器

隔膜电池式气体传感器又称伽伐尼电池式气体传感器或原电池式气体传感器。这类测量仪器是利用伽伐尼电池与氧气（O_2）或被测气体接触产生电流的特性来测定气体的浓度的,其构造和基本测量电路如图3-4所示。它由两个电极、隔膜及电解液构成。阳极是铅（Pb）,阴极是铂（Pt）或银（Ag）等贵金属,电解池中充满电解质溶液（氢氧化钾,KOH）,在阴

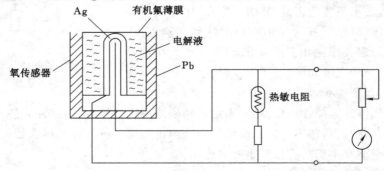

图 3-4　隔膜电池式气体传感器的构造及基本测量电路

极上覆盖有一层有机氟材料薄膜(聚四氟乙烯薄膜)。被测气体溶于电解液中,在电极上产生电化学反应,从而在两极间形成电位差,产生与被测气体浓度成正比的电流。

三、可燃性气体和有毒气体的检测仪表

(一)气体检测报警仪表的分类

工业生产环境所用气体测量及报警仪表,可按其功能、检测对象、检测原理、使用方式、使用场所等分为以下几类。

(1)按其功能分类:有气体检测仪表、气体报警仪表和气体检测报警仪表 3 种类型。

(2)按其检测对象分类:有可燃性气体检测报警仪表、有毒气体检测报警仪表和氧气检测报警仪表 3 种类型,或者将适于多种气体检测的统称为多种气体检测报警仪表。

(3)按其检测原理分类:主要取决于所用气体传感器的基本工作原理,一般可燃气体检测有催化燃烧型、半导体型、热导型和红外线吸收型等;有毒气体检测有电化学型、半导体型等;氧气检测有电化学型等。

(4)按其使用方式分类:根据使用方式不同,气体测量仪表一般分为携带式和固定式两种类型。其中,固定式装置多用于连续监测报警;携带式多用于携带检查泄漏和事故预测。

(5)按其使用场所分类:根据工业生产环境,尤其是石油化工场所防爆安全的要求,气体测量仪表有常规型和防爆型之分。其中,防爆型多制成固定式,用在危险场所进行连续安全监测。

(二)常见的气体检测报警仪表

1. 煤气报警控制器

当厨房由于油烟污染或由于液化石油气(或其他燃气)泄漏达到一定浓度时,它能自动开启排风扇,净化空气,防止事故的发生。

家用煤气报警器电路如图 3-5 所示,采用 QM-N10 型气敏传感器,它对天然气、煤气、液化石油气均有较高的灵敏度,并且对油烟也敏感。传感器的加热电压直接由变压器次级

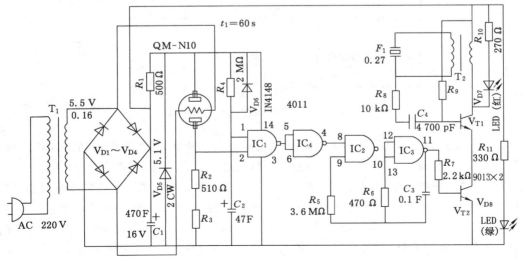

图 3-5　家用煤气报警器电路

(6 V)经 R_1 降压提供。工件电压由全波整流后，经 C_1 滤波及 R_1、V_{D5} 稳压后提供。传感器负载电阻由 R_2 及 R_3 组成（更换 R_3 大小，可调节控制信号与待测气体的浓度的关系）。R_4、V_{D6}、C_2 及 C_1 组成开机延时电路，调整 R_4，使延时为 60 s 左右（防止初始稳定状态误动作）。

当达到报警浓度时，IC_1 的 2 脚为高电平，使 IC_4 输出为高电平，此信号使 V_{T2} 导通，继电器吸合（启动排气扇）。R_5、C_3 组成排气扇延迟停电电路，使 IC_4 出现低电平并持续 10 s 后才使继电器释放。另外，IC_4 输出高电平使 IC_2、IC_3 组成的压控振荡器起振，其输出使 V_{T1} 导通时截止，则 LED（红）产生闪光报警信号。LED（绿）为工作指示灯。

2. 瓦斯检测仪

瓦斯检测的方法主要有两种：一是利用瓦斯气体的光谱吸收检测浓度；二是利用瓦斯浓度和折射率的关系以及干涉法测折射率。

(1) 单波长吸收比较型瓦斯传感器

吸收法的基本原理均是基于光谱吸收，不同的物质具有不同特征的吸收谱线。单波长吸收比较型属吸收光谱型传感器，根据的是 Lambert 定律

$$I = I_0 e^{-\mu c L} \tag{3-5}$$

式中　I，I_0——吸收后和吸收前的射线强度；

　　　μ——吸收系数；

　　　L——介质厚度；

　　　c——介质的浓度。

从上式可以看出，根据透射和入射光强之比，可以得知气体的浓度。单波长吸收比较型的原理图如图 3-6 所示。

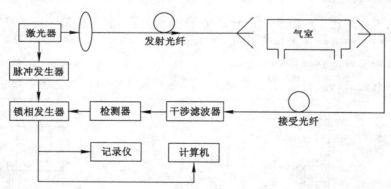

图 3-6　单波长吸收比较型的原理图

选择合适波长的光源。脉冲发生器使激光器发出脉冲光，或采用快速斩波器将连续光转变成脉冲光（斩波频率为数千赫兹），经透镜耦合进入光纤，并传输到远处放置的待测气体吸收盒，由气体吸收盒输出的光经接收光纤传回。干涉滤光片选取瓦斯吸收率最强的谱线，由检测器接收，经锁相放大器后送入计算机处理，根据强度的变化测量瓦斯浓度。

瓦斯的吸收波长为 1.14 μm、1.16 μm、1.66 μm、2.37 μm 和 2.39 μm。由于水蒸气在可见光波段具有强吸收，而瓦斯的强吸收也在此波段范围内，因此，为避免水蒸气的光吸收对测量结果造成影响，激光器的波长范围应与瓦斯的二次谐振吸收谱线相符。而瓦斯的二次谐振吸收（1.6～1.7 μm）是微弱的，这种传感方式把气体吸收盘输出的光强度作为判断

瓦斯浓度的判据,因而光源输出强度的波动、光纤耦合效率的变化和外界扰动引起接收光强度的变化,都会使检测结果产生误差。用这种传感方式对微弱信号进行监测,能有效地抑制高频噪声,但对一些低频噪声,其抑制能力较弱。此外,传感头对其他气体的抗干扰能力也较弱。

(2) 干涉型光纤瓦斯传感器

此类传感器采用两束光干涉的方法检测气室中折射率的变化,而折射率的变化直接与浓度有关。事实上,目前我国普遍使用的便携式瓦斯检测仪均是基于此原理。此类传感器存在需经常调校、易受其他气体干涉的不足,其可靠性及稳定性均较差。

(3) 感烟探测器

现代建筑必须有防灾报警装置,火灾出现时往往伴随着烟雾、火光、高温及有害气体。感烟探测器是很重要的一类探测器。下面分别介绍常见的 3 种感烟探测器:透射式感烟探测器、散射式感烟探测器和离子式感烟探测器。

① 透射式感烟探测器是利用烟雾的颗粒性来进行探测的,这是因为烟雾由微小的颗粒组成。在发光管和光敏元件之间,如果为纯净空气,则完全透光;如果有烟雾,则接收的光强减少。这种方法适合于长距离的直线段自动监测,称为“线型探测器”。最好用半导体激光器发射脉冲光,这样光线强,且体积小、寿命长。

② 散射式感烟探测器由发光管和光敏元件构成,在两者之间有遮挡屏,其结构如图 3-7 所示。图中虚线圆圈代表了金属丝网或多孔板。

平时在纯净空气中,因为有遮挡屏,光敏元件接收不到发光管的信号。但是空气中含有烟雾时,烟雾的微粒对光有散射作用,光敏元件就接收到了信号,经过放大后就可以驱动报警电路。为了避免环境可见光引起的错误报警,选用红外光谱,或采取避光保护措施。通常用脉冲光,每 $3\sim5$ s 有 1 个脉冲,每个脉冲的宽度是 $100\ \mu s$,这样有利于消除环境的干扰。

③ 离子式感烟探测器的原理图如图 3-8 所示,在两个金属平板之间加上直流电压,并在附近放上一小块同位素镅 241。当周围空气无烟雾时,镅 241 放射出微量的 α 射线,使附近的空气电离。于是在平板电极之间的直流电压的作用下,空气中就会有离子电流产生。当周围空气中有烟雾时,烟雾是由微粒组成的,微粒会将一部分离子吸附,使空气中的离子减少,而且微粒本身也会吸收 α 射线,这两个因素使得离子电流减少。烟雾浓度越高,离子电流就越小。

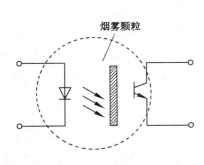

图 3-7　散射式感烟探测器图

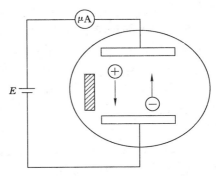

图 3-8　离子式感烟探测器

另外,在封闭的纯净空气的离子室中,将两者的离子电流进行比较,就可以排除干扰,检测出有无烟雾。除了上面介绍的感烟探测器外,在火灾的预报中,感温探测器和感光探测器也都是经常用到的。而在实际的应用中,为了提高检测的可靠性和灵敏度,经常是 3 种探测器一起使用。

（三）其他气体检测报警仪器

1. 光干涉式气体测量仪器

这类仪器是利用被测气体与新鲜空气的光干涉形成的光谱来测定某气体的浓度的。该类仪器主要用于测定甲烷（CH_4）、二氧化碳（CO_2）、氢气（H_2）以及其他多种气体的浓度。

2. 红外线气体分析仪

这类仪器利用选择性检测器测定气样中特定成分引起的红外线吸收量的变化,从而求出气样中特定成分的浓度。该类仪器主要用于测定 CO、CO_2 和 CH_4 等气体的浓度。

3. 气相色谱仪

这类仪器是在色谱柱内,用载气把气体试样展开,使气体的各组分完全分离,对气体进行全面分析的仪器。该类仪器较笨重,只适于实验室环境中使用。

4. 气体检定管与多种气体采样器组合类型仪器

这类仪器中的检定管是利用填充于玻璃管内的指示剂与被测气体起反应来测定各种被测气体的浓度的。

这类检测气体的仪器结构简单,使用方便、迅速,具有相当高的灵敏度,一般制成携带式,最适于在各种环境中现场采集、测定 CO、H_2S、NO、NO_2、NH_3、CO_2 以及烷烃、烯烃、苯、酮等多种有机化合物气体,应用十分广泛。

课外拓展

红外线可燃气体传感器技术特性

技术红外线可燃气体传感器属于无干扰智能型产品,具有良好的安全性能,操作灵活简便。这种探测器的一个主要的特点是它的自动校准功能,可以通过带背光的液晶显示屏上的提示一步步地引导操作者进行校准。红外线气体探测器提供 3 种不同的输出方式:模拟信号 4～20 mA 直流电;RS-485 通信接口及 3 个继电器(两个报警,一个故障自检)。可对警铃进行现场调试和编程,这些不同的输出方式为系统建立提供了最大的灵活性。控制电路以微处理芯片为基础,封装成一个即插型模块并被连在标准的连接模板上。传感器及信号发生器被安装在一个防爆机壳内,机壳上有玻璃罩。带有背光的数字显示屏既可显示传感器读数也可在编程时显示菜单功能。所有的红外线气体探测器都属于电器分类:Class I;Groups B,C,D;Division 1。这种产品系列延续了在气体传感器设计中体现的"易于安装、易于维护"的理念。

探测器被封装在防爆金属外壳内,外壳上旋着一个带玻璃的盖子。位于变送器面板上的磁性编程按钮可通过手持的磁性编程工具对其进行操作,这就保证了传感器界面操作的无干扰性。所有的校准和现场调试都可在不开盖、保持现场原有状态的情况下进行。

带背光的液晶显示屏上显示校准提示,大大简化了校准步骤。技术人员只需用磁性编程工具就可简单地开始校准程序。校准程序一经启动,探测器就显示校准菜单,菜单提供了零位校准及起始校准两种选择。选"ZERO"就会开始自动归零功能。校准结束显示将恢复到校准菜单。选"SPAN"将开始自动起始状态校准,显示屏会要求提供该探测器整定的气体及其浓度。气体一经提供,探测器就开始自动起始校准。当信号稳定下来后,探测器会记录起始数据并提示操作人员断开气源。一旦气体浓度归零,探测器会自动继续它原来的正常工作。如果因任何原因探测器无法执行校准程序,探测器会显示出错提示。这一程序只需不到 3 min 的时间而且几乎是不会出差错的。

　　红外线气体传感器有两种信号输出:模拟的 4～20 mA 输出和 RS-485 数据总线输出。而 500 型则只有一种 4～20 mA 的输出。输出信号是与探测范围相关的 4～20 mA 线性模拟信号。这种信号与 10 系列及 12 系列多模块控制器、可编程逻辑控制器以及其他标准的数据获取设备兼容。模拟输出还有两个其他功能:第一,当进入校准菜单时,4～20 mA 信号会降至 2 mA,该低电流会保持到传感器恢复到正常运作状态。第二,一旦出错,4～20 mA 信号会降至 0 mA,这一状况将保持到出错状态恢复正常。这些输出信号的变化可被外部设备用来识别及记录传感器的工作状态。

　　RS-485 数据通信中使用 Modbus RTU 协议,这一协议与几乎所有的可编程逻辑控制器、人机界面软件及其他控制系统兼容。因为 Modbus RTU 协议是一种标准。从 RS-485 通信接口可获得以下信息:探测器读数、探测器警报点、校准模式、探测器错误、两个警报器状态及校准程序错误。RS-485 的地址可由双列直插式封装开关改变。通信是二线制、半双工,有一个 600 型探测器作为其伺服设备。从理论上说,主控制器在 4 000 英尺(1 英尺＝304.8 mm)远可同时控制 256 个不同的探测器。

　　红外线气体探测器带有 3 个继电器,两个负责警报,一个负责故障自检。这三个警报都可通过跳线调到以下的工作状态:触点状态(可以选择常开或常闭),还可调整继电器到连续通电或连续不带电。此外,警报器也可调成静音状态。报警点可通过菜单进行调节。自检警报器也可通过菜单调成静音状态,并对以下情况作出反应:零点漂移低于测量量程的一10%,微处理器出错,红外光源出错,信号参数出错或任何其他阻碍正常校准的状况。继电器触点整定电流为 250 V 交流电下 5 A;30 V 直流电下 5 A。

思考题

1. 名词解释:
① 可燃性气体;
② 有毒气体。
2. 简述可燃及有毒气体的性质及危害。
3. 简述几种可燃和有害气体检测原理的异同。
4. 简述透射式、散射式和离子式 3 种感烟探测器的工作原理。
5. 简述气体检测仪的分类及气体检测仪器具体使用方法。
6. 多种气体采样器的优点是什么?

第二节 粉 尘 检 测

【本节思维导图】

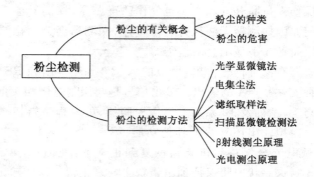

一、粉尘的有关概念

（一）粉尘的种类

在工业粉尘检测过程中,常用到下列关于粉尘的术语。

1. 全尘

通常,将包括各种粒径(即粉尘颗粒直径)在内的粉尘总和叫做全尘。对于工业生产,工业粉尘常指粒径在 1 mm 以下的所有粉尘。

2. 呼吸性粉尘

呼吸性粉尘的粒径大小各国尚无严格统一的规定。严格地讲,能够通过人的上呼吸道而进入肺部的粉尘称为呼吸性粉尘。一般认为,粒径在 5 μm 以下的工业粉尘就是呼吸性粉尘。

3. 爆炸性粉尘

对悬浮于空气中,在一定浓度和有引爆源条件下,本身能够发生爆炸或传播爆炸的可燃固体微粒称为爆炸性粉尘或可燃粉尘。典型的可燃粉尘有煤尘、易燃有机物粉尘、粮食粉尘等,它们的火灾危险性与工业生产安全密切相关。

4. 无爆炸性粉尘

经过爆炸性鉴定,不能发生爆炸和传播爆炸的粉尘叫做无爆炸性粉尘。例如,由于粒径分布、浓度等不同,煤尘可能是爆炸性粉尘,也可能是无爆炸性粉尘。

5. 惰性粉尘

能够减弱或阻止有爆炸性粉尘爆炸的粉尘叫做惰性粉尘,例如岩粉等。

6. 硅尘

含游离二氧化硅在 10% 以上的岩尘称做硅尘。它的主要危害是损害人的健康。

7. 游离粉尘

悬浮在空气中,能形成粉尘云的粉尘叫做游离粉尘,也称悬浮粉尘或浮游粉尘。

8. 沉积粉尘

在平面上、周边上、设备上、物料上能形成粉尘层的粉尘叫做沉积粉尘。

（二）粉尘的危害

1. 可燃粉尘的火灾及爆炸危害

可燃粉尘爆炸通常可分为两个步骤，即初次爆炸和二次爆炸。当粉尘悬浮于含有足以维持燃烧的氧气的环境中，并有合适的点火源时，初次爆炸能在封闭的空间中发生。如果发生初次爆炸的装置或空间是轻型结构，则燃烧着的粉尘颗粒产生的压力足以摧毁该装置或结构，其爆炸效应必然引起周围环境的扰动，使那些原来沉积在地面上的粉尘弥散，形成粉尘云。该粉尘云被初始的点火源或初次爆炸的燃烧产物所引燃，由此产生的二次爆炸的膨胀效应往往是灾难性的，压力波能传播到整个厂房而引起结构物倒塌。由于此压力效应，粉尘爆炸的火焰能传播到较远的地方，会把火焰蔓延到初次爆炸以外的地方。

2. 粉尘对人体的危害

粉尘对人体的危害是多方面的，但最突出的危害表现在肺部，粉尘引起的肺部疾患可分为 3 种情况。

第一种是尘肺。这是主要的职业病之一，我国已将它列为法定职业病范畴。这种病是由于较长时间吸入较高浓度的生产性粉尘所致，引起以肺组织纤维化为主要特征的全身性疾病。由于粉尘种类繁多，尘肺的种类也很多，主要有矽肺、石棉肺、滑石肺、云母肺、煤肺、煤矽肺、碳素尘肺等。

第二种是肺部粉尘沉着症，它是由于吸入某些金属性粉尘或其他粉尘而引起粉尘沉着于肺组织，从而呈现异物反应，其危害比尘肺小。

第三种是粉尘引起的肺部病变反应和过敏性疾病。这类疾病主要是由有机粉尘引起的，如棉尘、麻尘、皮毛粉尘、木尘等。

减轻粉尘对人体的危害关键在于防护。经常注意防护，可以把危害降到最低限度，甚至可以完全控制和消除粉尘的危害。防尘应采取综合性措施，主要从以下几个方面着手解决。

① 加强组织领导，制定防尘规章制度，设有专、兼职人员，从组织上给予保证。对从业人员应作严格的健康检查，凡有活动性肺内外结核、各种呼吸道疾患（鼻炎、哮喘、支气管扩张、慢性支气管炎、肺气肿等），都不宜担任接触粉尘的工作。从事与粉尘接触的工人，每年应定期进行体检，如发现尘肺，则应立即调动工作，积极治疗。

② 逐步改革生产工艺和生产设备，进行湿式作业方式，减少粉尘的飞扬。

③ 降低空气中粉尘浓度，密封机械，防止粉尘外逸，采用通风排气装置和空气净化除尘设备，使车间粉尘降低到国家职业接触限值标准以下。

④ 加强个人卫生防护，从事粉尘作业者应穿戴工作服、工作帽，减少身体暴露部位。要根据粉尘的性质，选戴多种防尘口罩，以防止粉尘从呼吸道吸入，造成危害。

二、粉尘的检测方法

（一）光学显微镜法

通过光学显微镜法可以测定微粒的尺寸、形状以及数量。必要时可用电子显微镜测定更小的微粒尺寸。

在取样沉积后，将微粒刷在碳质透明塑料片或类似胶片上，通过光学显微镜进行观察。在观测时，微粒的尺寸通常都按水平面的尺寸来考虑，如图 3-9 所示。必要时可采用分别过筛的方法，对微粒进行尺寸分类。微粒个数可以以单位面积内的数量进行估算。

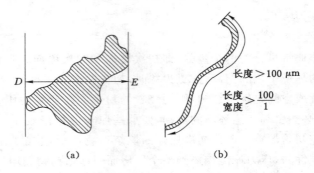

图 3-9　微粒的测量

（a）最大尺寸；（b）纤维测量的最大尺寸

（二）电集尘法

电集尘法属于重量浓度法，其结构如图 3-10 所示。这是一种使气体中的微粒子带电后进行捕捉的方法。含尘气体通过具有高电位差的两个电极间形成的强电场，利用电晕放电现象使气体带电的同时，也使粉尘带电，从而粉尘可以附着在电极上。然后根据捕捉到的粉尘的质量和流过集尘器的气体体积，便可计算出被污染气体中粉尘的浓度（g/m^3 或 mg/m^3）。

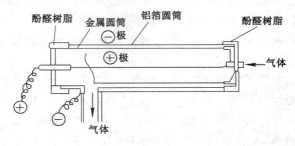

图 3-10　集尘电极的结构

（三）滤纸取样法

滤纸取样法的结构如图 3-11 所示。它利用带状滤纸对气体进行过滤的原理进行工作。图 3-11 中，吸引泵以 10 L/min 的吸引流量从吸引口吸引气体，经过匀速移动的滤纸后，粉

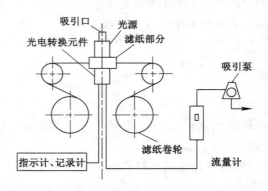

图 3-11　滤纸取样法的结构图

尘沉积在滤纸上。在光源的照射下，用光电管在下面检测滤纸的透光量。透光量与沉积的粉尘量成反比。由此可算出粉尘是根据流量计的流量，便可得到被污染气体的浓度，它属于相对浓度。

（四）扫描显微镜检测法

对于燃烧产生的微粒，特别是煤的微粒、油的飞沫或煤烟粉尘，可以利用定量电子显微镜分析仪按形状和大小进行分析。也可通过视像管摄像机进行观察。其具体分析过程是将被检查的微粒样品放在普通的显微镜载物玻璃片上，此时显微镜便可进行正常的观察。同时，利用电子显微镜分析仪检测有关微粒数量、大小、形状等参数，通过计算机对这些数据进行处理，便可以很快地得到有关微粒的数量、各种形状、载距、面积以及在设定的尺寸上、下限范围内的统计分布。

（五）β射线测尘原理

β射线测尘仪表是利用核辐射原理工作的。它利用粉尘对射线的吸收作用，当放射源产生的β射线穿过含有粉尘的空气时，一部分射线被粉尘吸收掉，一部分射线穿过被测物质（含尘空气）。空气中的粉尘含量越大，被吸收掉的β射线量越大。β射线的减少量与粉尘的浓度成正比关系。

β射线测尘仪的结构如图 3-12 所示。一般β射线测尘仪由放射源、探测器、电信号转换放大电路和显示电路 4 个部分组成。放射源是仪表的特殊部分，由放射性同位素制成，如β射线放射源可用 14C。探测器的作用是检测β射线，将穿过被测物质的射线接收并转换成电信号输出，即将射线强弱的变化以电信号的大小变化反映出来。常用的β射线检测管是盖格计数管。由探测器输出的信号再经放大和一些特殊电路处理，由显示部分指示出检测值。

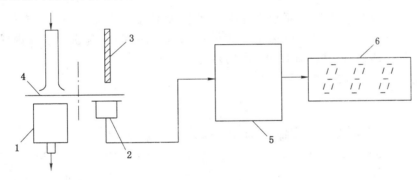

图 3-12　β射线测尘仪结构

1——泵；2——探测器；3——放射源；4——可移动滤膜；5——信号处理及控制器；6——显示器

（六）光电测尘原理

图 3-13 为 ACG-1 型光电测尘仪的工作原理。ACG-1 型测尘仪由测量、采样和延时电路等组成，其测量过程是：当微动开关 S_1 闭合时，光源 1 发光，经过凸镜 2 变为近平行光，通过滤纸 3 照射到硅光电池 4 上，硅光电池输出电流，由微安表 5 读出光电流大小。若含有粉尘的气体通过滤纸 3，滤纸上集聚了粉尘。经过滤纸照射则硅光电池上的照度减弱，微安表的指示就减少，从而可根据测尘前后光电流的变化来反映粉尘浓度。显然，只要配置合适的采样器，由滤纸所集聚的即是呼吸性粉尘，就可得出呼吸性粉尘的浓度大小。

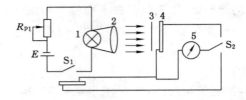

图 3-13　光电测尘仪原理

1——光源；2——凸镜；3——滤纸；4——硅光电池；5——微安表

在实际应用条件下，可以获得硅光电池的输出电流 I 和光通量 φ 呈线性关系，即

$$I = \alpha\varphi \tag{3-6}$$

式中　α——比例因子。

$$\varphi = \varphi_0 \, \mathrm{e}^{-KLC_1} \tag{3-7}$$

式中　φ_0, φ——光通过含尘气体前、后的光通量；

　　　L——含尘气体的厚度；

　　　K——含尘气体的减光系数；

　　　C_1——单位厚度含尘气体中的尘重。

若以 $C = LC_1$ 表示整个被测区内的尘重，则

$$\varphi = \varphi_0 \, \mathrm{e}^{-KC} \tag{3-8}$$

由此得

$$C = \frac{1}{K} \ln \frac{\varphi_0}{\varphi} \tag{3-9}$$

显然，只要知道粉尘的减光系数 K 和通过滤纸吸尘前、后的 φ_0 与 φ，就能求出一定体积 V（其大小由 $V = Qt$ 确定，其中：Q 为采样流量；t 为取样时间）的含粉尘气体内粉尘的质量 C；C/V 就是单位体积含尘气体内的粉尘浓度，记为 $\mathrm{mg/m^3}$。

若将式（3-6）代入式（3-9），可得

$$C = \frac{1}{K} \ln \frac{I_0}{I} \tag{3-10}$$

式中　I_0, I——光通过含尘气体前、后对应的硅光电池输出电流。

因此，可根据测尘前、后光电流的变化来求得粉尘的浓度 C（此时设 $V = 1$）。

在图 3-13 中，为了使光源 1 在采样前后保持亮度不变以减小测量过程中产生的误差，设有硅光电池来监测采样前后光源的亮度（根据电表示值，调节主电路中光强电位器 R_{p1}，以确保亮度不变或对指示值修正）。采样气体流量由流量调节阀调节，抽气泵由微电机驱动。当采样体积达到一定值时，由延时开关自动断电，结束采样。

课外拓展

粉尘的爆炸机理

一般比较容易发生爆炸事故的粉尘大致有铝粉、锌粉、硅铁粉、镁粉、铁粉、铝材加工研磨粉、各种塑料粉末、有机合成药品的中间体、小麦粉、糖、木屑、染料、胶木灰、奶粉、茶叶粉末、烟草粉末、煤尘、植物纤维尘等。这些物料的粉尘易发生爆炸燃烧的原因是都有较强的还原剂 H、C、N、S 等元素存在，当它们与过氧化物和易爆粉尘共存时，便发生分解，由氧化

反应产生大量的气体,或者气体量虽小,但释放出大量的燃烧热。例如,铝粉只要在二氧化碳中就有爆炸的危险。

　　粉尘爆炸的难易与粉尘的物理、化学性质和环境条件有关。一般认为燃烧热越大的物质越容易爆炸,如煤尘、碳、硫黄等。氧化速度快的物质容易爆炸,如镁粉、铝粉、氧化亚铁、染料等。容易带电的粉尘也很容易引起爆炸,如合成树脂粉末、纤维类粉尘、淀粉等。这些导电不良的物质由于与机器或空气摩擦产生的静电积聚起来,当达到一定量时,就会放电产生电火花,构成爆炸的火源。

　　通常不易引起爆炸的粉尘有土、砂、氧化铁、研磨材料、水泥、石英粉尘以及类似于燃烧后的灰尘等。这类物质的粉尘化学性质比较稳定,所以不易燃烧。但是如果这类粉尘产生在油雾以及 CO、CH_4、煤气之类可燃气体中,也容易发生爆炸。

　　粉尘的爆炸可视为由以下三步发展形成的:第一步是悬浮的粉尘在热源作用下迅速地干馏或气化而产生出可燃气体;第二步是可燃气体与空气混合而燃烧;第三步是粉尘燃烧放出的热量,以热传导和火焰辐射的方式传给附近悬浮的或被吹扬起来的粉尘,这些粉尘受热汽化后使燃烧循环地进行下去。随着每个循环的逐次进行,其反应速度逐渐加快,通过剧烈的燃烧,最后形成爆炸。这种爆炸反应以及爆炸火焰速度、爆炸波速度、爆炸压力等将持续加快和升高,并呈跳跃式的发展。

思考题

　　1. 名词解释:
　　① 全尘;
　　② 呼吸性粉尘;
　　③ 爆炸性粉尘;
　　④ 无爆炸性粉尘。
　　2. 简述可燃粉尘的爆炸过程,可燃粉尘重要的爆炸参数。
　　3. 爆炸粉尘与非爆炸粉尘界定的依据是什么?
　　4. 粉尘检测有哪几种方法?
　　5. 测量粉尘浓度的方式有几种?
　　6. 简述光电测尘原理。

第三节　噪　声　检　测

【本节思维导图】

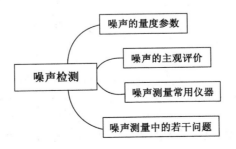

一、噪声的量度参数

1. 声压和声压级

声压是指有声波时介质的压强对其静压力的变化量，是一个周期量。通常以均方根值来衡量其大小并用 p 来表示，单位为 Pa（帕）。正常人耳刚刚能听到的 1 000 Hz 声音的声压为 $2×10^{-5}$ Pa，称为听阈声压，并规定作为声音或噪声的参考声压，用 p_0 表示。

声压级 L_p，并定义为

$$L_p = 20 \lg \frac{p}{p_0} (dB) \tag{3-11}$$

2. 声强和声强级

由于声音也是一种能量，因而也可以用能量来表示其强弱。声场中某一点在指定方向的声强，就是在单位时间内通过该点并与指定方向垂直的单位面积上的声能，并以 I 表示。其单位为瓦/米²（W/m^2）。

与声压相类似，定义声强级也需规定参考声强，通常取为 10^{-12} W/m^2，并用 I_0 表示，故声强级 L_1 定义为：

$$L_1 = 20 \lg \frac{I}{I_0} (dB) \tag{3-12}$$

声强级亦为无量纲的相对量。

3. 声功率和声功率级

声功率是声源在单位时间内发射出总能量，用 W 表示，其单位为瓦（W）。通常参考声功率 W_0 取为 10^{-12} W，声功率级 L_W 定义为

$$L_W = 20 \lg \frac{W}{W_0} (dB) \tag{3-13}$$

4. 噪声的频谱

声音的高低主要与频率有关。如音乐中的音调，分为 C、D、E、F、G、A、B，其中 C 调最低，频率为 250 Hz，B 调最高，其频率为 480 Hz。而噪声的频率成分比这些单一频率的乐音的频率成分要复杂得多，且各频率成分之间还可能产生叠加、调制或卷积等关系。因而在对所测得的噪声进行频谱分析时，多是将其频谱按一定规律分为若干频带，然后分析各个频带对应的声压级，得到各频带噪声的声压级称为频带声压级。因此，在研究频带声压级时必须指明频带的宽度和参考声压值。

通常各频带的宽度多按倍频程和 1/3 倍频程来划分，现简要说明。每个频带的上限频率为 f_{c2}，下限频率为 f_{c1}，故频带的带宽 $B = f_{c2} - f_{c1}$，f_0 为频带的中心频率。并规定其上限频率与下限频率之间的关系为 $f_{c2} = 2^n f_{c1}$。根据上述条件可以导出条带宽与中心频率的关系为

$$\frac{B}{f_0} = 2^{\frac{n}{2}} - 2^{-\frac{n}{2}} = 常数 \tag{3-14}$$

若式（3-14）中，当 $n=1$ 时（$B/f_0=0.71$）称为倍频程，当 $n=1/3$ 时（$B/f_0=0.23$），称为 1/3 倍频程。若采用 1/3 倍频程时，每确定一个中心频率 f_0 便可以得到相应的带宽。

二、噪声的主观评价

人类的听觉是很复杂的，具有多种属性，其中包括区分声音的高低和强弱两种属性。听

觉区分声音的高低,用音调来表示,它主要依赖于声音的频率,但也与声压和波形有关;听觉判别声音的强弱用响度来表示,它主要靠声压,但也和频率及波形有关。响度的单位为宋(sone)。频率为 1 000 Hz,声压比阈值声压大 40 dB 的声音响度定为 1 宋,并规定,在此基础上声音的声压级每增加 10 dB,响度增加 1 倍,即声压级 40 dB 为 1 宋,50 dB 为 2 宋,60 dB 为 4 宋,其余类推。

1. 纯音的响度及响度级

当两个频率不同而声压相同的纯音分别作用于人耳时,感觉到它们并不一样响。英国国家物理实验室鲁宾逊(Robinson)等人,经过大量的试验测得的纯音的等响(度)曲线如图 3-14 所示。它表明了正常的人耳对响度相同的纯音所感受的声压级与频率的关系。这些曲线充分显示出,同样响度不同频率的纯音具有不同声压级。

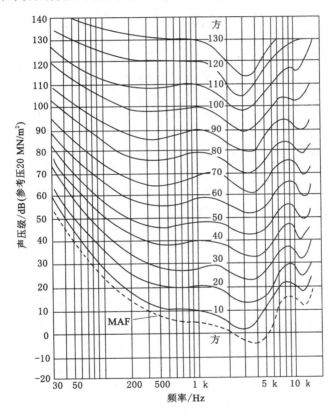

图 3-14　等响曲线

同样响度的声音称为具有同等的响度级。一个声音响度级就是以与该声音处于同一条等响曲线上的 1 000 Hz 纯音对于 2×10^{-5} Pa 的声压级的分贝 n 来表示的,并称其响度级为 n 方(phon)。响度级是表示声音强弱的主观量,它把声压级和频率一起考虑。

以宋为单位的响度和以方为单位的响度级都是人耳对纯音的主观反应。具体的表达式为

$$N = 2^{\frac{L_N - 40}{10}} \tag{3-15}$$

式中　L_N——响度级(方);

　　　　N——响度(宋)。

2. 频率计权声级

频率计权声级可以用确定其总声压级的办法较容易地测量出来,但此法既不能表示出频率的分布情况,也没有类似人耳对噪声的那种感觉,尤其是用于环境噪声试验时更是如此。因而从等响曲线出发,设计某种电气网络对不同频率的声音信号进行不同程度的衰减,使得仪器的读数能近似地表达人耳对声音的响应,这种网络称为频率计权网络。

近年来,在噪声测量中多采用声级,特别是用 A 声级来表示噪声的强弱。这种测量方法在比较具有相似频谱的噪声时颇为有效。但应指出,若用声级来确定宽带噪声的响度和响度级是不合适的。另外,在考察噪声对人们的危害程度时,除了要分析噪声的强度和频率外,还要注意噪声的作用时间,因为噪声对人的危害程度与这三个因素均有关。为此,提出了等效连续声级的概念。

3. 等效连续声级

等效连续声级是一个用来表达随时间变化的噪声的等效量,其数学表达式为

$$L_{eq} = 10 \lg \frac{1}{T} \int_0^t \frac{p_A(t)}{p_0} dt \tag{3-16}$$

式中　T——总测量时间;

　　　　$p_A(t)$——A 计权瞬时声压;

　　　　p_0——参考声压(20 μPa)。

可以看出,等效连续声级 L_{eq} 与总的时间 T 有关。也就是说,人们在非连续噪声的环境中,所处的时间越长,受到危害的程度也越大。

表 3-2 典型噪声及其参数

噪声	分贝	对应能量	声压(N/m²)	典型环境示例
震耳欲聋 的轰轰声	120 110 100	10^{12} 10^{11} 10^{10}	20 2	离喷气式飞机 150 m,高音喇叭 5 m 处
甚高声	90 80	10^9 10^8	0.2	地下铁道的火车内、车间内,繁忙的大街、离小汽车 7.5 m 处
高声	70 60	10^7 10^6	0.02	吵闹的办公室、小汽车内,大商店、最大音量的收音机
适中声	50 40	10^5 10^4	0.002	距离 1 m 的一般谈话,城市的屋内、安静的办公室,农村的房屋内
轻声	30 20	10^3 10^2	0.000 2	公共图书馆、低声的谈话、纸的沙沙声、耳语
极轻声	10 0	10^1 1	0.000 02	安静的教堂、乡村的寂夜、隔音室

三、噪声测量常用仪器

1. 声级计

声级计是根据国际标准和国家标准,按照一定的频率计权和时间计权测量声压级的仪器。它是声学测量中最基本、最常用的仪器,适用于室内噪声、环境保护、机器噪声、建筑噪声等各种噪声测量。

(1) 声级计的分类

按精度来分:根据国际标准 IEC61672—2002,声级计分为 1 级和 2 级两种。在参考条件下,1 级声级计的准确度为±0.7 dB,2 级声级计的准确度为±1 dB(不考虑测量不确定度)。

按功能来分:测量指数时间计权声级的通用声级计、测量时间平均声级的积分平均声级计、测量声暴露的积分声级计(以前称为噪声暴露计)。另外,有的具有噪声统计分析功能的称为噪声统计分析仪,具有采集功能的称为噪声采集器(记录式声级计),具有频谱分析功能的称为频谱分析仪。

按大小来分:台式、便携式、袖珍式。

按指示方式来分:模拟指示(电表、声级灯)、数字指示、屏幕指示。

(2) 声级计的构造及工作原理(图 3-15)

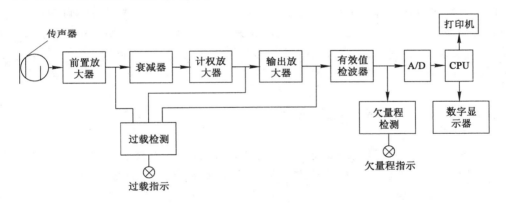

图 3-15　声级计工作原理

① 传声器

传声器是把声信号转换成交流电信号的换能器。在声级计中一般用电容式传声器测试传声器,它具有性能稳定、动态范围宽、频响平直、体积小等特点。电容传声器由相互紧靠着的后极板和绷紧的金属膜片组成,后极板和膜片在电气上互相绝缘,构成以空气为介质的电容器的两个电极。两电极上加有电压(极化电压 200 V 或 28 V),电容器充电,并贮有电荷。当声波作用在膜片上时,膜片发生振动,使膜片与后极板之间的距离发生变化,电容也变化,于是就产生一个与声波成比例的交变电压信号,送到后面的前置放大器。

电容传声器的灵敏度有 3 种:自由场灵敏度、声压灵敏度和扩散场灵敏度。自由场是指声场中只有直达声波而没有反射声波的声场。扩散场是由声波在一封闭空间内多次漫反射而引起的,它满足下列条件:a. 空间各点声能密度均匀;b. 从各个方向到达某一点的声能流的概率相同;c. 各方向到某点的声波相位是没有规律的。

传声器自由场灵敏度是传声器输出端的开路电压与传声器放入前该点自由场声压之比值。传声器声压灵敏度是传声器输出端的开路电压与作用在传声器膜片上的声压之比值。传声器扩散场灵敏度是传声器输出端的开路电压与传声器未放入前该点扩散场声压之比值。由于传声器放入声场某一点,声场产生散射作用,从而使实际作用在膜片上的声压比传声器放入前该点的声压大,高频时比较明显。与 3 种灵敏度相对应,上述自由场灵敏度平直的传声器叫自由场型(或声场型)传声器,主要用于消声室等自由场测试。它能比较真实地测量出传声器放入前该点原来的自由场声压,声级计中就使用这种传声器。声压灵敏度平直的传声器叫声压型传声器,主要用于仿真耳等腔室内使用。扩散场灵敏度平直的叫扩散场型传声器,用于扩散场测量,有的国家规定声级计用扩散场型传声器。

传声器灵敏度单位为 V/Pa(或 mV/Pa),并以 1 V/Pa 为参考,叫灵敏度级。如 1 英寸 (in,1 in＝2.54 cm)电容传声器标称灵敏度为 50 mV/Pa,灵敏度级为 26 dB。传声器出厂时均提供它的灵敏度级以及相对于－26 dB 的修正值 K,以便声级计内部电校准时使用。

传声器的外形尺寸有 1 in(ϕ25.4 mm)、1/2 in(ϕ12.7 mm)、1/4 in(ϕ6.35 mm)、1/8 in (ϕ3.175 mm)等。外径小,频率范围宽,能测高声级,方向性好,但灵敏度低,现在用得最多的是 1/2 in,它的保护罩外径为 13.2 mm。

② 前置放大器

由于电容传声器电容量很小、内阻很高,而后级衰减器和放大器阻抗不可能很高,因此中间需要加前置放大器进行阻抗变换。前置放大器通常由场效应管接成源极跟随器,加上自举电路,使其输入电阻达到几百兆欧以上,输入电容小于 3 pF,甚至 0.5 pF。输入电阻低影响低频响应,输入电容大则降低传声器灵敏度。

③ 衰减器

衰减器将大的信号衰减,以提高测量范围。

④ 计权放大器

计权放大器将微弱信号放大,按要求进行频率计权(频率滤波)。声级计中一般均有 A 计权放大器计权,另外也可有 C 计权或不计权(Zero,简称 Z)及平直特性(F)。

⑤ 有效值检波器

有效值检波器将交流信号检波整流成直流信号,直流信号大小与交流信号有效值成比例。

⑥ 电表模拟指示器

电表模拟指示器用来直接指示被测声级的分贝数。

⑦ A/D

A/D 将模拟信号变换成数字信号,以便进行数字指示或送 CPU 进行计算、处理。

数字指示器以数字形式直接指示被测声级的分贝数,使读数更加直观。数字显示器件通常为液晶显示(LCD)或发光二极管显示(LED),前者耗电省,后者亮度高。采用数字指示的声级计又称为数显声级计,如 AWA5633 数显声级计。

⑧ CPU 微处理器(单片机)

CPU 微处理器对测量值进行计算、处理。

⑨ 电源

电源一般是 DC/DC,将供电电源(电池)进行电压变换及稳压后,供给各部分电路工作。

2. 积分平均声级计和积分声级计(噪声暴露计)

积分平均声级计是一种直接显示某一测量时间内被测噪声等效连续声级(L_{eq})的仪器,通常由声级计及内置的单片计算机组成。单片机是一种大规模集成电路,可以按照事先编制的程序对数据进行运算、处理,进一步在显示器上显示。积分平均声级计的性能应符合 IEC804 和 GB/T 17181 标准的要求。

积分平均声级计通常具有自动量程衰减器,使量程的动态范围扩大到 80~100 dB,在测量过程中无需人工调节量程衰减器。积分平均声级计可以预置时间,可设为 10 s、1 min、5 min、10 min、1 h、4 h、8 h 等,当到达预置时间时,测量会自动中断。积分平均声级计除显示 L_{eq} 外,还能显示声暴露级 L_{AE} 和测量经历时间,当然它还可显示瞬时声级。声暴露级 L_{AE} 是在 1 s 期间保持恒定的声级,它与实际变化的噪声在此期间内具有相同的能量。声暴露级用来评价单发噪声事件,如飞机飞越以及轿车和卡车开过时的噪声。知道了测量经历时间和此时间内的等效连续声级,就可以计算出声暴露级。

积分平均声级计不仅测量出噪声随时间的平均值,即等效连续声级,而且可以测出噪声在空间分布不均匀的平均值。只要在需要测量的空间移动积分平均声级计,就可测量出随地点变动的噪声的空间平均值。

积分平均声级计主要用于环境噪声的测量和工厂噪声测量,尤其适宜作为环境噪声超标排污收费使用。典型产品有 AWA5610B 型和 AWA5671 型积分平均声级计。它们还具有测量噪声暴露量或噪声剂量的功能,并可外接滤波器进行频谱分析。

作为个人使用的测量噪声暴露量的仪器叫个人声暴露计。另一种测量并指示噪声剂量的仪器叫噪声剂量计。噪声剂量以规定的允许噪声暴露量作为 100%,如规定每天工作 8 h,噪声标准为 85 dB,也就是噪声暴露量为 1 Pa² · h,则以此为 100%。对于其他噪声暴露量,可以计算相应的噪声剂量值。但是各国的噪声允许标准不同,而且还会修改,如美国、加拿大等国家暴露时间减半,允许噪声声级增加 5 dB,而我国及其他大多数国家仅允许增加 3 dB。因此,不同国家、不同时期所指的噪声剂量不能互相比较。个人声暴露计主要用在劳动卫生、职业病防治所和工厂、企业对职工作业场所的噪声进行监测。典型产品是 AWA5911 型个人声暴露计,它的体积仅为一支钢笔大小,可插在上衣口袋内进行测量,可以直接显示声暴露量、噪声剂量以及瞬时声级、等效声级和暴露时间等。

3. 噪声统计分析仪

噪声统计分析仪是用来测量噪声级的统计分布,并直接指示累计百分声级 L_N 的一种噪声测量仪器,它还能测量并用数字显示 A 声级、等效连续声级 L_{eq},以及用数字或百分数显示声级的概率分布和累计分布。它由声级测量及计算处理两大部分构成,计算处理由单片机完成。随着科学技术的进步,尤其是大规模集成电路的发展,噪声统计分析仪的功能越来越强,使用也越来越方便,国产的噪声统计分析仪已完全能满足环境噪声自动监测的需要。现以 AWA6218B 型噪声统计分析仪为例进行介绍。

AWA6218B 型噪声统计分析仪是一种内装单片机(电脑)的智能化仪器,其最大优点是采用 120×32 点阵式 LCD,既可显示数据也可显示图表,既有数字显示又有动态条图显示瞬时声级,而且可以同时显示 8 组数据;可以直接显示 L_p、L_{eq}、L_{max}、L_{min}、L_5、L_{10}、L_{50}、L_{90}、L_{95}、SD、T、L_{AE}、E、L_d、L_n、L_{dn} 16 个测量值以及组号,可以设定 11 种测量时间,从手动、

10 s～24 h；既可进行常规单次测量，也可进行 24 h 自动监测，每小时测量一次，每次测量时间可以设定；仪器内部有日历、时钟，关机后时钟仍在继续走动，因此不需每次开机后进行调整。

该仪器还具有储存 495 组或 24 h 测量数据的功能，平时只需将主机（质量仅 0.5 kg）带至现场测量，测量结束后，数据自动储存在机内，将主机带回办公室接上打印机打印或送微型计算机进一步处理并存盘，储存数据可靠，不会丢失。存储数据还可以通过调阅开关调阅任一组，并将其单独打印出来。如发现该组数据不正常，也可通过删除键将其删除，补测一组数据替代。所配 UP40TS 打印机既可仅仅打印数据，也可既打印数据又打印统计分布图、累计分布图或 24 h 分布图。

四、噪声测量中的若干问题

目前噪声检测主要用于：检测噪声是否符合有关的标准，对特定噪声进行处理分析，提取有关特征信息，了解声源特性等；检测噪声是否符合规定标准，主要用于故障诊断与控制；了解声源特性需要进行声功率（声源在单位时间内辐射的总能量）测量，范围较宽。目前噪声检测主要采用 A 声级和倍频程噪声频谱。若需较详细地分析噪声成分，尚需测定1/3倍频程频谱。

测量环境对噪声测量的影响很大，因为相同的声源在不同的环境中所形成的声场的区别很大，有的甚至是完全不一样的。

在现场测量噪声（包括测室外环境噪声），由于声源多，房间大小有一定限度，周围有很多反射面，为了减小其他噪声源发射的声波及反射波的干扰，传声器应当接近机器的声辐射面。因而多采用近声场测量法，通常是将传声器置于距机器 1 m、距地面 1.5 m 的地方来测量噪声。注意传声器不应过分地靠近声源，因为靠声源太近处的声场往往不稳定。

如果机器不是均匀地向各方向辐射噪声，则应在围绕机器的外表而相距 1 m 且与地面相距 1.5 m 的几个不同位置上多测量几点，找出其中 A 声级最大的一点作为评价该机器噪声的主要依据。同时，还应测出至少 5 点的 A 声级和频谱，作为评价参考。必要时尚需作出机器在各个方向上的噪声级分布图。

在测量噪声时，应当尽可能避免本底噪声（背景噪声）对测量的影响。所谓本底噪声，就是指被测定的噪声源停止发声时其周围环境的噪声。在实际测量工作中，若被测噪声源的 A 声级以及各频带的声压级为 10 dB，则本底噪声的影响可以忽略。如果测得噪声（包括本底噪声）与本底噪声相差 6～9 dB，则应从测值中减去 1 dB；若两者相差 4～5 dB，则应减掉 2 dB；两者相差 3 dB，则应减掉 3 dB；若两者相差小于 3 dB，则测量无效。

在测量过程中，还应注意避免反射声波的影响。声级计本身和测量者的身体所引起的反射是不可忽视的。为此建议采用三脚架或尽量伸直握声级计的手臂，或加长传声器与声级计之间的距离（通常传声器与声级计之间配有接长附件）。为了避免电缆对传声器的电压灵敏度的影响和电缆噪声的增加，在加长距离时，应将前置放大器和传声器放在一起。目前由于集成化程度愈来愈高，有很多产品都是把传声器和前置放大器做在很小的体积内。另外，气流对噪声测量的影响也很大，可在传声器前安装风罩及防风锥等附件，以减小气流的影响。

课外拓展

为什么光传播不需要介质？而声音需要？

1887 年,赫兹的实验证实了电磁波的存在,也证实了光其实是电磁波的一种,两者具有共同的波的特性。这就为光的本性之争画上了一个似乎已经是不可更改的句号。

说到这里,我们的故事要先回一回头,穿越时空去回顾一下有关光的这场大战。这也许是物理史上持续时间最长,程度最激烈的一场论战。它几乎贯穿于整个现代物理的发展过程中,在历史上烧灼下了永不磨灭的烙印。

光,是每个人见得最多的东西("见得最多"在这里用得真是一点也不错)。自古以来,它就被理所当然地认为是这个宇宙最原始的事物之一。在远古的神话中,往往是"一道亮光"劈开了混沌和黑暗,于是世界开始了运转。光在人们的心目中,永远代表着生命,活力和希望。

可是,光究竟是一种什么东西？或者,它究竟是不是一种"东西"呢？

远古时候的人们似乎是不把光作为一种实在的事物的,光亮与黑暗,在他们看来只是一种环境的不同罢了。只有到了古希腊,科学家们才开始好好地注意起光的问题来。有一样事情是肯定的:我们之所以能够看见东西,那是因为光在其中作用的结果。人们于是猜想,光是一种从我们的眼睛里发射出去的东西,当它到达某样事物的时候,这样事物就被我们所"看见"了。比如恩培多克勒(Empedocles)就认为世界是由水、火、气、土四大元素组成的,而人的眼睛是女神阿芙罗狄忒(Aphrodite)用火点燃的,当火元素(也就是光,古时候往往光、火不分)从人的眼睛里喷出到达物体时,我们就得以看见事物。

但显而易见,这种解释是不够的。它可以说明为什么我们睁着眼可以看见,而闭上眼睛就不行;但它解释不了为什么在暗的地方,我们即使睁着眼睛也看不见东西。为了解决这个困难,人们引进了复杂得多的假设。比如认为有三种不同的光,分别来源于眼睛、被看到的物体和光源,而视觉是三者综合作用的结果。

这种假设无疑是太复杂了。到了罗马时代,伟大的学者卢克莱修(Lucretius)在其不朽著作《物性论》中提出,光是从光源直接到达人的眼睛的,但是他的观点却始终不为人们所接受。对光成像的正确认识直到公元 1000 年左右才被一个波斯的科学家阿尔·哈桑(Al-haytham)所提出:原来我们之所以能够看到物体,只是由于光从物体上反射到我们眼睛里的结果。他提出了许多证据来证明这一点,其中最有力的就是小孔成像的实验,当我们亲眼看到光通过小孔后成了一个倒立的像,我们就无可怀疑这一说法的正确性了。

关于光的一些性质,人们也很早就开始研究了。基于光总是走直线的假定,欧几里德(Euclid)在《反射光学》(Catoptrica)一书里面就研究了光的反射问题。托勒密(Ptolemy)、哈桑和开普勒(Johannes Kepler)都对光的折射作了研究,而荷兰物理学家斯涅耳(Ell)则在他们的工作基础上于 1621 年总结出了光的折射定律。最后,光的种种性质终于被有"业余数学之王"之称的费尔马(Pierre De Fermat)归结为一个简单的法则,那就是"光总是走最短的路线"。光学终于作为一门物理学科被正式确立起来。

但是,当人们已经对光的种种行为了如指掌的时候,却依然有一个最基本的问题没有得到解决,那就是:"光在本质上到底是一种什么东西？"这个问题看起来似乎并没有那么难回答,但人们大概不会想到,对于这个问题的探究居然会那样的旷日持久,而这一探索的过程,

119

对物理学的影响竟然会是那么的深远和重大,其意义超过当时任何一个人的想象。

古希腊时代的人们总是倾向于把光看成是一种非常细小的粒子流,换句话说光是由一粒粒非常小的"光原子"所组成的。这种观点一方面十分符合当时流行的元素说,另外一方面,当时的人们除了粒子之外对别的物质形式也了解得不是太多。这种理论,我们把它称之为光的"微粒说"。微粒说从直观上看来是很有道理的,首先它就可以很好地解释为什么光总是沿着直线前进,为什么会严格而经典地反射,甚至折射现象也可以由粒子流在不同介质里的速度变化而得到解释。但是粒子说也有一些显而易见的困难:比如人们当时很难说清为什么两道光束相互碰撞的时候不会互相弹开,人们也无法得知,这些细小的光粒子在点上灯火之前是隐藏在何处的,它们的数量是不是可以无限多,等等。

当黑暗的中世纪过去之后,人们对自然世界有了进一步的认识。波动现象被深入地了解和研究,声音是一种波动的认识也逐渐为人们所接受。人们开始怀疑:既然声音是一种波,为什么光不能够也是波呢?17世纪初,笛卡儿(Des Cartes)在他《方法论》的三个附录之一《折光学》中率先提出了这样的可能:光是一种压力,在媒质里传播。不久后,意大利的一位数学教授格里马第(Francesco Maria Grimaldi)做了一个实验,他让一束光穿过两个小孔后照到暗室里的屏幕上,发现在投影的边缘有一种明暗条纹的图像。格里马第马上联想起了水波的衍射,于是提出:光可能是一种类似水波的波动,这就是最早的光波动说。

波动说认为,光不是一种物质粒子,而是由于介质的振动而产生的一种波。我们想象一下水波,它不是一种实际的传递,而是沿途的水面上下振动的结果。光的波动说容易解释投影里的明暗条纹,也容易解释光束可以互相穿过互不干扰。关于直线传播和反射的问题,人们很快就认识到光的波长是很短的,在大多数情况下,光的行为就犹同经典粒子一样。而衍射实验则更加证明了这一点。但是波动说有一个基本的难题,那就是任何波动都需要有介质才能够传递,比如声音,在真空里就无法传播。而光则不然,它似乎不需要任何媒介就可以任意地前进。举一个简单的例子,星光可以穿过几乎虚无一物的太空来到地球,这对波动说显然是非常不利的。但是波动说巧妙地摆脱了这个难题:它假设了一种看不见摸不着的介质来实现光的传播,这种介质有一个十分响亮而让人印象深刻的名字,叫做"以太"(aether)。

就在这样一种奇妙的气氛中,光的波动说登上了历史舞台。我们很快就会看到,这个新生力量似乎是微粒说的前世冤家,它命中注定要与后者开展一场长达数个世纪之久的战争。它们两个的命运始终互相纠缠在一起,如果没有了对方,谁也不能说自己还是完整的。到了后来,它们简直就是为了对手而存在着。这出精彩的戏剧从一开始的伏笔,经过两个起落,到达令人眼花缭乱的高潮。而最后绝妙的结局则更让我们相信,它们的对话几乎是一种可遇而不可求的缘分。17世纪中期,正是科学的黎明到来之前那最后的黑暗,谁也无法预见这两朵小火花即将要引发一场熊熊大火。

思考题

1. 什么是噪声?
2. 噪声测量时候需要注意什么?
3. 噪声给人们的生活生产带来了什么影响?
4. 测定噪声的仪器大体分为几类?

5. 简述声级计的工作原理。

6. 目前噪声检测主要用于哪些方面?

第四节　火灾参数检测

【本节思维导图】

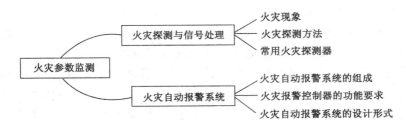

一、火灾探测与信号处理

(一)火灾现象

1. 热(温度)

凡是物质燃烧,就必然有热量释放出来,使环境温度升高。环境温度升高的速率与物质燃烧规模和燃烧速度有关。在燃烧规模不大、燃烧速度非常缓慢的情况下,物质燃烧所产生的热(温度)是不容易鉴别出来的。

2. 燃烧气体

物质在燃烧的开始阶段,首先释放出来的是燃烧气体。其中有单分子的 CO、CO_2 等气体、较大的分子团、灰烬和未燃烧的物质颗粒悬浮在空气里,我们将这种悬浮物称为气溶胶,其颗粒粒子直径一般在 $0.1\ \mu m$ 左右。

3. 烟雾

烟雾没有严格科学的定义,一般是把人们肉眼可见的燃烧生成物,其粒子直径在 $0.01 \sim 10\ \mu m$ 的液体或固体微粒与气体的混合物称为烟雾。不管是燃烧气体还是烟雾,它们都有很大的流动性和毒害性,能潜入建筑物的任何空间,其毒害性对人的生命威胁特别大。据统计,在火灾中约有 70% 死者是由于吸入燃烧气体或烟雾造成的,所以在火灾中将它们合在一起作为检测参数来考虑,称为烟雾气溶胶或简称烟气。

4. 火焰

火焰是物质着火产生的灼热发光的气体部分。物质燃烧到发光阶段是物质的全燃阶段,在这一阶段中,火焰热辐射含有大量的红外线和紫外线。易燃液体燃烧,是其不断蒸发的可燃蒸气在气相中燃烧,其火焰热辐射很强,含有更多的紫外线。

对于普通可燃物质,其燃烧表现形式首先是产生燃烧气体,然后是烟雾,在氧气供应充分的条件下才能达到全部燃烧,产生火焰并散发出大量的热,使环境温度升高。有机化合物及易燃液体的起火过程则不同,它们表面全部着火前的过程甚短,火灾发展迅速,有强烈的火焰辐射,很少产生烟和热。

(二)火灾探测方法

火灾的探测是以物质燃烧过程中产生的各种现象为依据,以实现早期发现火灾为前提的。因为火灾的早期发现是充分发挥灭火措施的作用、减少火灾损失和保卫生命财产安全的重要条件,所以,世界各国对火灾自动报警技术的研究,都着眼于火灾探测手段的研究和实验工作,以期发现新的早期火灾探测方法,开拓火灾自动报警技术的新领域。

根据火灾现象和普通可燃物质的典型起火过程曲线,火灾的探测方法目前主要有以下几种。

1. 空气离化探测法

这是以火灾早期产生的烟气为主要检测对象的火灾探测方法。空气离化法利用放射性同位素^{241}Am 所产生的 α 射线(即带正电的粒子流,也就是氦原子核流,其穿透能力很小、而电离能力很强),将处于一定电场中两电极间的空气分子电离成正离子和负离子,使电极间原来不导电的空气具有一定的导电性,形成离子电流。当含烟气流进入电离空间时,由于烟粒子对带电离子的吸附作用和对 α 射线的阻挡作用,原有的离子电流发生变化(减小),离子电流变化量的大小反映了进入电离空间烟粒子的浓度,从而将烟气浓度转化成电信号,据此可探测火灾的发生。显然,空气离化火灾探测方法是放射性同位素在火灾探测技术方面的应用,是原子能和平利用的一个重要方面。

2. 热(温度)检测法

这是以火灾产生的热对流所引起环境温度上升为主要检测对象的火灾探测方法。该方法主要利用各种热(温度)敏感元件来检测火灾所引起的环境温升速率或环境温度变化。热(温度)检测方法是最早使用的火灾探测方法,迄今已有一百多年的历史。

3. 光电探测方法

这是以早期火灾产生的烟气为检测对象的火灾探测方法。该方法根据光学原理和光电转换机理,利用烟雾粒子对光的阻挡吸收和散射特性来实现对火灾的早期发现。随着近年来微电子技术和光电转换技术的不断发展,光电探测方法在火灾探测领域获得了广泛的应用。

4. 光辐射或火焰辐射探测方法

这是以物质燃烧所产生的火焰热辐射为检测对象的火灾探测方法。该方法利用红外或紫外光敏元件来检测火灾产生的红外辐射或紫外辐射,从而达到早期发现火灾的目的。这类探测方法特别适于对火灾起始阶段很短、火灾发展迅速的油品类火灾的探测。

5. 可燃气体探测法

这种方法是以早期火灾所产生的可燃气体或气溶胶为检测对象的火灾探测方法。该方法主要利用半导体式和催化燃烧式气敏元件的转化机理来早期探测火灾。由于各种气敏元件用于火灾探测的机理还有待进一步完善,因此这类探测方法尚没有在火灾探测中获得广泛应用。

综合上述各种探测方法:对于普通可燃物质燃烧过程,用光电探测法和空气离化法应用最广、探测最及时,用热(温度)检测法则相对较迟缓,但它们都是广泛使用的火灾探测方法;其他两种探测方法仅在一定范围内使用。

(三)常用火灾探测器

根据不同的火灾参量响应和不同的响应方法,火灾探测器可分为不同类型,如表 3-3 所列。

表 3-3　　　　　　　　　　　　　　　**火灾探测器分类**

名称		火灾参量	类型	备注
气体探测器	半导体气体探测器	可燃气体	点型	
	催化燃烧式气体探测器	可燃气体	点型	
	电解质气体探测器	可燃气体	点型	
	红外吸收式气体探测器	可燃气体	点型	
感烟火灾探测器	离子感烟火灾探测器	烟雾	点型	
	光电感烟火灾探测器	烟雾	点型	
	红外光束感烟火灾探测器	烟雾	线型	
	线型光束图像感烟火灾探测器	烟雾	线型	
	空气采样感烟火灾探测器	烟雾	线型	
	图像感烟火灾探测器	图像型	点型	
火焰探测器	红外火焰探测器	红外光	点型	
	紫外火焰探测器	紫外光	点型	
	双波段图像火焰探测器	图像型	点型	
复合探测器	烟、温复合探测器	烟、温	点型	
	烟、湿、CO复合探测器	烟、湿、CO	点型	
	双红外紫外复合探测器	红外、紫外	点型	
感温火灾探测器	热敏电阻定温探测器	定温	点型	
	双金属片定温探测器	定温	点型	
	半导体定温探测器	定温	点型	
	热敏电阻差温探测器	差温	点型	
	半导体差温探测器	差温	点型	
	热敏电阻差定温探测器	差定温	点型	
感烟火灾探测器	离子感烟探测器	烟雾	点型	
	光电感烟探测器	烟雾	点型	
	红外光束感烟探测器	烟雾	线型	
	线性光束图像感烟探测器	烟雾	线型	
	空气采样感烟探测器	烟雾	线型	
	图像感烟探测器	图像型	点型	

1. 感烟火灾探测器

感烟火灾探测器有离子感烟火灾探测器、光电感烟火灾探测器、红外光束感烟火灾探测器、线型光束图像感烟火灾探测器、空气采样感烟火灾探测器、图像感烟火灾探测器等几种形式。在感烟火灾探测器中,目前在我国应用最广的是离子感烟火灾探测器。

(1) 离子感烟火灾探测器。在离子感烟火灾探测器中,利用 ^{241}Am(mericium,镅)作为 α 源,使电离室内的空气产生电离,使电离室在电子电路中呈现电阻特性。当烟雾进入电离室后,改变了空气电离的离子数量,即改变了电离电流,也就相当于阻值发生了变化。根据电阻变化大小就可以识别烟雾量的大小,并做出是否发生火灾的判断,这就是离子感烟火灾探测器探测火灾的基本原理。单极型电离室(图 3-16)是指电离室局部被 α 射线照射,使一部分成为电离区,而未被 α 射线所照射的部分则为非电离区,称为主探测区。离子感烟火灾探测器的原理方框图如图 3-17 所示。它由检测电离室和补偿电离室、信号放大回路、开关转换装置、火灾模拟检测回路、故障自动检测回路、确认灯回路等组成。信号放大回路在检测电离室进入烟雾以后,电压信号达到规定值以上时开始动作,将高输入阻抗的 mos 型场效应型晶体管作为阻抗耦合后进行放大。开关转换装置用经过放大后的信号触发正反馈开关电路,将火灾信号传输给报警控制器。正反馈开关电路一经触发导通,就能自我保持,起到记忆的作用。

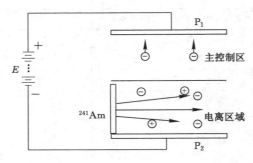

图 3-16 单极型电离室

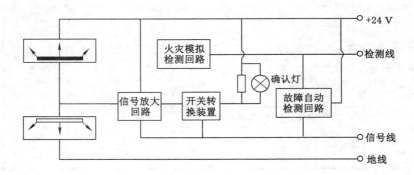

图 3-17 离子感烟火灾探测器原理方框图

(2) 光电感烟火灾探测器。光电感烟火灾探测器是利用火灾烟雾对光产生吸收和散射作用来探测火灾的一种装置。在火灾发生发展过程中,烟粒子和光相互作用时,能够发生两种不同的过程。粒子可以以同样波长再辐射已经接收的能量。再辐射可在所有方向上发生,但通常在不同方向上其强度不同,这个过程称为散射。另一方面,辐射能可以转变成其他形式的能,如热能、化学反应能或不同波长的辐射,这些过程称做吸收。在可见光和近红外光谱范围内,对于黑烟,光衰减以吸收为主;而对于灰白色烟,则主要受散射制约。光电感烟火灾探测器就是利用烟粒子对光的散射和吸收的原理研制、发展起来的一种新型的火灾探测器。光电感烟火灾探测器分为减光式和散射光式两类。

① 减光式光电感烟火灾探测器。减光式光电感烟火灾探测器的检测室内装有发光元件和受光元件。在正常情况下,受光元件接收到发光元件发出的一定光量,在火灾发生时,

探测器的检测室内进入大量烟雾,发光元件的发射光受到烟雾的遮挡,使受光元件接收的光量减少,光电流降低,降低到一定值时,探测器发出报警信号。原理示意图如图 3-18 所示。目前,这种探测器应用较少。

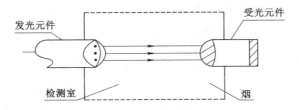

图 3-18　减光式光电感烟火灾探测器原理图

图 3-19 为减光式光电感烟火灾探测器的光路示意图。装于圆形采样室内的发光元件(发光二极管)辐射波长为 660 nm 的脉冲调制光束,该光束在两个相距 140 nm 的反射镜间经过 5 次反射后被光敏元件(光电二极管)接收。光电二极管的输出信号经放大后被分配到两个自保电路上。其中一个电路的时间常数很大(约 5 h),因此,其输出信号缓慢地跟随输入信号(相对于正常房间的环境条件);另一个电路的时间常数很小,其输出信号迅速地跟随输入信号。因此,如有火灾发生,两个信号差将增大,当信号差超过设定的阈值时,便发生火灾报警信号。

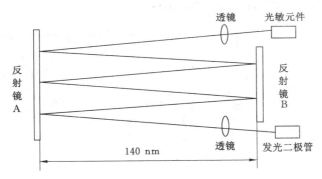

图 3-19　减光式光电感烟火灾探测器的光路示意图

② 散射光式光电感烟火灾探测器。目前世界各国生产的点型光电火灾探测器多为散射光式光电感烟火灾探测器。这种探测器的检测室内也装有发光元件和受光元件。在正常情况下,受光元件接收不到发光元件发出的光,因此不产生光电流。在火灾发生时,当烟雾进入探测器的检测室时,由于烟粒子的作用,使发光元件发射的光产生漫射,这种漫射光被受光元件所接收,使受光元件阻抗发生变化,产生光电流,从而实现了将烟雾信号转变成电信号的功能,探测器发出报警信号。其原理如图 3-20 所示。

作为发光元件,目前大多数采用大电流、发光效率高的红外发光二极管;受光元件大多数采用半导体硅光电池。受光元件的阻抗随烟雾浓度的增加而下降。根据电磁波与气溶胶粒子间相互作用的原理研制成的散射光式探测器,目前已较广泛地应用于火灾自动报警系统中。

影响散射光式探测器输出信号的主要因素,除了探测器的结构常数 k 和烟颗粒数浓度

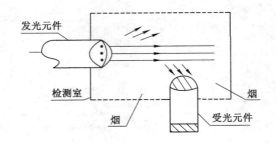

图 3-20　散射光式光电感烟火灾探测器原理图

z 以外,还有颗粒尺度、复折射率、散射角和光波长。此外,颗粒形状对其也有一定的影响。一般来说,光散射的基本理论仅仅是根据球形粒子创立的,但对于一些其他形状,如圆柱形和椭球形的颗粒来说,加以某些限制条件的计算也适用。但是,对于形状较复杂的颗粒,则要参考更专业的著作。

由上可见,散射光式探测器光电接收器的输出信号与许多因素有关,其中,除光源辐射功率和波长、颗粒数浓度、粒径、复折射率、散射角等因素外,还与散射体积(由发射光束和光电接收器的"视角"相交的空间区域)、光敏元件的受光面积及其光谱响应等因素有关。因此,在设计探测器的结构形式时,通常要考虑上述有关因素,协调上述相互矛盾的有关参数。散射光式光电感烟火灾探测器的原理方框图如图 3-21 所示。

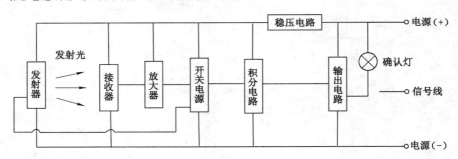

图 3-21　散射光式光电感烟火灾探测器原理方框图

发射器:为了保证光电接收器有足够的输入信号,又要使整机处于低功耗状态,延长光电器件的使用寿命,通常采用间隙发光方式,为此将发光元件串接于间隙振荡电路中,每隔 3~5 s 发出脉宽为 100 μs 左右的脉冲光束。脉冲幅度可根据需要调整。

放大接收器:光源发射的脉冲光束受烟粒子作用后,发生光的散射作用。当光接收器的敏感元件接收到散射辐射能时,阻抗降低,光电流增加,信号电流经放大后送出。

开关电路:本电路实际上是一个与门电路,只有收、发信号同时到达时,门电路才打开,送出一个信号。为此,发射器的间隙振荡电路不仅为发光元件间隙提供电源,同时也为开关电路提供控制信号,这样可减少干扰光的影响。

积分电路:此电路保证连续接收到两个以上的信号才启动输出电路,发出报警信号,大大提高了探测器的抗干扰性能。此外,为了现场判明探测器的动作情况和调试开通的方便,在探测器上均设确认灯和确认电路。

2. 感温火灾探测器

物质在燃烧过程中,释放出大量热,使环境温度升高,探测器中的热敏元件发生物理变化,将物理变化转变成的电信号传输给火灾报警控制器,经判别,发出火灾报警信号。

感温火灾探测器按工作方式分为定温型、差温型和差定温型;按探测器的外形分为点型和线型;按感温元件可分为机械型和电子型。

(1)定温火灾探测器。当局部的环境温度升高到规定值以上时,才开始动作的探测器,称为定温火灾探测器。

(2)差温火灾探测器。在较大的控制范围内,温度变化达到或超过所规定的某一升温速率时,才开始动作的探测器,称为差温火灾探测器。

(3)差定温火灾探测器。图 3-22 是半导体差定温火灾探测器。由图 3-22 可见,差定温火灾探测器采用两只 NTC 热敏电阻,其中采样电阻 rm 位于监视区域的空气环境中,参考电阻 rr 密封在探测器内部。当外界温度缓慢升高时,rm 和 rr 均有响应,只有当温度达到临界温度后,由于 rm 和 rr 都变得很小,rm 和 rr 串联后,rr 的影响力可以忽略,这样 rr 和 rm 就使探测器表现为定温特性。当外界温度急剧升高时,暴露在空气环境中的 rm 阻值迅速下降,而密封在探测器内部的 rr 的阻值变化缓慢,那么当阈值电路输入端电位达到阈值时,其输出信号促使双稳态电路翻转,从而发出报警信号,这就是差定温火灾探测器的工作原理。由于这种感温探测器同时具有定温探测器特性和差温探测器特性,因此称之为差定温火灾探测器。

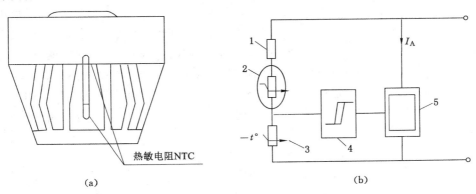

图 3-22　半导体差定温火灾探测器

(a)半导体差定温火灾探测器示意图;(b)半导体差定温火灾探测器电原理图

1——调整电阻;2——参考 NTC 电阻;3——采样 NTC 电阻;4——阈值电阻;5——双稳态电阻

3. 火焰探测器

火焰探测器一般分为点型火焰探测器、紫外火焰探测器和红外火焰探测器 3 种。点型火焰探测器是一种响应火灾发出的电磁辐射(红外、可见和紫外谱带)的火灾探测器。因为电磁辐射的传播速度极快,所以这种探测器对快速发生的火灾(譬如易燃、可燃液体火灾)或爆炸能够及时响应,是对这类火灾早期通报火警的理想探测器。响应波长低于 400 nm 辐射能通量的探测器称做紫外火焰探测器;响应波长高于 700 nm 辐射能通量的探测器称做红外火焰探测器。火焰探测器极少应用在 400~700 nm 的可见光辐射谱区,因为在这个谱区难以对环境背景辐射与火灾辐射加以鉴别。而对背景辐射的鉴别是火焰探测器应具备的基本性能之一。采用火焰探测器的目的在于要使它在预定时间内,在给定的距离上可靠地探测出规定规模的火焰。为此,应了解火焰的辐射特性以及探测器对火焰辐射的响应性能,消除在保护场所中或其附近存在的环境干扰源可能对探测器造成误报的影响,从而提高火灾报警系统的准确性。

4. 气体探测器

气体探测技术比感温、感烟的技术要复杂且昂贵。国外从 20 世纪 30 年代开始研究、开发气体传感器,早期气体传感器主要用于煤气、液化石油气、天然气及矿井中的瓦斯气体的检测与报警,后来火灾领域的研究人员开始借助这些技术来检测火灾中产生的各种气态产物。近年来,由于气体传感技术有了长足的进步,气体探测技术正面临一个蓬勃的发展时期。气体探测器通常在大气工况中使用,而且被测气体分子一般要附着于气体传感器的功能材料表面且与之发生化学反应。此处仅对半导体气体传感器、电化学气体传感器和红外吸收式气体传感器作简要介绍。

半导体气体传感器是利用半导体气敏元件同气体接触,造成半导体发生变化来检测特定气体的成分或其浓度的。半导体气体传感器大体上分为电阻式和非电阻式两种。电阻式半导体气体传感器是用氧化锡、氧化锌等金属氧化物材料制作的敏感元件,利用其阻值的变化来检测气体的浓度;非电阻式半导体气体传感器主要是利用二极管的整流作用及场效应管特性等制作的气敏元件。半导体气体传感器可用于可燃性气体探测与检漏,以及火灾报警,从而可在灾害事故发生前,给出预警信号,其灵敏度高,响应时间短,得到了广泛应用。

红外吸收式气体传感器精度高,选择性好,气敏浓度范围宽,但是价格也较高,使用和维护难度较大。红外光源产生的红外光入射到测量槽,照射到某种被测气体时,气体根据种类的不同,对不同波长的红外光具有不同的吸收特性。同时,同种气体不同浓度时,对红外光的吸收量也彼此相异。因此,通过测量槽到达光敏元件的红外光强度就不同。红外光敏元件是将光信号变成电信号的器件。根据红外光源的波长和光敏元件输出电信号的不同就可以知道被测气体的种类和浓度。采用红外滤光片可以提高量子型红外光敏元件的灵敏度,也可以通过更换红外滤光片来增加被测气体的种类和扩大被测气体的浓度范围。

二、火灾自动报警系统

(一)火灾自动报警系统的组成

火灾自动报警系统由火灾探测器、火灾报警控制器、火灾警报装置、火灾报警联动控制装置等组成,其核心是由各种火灾探测器与火灾报警控制器构成的火灾信息探测系统,如图 3-23 所示。

为了达到我国有关消防技术规范提出的火灾自动报警系统的基本要求,并为一些特殊对象中系统的应用提供基础,我国国家标准《火灾自动报警系统设计规范》(GB 50116—2013)中还纳入了消防联动控制的技术要求,强调火灾自动报警系统具有火灾监测和联动控制两个不可分割的组成部分,因此,火灾自动报警系统也常称为火灾监控系统。

1. 火灾触发装置

在火灾自动报警系统中,自动或手动产生火灾报警信号的器件称为触发器件,它主要包括火灾探测器和手动火灾报警按钮。不同类型的火灾探测器适用于不同类型的火灾和不同的场所,在实际应用中,应当按照现行有关国家标准的规定合理选择。手动火灾报警按钮是

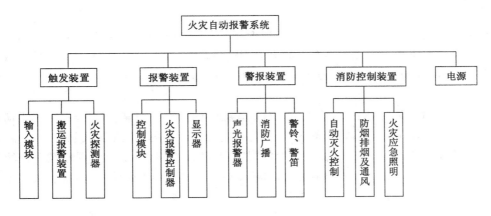

图 3-23　火灾自动报警系统的组成

用手动方式产生火灾报警信号、启动火灾自动报警系统的器件,也是火灾自动报警系统中不可缺少的组成部分之一。

2. 火灾报警装置

在火灾自动报警系统中,用以接收、显示和传递火灾报警信号,并能发出控制信号和具有其他辅助功能的控制指示设备称为火灾报警装置。火灾报警控制器就是其中最基本的一种。火灾报警控制器具备为火灾探测器供电、接收、显示和传输火灾报警信号,并能对自动消防设备发出控制信号的完整功能,是火灾自动报警系统中的核心组成部分。

火灾报警控制器按其用途不同,可分为区域火灾报警控制器、集中火灾报警控制器和通用火灾报警控制器 3 种基本类型。

(1) 区域火灾报警控制器用于火灾探测器的监测、巡检、供电与备电,接收火灾监测区域内火灾探测器的输出参数或火灾报警、故障信号,并且转换为声、光报警输出,显示火灾部位或故障位置等。其主要功能有火灾信息采集与信号处理,火灾模式识别与判断,声、光报警,故障监测与报警,火灾探测器模拟检查,火灾报警计时,备电切换和联动控制等。

(2) 集中火灾报警控制器用于接收区域火灾报警控制器的火灾报警信号或设备故障信号,显示火灾或故障部位,记录火灾信息和故障信息,协调消防设备的联动控制和构成终端显示等。其主要功能包括火灾报警显示、故障显示、联动控制显示、火灾报警计时、联动联锁控制实现、信息处理与传输等。

(3) 通用火灾报警控制器兼有区域和集中火灾报警控制器的功能,小容量的可以作为区域火灾报警控制器使用,大容量的可以独立构成中心处理系统,其形式多样、功能完备,可以按照其特点用做各种类型火灾自动报警系统的中心控制器,完成火灾探测、故障判断、火灾报警、设备联动、灭火控制及信息通信传输等功能。

近年来,随着火灾探测报警技术的发展和模拟量、总线制、智能化火灾探测报警系统的逐渐应用,在许多场合,火灾报警控制器已不再分为区域、集中和通用 3 种类型,而统称为火灾报警控制器。

在火灾报警装置中,还有一些如中继器、区域显示器、火灾显示盘等功能不完整的报警装置。它们可视为火灾报警控制器的演变或补充,在特定条件下应用,与火灾报警控制器同属火灾报警装置。

3. 火灾警报装置

在火灾自动报警系统中,用以发出区别于环境声、光的火灾警报信号的装置称为火灾警报装置。火灾警报器就是一种最基本的火灾警报装置,它以声、光音响方式向报警区域发出火灾警报信号,以警示人们采取安全疏散、灭火救灾措施。

4. 消防控制设备

在火灾自动报警系统中,当接收到来自触发器件的火灾报警信号时,能自动或手动启动相关消防设备并显示其状态的设备,称为消防控制设备。它主要包括火灾报警控制器,自动灭火系统的控制装置,室内消火栓系统的控制装置,防烟、排烟系统及空调通风系统的控制装置,常开防火门、防火卷帘的控制装置,电梯回降控制装置以及火灾应急广播、火灾警报装置、消防通信设备、火灾应急照明与疏散指示标志的控制装置等十类控制装置中的部分或全部。消防控制设备一般设置在消防控制中心,以便于实行集中统一控制。也有的消防控制设备设置在被控消防设备所在现场,但其动作信号则必须返回消防控制室,实行集中与分散相结合的控制方式。

5. 电源

火灾自动报警系统属于消防用电设备,其主电源应当采用消防电源,备用电源采用蓄电池。系统电源除为火灾报警控制器供电外,还为与系统相关的消防控制设备等供电。

(二)火灾报警控制器的功能要求

火灾报警控制器主要包括电源和主机两部分。火灾报警控制器主机部分承担着对火灾探测器输出信号的采集、处理、火警判断、报警及中继等功能。从原理上讲,无论是区域火灾报警控制器还是集中火灾报警控制器,都遵循同一工作模式,即采集探测源信号→输入单元→自动监测单元→输出单元。同时,为了方便使用和扩展功能,又附加上人机接口,即:键盘、显示单元、输出联动控制部分、计算机通信单元、打印机部分等。

对火灾报警控制器主机部分而言,其常态是监测火灾探测器回路的变化情况,遇有火灾报警信号时执行相应的操作。因此,火灾报警控制器主机部分的主要功能如下:

(1)故障声光报警。当火灾探测器回路断路、短路、出现自身故障和系统故障时,火灾报警控制器均应进行声、光报警,指示具体故障部位。

(2)火灾声光报警。当火灾探测器、手动报警按钮或其他火灾报警信号单元发出火灾报警信号时,火灾报警控制器应能够迅速、准确地接收、处理火灾报警信号,进行火灾声光报警,指示具体火灾报警部位和时间。

(3)火灾报警优先。火灾报警控制器在报故障时,如果出现火灾报警信号,应能够自动切换到火灾声光报警状态。若故障信号依然存在,则只有在火情被排除、人工进行火灾信号复位后,火灾报警控制器才能够转换到故障报警状态。

(4)火灾报警记忆。当火灾报警控制器接收到火灾探测器的火灾报警信号时,应能够保持并记忆,不可随火灾报警信号源的消失而消失,同时应还能够接收、处理其他火灾报警信号。

(5)声光报警消声及再声响。火灾报警控制器发出声光报警信号后,可通过火灾报警控制器上的消声按钮人为消声。同时,在停止声响报警时又出现其他报警信号,火灾报警控制器应能够继续进行声光报警。

(6)时钟及时间记录。火灾报警控制器本身应提供一个工作时钟,用于给工作状态提供监测参考。当发生火灾报警时,时钟应能指示并记录准确的报警时间。

(7) 输出控制。火灾报警控制器应具有一对以上的输出控制接点,用于火灾报警时的直接联动控制,如控制警铃、启动自动灭火系统等。

(三) 火灾自动报警系统的设计形式

1. 设计选型依据

依据各类火灾参数敏感元件输出的电信号,取不同的火灾信息判断处理方式,可以得到不同形式的火灾自动报警系统,并导致系统火灾探测与报警能力、各类消防设备协调控制和管理能力以及系统本身与上级网络的信息交换与管理能力等方面产生较大的差别。考虑到火灾自动报警系统的基本保护对象是工业与民用建筑,各种保护对象的具体特点又千差万别,对火灾自动报警系统的功能要求也不尽相同;同时,从设计技术的角度来看,火灾自动报警系统的结构形式可以做到多种多样。

但从标准化的基本要求来看,系统结构形式应当尽可能简化、统一,避免五花八门,脱离规范。因此,火灾自动报警系统按《火灾自动报警系统设计规范》(GB 50116—2013)进行设计。一般地,根据火灾监控对象的特点和火灾报警控制器的分类以及消防设备联动控制要求的不同,火灾自动报警系统的基本设计形式有 3 种,即区域报警系统、集中报警系统和控制中心报警系统。

2. 区域报警系统设计形式

区域报警系统由火灾探测器、手动报警器、区域报警控制器或通用报警控制器、火灾警报装置等构成,其原理如图 3-24 所示。

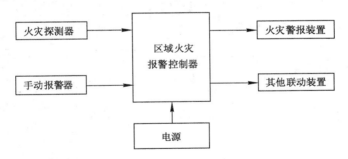

图 3-24　区域报警系统

进行区域报警系统设计时,应符合下列几点要求:

(1) 在一个区域系统中,宜选用一台通用火灾报警控制器,最多不超过两台;

(2) 区域报警控制器应设在有人值班的房间;

(3) 区域报警系统容量比较小,只能设置一些功能简单的联动控制设备。

3. 集中报警系统设计形式

集中报警系统由火灾探测器、区域火灾报警控制器或用做区域报警的通用火灾报警控制器和集中火灾报警控制器等组成。传统型集中报警控制系统应设有一台集中报警控制器(或通用报警控制器)和两台以上区域报警控制器(或楼层显示器,带声光报警),其系统如图 3-25 所示,其中,消防泵、喷淋泵、风机等联动控制部分没有画出。这类系统中的联动控制信号取自集中火灾报警控制器,并且通过消防联动控制台对消防设备进行直接控制。

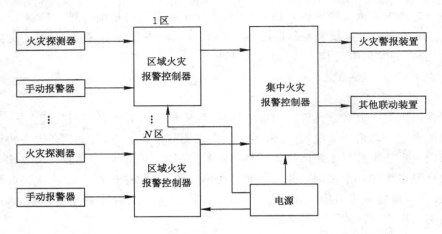

图 3-25　集中报警系统

4. 控制中心报警系统设计形式

控制中心报警系统是由设置在消防控制中心（或消防控制室）的消防联动控制设备、集中火灾报警控制器、区域火灾报警控制器和各种火灾探测器等组成，如图 3-26 所示，或由消防联动控制设备、环状布置的多台通用火灾报警控制器和各种火灾探测器及功能模块等组成。控制中心报警系统的消防控制设备主要是：火灾警报器的控制装置、火警电话、空调通风及排烟、消防电梯等控制装置、火灾事故广播及固定灭火系统控制装置等。它进一步加强了对消防设备的监测和控制，可兼容各种类型的火灾探测器和功能模块，可以对各类消防设备实现联动控制和手动自动控制转换。

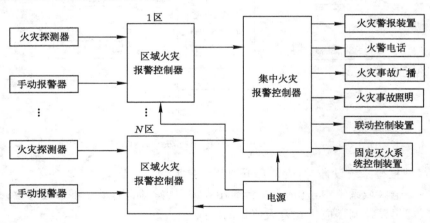

图 3-26　控制中心报警系统

5. 火灾监控系统的应用形式

根据火灾自动报警系统的基本结构和设计形式，火灾自动报警系统按照所采用的火灾探测器、各种功能模块和楼层显示器等与火灾报警控制器的连接方式（接线制），分为多线制和总线制两种系统应用形式；按各个生产厂的系统实际产品形式，分为中控机、主子机和网络通信系统应用形式等。

多线制系统应用形式是火灾自动报警系统的基本结构形式,与早期产品设计、开发和生产有关。多线制系统应用形式易于判断,系统中火灾探测器和各种功能模块与火灾报警控制器采用硬线对应连接方式,火灾报警控制器依靠直流信号对火灾探测器进行巡检以实现火灾和故障判断处理,系统线制为:$an+b$(n 是火灾探测器个数或编码地址个数,a、b 是设计系数)。

总线制系统应用形式也是火灾自动报警系统的基本结构形式,是在多线制结构基础上发展起来的。总线制系统主要采用数字电路构成编码、译码电路,并采用数字脉冲信号巡检和数据协议通信与信息压缩传输,系统接线少、总功耗低且可靠性高、工程布线灵活性和抗干扰能力强、误报率低。当前,主要采用二总线、三总线和四总线等系统应用形式。

总的来讲,采取不同的火灾信息判断处理方式和火灾模式识别方式,可得到不同应用形式的火灾自动报警系统。从石油化工生产安全监控要求来看,区域报警系统联动固定灭火装置的模式或集中报警系统形式应用较多,可广泛用于大型化工仓库、输配电站、油库等场所。所用的火灾探测器,除典型感烟和感温探测器外,红外光分离式感烟探测器、紫外火焰探测器、可见光探测器及线缆式火灾探测器广泛应用于石化场所,用于及时探测各种有机物火灾、油品火灾等。

课外拓展

火灾荷载是衡量建筑物室内所容纳可燃物数量多少的一个参数,是研究火灾全面发展阶段性状的基本要素。简单一点,就是建筑物容积所有可燃物由于燃烧而可能释放出的总能量。

在建筑物发生火灾时,火灾荷载直接决定着火灾持续时间的长短和室内温度的变化情况。因而,在进行建筑结构防火设计时,很有必要了解火灾荷载的概念,合理确定火灾荷载数值。

火灾荷载和火灾的严重程度之间的关系是很明显的,没有可燃物就没有火灾;可燃物越多,火灾越严重。因此火灾荷载的计算非常重要。然而,不只是可燃物的数量重要,而且单位空间里的可燃材料的类型也很重要。因为有些材料在燃烧时每单位质量比其他单位材料释放更多的能量。这就是为什么火灾荷载单位经常用 MJ 而不是 kg 来表示的原因。有时,采用一些我们熟悉的数据,如通过把一个空间内所有的可燃材料的热能等值地转化成当量的木材数量来表示该区间内的火灾荷载。

火灾监测主要利用电磁波向外放射辐射能的波长不同。地面物体都通过电磁波向外放射辐射能,不同波长的辐射率是不同的,通常,当温度升高时,辐射峰值波长移向短波方向。从气象卫星监测到的火灾发生前后来看,当地表处于常温时,辐射峰值在传感器的 4、5 通道的波长范围,而当地面出现火点等高温目标时,其峰值就移向通道 3,使通道 3 的辐射率增大数百倍,利用这一原理,通过连续不断地观测,就可以及时发现火点。当火灾发生后,可以通过卫星接收到的彩色图像获取其火灾现场情况和过火面积,以便客观、准确评估火灾损失,组织救灾。

1987 年,对于大兴安岭火灾监测,气象卫星发挥了巨大的作用,也极大地推动我国利用卫星遥感技术监测火灾技术发展和业务的应用。目前,全国各地基本建立了利用气象卫星监测森林火灾的业务系统,每天都密切监视着森林火情的发生。

思考题

1. 火灾探测有哪些主要方法？
2. 简述感烟式火灾探测器的分类。
3. 感烟探测器响应烟的性能主要体现在哪些方面？
4. 感温火灾探测器主要有哪几种工作方式？
5. 简述火灾自动报警系统的 3 种基本设计方式。
6. 简述感烟式火灾探测器的工作原理。

第五节　防雷电安全检测

【本节思维导图】

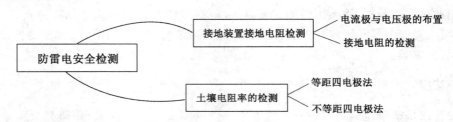

一、接地装置接地电阻检测

无论是建筑物或构筑物，还是化工生产装置，其防雷电装置都主要由接闪器（包括避雷针、避雷带、避雷网、避雷线）、引下线和接地体（接地装置）构成。接地电阻是衡量接地装置性能的主要技术指标，接地电阻越小，将雷电流导入大地的能力越强，防雷电效果越好。应定期检查接地装置各部分的连接和锈蚀情况，并检测其接地电阻。

（一）电流极与电压极的布置

网状接地装置由接地干线（水平接地体）和接地体（垂直接地体）焊接而成，所用材料一般为镀锌钢材料，接地装置剖面图如图 3-27 所示。接地体的接地电阻等于其在散流时出现的对地电位与所泄散电流之比。根据这一定义，测量接地电阻时，要人为地向被测接地体注

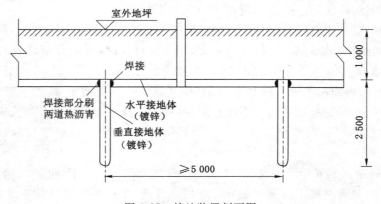

图 3-27　接地装置剖面图

入一定大小的电流,而要用电流表测出这一电流值,就需要设置一个电流极,形成测量电流的回路。要测出接地体在散流时的对地电位,就还需要设置一个近似无穷远处的零电位参考点,即电压极,这样才能用电压表测出接地体与电压极之间的电压。接地电阻检测原理的接线如图 3-28 所示。

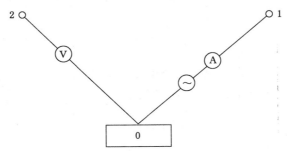

图 3-28　接地电阻检测原理的接线

0——接地体;1——电流极;2——电压级

检测系统是在土壤(不良导电介质)中形成三电极系统,在向接地体施加电压时,就形成稳定的电场。在这三电极系统中,当任意一个电极通电流,而其他两个电极不通电流时,载流的那个电极向大地泄散电流,就会在土壤中形成一个恒定的电流场,使得处在这一电流场中的另外两个无电流电极呈现出电位,无电流电极上的电位与载流电极上的电流之比即为两者之间的互电阻。根据恒定电场的互易原理,电极之间电流方向改变时,互电阻大小不变,即三电极系统有三个互电阻,分别是接地体与电流极、电压极之间的互电阻 R_{01}、R_{02} 和电流极与电压极之间的互电阻 R_{12}。经推导可得出接地体与电压极之间的电位差 U_{02} 为

$$U_{02} = U_0 - U_2 = I_0(R_0 + R_{12} - R_{01} - R_{02})$$

式中:电位差 U_{02} 和电流 I_0 分别由图 3-29 中的电压极和电流极测得,R_0 就是接地体的真实接地电阻。而实际测出的接地电阻 R 为

$$R = \frac{U_{02}}{I_0} = R_0 + R_{12} - R_{01} - R_{02} \tag{3-17}$$

由上式可以看出,实测的接地电阻 R 与真实的接地电阻 R_0 之间存在着一个测量误差,记为 ΔR^*,可表示为

$$\Delta R^* = \frac{R - R_0}{R_0} \times 100\% = \frac{R_{21} - R_{01} - R_{02}}{R_0} \times 100\% \tag{3-18}$$

显然,测量误差是由互电阻造成的。因为互电阻的大小与两电极之间的距离成反比,与土壤的电阻率成正比,所以测量误差取决于各个电极之间的相对位置,也称为布极误差。要想使测量误差接近于零,即测量值足够接近于真实值,必须对电流极和电压极进行优化布置。常用的布极方法有直线布极法和三角形布极法。

直线布极法又称为 0.618 布极法,如图 3-29 所示,将电压极 2 置于被测接地体 0 和电流 1 之间,三者成一条直线。为了简化分析,图中电极为贴地面埋设的半球形接地电极,且土壤的电阻率(ρ)均匀分布。

由式(3-18)可知,要使接地电阻的测量误差 $\Delta R^* = 0$,需要满足式(3-19)的要求。

$$R_{12} - R_{01} - R_{02} = 0 \tag{3-19}$$

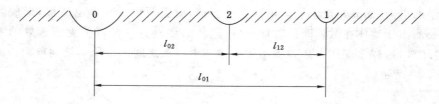

图 3-29 直线布置电极

只有当接地体 0 通过电流 I_0，其他两个电极无电流通过时，I_0 在土壤中产生恒定电场，电场强度为 E，电流从半球形电极泄散，离开接地体 0 的距离 r 越远，电流密度越小，可表示为

$$J = \frac{I_0}{2\pi r^2} \tag{3-20}$$

电场强度 E 随着 r 的增大而减小。根据电磁理论可知，电流密度 J 等于土壤的电导率 γ 与电场强度 E 的乘积，或等于电场强度 E 与土壤的电阻率 ρ 的比值，即

$$J = \gamma E = \frac{E}{\rho}$$

或

$$E = J\rho \tag{3-21}$$

这样，I_0 在土壤中产生的恒定电场使电流极 1 上的电位为

$$U_{01} = \int_{l_{01}}^{\infty} = \frac{\rho I_0}{2\pi r^2} \mathrm{d}r = -\frac{\rho I_0}{2\pi}\left(\frac{1}{\infty} - \frac{1}{l_{01}}\right) = \frac{\rho I_0}{2\pi l_{01}} \tag{3-22}$$

同理，电压极 2 所带的电位为

$$U_{02} = \frac{\rho I_0}{2\pi l_{02}} \tag{3-23}$$

则接地体 0 与电流极 1 及电压极 2 之间的互电阻分别为

$$R_{01} = \frac{\rho}{2\pi l_{01}} \tag{3-24}$$

$$R_{02} = \frac{\rho}{2\pi l_{02}} \tag{3-25}$$

同样，当只有电压极 2 通过电流，其他两个电极无电流通过时，电流极 1 与电压极 2 之间的互电阻 R_{12} 为

$$R_{12} = \frac{\rho}{2\pi l_{12}} \tag{3-26}$$

将 R_{01}、R_{02}、R_{12} 代入公式(3-19)，经简化得

$$\frac{1}{l_{12}} - \frac{1}{l_{01}} - \frac{1}{l_{02}} = 0$$

如图 3-30 所示，设 $l_{02} = kl_{01}$，则有 $l_{12} = (1-k)l_{01}$，代入上式得

$$\frac{1}{1-k} - 1 - \frac{1}{k} = 0$$

即

$$k^2 + k - 1 = 0$$

解此方程,得 $k=0.618$,即将电压极放在接地体与电流极的连线上,与接地体的距离为接地体与电流极之间距离的 0.618 倍处,这样可以消除互电阻带来的误差,所测得的接地电阻即为真实值。

在实际工程中,因为接地体通常是管状、棒状、条状、网状等,而不是半球状,接地体周围的等电位面也就不是半球面,且土壤的电阻率也常常是不均匀的,所以直线布极法的使用在不同程度上存在一定的误差。适当增加接地体与电流极之间的距离可减小测量误差。用于接地网的接地电阻测量时,接地体与电流极之间的距离可取 $2.5d$(d 的含义见图 3-30),电压极的位置距被测地网中心的距离约为 $1.5d=60\%\times2.5d$,与 $0.618\times2.5d$ 的位置比较接近。

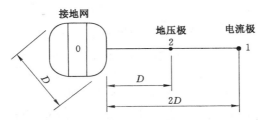

图 3-30 检测接地网接地电阻时的电极布置

另一种布极方法是三角形布极法。

该方法的电流极和电压极与接地极的距离相等,三者的连线呈等腰三角形,如图 3-31 所示。图 3-31 中,$l_{01}=l_{02}$,所以 $R_{01}=R_{02}$。根据式(3-19),只要 $R_{12}=2R_{02}$,即可使测量误差 $\Delta R^{*}=0$,假设土壤的电阻率是均匀的,各电极之间的距离满足 $l_{12}=2l_{01}=2l_{02}$ 就能达到目的。根据此条件求出等腰三角形的顶角 α,即

$$\alpha = 2\arcsin \frac{l_{12}/2}{l_{01}} = 29°$$

为了方便,通常将 α 值取为 30°。用三角形布置电极法测量接地电网的接地电阻时,常取 $2l_{01}(l_{02})\geqslant2d$。

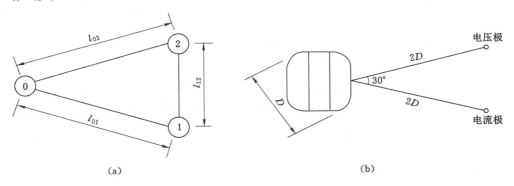

(a) (b)

图 3-31 接地网接地电阻测量时三角形布极法

(a) 间距与角度;(b) 三角形布极

向电极施加直流电流时,因为土壤中的某些成分会在电极表面发生电化学反应,产生过电位,对接地电阻的测量结果产生影响,所以应使用交流电流。大地中常常存在各种自然因

素和人工因素产生的电场,也对检测产生影响。某些矿物质结构可在大地中产生电化学电场,这属于自然因素。在中性点接地的 TN 供电系统中,经大地返回的零序电流在土壤中产生电场,即使在中性点不接地的电力系统中,经大地返回的不平衡容性电流也会产生磁场。适当增大测试电流,或对检测电压和电流进行校正都可降低其干扰程度。

（二）接地电阻的检测

1. 接地电阻测量仪检测法

常用的接地电阻测量仪有电位计型接地电阻测量仪、流比计型接地电阻测量仪、数字化的接地电阻测量仪等类型,其中电位计型接地电阻测量仪是目前使用最普遍的测量仪器。

电位计型接地电阻测量仪是根据电位差计的原理设计的,其测量原理接线示意图如图 3-32 所示。检测时,仪器自带的手摇发电机 G 以 120 r/min 的转速手摇旋转,产生的 90～98 Hz 的交流电压经交流互感器的一次绕组施加到接地体和电流极上,经大地构成的回路形成电流 I_1。I_1 从发电机出发,经交流互感器的一次绕组、接地体、大地和电流极,回到发电机。I_1 流过接地体时,将在接地电阻上产生电压降 I_1R。由于电压极所在位置的电位近似为零,因此该电压实际上是作用在接地体 0 和电压极 2 两点之间,即 $U_{02}=I_1R$。在交流互感器的一次绕组中有 I_1 流过的同时,由二次绕组与可变电阻构成的二次绕组回路也将出现电流 I_2,在可变电阻的 E、D 两者之间的电阻 R_{ED} 上产生的电压降为 $U_{ED}=I_2R_{ED}$,R_{ED} 是个可调节量。当电压 U_{02} 与 U_{ED} 大小不相等时,E_{02}、DE 回路中总的电压不为零,回路中出现电流,该电流被整流电路(图中未画出)整成直流后在检流计上显示出来。逐步调节 R_{ED} 值,使检流计的显示值到达零,这时就达到了 $U_{02}=U_{ED}$,下列关系成立

$$I_1R = I_2R_{ED} \tag{3-27}$$

$$R = \frac{I_2}{I_1}R_{ed} = kR_{ED} \tag{3-28}$$

式中 k——电流变化比,等于 I_2/I_1。

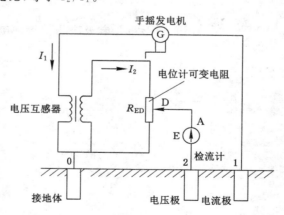

图 3-32　电位计型接地电阻测量原理接线示意图

电流变化比和可调电阻 R_{ED} 由仪器得到,这就是电位计型接地电阻测量仪的测量原理。从工作原理可知,测量时,E_{02}、DE 回路中总的电压被调至零,回路中就没有电流,电压极的接地电阻就不会影响测量结果,同时也基本消除了电化学反应的影响。实际的电路中,在电压极与检流计之间还串联着电容和电阻,其可消除直流电流成分。使用电位计型接地电阻

测量仪测量时,电流极和电压极与接地体的相对位置布置既可以采用直线布极法,也可以采用等腰三角形布极法。目前,国产的 zc-8 和 zc-9 两种型号的电位计型接地电阻测量仪使用最广泛,其量程有 0~10 Ω、0~100 Ω、0~1 000 Ω 三挡,还可以用于土壤电阻率的测定。

2. 电压表-电流表测量法

在采用电压表-电流表测量法测量接地电阻时,需要电压表和电流表各一只,还需要一个能够产生足够大电流的交流电源,其线路连接方法如图 3-33 所示。所使用的交流电源应该是独立的电源,如电焊变压器、1∶1 隔离变压器或专用的配电变压器。在接地体与电流极之间施加了交流电源后,同时在电流表和电压表上读出电压值 U 和电流值 I,由欧姆定律关系式(3-29)计算出接地电阻 R。

$$R = \frac{U}{I} \tag{3-29}$$

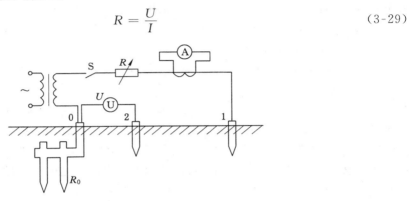

图 3-33　电压表-电流表法测量接地体接地电阻

电压表-电流表测量法使用的仪器设备比较简单,接地电阻的测量范围也比较大(0.1~1 000 Ω),对于较小的接地电阻,其测量精度与其他方法相比也是比较高的。

与其他电位测量仪一样,要想准确地测量接地体的电位,电压表应有足够高的输入阻抗(电阻)。图 3-34 是图 3-35 的等效电路。U_{02} 是 0、2 两点之间的真实电压;U_v 是电压表内阻 R_v 上的电压(即电压表测得的电压);I_v 是流过电压表和电压极接地电阻 R_2 的电流。

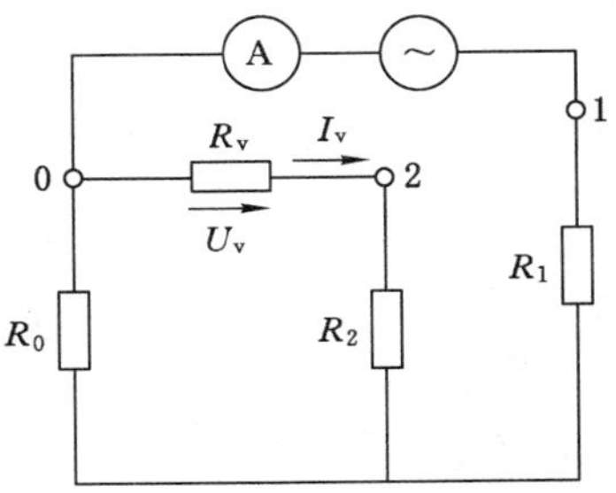

根据电压分配律有

$$U_v = U_{02} - I_v R_2 \tag{3-30}$$

I_v 可表示为

$$R = \frac{U_{02}}{R_v + R_2} \tag{3-31}$$

将式(3-31)代入式(3-30)得

图 3-34　电压表-电流表法测量接线的等效电路

$$U_v = U_{02}\left(1 - \frac{R_2}{R_v + R_2}\right) \tag{3-32}$$

从式(3-32)可以看出,只有电压表内阻 R_v 的数值远远大于电压极接地电阻,才能使电压表测得的电压 U_v 近似于真实值 U_{02}。因为接地电阻的测量误差与电压的测量误差是相等的,所以电压的测量误差直接导致电阻的测量误差。要使电压表内阻引起的测量误差小于 2%,R_v 应不小于 R_2 的 49 倍。

二、土壤电阻率的检测

电阻率是表征材料导电性能的参数,分为体积电阻率和表面电阻率两种。检测土壤电阻率时,测量的是体积电阻率。体积电阻率是描述物体内电荷移动和电流流动难易程度的物理量,定义为材料内直流电场强度和稳态电流密度的比值,在数值上,等于长、宽、高都是 1 m 的立方体的电阻。施加于被测样品的两个相对表面上的电极之间的直流电压和流经该两电极的稳态电流之比称为体积电阻。体积电阻率与体积电阻的关系为

$$\rho_v = \frac{R_v S}{b} \text{ 或 } R_v = \frac{\rho_v b}{S} \tag{3-33}$$

式中　ρ_v——体积电阻率(为了简化,后面用 10 表示),$\Omega \cdot m$;

R_v——体积电阻,Ω;

S——电极相对面积,m^2;

b——电极间被测土壤的厚度,m。

(一)等距四电极法

将四根测量用电极排列成直线,等距离地打入地中同一深度,如图 3-35 所示。电极打入地中的深度 h 通常不大于电极间距离的 1/10,即 $h \leqslant a/10$。图 3-35 中外侧的两个电极 0、1 为电流极,内侧的两个电极 2、3 为电压极,交流电源的电压加在两个电流极上,用电流表测出电流极回路中的电流 I,用电压表测出两个电压极之间的电压 U,根据电极间的距离和电流、电压数据,可计算出土壤的电阻率。

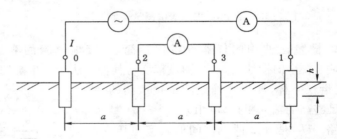

图 3-35　等距四电极法测土壤电阻率

根据电位的定义和稳定电场中电场强度 E 与电流密度 J 的关系 $E = \rho J$,从电流极 0 流出的电流 I 使电压极 2 带上的电位为 U_{20},计算公式推导如下

$$U_{20} = \int_a^\infty E \mathrm{d}r = \int_a^\infty \rho J \mathrm{d}r = \int_a^\infty \frac{\rho I}{2\pi r^2} \mathrm{d}r$$

$$= -\frac{\rho I}{2\pi}\left(\frac{1}{\infty} - \frac{1}{a}\right) = \frac{\rho I}{2\pi a} \tag{3-34}$$

从电流极 1 流出的电流 $-I$ 使电压极 2 带上电位为 U_{21},计算公式推导如下

$$U_{21} = \int_{2a}^\infty \frac{\rho(-I)}{2\pi r^2} \mathrm{d}r = -\frac{\rho I}{2\pi}\left(\frac{1}{\infty} - \frac{1}{2a}\right) = -\frac{\rho I}{4\pi a} \tag{3-35}$$

电压极 2 的电位是二者的作用之和,即

$$U_2 = U_{20} + U_{21} = \frac{\rho I}{4\pi a} \tag{3-36}$$

按照同样的方法可得到电压极 3 的电位

$$U_3 = U_{30} + U_{31} = -\frac{\rho I}{4\pi a} \tag{3-37}$$

电压表的读数 U 是电压极 2、3 之间的电位差,可表示为

$$U = U_2 - U_3 = \frac{\rho I}{2\pi a} \tag{3-38}$$

由式(3-38)得出土壤电阻率的计算式为

$$\rho = 2\pi a \left(\frac{U}{I}\right) \tag{3-39}$$

(二)不等距四电极法

采用不等距四电极法测量土壤电阻率时,测量电极仍然采用线性布置,当各电极之间不再等距布置,用 a、b、c 分别代表电极之间的间距,如图 3-36 所示,各电极间距均不能小于10 h。

采用等距四电极法相似的推导方法,可得到在电流作用下电压极之间的电压 U 为

$$U = \frac{\rho I}{2\pi}\left[\frac{1}{a} - \frac{1}{b+c} - \left(\frac{1}{a+b} - \frac{1}{c}\right)\right] = \frac{\rho I}{2\pi}k_{abc}$$

$$k_{abc} = \frac{1}{a} - \frac{1}{b+c} - \left(\frac{1}{a+b} - \frac{1}{c}\right)$$

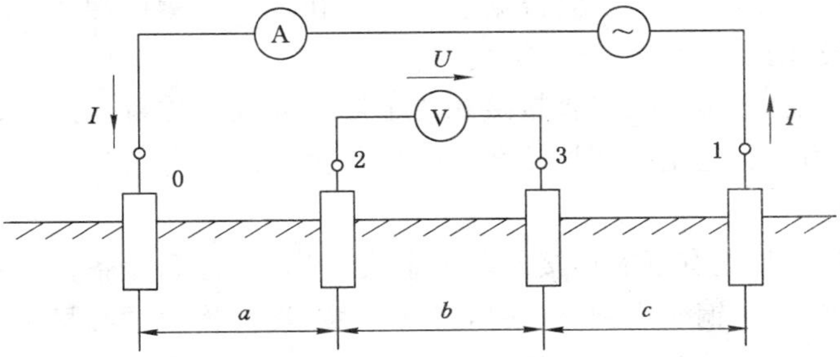

图 3-36 不等距四电极法测土壤电阻率

由于电极间的距离是已知的,因此系数 k_{abc} 可计算获得。根据测得的电压极间的电压 U 和电流极之间的电流 I,由式(3-40)计算出电阻率。

$$\rho = \frac{2\pi}{k_{abc}}\left(\frac{U}{I}\right) \tag{3-40}$$

在实际的设备密集场所,等距法的电极位置可能受到限制,而不等距法可以不受限制,因此可灵活的摆放电极,比等距法更实用。

zc-8 和 zc-9 等常用国产接地电阻测试仪,有 4 个电极接头,具有测量土壤电阻率的能力,其检测接线如图 3-37 所示。

课外拓展

防雷,是指通过组成拦截、疏导最后泄放入地的一体化系统方式以防止由直击雷或雷电的电磁脉冲对建筑物本身或其内部设备造成损害的防护技术。

防雷接地分为两个概念,一是防雷,防止因雷击而造成损害;二是接地,保证用电设备的

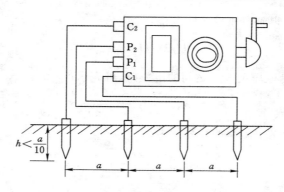

图 3-37 四电极法测土壤电阻率接线示意图

正常工作和人身安全而采取的一种用电措施。

接地装置是接地体和接地线的总称,其作用是将闪电电流导入地下,防雷系统的保护在很大程度上与此有关。接地工程本身的特点就决定了周围环境对工程效果的影响,脱离了工程所在地的具体情况来设计接地工程是不可行的。实践要求要有系统的接地理论来对工程实际进行指导。而设计的优劣取决于对当地土壤环境的诸多因数的综合考虑。土壤电阻率、土层结构、含水情况以及可施工面积等因数决定了接地网形状、大小、工艺材料的选择。因此在对人工接地体进行设计时,应根据接地网所在地的土壤电阻率、土层分布等地质情况,尽量进行准确设计。

接地体:又称接地极,是与土壤直接接触的金属导体或导体群,分为人工接地体与自然接地体。接地体作为与大地土壤密切接触并提供与大地之间电气连接的导体,安全散流雷能量使其泄入大地。

接地设计中,利用与地有可靠连接的各种金属结构、管道和设备作为接地体,包括铜包钢接地棒、铜包钢接地极、铜包扁钢、电解离子接地极、接地模块、"高导模块"。称为自然接地体。如果自然接地体的电阻能满足要求并不对自然接地体产生安全隐患,在没有强制规范时就可以用来作接地体。

而人为埋入地下用作接地装置的导体,称为人工接地体。一般将符合接地要求截面的金属物体埋入适合深度的地下,电阻符合规定要求,则作为接地体。具体参考接地规范,防雷接地、设备接地、静电接地等需区分开。

接地是防雷工程的最重要环节,不论是直击雷防护还是雷电的静电感应、电磁感应和雷电波入侵的防护技术,最终都是把雷电流送入大地。因此没有良好的接地技术,就不可能有合格的防雷过程。保护接地的作用就是将电气设备不带电的金属部分与接地体之间作良好的金属连接,降低接点的对地电压,避免人体触电危险。

雷电防护系统(LPS)是指用以对某一空间进行雷电效应防护的整套装置,它由外部雷电防护系统和内部雷电防护系统两部分组成。

在特定的情况下,雷电防护系统可以仅由外部防雷装置或内部防雷装置组成。

目前雷电电磁脉冲防护技术及防雷技术已经发展成熟,国内各大防雷企业都能够实现从设计、产品提供到施工及售后服务的防雷一体化体系解决方案(防雷体系)。

(1)保护零线必须采用绝缘导线。配电装置和电动机械相连接的 PE 线应为截面不小于 2.5 mm² 的绝缘多股铜线。手持电动工具的 PE 线应为截面不小于 1.5 mm² 的绝缘多股铜线。

（2）PE 线上严禁装设开关或熔断器，严禁通过工作电流，且严禁断线。

（3）相线、N 线、PE 线的颜色标记必须符合以下规定：相线 L1（A）、L2（B）、L3（C）相序的绝缘颜色依次为黄色、绿色、红色；N 线的绝缘颜色为淡蓝色；PE 线的绝缘颜色为绿/黄双色。任何情况下上述颜色标记严禁混用和互相代用。

（4）当施工现场与外电线路共用同一供电系统时，电气设备的接地、接零保护应与原系统保持一致。不得一部分设备作保护接零，另一部分设备作保护接地。

（5）采用 TN 系统作保护接零时，工作零线（N 线）必须通过总漏电保护器，保护零线（PE 线）必须由电源进线零线重复接地处或总漏电保护器电源侧零线处，引出形成局部 TN-S 接零保护系统。

（6）在 TN 接零保护系统中，通过总漏电保护器的工作零线与保护零线之间不得再作电气连接。

（7）在 TN 接零保护系统中，PE 零线应单独敷设。重复接地线必须与 PE 线相连接，严禁与 N 线相连接。

（8）使用一次侧由 50 V 以上电压的接零保护系统供电，二次侧为 50 V 及以下电压的安全隔离变压器时，二次侧不得接地，并应将二次线路用绝缘管保护或采用橡皮护套软线。当采用普通隔离变压器时，其二次侧一端应接地，且变压器正常不带电的外露可导电部分应与一次回路保护零线相连接。以上变压器尚应采取防直接接触带电体的保护措施。

思考题

1. 在三电极接地电阻检测的直线布极法中，如何消除布极误差？
2. 三角形布极法是否考虑了消除误差的措施？
3. 简述接地电阻检测仪检测法和电压表-电流表检测法的原理。
4. 土壤电阻率的大小与哪些因素有关？
5. 常用的接地电阻测量仪有哪些？

第六节　防静电安全检测

【本节思维导图】

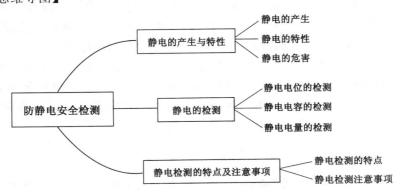

一、静电的产生与特性

(一)静电的产生

静电产生的原因有内因和外因两个方面。内因是由于物质的逸出功不同,当两个物体接触时,逸出功较小的一方失去电子带正电,另一方则获得电子带负电。若带电体电阻率高,导电性能差,就使得带电层中的电子移动困难,为静电荷积聚创造了条件。

产生静电的外因有多种,如物体的紧密接触和迅速分离(如摩擦、撞击、撕裂、挤压等),促使静电的产生;带电微粒附着到与地绝缘的固体上,使之带上静电;感应起电;固定的金属与流动的液体之间会出现电解起电;固体材料在机械力的作用下产生压电效应;流体、粉末喷出时,与喷口剧烈摩擦而产生喷出带电等。需要指出的是,静电产生的方式不是单一的,如摩擦起电的过程中,就包括了接触带电、热电效应起电、压电效应起电等几种形式。

(二)静电的特性

静电的危害是和静电的特性联系在一起的。静电与电流不同,从安全的角度考虑,静电有以下特性。

(1)静电电压高。化工生产过程中所产生的静电,电量都很小,一般只是微库级到毫库级,但静电电位却可以达到很高的数值,如橡胶带与滚筒摩擦可以产生上万伏的静电位。

(2)静电能量不大。静电能量 w 与其电压 u 和电量 q 的关系如下

$$w = 0.5qU \tag{3-41}$$

虽然静电电压很高,但由于电量很小,它的能量也很小。静电能量一般不超过数毫焦耳,少数情况能达数十毫焦耳。静电能量越大,发生火花放电时的危险性也越大。

(3)尖端放电。电荷的分布与导体的几何形状有关,导体表面曲率越大的地方,电荷密度越大。当导体带有静电后,静电荷就集中在导体的尖端,即曲率最大的地方。电荷集中,电荷密度就大,使得尖端电场很强,容易产生电晕放电。

(4)静电感应放电。静电感应可能发生意外的火花放电。在电场中,静电感应和静电放电可能在导体(包括人体)上产生很高的电压,导致危险的火花放电,这是一个容易被人们忽视的危险因素。

(5)绝缘体上静电泄漏很慢。静电泄漏的快慢取决于泄漏的时间常数,即材料介电常数和电阻率的乘积。因为绝缘体的电阻率很大,其时间常数也很大,所以它们的静电泄漏很慢,这样就使带电体保留在危险状态的时间很长,危险程度相应增加。

(三)静电的危害

(1)引发火灾和爆炸。火灾和爆炸是静电最大的危害。在有可燃液体的作业场所(如油料装运等),可能由静电火花引起火灾;在有气体、蒸气爆炸性混合物或粉尘爆炸性混合物的场所(如氧、乙炔、煤粉、铝粉、面粉等),可能由于静电放电引起爆炸。

(2)电击。当人体接近带电体时或带静电电荷的人体接近接地体时,都可能产生静电电击。由于静电的能量较小,生产过程中产生的静电所引起的电击一般不会直接使人致命,但人体可能因电击导致坠落、摔倒等二次事故。电击还可能使作业人员精神紧张,影响工作。

二、静电的检测

由于静电的实质是存在剩余电荷,因此静电电量是所有的有关静电现象的最本质方面

的物理量。静电的基本参数一般包括静电电位、静电电量、静电电容、电阻和电阻率等。静电电位是与电荷成正比的物理量,可以反映物体带电的程度。电阻和电容是与静电泄放、静电放电能量紧密相关的电气参数,是静电防护设计要考虑的重要方面。

（一）静电电位的检测

静电场中某点的电位定义为:把单位正电荷从该点沿任意路径移动到参考点时电场力所做的功,当参考点的电位为零时,该点的电位在量值上等于该点与参考点之间的电压。在实际检测中,一般取大地为零电位参考点,故静电电位的检测常常又称静电电压的检测。静电电位的检测通常分为接触式和非接触式两种。

1. 接触式检测

接触式检测法仅适用于对静电导体带电电位的检测,它是利用等电位原理进行检测,把被测物体用对地绝缘的电缆直接连在输入阻抗很高的静电电压表的测试极上,由静电表头直接读出被测量带电体的电位。接触式检测法的工作原理如图 3-38 所示。

当被测带电体与仪表的固定电极相连时,在固定电极 a 与 b 之间建立起静电场,可动电极 c 在静电场力下将发生偏转,带动接收光信号的反射镜偏转。偏转力矩与被测电压的平方成正比,当偏转力矩与挂丝的反作用力平衡时,偏转角即表示被测电压的高低。偏转角度是由固定在挂丝上的反射镜通过光标显示出来的。可见,这种仪表只能检测电位值的大小,无法判断电位的正负极性。接触式静电计的等效电路如图 3-39 所示。C_0 为被测带电体对地电容,C 和 R 分别是仪表的输入电容和输入电阻。在检测过程中电量不变,则检测得到的电位值 U 和检测前被测带电体的电位值 U_0 有如下关系

$$U = \frac{C_0 U_0}{C_0 + C} e^{\frac{t}{R(C+C_0)}} \tag{3-42}$$

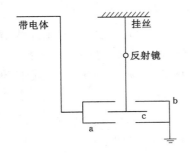

图 3-38 接触式检测法的工作原理

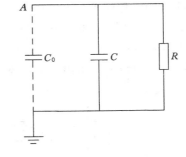

图 3-39 接触式静电计的等效电路

2. 非接触式检测

非接触式检测主要利用静电感应原理,将测试探头靠近带电体,利用探头与被测带电体之间产生的畸变电场检测带电体的表面电位。与接触式检测相比,非接触式检测结果受仪表输入电容、输入电阻的影响较小,但受检测距离、带电体几何尺寸的影响较大。感应式静电电位检测仪的等效电路如图 3-40 所示。T 是仪表的测试探头,L 是仪表的等效输入电路,C_w 是测试探头与被测带电体之间的耦合电容,R_b 和 C_b 分别为仪表的输入电阻和输入电容。由于被测带电体的电场作用,探头 T 上将产生感应电位。由图 3-40 中电路可知,C_w 是与 C_b 串联的,而 R_b 为泄漏电阻。若被测带电体的对地电位为 U,则探头对地电位为

$$U_b = \frac{C_w U}{C_w + C_b} e^{\frac{t}{R_b(C_w+C_b)}} \qquad (3-43)$$

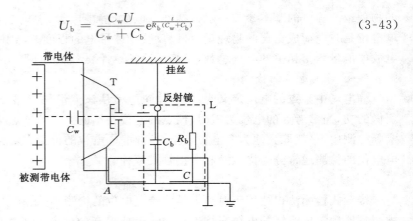

图 3-40　感应式静电电位检测仪的等效电路

由于只要改变探头与被测带电体之间的距离,即可改变两者之间的耦合电容 C_w 的大小,从而使读数改变,那么得到的原始数值就不是带电体表面的对地电位,而必须经过校准,得到一个距离与数值之间的关系,最终确定真实数值;另一方面,得到的数值仅表示探头相对的局部面积上的电位平均值。对绝缘体而言,不同的位置,可以有不同的电位,不能用检测值代表被测体整体的电位。

3. 基于静电电位检测的常用仪表

用于检测带电物体的静电电压(电位),如导体、绝缘体及人体所带静电的电压的仪表称为静电电压表。常用的静电电压表主要有 EST101 型防爆静电电压表和 JFV-VR-2 型静电测试仪两种。

(1) EST101 型防爆静电电压表

EST101 型防爆静电电压表是一种经过多次改进的新型高性能的静电电压表(静电电位计)。此仪器传感器采用电容感应探头,利用电容分压原理,经过高输入阻抗放大器和 A/D 转换器等,由液晶显示出被测物体的静电电压,如图 3-41 所示。为保证读数的准确,此仪表设有电池欠压显示电路以及读数保持等电路。

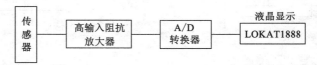

图 3-41　EST101 型防爆静电电压表原理示意图

EST101 型防爆静电电压表防爆性能好,防爆标志为 iaIICT$_5$,能在各类爆炸性气体中使用。适用于测量带电物体的静电电压(电位),如导体、绝缘体及人体等的静电电位,还可测量液面电位及检测防静电产品性能等。

使用 EST101 型防爆静电电压表检测电压前,检测人员要做好准备工作,如操作人员应穿防静电工作服和防静电鞋,以避免人体静电对检测的影响。在安全场所打开仪器后盖,装入 6F22 型 9 V 叠层电池一节,再将后盖装好。

使用 EST101 型防爆静电电压表检测电压的操作步骤如下:① 开机与清零。在远离被测物体或电位为零处(如接地金属体或地面附近)将电源开关拨到"ON"的位置,此时显示值应为零或接近零。若不为零,可将开关拨回"OFF"位置(清零与关机是在同一位置,往前拨时稍用力推)后再拨回"ON"位置。② 检测与读数。将仪器由远至近移到离被测物体的距离 10 cm 处读取仪表的读数,单位为千伏(kV)。当被测物体的电位变化时,读数也随之变化。为了读数方便,将"读数保持"开关按下,即可保持读数不变。松手后仪表将自动恢复显示。③ 扩大量程范围。当被测物体的电位高于 40 kV 时,应把检测距离扩展为 20 cm,而检测结果应将读数乘以 2,此时检测范围为 ±0.2~10 kV,检测误差小于 20%;当被检测物体的电位较低时,可把检测距离定为 1 cm,检测结果应将读数乘以 0.2,此时检测范围为 ±0.2~±5 kV,检测误差小于 20%。

EST101 防爆静电电压表使用中当显示"LOBAT"符号时,应换电池。该仪表耗电少,间断使用时一般 1 年更换 1 次电池即可。更换电池应在安全场合进行。长期不使用仪表时应将电池取出。当发现故障时,应与有关维修部门联系,勿自行拆卸,以免影响仪表的防爆性能。按要求及时对仪表进行校对。

(2) JFV-VR-2 型静电测试仪

JFV-VR-2 型静电测试仪如图 3-42 所示。该仪表是一种便携式手枪形静电绝缘电阻综合检测仪,应用范围广泛。凡不良导体产生的静电,都可以快速测得结果,从而可以早期采取消除静电措施,防止由于静电放电而引起的火灾事故。该仪器由传感电极、微电荷放大器和电源三部分组成,其工作原理如图 3-43 所示。

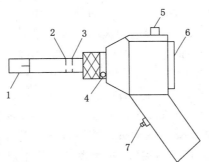

图 3-42 JFV-VR-2 型静电测试仪

1——保护罩;2——第二倍率线;3——第一倍率线;4——导线插孔;

5——零位调节旋钮;6——表头;7——电源按钮

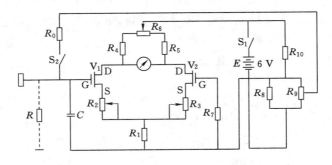

图 3-43 静电测试仪的工作原理图

电极由一个顶端圆面积为 $1\ cm^2$ 的金属制成。电极被感应而产生的电荷,由一根封装在检测筒里的粗导线传入微电荷放大器进行电流放大,最后由高灵敏度的仪表指示出来。检测筒上刻有变换量程的刻度线(倍率线),在检测筒外面套装着一个屏蔽套管,可在一定范围内进出移动,主要起控制量程的作用。在仪表手柄里,装有一块 6 V 叠层电池和一个按钮开关。将按钮开关按下,电源即接通;放开按钮,电源即自行切断。操作时,按预期量程,将套管向外拉,使管的后端对准倍率线,前端对准被测物体。量程×0.1 时,用第一倍率线;量程×1 时,用第二倍率线,这两种情况前端距带电体均为 1 cm。量程×10 时,用第二倍率线,前端距带电体为 10 cm。

因电荷的极性不同,在初测时需先测定其极性。这时可先调整零位调节旋钮,使表指针指在标度中间"3"的位置,将仪器的套管拉在×0.1 线,电极对准被测物,由远而近试测。如果表针向右偏移,则表示带电体为正电压,反之则为负电压。极性确定后,则在检测正电压时,可将表针调至左端零点上;测负电压时,将表针调至右端零点上。

JFV-VR-2 型静电测试仪的使用方法如下:检测静电时,套管的前端电极对准被测带电体,由远而近(为保证距离,可插上小挡块),至距离为 1 cm 时,即可从标度上读取数据。表针指数乘以倍率,即为实测静电电压值。在检测时,如距离未达到 1 cm,表针已超过满刻度线,则表示带电体电压过高,应改换倍率或增大距离;如至 1 cm,表针指示仍很小,则表示量程倍率太大,应改换小倍率;如果套管已处在最小倍率线上,则表示该物体带电很小或不带电。

该仪器还能检测纺织、化纤和化工等原料的绝缘电阻,检测原料的电阻率,可预测在生产过程中能否产生静电,或可能产生静电的大小。该仪器上有 5 个不同量程的测试头,在测试头上均有数值标明,以便按不同电阻值选用,具体检测方法为:① 称 2 g 质量的被测试物体,均匀地放在容器内,再用重砝压好;② 将备用导线的一端插入容器插孔,另一端则插入仪器检测筒尾端座底下的插孔;③ 选适当的测试头;④ 将仪器前端的保护罩取下,插上测试头;⑤ 将仪器转向水平位置(以表面为准),按下按钮开关,接通电源;⑥ 调整零位调节旋钮,使表针指在左端零点位置上;⑦ 继续按住按钮,将仪器转回到垂直位置;⑧ 将测试头慢慢低下,使针状触头逐渐与重砝顶端接触,此时表针将从零点向右移动;⑨ 右手持仪器,左手持秒表,在电阻测试头刚与重砝接触的同时,启动秒表,观察并记录仪表指针从左端零点移向右端零点的时间(s),乘以测试头上所标明的数值,即为实测电阻值。如时间过快或过慢,应更换测试头(一般时间应在 10 s 左右)。

JFV-VR-2 型静电测试仪使用中应注意以下问题:该仪器应放置在干燥处,并防止使用场所有较大的温差,以防止仪器中的元件有水汽结露,影响准确度;测静电时,要严格控制电极与带电体的距离,并不得在粉尘、飞絮较多的场合使用,以防粉尘、飞絮附着在电极上,影响检测结果;仪器长期停用,须将电池取出。

(二)静电电容的检测

电容是与静电能量、静电电压和静电时间常数相关的重要参数,同时也是建立静电模型的主要参数。对于标准的静电模型中参数的检测,科克等人提出了具有代表性的方法。以人体电容的检测为例,具体做法是:分别用高压电流通过 $10\ m\Omega$ 的电阻把被测人体和电容为 2 700 pF 的电容器充电到某一电压 U,之后分别让人体和电容器通过一个 $1\ k\Omega$ 电阻对地放电,并用电流探头和示波器采集放电电流波形,通过比较人体和电容器的放电电流的峰值来确定人体放电参数。此时电容器放电电流峰值 $I_0 = U/1\,000$，人体放电电流峰值为 $I_p = U/(1\,000 + R_b)$，其中，R_b 为人体等效电阻，测出 I_0 和 I_p，可得到 R_b。通过计算人体放电电流波形的时间常数 τ，由 τ/R_b 可得人体电容 C_b，通过这种方法得到人体参数为 $C_b = 132 \sim 190$ pF，$R_b = 87 \sim 190$ Ω。

在实际检测过程中，由于条件的限制，往往采用简单的交流测试法和直流测试法，同时考虑到静电现象主要与静电电容的直流特性有关，所以在对静电电容的检测中也可选用数字电容表（如 VC6013 数字电容表）。电容表的检测采用直流检测法中的"电荷分配法"，其原理如图 3-44 所示。

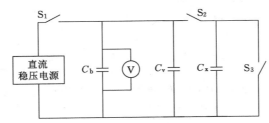

图 3-44 电荷分配法检测电容

图 3-44 中，C_0 为标准充电电容，C_b 为输入电容，C_x 为被测电容，U_0 为 C_0 上初始充电电压，U 为 C_0 上放电后的稳定电压。

具体的检测方法为：① 断开开关 S_2，合上开关 S_1，给标准电容 C_0 充电到电源电压 U_0；② 合上开关 S_3，把被测电容器上可能残存的电荷放尽后，再断开开关 S_3；③ 断开开关 S_1，使标准电容 C_0 脱离电源，迅速合上开关 S_2，使 C_0 向被测电容器 C_x 充电，稳定后记下电压表 V 的读数 U。

根据电荷守恒定律，则有

$$(C_0 + C_b)U_0 = (C_0 + C_b + C_x)U \tag{3-44}$$

由此便可求得被测电容

$$C_x = \frac{(C_0 + C_b)(U_0 - U)}{U} \tag{3-45}$$

（三）静电电量的检测

电荷量是反映带电体情况最本质的物理量，它决定着带电体产生静电放电的概率和危险性。静电电量的检测也就是静电电荷量的检测，一般情况下，电荷量不是直接检测的，而是通过检测其他有关参数来计算电荷量的多少。除了通过检测静电电位来估计静电电量，一般还通过法拉第筒来检测静电电量。因为在工程应用中，需要进行静电电量检测的物体多为带电的绝缘体。绝缘体所带的电荷并不完全分布在表面上，在内部也有电荷存在，而且电荷分布很不均匀，借助法拉第筒可以完成对整个带电体静电电量的检测。

法拉第筒是静电电量检测中最基本的设备之一，它由两个套装在一起又相互绝缘的、带盖的金属筒制成。在静电检测中，一般外筒接地。当静电平衡时，内外筒之间的电场及电压仅仅决定于内外筒中带电体的电量和内外筒之间的几何尺寸。对于确定尺寸的法拉第筒（内外筒之间的电容确定），只要检测出内外筒之间的电压和电容，根据公式 $Q = CU$，就可以求出带电体的电量 Q，这就是法拉第筒测电量的一般原理。

在实际检测中要注意，接入接触式静电电压表等电路后，还存在着接触式静电电压表的输入电容或与其并联的电容，如图 3-45 所示，它们的代数和可以用 C_b 表示。

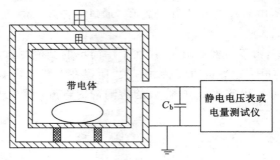

图 3-45　法拉第筒检测静电电量的原理

如果用 U 表示内外筒之间的电压，C_f 表示法拉第筒内筒与外筒之间的电容，带电量 Q 的计算公式可以表示为：

$$Q = (C_f + C_b)U \tag{3-46}$$

利用法拉第筒检测时，所用检测仪表的输入电阻和法拉第筒的泄漏电阻均不应低于 1 014 Ω，否则应在法拉第筒内筒与外筒之间并联聚苯乙烯或空气介质的高绝缘电容器，以提高系统的放电时间常数，保证检测数据的稳定性。并联电容的大小应能够兼顾放电时间常数和检测仪表的灵敏度。

三、静电检测的特点及注意事项

（一）静电检测的特点

值得注意的是，静电基本参数的检测与一般电学参数的检测相比，具有以下特点：

（1）静电能量小，引入测试仪器的同时将对原来的场分布产生较大的影响。为降低测试仪器对被测场的影响，要求测试仪器具有很小的输入电容和极高的输入电阻。

（2）静电检测涉及高电压和高绝缘材料，检测结果与仪器和检测电压有关。不同的测试方法、不同的检测电压，将导致不同的检测结果，因此，给出检测结果时，必须同时标明其测试方法和检测电压等条件。

（3）环境条件对检测结果有很大的影响，环境相对湿度对检测结果的影响尤为显著。把握了上述特点，才能选择好适宜的检测仪器，制定出合适的检测方法和程序，得到比较准确的检测结果。

（二）静电检测注意事项

基于静电检测的特点，在实际静电检测过程中应注意以下问题：

（1）应选用使用方便、可靠性高的检测仪表。在爆炸危险场所检测应选用防爆型仪表。

（2）检测前仔细阅读仪表使用说明，了解其检测原理和使用范围。

（3）检测前调零、调整灵敏度并选择量程。

（4）检测前分析由检测导致引燃的危险性，在排除引燃危险性以后再进行检测，并应事先考虑发生意外情况时的应急措施。

（5）为防止检测时发生放电，应使检测仪表的探头缓慢接近带电体，防爆型仪表也应如此。

（6）同一项目应测试数次,在重现性较好的情况下,取其平均值或最大值。

（7）除记录数据外,还应记录环境温度和相对湿度。环境空气湿度大时,有利于泄放静电,这也是防范静电积累的一种有效措施。因此在测试前要了解带电体通常所处环境的湿度参数,尽量在不利于静电泄放的实际环境条件下检测,这也体现"最大危险原则",即应考虑最危险条件下的情况。

思考题

1. 静电具有哪些特点?

2. 与强电及一般的弱电检测相比,静电检测具有哪些特点?

3. 静电电位检测的一次检测持续时间过长有什么后果? 说明原因。

4. 检测防静电工作服的电阻,得到的是表面电阻还是体电阻,对同一件工作服,干燥的春季与潮湿的夏季检测结果可能差别较大,最可能的原因是什么?

5. 在静电感应类静电电位检测仪表中,输入电阻都比较高,说明其原因。探头与被测带电体的距离变化,为什么会改变显示数值?

6. 感应式静电电位检测仪表及其探头都安装在接地的外屏蔽壳体内,阐述其原因和作用。

7. 简述法拉第筒法检测静电电量的原理。

第四章　生产装置安全检测

☞ **教学目的**

1. 了解生产装置的安全检测类型；
2. 掌握基本类型的原理及方法；
3. 了解安全监测在工业生产中的应用。

☞ **教学重点**

1. 了解生产装置的安全检测类型；
2. 安全监测各个类型的基本原理。

☞ **教学难点**

1. 安全监测技术的基本原理；
2. 安全检测技术在工业生产中的应用。

第一节　超声检测

【本节思维导图】

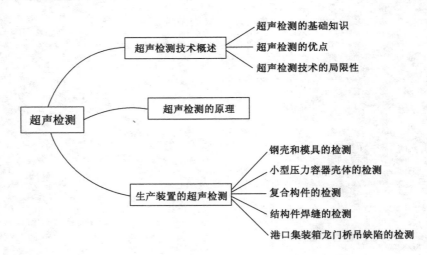

一、超声检测技术概述

（一）超声检测的基础知识

1. 超声波的产生与接收

超声波的产生是把电能转变为超声能的过程，它利用的是压电材料的逆压电效应，目前在超声检测中普遍应用的产生超声波的方法是压电法。压电法利用压电材料施加交变电压，它将发生交替的压缩或拉伸，由此而产生振动，振动的频率与交变电压的频率相同。当施加在压电晶体上的交变电压频率在超声波频率范围内时，产生的振动就是超声波振动。如果把这种振动耦合到弹性介质中，那么在弹性介质中传播的波就是超声波。

2. 超声波的种类

超声波在介质中传播有不同的方式，波型不同，其振动方式不同，传播速度也不同。空气中传播的声波只有疏密波，声波的介质质点的振动方向与传播方向一致，叫做纵波。可在固体介质中传播的波除了纵波外还有剪切波，又叫横波。此外，还有在固体介质的表面传播的表面波和薄板中传播的板波。

在超声检测中，直探头产生的是纵波，斜探头产生的是横波。

3. 波速

声波在介质中是以一定的速度传播的，在空气中的声速为 340 m/s，水中的声速为1 500 m/s，钢中纵波的声速为 5 900 m/s，横波的声速为 3 230 m/s，表面波的声速为 3 007 m/s。声速是由传播介质的弹性系数、密度以及声波的种类决定的，它与频率和晶片没有关系。横波的声速大约是纵波声速的一半，而表面波声速大约是横波的 0.9。

4. 波的透射、反射与折射

当超声波从一种介质传播到另一种介质时，若垂直入射，则只有反射和透射。反射波与透射波的比率取决于两种介质的声阻抗。例如当钢中的超声波传到底面遇到空气界面时，由于空气与钢的声速和密度相差很大，超声波在界面上接近 100% 的反射，几乎完全不会传到空气中（只传出来约 0.002%）；而钢同水接触时，则有 88% 的声能被反射，有 12% 的声能穿透进入水中。计算声压反射率 R 和声压透射率 D 的公式为

$$R = \frac{Z_2 - Z_1}{Z_2 + Z_1} \tag{4-1}$$

$$D = \frac{2Z_2}{Z_2 + Z_1} \tag{4-2}$$

式中　Z_1，Z_2——两种介质的声阻抗。

当倾斜入射时，除反射外，投射波会发生折射现象，同时伴随有波形转换。假如介质为液体、气体时，反射波和折射波只有纵波。

斜探头接触钢件时，因为两者都是固体，所以反射波和折射波都存在纵波和横波，如图 4-1 所示。

此时，反射角和折射角的大小由两种介质中的声速决定。

折射角的计算公式为

$$\frac{\sin i_L}{C_1} = \frac{\sin \beta_L}{C_{L2}} = \frac{\sin \beta_S}{C_{S2}} \tag{4-3}$$

式中　C_1——入射波声速；

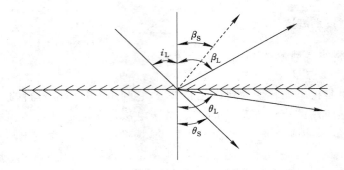

图 4-1　固体和固体间的折射和反射

i——入射角；β——反射角；θ——折射角

C_{L2}——第二介质的纵波声速；

C_{S2}——第二介质的横波声速；

i——入射角；

β——反射角；

L——纵波；

S——横波。

（二）超声检测的优点

（1）适应范围广。无论是金属、非金属，还是复合材料都可应用超声波进行无损检测。

（2）不会对工件造成损坏。施加给工件的超声强度低，最大作用应力远低于弹性极限，不会对工件使用造成任何影响。

（3）仅需从一侧接近被检工件，便于复杂形状工件的检测。

（4）穿透能力强、灵敏度高。能够检验极厚部件，不适宜检验较薄的工件，能够检出微小不连续性缺陷，对面积型缺陷的检出率较高，而对体积型缺陷的检出率较低。

（5）对确定内部缺陷的大小、位置、取向、埋深、性质等参量较之其他无损检测方法有综合优势。

（6）检验成本低、速度快，能快速自动检测。

（7）检测仪器体积小，质量小，现场使用较方便。

（8）对人体及环境无害。

（三）超声检测技术的局限性

超声检测技术也有一定的局限性。检测条件会限制超声技术的应用，特别是在涉及以下因素之一时：

（1）试件的几何形状（尺寸、外形、表面粗糙度、复杂性及不连续性取向）不合适。

（2）不良的内部组织（晶粒尺寸、结构孔隙、夹杂物含量或细小弥散的沉淀物）。

二、超声检测的原理

超声检测基本原理为：金属中有气孔、裂纹、分层等缺陷（缺陷中有气体）或夹杂，超声波传播到金属与缺陷的界面处时，就会全部或部分反射。反射回来的超声波探伤仪的种类繁多，但在实际的探伤过程，脉冲反射式超声波探伤仪应用的最为广泛。一般在均匀的材料中,缺陷的存在将造成材料的不连续,这种不连续往往又造成声阻抗的不一致,由反射定理我们知道,超声波在两种不同声阻抗的介质的交界面上将会发生反射,反射回来的能量的大小与交界面两边介质声阻抗的差异和交界面的取向、大小有关。

三、生产装置的超声检测

(一)钢壳和模具的检测

大型结构部件钢壳和各种不同尺寸的模具均为锻件。锻件探伤采用脉冲反射法,除奥氏体钢外,一般晶粒较细,探测频率多为 2～5 MHz,质量要求高的可用 10 MHz。锻件通常采用接触法探伤,用机油作耦合剂,也可采用水浸法。在锻件中缺陷的方向一般与锻压方向垂直,因此,应以锻压面作主要探测面。锻件中的缺陷主要有折叠、夹层、中心疏松、缩孔和锻造裂纹等。钢壳和模具探伤以直探头纵波检测为主,以横波斜探头作辅助探测。但对于筒头模具的圆柱面和球面壳体,应以斜探头为主。为了获得良好的声耦合,斜探头楔块应磨制成与工件具有相同的曲率。钢壳的腰部带有异型法兰环,当用直探头探测时,在正常情况下不出现底波,若有裂纹等缺陷存在,便会有缺陷波出现。异型法兰探伤情况如图 4-2 所示。

(二)小型压力容器壳体的检测

小型压力容器壳体是由低碳不锈钢锻造成型的,经机械加工后成半球壳状。对此类锻件进行超声波探伤,通常以斜探头横波探伤为主,辅以表面波探头检测表面缺陷。对于壁厚 3 mm 以下的薄壁壳体可只用表面波法检测。探伤前必须将斜探头楔块磨制成与工件相同曲率的球面,以利于声耦合,但磨制后的超声波束不能带有杂波。通常使用易于磨制的塑料外壳环氧树脂小型 K 值斜探头,K 值可选,范围为 1.5～2,频率为 2.5～5 MHz。探伤时采用接触法,用机油耦合。图 4-3 为探伤操作情况。探头一面沿经线上下移动,一方面沿纬线绕周长水平移动一周,使声束扫描线覆盖整个球壳。在扫查过程中通常没有底波,但遇到裂纹时会出现缺陷波。可以制作带有人工缺陷、与工件相同的模拟件调试灵敏度。

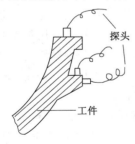

图 4-2　异型法兰探伤

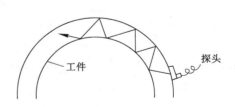

图 4-3　小型球壳的探伤

(三)复合构件的检测

某些结构件是将两种材料黏合在一起形成的复合材料。复合材料黏合质量的检测,主要有脉冲反射法、脉冲穿透法和共振法。

两层材料复合时,黏合层中的分层(黏合不良)多与板材表面平行,用脉冲反射法检测是一种有效的方法。用纵波检测时,若两种材料的声阻抗相同或相近,且黏合质量良好,产生的界面波很低,底波幅度较高。当黏合不良时,界面波较高,而底波较低或消失。若两种材料的声阻相差较大,在复合良好时界面波较高,底波较低。当黏合不良时,界面波更高,底波很低或消失。

当第一层复合材料很薄，在仪器盲区范围内时，界面波不能显示。这时黏合质量的好坏主要用底波判别。一般说来黏合良好时有底波，黏合不良时无底波。但第二层材料对超声衰减大时，也可能无底波，如图 4-4 所示。

当第二层复合材料很薄时，界面波（I）与底波（B）相邻或重合，如图 4-5 所示。对于很薄的复合材料，也可用双探头法检测。如用横波检测，可用两个斜探头一发一收，调整两探头的位置，使接收探头能收到黏合不良的界面波。

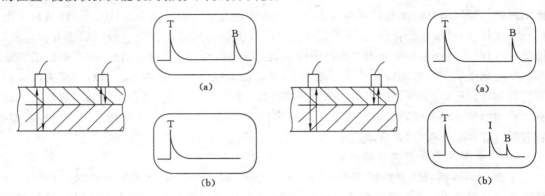

图 4-4　第一层较薄时的探测　　　　　图 4-5　第二层较薄时的探测
（a）黏合良好；（b）黏合不良　　　　　　（a）黏合良好；（b）黏合不良

（四）结构件焊缝的检测

在科研生产过程中，经常遇到焊接结构件，如试验筒体、大型测试刚架、焊接容器和壳体等。焊缝形式有对接、角接、搭接、丁字接和接管焊缝等。超声波检测常遇到的缺陷有气孔、夹渣、未熔合、未焊透和焊接裂纹等。

焊缝探伤主要用斜探头（横波），有时也可使用直探头（纵波）。探测频率通常为 2.5～5 MHz。探头角度的选择主要依据工件厚度。在缺陷定位计算中，可以使用探头折射角的正弦和余弦，也可使用正切值，它等于探头入射点至缺陷的水平距离与缺陷至工作表面垂直距离之比。一般说来，板材厚度小时选用 K 值大的探头，板材厚度大时选用 K 值小的探头。仪器灵敏度调整和探头性能测试应在相应的标准试件上进行。

例如：某化工厂采用超声波检测技术，对由 16MnR 材质制造、壁厚 24 mm、工作压力 12.6 MPa、工作介质为压缩氢气、−5 ℃低温条件下工作的多台压力容器进行无损检测，主要针对压力容器的焊缝缺陷进行检测。

检测结果表明，超声波探伤是压力容器焊接质量控制中的一种有效的检验技术。通过熟练掌握超声波无损检测技术能检测出压力容器焊接接头补焊焊道中的埋藏缺陷，并且具有指向性较强、灵敏度高、探测可靠性较高、探测效率高、成本低和设备轻便等特点。

（五）港口集装箱龙门桥吊缺陷的检测

港口龙门桥吊是用于起吊集装箱从岸上到船或从船上到岸的可延伸、可行走的起重机。港口龙门桥吊主要采用钢板、钢管、法兰盘等进行焊接和拼装而成。主要件之间的连接采用焊接与法兰盘螺栓连接相结合，有的也采用焊接方式进行连接。由于工作环境、运行情况以及本身结构状态的限制，对每条主要焊缝的质量要求都非常严格。

采用超声检测技术对法兰盘与主梁焊接连接处的焊缝缺陷、盘管焊缝缺陷、吊机上行车行驶轨道对接焊缝缺陷进行检测,能够及时发现隐患,预防重大事故的发生。

课外拓展

在无损检测领域中,超声技术是应用发展速度较快并且使用频率最高的检测技术。在20世纪30年代就已经开始应用超声波技术进行检验,并且在20世纪60年代初期,应用这种技术已经是一种比较可靠有效的检测方法了。在20世纪80年代,电子技术的应用以及在计算机发展当中的数字化超声检验也已经把检测技术更加具体和形象化了。目前,由于超声无损检测的应用技术已经得到了快速的发展,并且广泛应用到工业生产的探伤当中,比如在一些领域当中的工业化工、生产钢铁、压力容器以及机械等范围都有广泛的应用。此外,在航空航天、铁路运输、兵器以及造船企业等相关的重要部门也都有着广泛的应用,因此,当前的超声检测技术已经逐步朝着智能化、自动化、图像化、数字化等相关领域大力发展,并且有着良好的发展趋势。

思考题

一、选择题

1. 超声纵波、横波和表面波速度主要取决于(　　)。

A. 频率

B. 传声介质的几何尺寸

C. 传声材料的弹性模量和密度

D. 以上都不全面,需视具体情况而定

2. 以下关于波的叙述错误的是(　　)。

A. 波动是振动的结果

B. 波动传播时有能量的传递

C. 两个波相遇又可能产生干涉现象

D. 机械波与电磁波的传播均依赖于传播介质

3. 超声波的波长(　　)。

A. 与介质的声速和频率成正比

B. 等于声速和频率的乘积

C. 等于声速与周期的乘积

D. 与声速和频率无关

4. 超声波在弹性介质中的速度是(　　)。

A. 质点振动的速度

B. 声能的传播速度

C. 波长和传播时间的乘积

D. 以上都不是

5. 当超声波横波倾斜入射至水界面,则(　　)。

A. 纵波折射角大于入射角

B. 纵、横波折射角均小于入射角

C. 横波折射角小于入射角

D. 以上都有

二、简答题

1. 试述超声波的特点和超声波检测的适用范围。

2. 简述超声波检测中的脉冲反射法的工作原理。

3. 结合实际说明超声波检测在各类结构件焊缝检测中的应用。

第二节 射线检测

【本节思维导图】

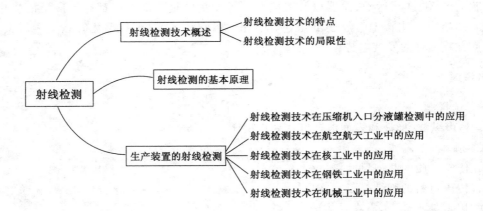

一、射线检测技术概述

（一）射线检测技术的特点

射线检测诊断使用的射线主要是 X 射线、γ 射线和其他射线。射线检测诊断成像技术主要有实时成像技术、背散射成像技术、CT 技术等。该技术的主要优点如下：

（1）几乎适用于所有材料，而且对试件形状及其表面粗糙度均无特别要求。对于厚度为 0.5 mm 的钢板等，均可检查其内部质量。

（2）能直观地显示缺陷影像，便于对缺陷进行定性、定量与定位分析。

（3）射线底片也就是检测结果可作为档案资料长期保存备查，便于分析事故原因。

（4）对被测物体无破坏、无污染。

（5）检测技术和检测工作质量可以自我监测。

（二）射线检测技术的局限性

（1）射线在穿透物质的过程中被吸收和散射而衰减，使得可检查的工件厚度受到制约。

（2）难于发现垂直射线方向的薄层缺陷，当裂纹面与射线近于垂直时就很难检查出来。

（3）对工件中平面型缺陷（裂纹未熔合等缺陷）也具有一定的检测灵敏度，但与其他常用的无损检测技术相比，对微小裂纹的检测灵敏度较低。

（4）检测费用较高，其检验周期较其他无损检测技术长。

（5）射线对人体有害，需作特殊防护。

二、射线检测的基本原理

各种射线检测方法的基本原理都是相同的,都是利用射线通过物质时的衰减规律,即当射线通过被检物质时,由于射线与物质的相互作用,发生吸收和散射而衰减。其衰减程度根据其被通过部位的材质、厚度和存在缺陷的性质不同而异。因此,可以通过检测透过被检物体后的射线强度的差异,来判断物体中是否存在缺陷。图 4-6 为射线检测的原理图。

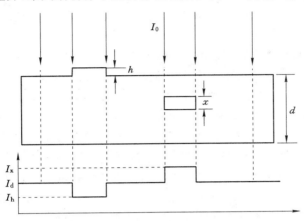

图 4-6　射线检测的原理图

当一束强度为 I_0 的均匀射线通过被检测试件(厚度为 d)后,其强度将衰减为

$$I_d = I_0 e^{-ud} \tag{4-4}$$

式中　u——被检物体的线吸收系数。

如果被测试件表面局部凸起,其高度为 h 时,则射线通过 h 部位后,其强度将衰减为

$$I_h = I_0 e^{-u(d+h)} \tag{4-5}$$

又如在被测试件内有一个厚度为 x 的线吸收系数为 u' 的某种缺陷,则射线通过 x 部位后,其强度衰减为

$$I_x = I_0 e^{[-u(d-x)-u'x]} \tag{4-6}$$

由于 $u \neq u'$,则由式(4-4)~式(4-6)可得

$$I_d \neq I_h \neq I_x \tag{4-7}$$

因而,在被检测试件的另一面就形成了一幅射线强度不均匀的分布图。通过一定方式将这种不均匀的射线强度进行照相或转变为电信号指示、记录或显示,就可以评定被检测试件的内部质量,达到无损检测的目的。

三、生产装置的射线检测

(一)射线检测技术在压缩机入口分液罐检测中的应用

采用射线检测技术可以对压缩机入口分液罐进行检测,其中,对容器环焊缝的检测难度相对较大。在实际的检测过程中,可根据现场的具体情况,设计检测方案。

(1)对接环焊缝进行检测时,采用射线或轴向 X 射线机内透中心法(或偏心法)进行透照。

（2）容器对接纵缝进行检测时，采用定向射线机进行直缝透照。

（二）射线检测技术在航空航天工业中的应用

射线检测技术中的 CT 技术在航空航天领域不但用来检测精密铸件的内部缺陷、评价烧结件的多孔性、检测复合材料件的结构并控制其制造工艺，而且近年来已将射线 CT 技术引入更高层次的探测对象。美国肯尼迪空间中心就采用射线 CT 装置来检测火箭发动中的电子束焊缝、飞机机翼的铝焊缝。该装置还能发现涡轮叶片内 0.25 mm 的气孔和夹杂物，也可用来检测航天飞机发动机出口锥等。

（三）射线检测技术在核工业中的应用

CT 技术的应用日渐增多，例如用来检测反应堆燃料元件的密度和缺陷，确定包壳管内芯体的位置，检测核动力装置及其零部件的质量，并用于设备的故障诊断和运行监测。中子 CT 技术还可以用来检查燃料棒中铀分布的均匀和废物容器中铀屑的位置。

（四）射线检测技术在钢铁工业中的应用

CT 技术在钢铁工业中的应用已十分广泛，从分析矿石含量到冶炼过程中各项技术标准的实现，以及各种钢材的质量保证程度，都可以通过 CT 扫描进行检测。例如 1989 年美国 IDM 公司研制的 IRIS 系统，用于热轧无缝钢管的在线质量控制，25 ms 即可完成一个截面的图像。它由 1024×1024 图像显示器显示，光盘存储，可以实时测量管子的外径、内径、壁厚、偏心和椭圆度等。它还可以同时测量轧制温度，管子的长度和质量，以及检测腐蚀、蠕变、塑性变形、锈斑和裂纹等缺陷。美国和德国还用中子 CT 装置进行钢管在线质量监测，每隔 1 cm 给出一组层析数据和图像，发现偏心、厚度不均和缺陷时，由计算机自动调整生产工艺参数。

（五）射线检测技术在机械工业中的应用

射线检测技术在机械工业中常用于检测和评价铸件和焊接结构的质量。图 4-7 为采用射线 CT 装置在线检测汽缸体铸件的质量。特别是用来检测微小气孔、缩孔、夹杂和裂纹等缺陷，并用于进行精确的尺寸测量，也可用于汽缸盖、铝活塞等铸件的检测。

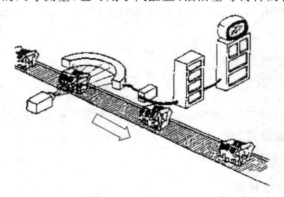

图 4-7　用于汽缸体铸件在线检测的射线 CT 装置

课外拓展

焊缝 X 射线图像存在对比度低、噪声干扰及边界模糊等缺点，通过运用数学形态学操作、减影技术和迭代式阈值分割的方法对图像进行处理，较好地实现了焊缝外观轮廓和内部缺陷的边缘提取。相比较传统算法,该方法更有效,具有更好的连续性和完整性。

思考题

一、选择题

1. 下列哪种材料的靶产生 X 射线的效率最高?(　　　)

A. 低原子序数材料

B. 高原子序数材料

C. 低硬度材料

D. 高硬度材料

2. 射线的生物效应与哪些因素有关?(　　　)

A. 射线的性质和能量

B. 射线的照射量

C. 肌体的照射量

D. 以上都是

3. γ 射线的能量是(　　　)

A. 由焦点尺寸决定的

B. 由同位素的类型决定的

C. 由可操作者控制的

D. 铱 192 比钴 60 的射线能量高

二、简答题

1. 射线防护有哪几种基本方法?

2. 散射线的控制措施有哪些?

3. X 射线检测的原理是什么?

4. 影响射线检测灵敏度的主要因素有哪些?

5. 射线检测的优点和缺点各是什么?

第三节　红 外 检 测

【本节思维导图】

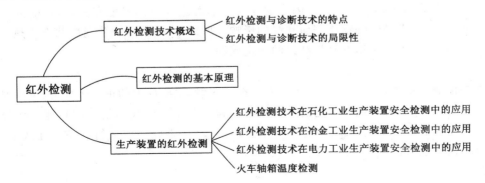

一、红外检测技术概述

（一）红外检测与诊断技术的特点

红外检测作为众多检测方法中的一种，在功能上与其他检测方法相比，有其独到之处，可完成 X 射线、超声波、声发射及激光全息检测等技术无法胜任的检测工作。

相对于常规测温技术，红外检测技术具有以下特点：

1. 非接触性

红外检测的实施是不需要接触被检目标的，被检物体可静可动，可以是具有高达数千摄氏度的热体，也可以是温度很低的冷体。所以，红外检测的应用范围极广，且便于在生产现场对设备、材料和产品进行检验和测量。

2. 安全性极强

由于红外检测本身是探测自然界无处不在的红外辐射，因此它的检测过程对人员和设备材料都丝毫不会构成任何危害。而它的检测方式又是不接触被检目标的，因而被检目标即使是有害于人类健康的物体，也将由于红外技术的遥控遥测而避免了危险。

3. 检测准确

红外检测的温度分辨率和空间分辨率都可以达到相当高的水平，检测结果准确度很高，无论是国外还是国内，在不少行业中都把红外热像的判读当做"确诊率"的关键。例如，它能检测出 0.1 ℃ 甚至 0.01 ℃ 的温差；能在数毫米大小的目标上检测出其温度场的分布；可以检测小到 0.025 mm 左右的物体表面，这在线路板的诊断上十分有用。从某种意义上说，只要设备或材料的故障缺陷能够影响热流在其内部传递，红外检测方法就不受该物体的结构限制而能够探测出来。

4. 检测效率高

红外检测设备与其他设备相比是比较简单的，而其检测速度却很高，如红外探测系统的响应时间都是以 μs 或 ms 计，扫描一个物体只需数秒或数分钟即可完成。特别是在红外设备诊断技术的应用中，往往是在设备的运行当中就已进行过红外检测，对其他方面很少带来麻烦，而检测结果的控制和处理保存也相当简便。

（二）红外检测与诊断技术的局限性

1. 温度值确定存在困难

红外检测技术可以检测到设备或结构热状态的微小差异及变化，但很难精确确定被测对象上某一点的确切的温度值。原因是物体红外辐射除了与其温度有关外，还受到其他很多因素的影响，特别是受到物体表面状况的影响。所以，当需要对设备温度状态作热力学温度测量时，必须认真解决温度测量结果的标定问题。

2. 物体内部状况难以确定

红外检测直接测量的是被测物体表面的红外辐射，主要反映的也是表面的状况，对内部状况不能直接测量，需要经过一定的分析判断过程。对于一些大型复杂的热能动力设备和设备内部某些故障的诊断，目前尚存在若干困难，甚至还难以完成运行状态的在线检测，需要配合其他常规方法做出综合诊断。

3. 价格昂贵

虽然由于技术的发展，红外检测仪器（如红外热成像仪）的应用越来越广泛，但与其他仪器和常规检测设备相比,其价格还是很昂贵。

二、红外检测的基本原理

任何物体由于其自身分子的运动,不停地向外辐射红外热能。而且,物体的温度越高,发射的红外辐射能量就越强。当一个物体本身具有不同于周围环境的温度时,不论物体的温度高于环境温度,还是低于环境温度,也不论物体的高温是来自外部热量的注入,还是由于在其内部产生的热量造成的,都会在该物体内部产生热量的流动。热流在物体内部扩散和传递的路径中,将会由于材料或设备的热物理性质不同,或受阻堆积,或通畅无阻传递,最终会在物体表面形成相应的"热区"和"冷区",从而在物体表面形成不同的温度分布,通过红外成像装置以热图像的方式呈现出来,俗称"热像"。

在生产过程及物体运动的过程中,热和温度的变化无处不在,温度检测与控制是生产正常进行的重要保证。当设备发生故障时,如磨损、疲劳、破裂、变形、腐蚀、剥离、渗漏、堵塞、松动、熔融、材料劣化、污染和异常振动等,绝大部分都直接或间接地会引起温度的相关变化。设备的整体或局部的热平衡也同样要受到破坏或影响,通过热的传播,造成外表温度场的变化。因此,不同的温度分布状态与设备运行状态紧密相关,包含了设备运行状态的信息。红外检测诊断技术正是通过对这种红外辐射能量的测量,测出设备表面的温度及温度场的分布,通过对被测对象红外辐射特性的分析,就可以对其热状态做出判断,进而确定被测对象的实际工作状态,这就是红外检测与诊断的基本原理。

红外诊断技术主要完成检出信息、信号处理、识别评估、预测技术等任务,其构成如图 4-8 所示。

图 4-8　红外检测与诊断技术的构成

主动式红外检测是在进行红外检测之前对被测目标主动加热。加热源可来自被测目标的外部或在其内部,加热的方式有稳态和非稳态两种。红外检测根据不同情况可在加热过程当中进行,也可在停止加热且有一定延时后进行。

根据探测形式的不同,主动式红外检测又可分为双面法(透射式)和单面法(后向散射式)两种。

单面法:对被测目标的加热和红外检测在被测目标的同一侧面进行。

双面法:相对于上述单面法而言,双面法是把对被测目标的加热和红外检测分别在目标的正、反两个侧面进行。

三、生产装置的红外检测

(一)红外检测技术在石化工业生产装置安全检测中的应用

石化生产的工艺流程大都存在着热交换关系,进行红外检测的石化设备应该是其故障与温度变化密切相关的设备。例如,各种反应器、加热炉、催化装置、烟机等,多是在热状态下工作,其设备外壁表面的温度分布如何,主要是由内部工作温度、设备结构、材料热阻以及壁面环境温度所决定的。当设备内部的温度可以监测、环境影响一定的情况下,设备表面的温度分布变化就直接反映了设备结构热阻的变化。总之,凡是热辐能量和温度与设备故障信息有关的装置、设备、管线、建筑物等,均可采用红外检测。因此,红外检测在石化工业中获得了广泛的应用,并取得了显著的效益。

(1)石化企业中的催化装置、裂化装置及连接管等都是与热关联的重要生产设备,因此都可以用红外热像仪来检测。热像中明亮过分的区域表明材料或炉衬已因变薄而温度升高,由此可掌握生产设备的现场状态,为维修提供可靠信息。同时也可监视生产设备沉积、阻塞、热漏、绝热材料变质及管道腐蚀等有关情况,以便有针对性地采取措施,保证生产的正常进行。

(2)用于炉罐容器液面、料位的检测。容器内液面或物料界面的不准确,极大地影响了设备长期满负荷运行,某些检测方法也极不安全。例如,焦炭塔物料界面的高度仅仅根据进料时间估计和控制,由于考虑到物料界面过高会影响生产,因此实际控制的最高界面高度低于设计允许高度,使它不能满负荷运行;又如氢氟酸储罐的液面检测,由于所储介质为腐蚀性很强的氢氟酸,其液面高度的检测采用液面计进行,液面观察极不安全。而这些液面或料位都可以采用性能好的热像仪实时地、非接触地安全而准确地检出。

目前,红外检测技术已成功地应用于国内石化生产装置安全检测的以下几方面:

① 石化设备的缺陷检测和故障诊断;

② 加氢反应器缺陷检测;

③ 压力容器内衬里缺陷的定量诊断;

④ 气化炉炉顶故障的诊断;

⑤ 尤里卡装置裂解分馏塔底结焦状况的红外检测;

⑥ 设备衬里损坏状况的热像评估;

⑦ 加氢反应器正常热像与故障热像。

应用红外检测技术对石化生产装置进行安全检测时,应注意以下事项:

(1)红外检测时间和地点的选择。对于露天设备的检测时间,宜选择日出前、日落后或阴天无太阳光干扰的情况,并且无雨、雪、雾和大风的干扰。检测地点的确定应建立在对被测设备现场认真勘察的基础上,力求位置便于检测,无遮挡物,避开强辐射体的影响。

(2)红外检测的准备工作。红外检测的准备工作除了配备红外检测仪器外,尚需配备一个精度较高的面接触型点温计、风速仪和激光测距仪(必要时可备有正像经纬仪)。此外,应了解被测设备所在装置的工艺流程和故障史、维修史,掌握设备运行参数,做好与检测有关的情况记录。

(3)红外检测的实施。红外检测的实施是按照"定设备、定部位、定参数、定标准、定人员、定仪器、定周期、定路径巡检及数据采集"的方针进行的。对被测设备进行红外检测时,一般包括确定表面发射率、确定测温范围、确定适宜的中心温度和扫描方式等内容。

(二)红外检测技术在冶金工业生产装置安全检测中的应用

冶金生产不仅大都与温度有密切关系,而且还是综合性的联合工业,除了冶金炉窑等专用设备外,还有电力和化工的设备。因此,红外检测和诊断技术的应用有着特殊广泛的范围。

冶金专用设备的红外检测的应用范围主要包括:

（1）内衬缺陷的诊断。包括高炉、热风炉、转炉、钢水包、铁水包和回转窑的内衬缺陷。

（2）冷却壁损坏的诊断。高炉的冷却壁损坏,过去采用检测冷却水的方法监测,与红外热像检测相比是不直观的。而红外检测可以给出温度的具体分布,因而可以定量地说明冷却壁的损坏程度。

（3）内衬剩余厚度的估算。

（4）高炉炉瘤的诊断。

（5）工艺参数的控制和检测。

（6）热损失计算。

（三）红外检测技术在电力工业生产装置安全检测中的应用

电力设备在正常运行时,与温度有着密不可分的关系,在其故障发展和形成过程中,绝大多数都与发热升温紧密相连。电力设备到处可见的导线和连接件以及很多裸露的工作部件,在成年累月的运行中,受环境温度变化、污秽覆盖、有害气体腐蚀、风雨雪雾等自然力的作用,再加上人为设计、施工工艺不当等因素,均会造成设备老化、损坏和接触不良,必将导致设备的介质损耗增大或漏电流增大和接触电阻增大等缺陷,从而引起相应的局部发热面温度升高。若未能及时发现、制止这些隐患的发展,其结果必然会因恶性循环而引发连接点熔焊、导线断裂,甚至设备爆炸起火等事故。对于处在设备外壳内部的各种部件,如导电回路、绝缘介质和铁芯等,当它们发生故障时也会产生不同的热效应。

设备因故障而发热异常,致使设备温度升高,并且超过正常值时,就设备材料而言,它的强度、稳定性、导电性或绝缘性能都会降低。同时,随着承受高温的时间增长,其各种有关性能将变差,最终会导致设备的部分功能或全部功能失效。

目前,红外检测技术在电力设备安全检测方面越来越多地发挥着重要的作用。

（1）发电机故障的诊断。发电机的故障主要包括定子线棒接头、定子铁芯绝缘,电刷和集电环、端盖、轴承和冷却系统堵塞等。

（2）变压器热故障的诊断。

（3）断路器内部故障的诊断。断路器内部载流回路接触不良造成过热的故障,采用红外热像方法,一般都可以很方便地确诊。

（4）互感器内部故障的诊断。

（5）避雷器内部故障的诊断。

（6）电力电容器内部故障的诊断。

（7）电缆内部故障的诊断。

（8）瓷绝缘故障的诊断。

（9）导流元件和设备外部故障的诊断。

（四）火车轴箱温度检测

火车车体的自重和载重都是由车辆的轴箱传递到车轮的。在火车运行中,由于机械结构、加工工艺、摩擦及润滑状态不良等原因,轴箱会产生温度过高的热轴故障,如不及时发现和处理,轻则得甩掉有热轴故障的车辆,重则导致翻车事故,造成生命危险和财产的损失。为防止燃轴事故,利用红外测温技术制成了热轴探测仪,可以方便精确地检测轴箱温度。仪器安放在车站外两侧,当火车通过时,探测器逐个测出各个车轴箱的温度,并把探测器输出的每一脉冲(轴箱温度的函数)输送到站内检测室,根据脉冲高低就可判断轴箱发热情况及热轴位置,以便采取措施。

课外拓展

针对目前国内外酒驾控制装置无法快速有效识别的现状,采用红外检测技术,应用基于模式识别与聚类分析的算法的近红外光谱分析方法,并根据近红外光谱特性,运用回归分析的方法,最终建立一个数学模型,利用该模型来准确测算酒驾者血液中的酒精浓度,从而提出集成于汽车方向盘与发动机控制部件联动、有效控制醉酒人员驾驶行为的防酒驾控制系统的解决方案。

思考题

一、选择题

1. 在红外诊断对环境的要求中,下列说法不恰当的为(　　)。

A. 环境温度一般不宜低于 5 ℃、相对湿度一般不大于 85%

B. 最好在阳光充足,天气晴朗的天气进行

C. 检测电流致热型的设备,最好在高峰负荷下进行。否则,一般应在不低于 30% 的额定负荷下进行

D. 在室内或晚上检测应避开灯光的直射,最好闭灯检测

2. 红外检测中,精确检测要求设备通电时间不小于(　　)。

A. 2 h

B. 4 h

C. 6 h

D. 8 h

3. 在对以下设备进行红外检测时,(　　)不需要进行精确检测。

A. 避雷器

B. 电缆终端

C. 电流互感器

D. 导线接头

4. 红外检测正常绝缘子串的温度分布呈(　　)。

A. 不对称的马鞍型

B. 直线型

C. 正态分布

D. 正弦波形

二、简答题

1. 使用红外热像仪检测时,出现测得设备的温度比环境温度低的测温不准确现象,应采取什么应对措施?

2. 简述红外检测的基本原理。

3. 简述红外检测工作的基本内容。

4. 简述红外检测的注意事项。

第五章　矿井气体参数及成分检测

☞ 教学目的

通过本章教学,使学生掌握矿井气体压力、温度、湿度等基本参数检测原理、检测方法及仪器使用方法和矿井空气成分检测理论及方法。

☞ 教学重点

1. 矿井空气压力、温度、湿度及风速的测定方法及仪器使用;
2. 氧气浓度的检测,硫化氢浓度的检测,一氧化碳浓度的检测;
3. 瓦斯浓度的检测及矿井瓦斯等级鉴定及煤与瓦斯突出鉴定方法。

☞ 教学难点

1. 矿井空气温度、湿度及风速的测定方法及仪器使用;
2. 瓦斯浓度的检测及矿井瓦斯等级鉴定及煤与瓦斯突出鉴定方法。

第一节　矿井空气压力测定

【本节思维导图】

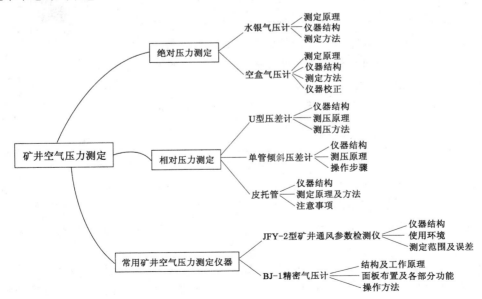

根据测算压力的基准不同,空气压力可分为绝对压力和相对压力。绝对压力是指以真空为基准计算的压力;相对压力是以当地同标高大气压力为基准测算的压力。

一、绝对压力测定

可以测定绝对压力的仪器有水银气压计、空盒气压计、精密气压计等。

(一)水银气压计

1. 测定原理

水银气压计是利用液柱所产生的压力与被测压力平衡,并根据液柱高度来确定被测压力大小的压力计,所使用的工作液为水银(Hg)。该类仪器通常分为动槽式和定槽式两种,无论动槽式还是定槽式其原理都是由一端封闭的玻璃管,内装水银组成。此玻璃管封闭的一端,应使之成为绝对真空,一般可先将此装有水银的玻璃管正放,然后再倒置于水印槽内即成。

2. 仪器结构

槽式水银气压计就是根据上述原理制成的,如图 5-1 所示。图 5-1 中 5 是盛水银的皮囊,转动旋钮 4 可以调节囊内水银面的高低,使它恰好与尖端 2 相接触;3 是密封玻璃管内的水银柱,玻璃管外有金属壳保护,金属壳上附有从 5 中水银面和 2 接触处开始算起的刻度尺,因此可以直接从 1 处刻度上读出管内水银柱的高度;6 是测微游标旋钮。

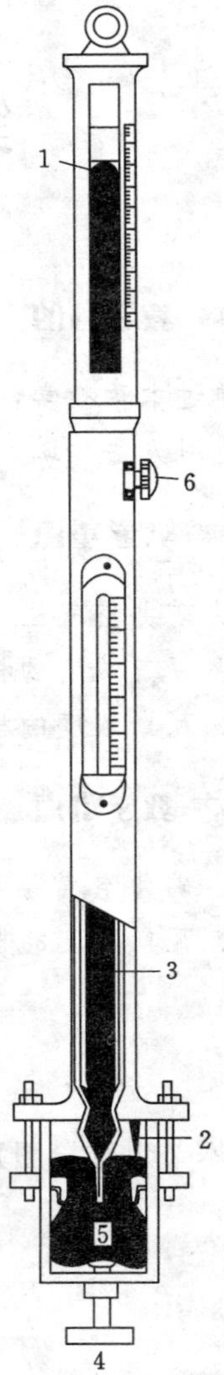

3. 测定方法

测定时,须把水银气压计垂直悬挂,平稳后,转动调节旋钮 4 使水银表面的刻度尺表面和指针尖端 2 刚好接触,这时,表明槽中的水银表面和刻度尺上的零位相齐;然后再转动测微游标旋钮 6,使游标上的零刻线和玻璃管内的水银弯月面 1 相切,游标上的零位线所对应的刻度尺上的读数即为所测绝对压力的整数,而所测压力的小数则根据游标上和刻度尺上某一位置相齐的大小,其单位为毫巴(1 毫巴=0.75 mmHg)。

定槽式水银气压计下部的水银槽是固定不变的,槽内液面的高低不必调节,其使用方法与动槽式相同。水银气压计是一种固定式的气压计,精度高,一般主要固定在室内使用。

图 5-1 槽式水银气压计
1——水银柱面;2——尖端;
3——水银柱;4——旋钮;
5——皮囊;6——测微游标旋钮

(二)空盒气压计

空盒气压计不同于水银气压计,它是一种体积小、重量轻的携带式气压计,一般用于井上、下非固定地点大气压力的测定,但精度较低。为了提高精度,近年来已用光学放大或电子放大系统加以改造,使精度提高到 $0.133\sim1.33$ Pa($0.001\sim0.01$ mmHg)。

1. 测定原理

空盒气压计属弹性式测压仪器,又称为无液气压计,其主要感压元件是一个波纹状金属真空盒(盒内压力仅有 $50\sim60$ mmHg)。当大气压力发生变化时,具有很强弹性的波纹状真空盒,就会产生相应的变形。压力变化越大,其相应的变形量也越大。真空盒弹性能与大气压力相平衡,通过机械传动机构将真空膜盒的变形量(即膜盒中心位移量)进行放大,并用指针显示出所测压力的值。

2. 仪器结构

图 5-2 分别为 YM-1 型气压计外形图、结构示意图和真空膜盒示意图。抗弯刚度可以忽略的金属薄膜片,所采用的材料为黄铜、磷青铜、锡青铜和铍青铜合金等,其厚度在0.05~0.3 mm 的范围内。膜片上压制有环状同心波纹,其中心留有一块平滑部分,在该部分焊接或溶解了一块金属片,称为膜片的硬心。把两个这样的膜片焊接在一起呈密封状,并抽成了一定的真空,就形成了真空膜盒,当大气压力变化时,膜盒[图 5-2(b)中的 1]就会被压缩或弹性伸展(当压力增大时,膜盒压缩;而当压力减小时,膜盒便沿中心轴线高度伸展)。测压范围为 800~1 080 毫巴(600~800 mmHg)。图 5-2(b)中的 2 是一片弹簧,它的作用是通过盒中央的立柱,拉住金属盒面,使其不会被大气压强压扁。

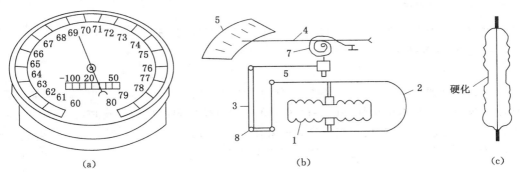

图 5-2　空盒气压计

(a) 外形图;(b) 结构示意图;(c) 真空膜盒示意图

1——金属盒;2——弹簧;3——传递机构;4——指针;5——刻度盘;
6——链条;7——弹簧丝;8——固定支点

3. 测定方法

在使用空盒气压计测绝对压力时,应遵循下述规则。

(1) 读数时仪器必须水平放置,因为仪器的校正和刻度都是在水平条件下完成的;若将仪器倾斜或竖直放置时,则指针和传递机械间因为有些间隙的缘故,将会产生测量误差。

(2) 读数之前,需要一边注意指针位置,一边轻轻敲击仪器的保护玻璃面,直到指针不再移动为止,以消除传递机构摩擦引起的误差。

(3) 读数时,视线应沿着指针并与刻度盘成直角,否则将会因为视差而产生较大的误差。

(4) 将指针的指示数值读出并记录下后,再读出气压计上温度计的读数,以便进行温度对测定值的修正。

(5) 由于弹性元件存在着弹性后效特性(即弹性元件在载荷停止变动或完全卸载之后,不是立刻完成相应的位移变化,而是要经过一段时间才能逐渐完成的现象)特性,因此,使用时仪器应在测定地点放置一段时间之后再读数。特别是在压力变化范围较大的地点测压时,更应注意。例如两测点间气压差为 20~40 mmHg 时,仪器需放置 20 min 左右。

4. 仪器的校正

空盒气压计属弹性式测压仪器。由于环境的影响,仪表的结构、加工和弹性材料性能不完善等,会给压力测定带来各种误差,在进行精确测定时,气压计读数必须进行刻度、温度和补充校正。每台仪器的出场检定书中均附有三个校正值。其中刻度校正和补充校正由于每台仪器不同,其修正值也不同,需查出场的检定书。而温度校正值 $P_温$ 用下式计算:

$$P_温 = \Delta P_温 \cdot t \tag{5-1}$$

式中　$\Delta P_温$——温度变化 1 ℃时的气压校正值,查检定书给定的值;

　　　t——测定时环境的温度,℃。

在普通测定中,一般用水银气压计对其进行校正,校正的方法是:用水银气压计精确地测出大气压力值,以此值为标准,来调整空盒气压计的校正旋钮(该旋钮在仪器的侧面孔内,需将仪器皮套去掉,用小螺丝刀插入进行调整),使仪器的读数与水银气压计的测定值相同。

二、相对压力测定

测定相对压力的仪器,通常有 U 形压差计、单管倾斜压差计、皮托管等。

(一)U 形压差计

1. 仪器结构

U 形压差计通常又称为 U 形水柱计,分为垂直式[如图 5-3(a)所示]和倾斜式[如图 5-3(b)所示]两种。其基本结构都是由一根 8～10 mm 内径相同的玻璃管弯成 U 形管 1,并在其中装入工作液——蒸馏水(或酒精等其他液体),在 U 形管中间置一刻度尺 2 所组成。此外,对于倾斜式压差计还有两处用于调仪器水平度水准管。

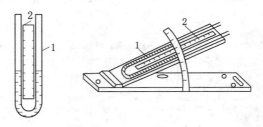

图 5-3　U 形压差计

(a)垂直式;(b)倾斜式

1——U 形玻璃管;2——刻度尺

2. 测压原理

如图 5-4 所示,当工作状态的 U 形压差计两侧压力计为 p_1、p_2 时,其差值与压差计中的工作液高度 h 有如下关系

$$p_1 - p_2 = gh(\rho - \rho_1) + gH(\rho_2 - \rho_1) \tag{5-2}$$

式中　ρ,ρ_1,ρ_2——分别为左右两侧所测介质的密度和工作液密度;

　　　H——右侧介质的高度;

　　　g——重力加速度。

当 $\rho_1 \approx \rho_2$ 时,上式可简化为

$$p_1 - p_2 = gh(\rho - \rho_1) \tag{5-3}$$

若 $\rho_1 \approx \rho_2$，且 $\rho \gg \rho_1$，则有

$$p_1 - p_2 = gh\rho \qquad (5\text{-}4)$$

常用的 U 形垂直压差计，其工作液多为蒸馏水，在过去使用的工程单位之中，压力常用液柱高度来表示，故有

$$p'_1 - p'_2 = h', \text{mmH}_2\text{O} \qquad (5\text{-}5)$$

$$p'_1 - p'_2 = gh', \text{Pa} \qquad (5\text{-}6)$$

上面分析的是垂直 U 形管压差计的测压原理，若倾斜压差计的工作状态与上述状况相同，则所测相对压力为

$$p'_1 - p'_2 = h'\sin\alpha, \text{mmH}_2\text{O} \qquad (5\text{-}7)$$

或

$$p'_1 - p'_2 = gh'\sin\alpha, \text{Pa} \qquad (5\text{-}8)$$

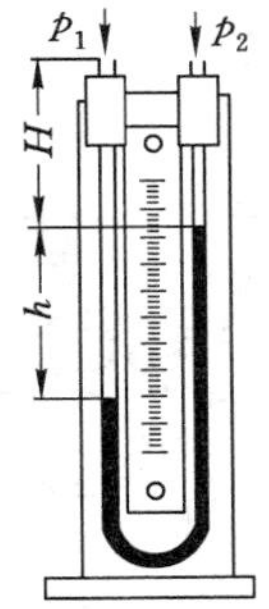

图 5-4　U 形压差计测压原理

比较式(5-6)和式(5-8)可知，采用 U 形倾斜管水柱计测压要比 U 形垂直水柱计的精度要高，因为这种水柱计能减少读数上的误差，当采用 U 形垂直水柱计时，如读数误差为 0.5 mmH$_2$O，而采用 α 为 10° 的 U 形倾斜管水柱计来测，虽然刻度尺读出误差仍为 0.5 mmH$_2$O，但转化为垂直水柱计的误差却只有 $0.5 \times \sin 10° = 0.087$ mmH$_2$O。不管倾斜还是垂直水柱计，如用放大镜来读数，其误差均可减少。

U 形垂直水柱计的精度一般只能达到 1 mmH$_2$O，故常用于测量较大的压差，如测通风机风硐与地面的大气压差。使用时应保持 U 形垂直压差计悬挂垂直，倾斜式需用水准管将仪器调平。接上压力读数时，尽量同时读出两液面之差，减少读数误差。

3. 测压方法

(1) 先在 U 形管内加上蒸馏水，使两端页面处于"0"位置。

(2) 一端用胶皮管将风流压力接引到玻璃管内，一端与大气相连通，这时液面出现高度差。

(3) 垂直悬挂，读出高度差，即为测定的压差。

(4) 如果是 U 形倾斜压差计，因倾角可以调节，倾角架上有刻度，U 形管固定在哪个刻度，就可直接读出倾角值。

(二) 单管倾斜压差计

1. 仪器结构

所谓单管倾斜压差计，就是为了提高仪器的灵敏度，将 U 形管的一侧改制成一个容器，而另一侧仍为玻璃管，并将该玻璃管做成角度可调的结构。该类仪器用来测压，比 U 形管压差计精度要高，比较结实耐用，适用于井下测试工作。其结构如图 5-5 所示。

2. 测压原理

仪器测压原理如图 5-6 所示。它是由一个大断面的容器 A(面积为 F_1)和与之相连通的一个小断面的倾斜管 B(断面积为 F_2)，在其内装有适量的工作液(通常为酒精)而组成。为了能更清楚地看准液面，酒精内应注入微量的硫酸与甲基橙。F_1/F_2 一般为 250～300。当压力 $p_1 = p_2$ 时，容器 A 与倾斜管 B 的液面均位于 a—b 水平，B 管液面的读数为 l_1。当 $p_1 > p_2$，A 容器内的液面下降 H_1，B 管内液面上升 l_2。

由于 A 容器内液体下降的体积与 B 管内液体上升的体积相等，故

$$H_1 F_1 = l F_2 \qquad (5\text{-}9)$$

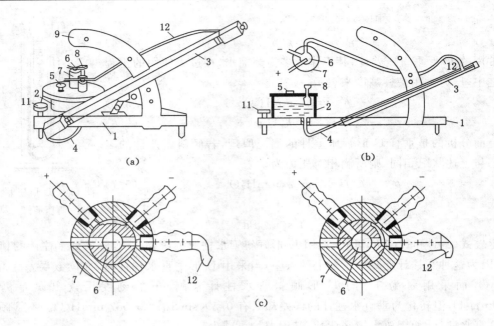

图 5-5　倾斜压差计

（a）外形图；（b）零位调整螺丝及三通旋塞；（c）三通旋塞内部孔眼通断位置

1——底座；2——容器；3——玻璃管；4,12——胶皮管；5——注液空螺丝；6——三通旋塞；7——三通旋塞座；

8——零位调整螺丝；9——弧形板；10——水准泡；11——调平螺丝

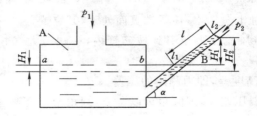

图 5-6　单管倾斜压差计的构造与测压原理示意图

1——容器；2——倾斜管

则

$$H_1 = l \frac{F_2}{F_1} \tag{5-10}$$

又因

$$H'_1 = l \sin \alpha \tag{5-11}$$

故测得 p_1 与 p_2 之差为

$$p_1 - p_2 = h = \delta H''_2 = \delta(H'_1 + H_1) \tag{5-12}$$

式中　δ——工作液的比重。

代 H'_1 与 H_1 入上式，则得

$$p_1 - p_2 = h = \delta H''_2 = \delta(\sin \alpha + \frac{F_2}{F_1})l \tag{5-13}$$

对于一定的仪器 δ、$\dfrac{F_2}{F_1}$ 都是定值，令

$$K = \delta\left(\sin \alpha + \frac{F_2}{F_1}\right) \tag{5-14}$$

则

$$p_1 - p_2 = h = Kl, \text{mmH}_2\text{O} \tag{5-15}$$

该式即为单管倾斜压差计测压差算式。式中 K 称为仪器的校正系数，它是一个随 α 变化的函数，不同的 α 值，有着不同的 K，一般用实验方法确定。

3. 操作步骤

(1) 调平仪器，即调整仪器底座上左右两个螺钉把仪器调平。将倾斜玻璃管按所测压力大小固定到合适的位置。

(2) 把零位调整螺丝拧到中间位置，拧开注液孔螺丝，注入标准酒精（比重等于 0.81），使液面为倾斜玻璃管刻度"0"附近，拧紧注液孔螺丝。把三通旋塞旋钮转到测压位置，用胶皮管接到仪器的"＋"压接头上，轻吹之，使倾斜玻璃管液面上升到其顶端，排出积存于仪器中的气泡，反复几次，直到排尽为止。

(3) 转动三通旋塞旋钮至调整零位位置，玻璃管的液面如不在刻度零位上，再调整零位调整螺丝使液面到零位。

(4) 用短胶皮管把仪器的三通旋塞中间的接头接到倾斜玻璃管的上端接头上，转动三通旋塞旋钮至测压位置，将传来的高压 p_1 接到仪器的"＋"压接头上，低压 p_2 接到"－"压接头上，读出管内液面的读数，将其代入式(5-9)即可测得 p_1 与 p_2 之压差。

（三）皮托管

1. 仪器结构

皮托管是一种测压管，它是承受和传递压力的工具，由两个同心管（一般为圆形）组成，如图 5-7 所示。内管前端有中心孔和标有"＋"号的管脚相通，外管前端不通，在其侧壁上开有 4～6 个小孔与标有"－"号的管脚相通；内外管之间不连通。

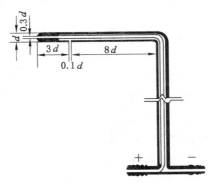

图 5-7　皮托管

2. 测定原理及方法

皮托管的用途是接收压力并通过胶皮管传递给压差计。使用时其中心孔应正对风流方向，此时中心孔将接受风流的点静压和点动压，即与中心孔相连通的标有"＋"号的管脚传递

绝对全压,称之为全压孔;而皮托管侧壁上的小孔则只能接收风流的点静压,即与管侧壁小孔相连通的标有"－"号的管脚传递绝对静压,称为静压孔。

测定时,将皮托管插入风筒,将皮托管尖端孔口正对风流,侧壁孔口垂直于风流方向;用胶皮管分别将皮托管的"＋"、"－"接头连至压差计上,即可测定该点的点压力。利用皮托管和压差计可分别测量风流中某点的相对静压、动压和相对全压,其布置方法如图5-8所示。

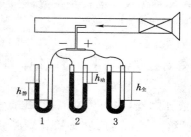 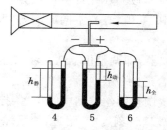

图 5-8　皮托管与压差计布置方法

3. 注意事项

(1)皮托管应干燥,管内不能有水珠,使用前应检查皮托管是否畅通,不得阻塞。

(2)皮托管与压差计连接处不能漏气。

(3)测量处应无强烈旋涡和大的压力波动。

(4)测量时皮托管应正对风流,不应上下左右摆动。

(5)测量时所测出的动压乘以校正系数即为真值。校正系数在每支皮托管的使用说明书中给出。

(6)使用后将皮托管擦拭干净后装入仪器盒内置于干燥地方保管,严禁摔碰,以免影响测试精度。

三、常用矿井空气压力测定仪器

(一)JFY-2型矿井通风参数检测仪

1. 仪器结构

JFY-2型矿井通风参数检测仪是一种能同时测定井下绝对压力、相对压力、风速、温度、湿度的精密手持式便携仪器,为均压防灭火、科学管理矿井通风以及测定矿井风网压能图提供有效的测量手段。仪器的防爆类型为矿用本质安全型,其防爆标志为ExibI,可适用于煤矿井下。JFY-2型矿井通风参数检测仪操作面板如图5-9所示。

2. 使用环境

工作温度:0～40 ℃;

贮存温度:－40～60 ℃;

湿度:≤98%RH;

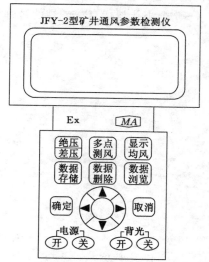

图 5-9　JFY-2型矿井通风参数检测仪
操作面板示意图

大气压力:600～1 300 hPa。

3. 测量范围及误差

JFY-2 型矿井通风参数检测仪测量范围及误差见表 5-1。

表 5-1　　　　　　　　**JFY-2 型矿井通风参数检测仪测量范围及误差**

参数	测量范围	测量误差	参数	测量范围	测量误差
绝压/hPa	600～1 200	±1	湿度/%	50～98	±4
压差/mmH₂O	−400～400	±1	风速/(m/s)	0.4～15	±0.3
温度/℃	0～40	±10.5			

（二）BJ-1 型精密气压计

BJ-1 型精密气压计是一种便携式本质安全型精密数字气压计,其防爆标志为 ExibI,可用于甲烷、煤尘等爆炸性气体混合物的危险场所。仪器既可测量现场的绝对气压(分辨率为 0.1 hPa),也可测量现场各点的相对气压差(分辨率为 1 Pa)。仪器采用液晶数字面板表显示,在矿灯下读数十分清晰。仪器内部可充式电池可供仪器连续工作 24 h。仪器能显示电源"电压"保证仪器正常工作及提醒使用者及时充电,以免损坏电源。本仪器质量小、便于携带,是一台理想的井下通风测试仪器。

1. 结构及工作原理

BJ-1 型精密数字气压计由气压探头组件、面板组件、电源组件和机壳、机箱组成。其中气压感受装置是由真空波纹管和环形弹性元件构成的弹性系统,机电转换装置采用应变电桥,信号放大部分采用低漂移集成运算放大器,这三部分构成气压探头组件,其电路部分全部用硅橡胶灌封。数字显示采用 UP5035 液晶数字面板表,它和信号调节部分一起构成面板组件。电源部分是一个全密封的蓄电池组,它由 8 只 GNY1 型镉镍可充电池及限流电阻构成,全部用 704 硅橡胶灌封,是一个可靠电源组件。

2. 面板布置及各部分功能

BJ-1 型精密数字气压计面板如图 5-10 所示。

（1）液晶显示屏。显示电源电压和测压力值。

（2）总开关。向显示屏方向拨即接通电源(开机),反向即关机。

（3）"电压"键。用于检查电源电压,开机按下此键,液晶屏显示数值为电源电压,7～11 V 为正常,低于下限值禁止使用,否则会损坏电池。

（4）"标高"键。分别为 2、1.5、±1、±0.5 和 0

图 5-10　BJ-1 型精密气压计面板示意图

共 7 挡,测定压差时需要根据现场标高选择相应的挡按下,若选择不正确,则显示过载标记 1。

（5）调基旋钮(电位器)。测定两点间压差时调零用。

（6）"绝对"键。测量绝对压力时按下此键。

（7）"相对"键。测量相对压力时,按下此键和相应的标高键。

（8）气孔。大气通过此孔作用于压力传感器,此孔切勿堵塞。

（9）灵敏度、零位两电位器。供校准绝对压力使用，不得自行调节。

3．操作方法

（1）检查电压。打开总开关，按下电压键，若显示数字 7～11 V 为正常，否则应充电。

（2）开机预热。测定前预热 30 min。

（3）测定绝对压力。进入测点，按下面板上"绝对"键，"标高"键置"0"挡，等待显示值稳定后，方可读取显示数值。

（4）压差测量。在一个测点按上述（3）测定当地大气压作为参考值，按下"相对"键然后转动面板上的调基电位器，使显示数字为"0"（当压差不超过量程时也可记下显示数值），根据现场的标高按下相应的标高挡，仪器移至下一测点，其显示值（或与前一点的示值差）即为两地压差值。

思考题

1．绝对压力和相对压力的区别是什么？

2．水银气压计的测定原理及方法是什么？

3．常用的绝对压力测定仪器有哪些？其使用方法有何不同。

4．常用的相对压力测定仪器有哪些？其使用方法有何不同。

5．常用的矿井空气压力测定仪器有哪些？

第二节　矿井空气温度及湿度测定

【本节思维导图】

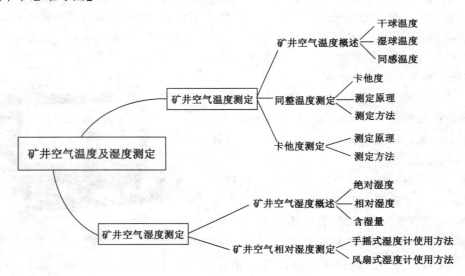

一、矿井空气温度测定

（一）矿井空气温度概述

1．干球温度

干球温度是表征矿井环境气候的主要指标之一，用以指示周围空气的实际温度，即大气的冷却能力。它是空气分子平均运动动能大小的宏观度量,通常用水银温度计或酒精温度计直接测出。温度的数值标尺称为温标,常用的温标有热力学温标(绝对温标)T,单位为K;摄氏温度 t,单位为℃;其相互关系为 $T=t+273.15$。这个指标只反映了温度对矿井气候的影响,未考虑风速和温度等因素,因此用其评价矿井气候具有一定的局限性,但它测定方便简单,因此在矿井中普遍应用这一指标。若未做特别说明,则矿井温度均指干球温度。

2. 湿球温度

湿球温度是标定空气相对湿度的一种手段,其含义是,某一状态下的空气,同湿球温度表的湿润温包接触,发生绝热热湿交换,使其达到饱和状态时的温度。该温度是用温包上裹着湿纱布的温度表,在流速大于 2.5 m/s 且不受直接辐射的空气中,所测得的纱布表面温度,以此作为空气接近饱和程度的一种度量。周围空气的饱和差愈大,湿球温度表上发生的蒸发愈强,而其湿度也就愈低。根据干、湿球温度的差值,可以确定空气的相对湿度。

3. 同感温度

同感温度以风速为零、相对湿度为100%的条件下使人产生某种热感觉的空气干球湿度(气温),来代表使人产生同一热感觉的不同风速、相对湿度和气温的组合,也称同感温度或有效温度,于1923年由美国采暖通风工程师协会提出。他们利用一座可以任意调节风速、气温、相对湿度的空调室,把几组被测人员置于风速、气温、相对湿度具有各种不同组合的空调室中,记下他们的感受;然后,再将他们换到另一个相对湿度为100%、风速为0、不同气温时环境中感觉相比较,通过调节温度,找到与原来的环境相同的感觉,此时的温度值称为原环境的等效温度。这个指标可以反映出温度、湿度和风速对人体热平衡的综合作用。显然,等效温度越高,人体舒适感应越差。但这种方法在矿井的高温高湿条件下,由于湿度与风速对气候条件的影响反映不足,也没有考虑辐射换热的效果,所以也存在着局限性。

4. 卡他度

卡他度是一种评价作业环境气候条件的综合指数,它采用模拟的方法,度量环境对人体散热强度的影响。卡他度是指由被加热 36.5 ℃时的卡他温度计的液球,在单位时间、单位面积上所散发的热量,单位为 cal/(cm^2 · s)。卡他度实际上就是用卡他计液球的散热强度来模拟人体的散热强度。卡他度一般用卡他计来测定。因此,卡他度可定义为:卡他度是卡他计在平均温度为 36.5 ℃(模拟人体平均体温)时液球单位表面积上在单位时间内所散发的热量(mJ/cm^2)。

(二)同感温度测定

井下某一地点同感温度的测定方法如下:用干、湿球温度计测得空气的干球温度和湿球温度,再用风表测得该地点风流的风速,然后从同感温度计算图 5-11 上查得对应的同感温度。例如,测得井下某一风流的干球温度为 17 ℃,湿球温度为 16 ℃,风速为 0.8 m/s,求其同感温度。在同感温度计算图上将用干、湿球温度数据点(m、n)连线,与风速 0.8 m/s 的交点即为同感温度 10 ℃。

(三)卡他度测定

如图 5-12,卡他计是一种模拟人体表面在空气温度、湿度及风速综合作用下散热情况的仪器。它的下端为长圆形贮液球,长约 40 mm,直径为 16 mm,表面积为 22.6 cm^2,内贮有色酒精,中部刻有 38 ℃ 和 35 ℃ 两个刻度,其平均值为 36.5 ℃,恰似人体温度。其上端也有长圆形的空间,以便在测定时容纳上升的酒精,卡他计全长为 200 mm。

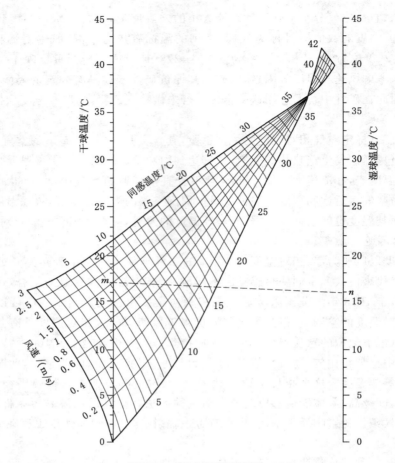

图 5-11　同感温度计算图

卡他计分为干卡他计和湿卡他计两种,前者只测出对流和辐射下的散热效果,后者是在卡他计的贮液球上包裹上湿纱布,能测出对流、辐射和蒸发的综合散热效果。

测定时,将干卡他计先放在 $60 \sim 80$ ℃的热水里使酒精上升至仪器的上部空间 1/3 处左右,取出抹干,将仪器置于测定地点用秒表记录酒精面从 38 ℃下降到 35 ℃所需要的时间 t,可用下式计算卡他度

$$H_{干} = \frac{F}{t} \qquad (5-16)$$

式中　$H_{干}$——干卡他度,$\mathrm{mcal/(cm^2 \cdot s)}$;

　　　F——卡他常数,其值为温度从 38 ℃下降到 35 ℃时每 $\mathrm{cm^2}$ 贮液球表面所散失的热量,$\mathrm{mcal/cm^2}$;

　　　t——从 38 ℃下降到 35 ℃所经过的时间,s。

如果测定对流、辐射和蒸发三者的综合散热效果,可采用湿卡他计测量,用纱布将干卡他计的贮液球包起来按上述方法进行,其计算公式如下

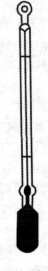

图 5-12　卡他计

$$H_温 = \frac{F}{t} \tag{5-17}$$

式中符号意义同前。

对于从事井下中等劳动强度的工作人员,比较舒适的干、湿卡他度分别为 $8\sim10$ mcal/$(cm^2 \cdot s)$和 $25\sim30$ mcal/$(cm^2 \cdot s)$。

二、矿井空气湿度测定

(一)矿井空气湿度概述

空气的湿度是指空气中所含水蒸气数量的多少,表示湿度的方法有 3 种。

1. 绝对湿度

绝对湿度指单位体积湿空气中所含水蒸气的质量(g/m^3),用 f 表示空气在某一温度下所能容纳的最大水蒸气量称为饱和水蒸气,用 $F_饱$ 表示。温度越高,空气的饱和水蒸气量越大。

2. 相对湿度

相对湿度是指某一体积空气中实际含有的水蒸气量 f 与同温度下饱和水蒸气量 $F_饱$ 之比的百分数,用公式表示如下

$$\varphi = \frac{f}{F_饱} \times 100\% \tag{5-18}$$

式中　　φ——相对湿度,%;

　　　　f——空气中所含水蒸气量(绝对湿度),g/m^3;

　　　　$F_饱$——同温度下的空气饱和水蒸气量,g/m^3。

3. 含湿量

含湿量是指湿空气中与 1 kg 干空气同时并存的水蒸气的质量(g)。

(二)矿井空气相对湿度测定

空气湿度的测定通常采用干湿温度计。干湿温度计又有固定式、手摇式和风扇式 3 种,其原理相同。固定式在地面使用,井下常用后两种。

1. 手摇式湿度计使用方法

手摇式温度计是将两支构造相同的普通温度计装在一个金属框架上,为了加以区分,其中一个称为干温度计,另一个称为湿温度计。测定时手握摇把,以 $120\sim150$ r/min 的速度旋转 $1\sim2$ min。由于湿纱布水分蒸发,吸收了热量,使湿温度计的指示数值下降,与干温度计之间形成一个差值。根据干、湿温度计显示的读数差值和干温度计的指示数值表,即可求得相对湿度。

2. 风扇式湿度计使用方法

(1)构造与原理

风扇湿度计又称通风干湿表,其结构如图 5-13 所示。干湿球温度计球部外各罩有外表光亮的双层金属护管,风管与上部靠弹簧作用转动的小风扇相连,使空气以一定的风速自风管下端进入,流过干湿球温度计球部而自小风扇处排出。因此,风扇湿度计能消除外界风速变化所产生的影响,并同时能防止辐射热的作用。用它来测定相对湿度,结果准确性较高,因此,这种湿度计在现场特别是有高温辐射的场所中应用的很普遍。

（2）注意事项

① 在测定时，为了保证准确性，应尽可能快地读数，并应避免对着温度计急速呼吸。

② 包裹湿球温度计的纱布力求松软，并有良好吸水性，纱布要经常保持清洁。在测定前必须将纱布湿润，在使用湿度计测定时，应将小风扇弹簧上紧，等到小风扇运转 3～4 min 后再进行读数。

③ 纱布未浸水前，湿球温度计与干球温度计的读数差值不应太大，一般测定的允许差值为 0.1 ℃，差值太大时相对湿度的测定准确性受到影响。

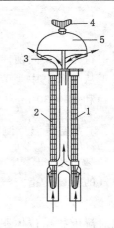

图 5-13　风扇湿度计结构图
1——湿温度计；2——干温度计；
3——风扇；4——钥匙；
5——风扇弹簧

思考题

1. 矿井空气温度有哪几种表示方式？

2. 什么是同感温度？如何测定同感温度？

3. 如何测定空气的卡他度？

4. 矿井空气湿度有哪几种表示方式？

5. 什么是含湿量、相对湿度？

第三节　矿井空气风速测定

【本节思维导图】

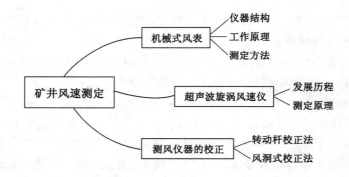

为了检查全矿总风量和各工作场所的进风量是否满足需要，各巷道的实际风速能够符合规定，以及检查矿井和局部地区的漏风情况，按照《煤矿安全规程》规定，每个矿井都要建立测定井巷通过风量的制度。矿井总进、回风和采区进、回风量每 10 d 应测风一次，采掘工作面应根据实际需要随时测风，测风的结果是实行风量调节和采取其他措施的根据。此外，风速对人体散热有十分明显的影响，风速过高会引起人体的不良反应，使人精力涣散，还会把已经沉落在巷壁上的矿尘重新吹起，恶化矿井卫生条件，造成煤尘的潜在危险；风速太低又不能有效地排除瓦斯等有害气体。为此，《煤矿安全规程》规定了各类巷道中允许的最高风速和最低风速，如表 5-2 所列。

表 5-2　　　　　　　　　　　　　　　井巷中的允许风流速度

井巷名称	允许风速/(m/s)	
	最低	最高
无提升设备的风井和风硐	—	15
专为升降物料的井筒	—	12
风桥	—	10
升降人员和物料的井筒	—	8
主要进、回风巷	—	8
架线电机车巷道	1.0	8
运输机巷,采区进、回风巷	0.25	6
采煤工作面、掘进中的煤巷和半煤岩巷	0.25	4
掘进中的岩巷	0.15	4
其他通风人行巷道	0.15	—

　　风流速度的测定是矿井通风管理工作中一项必不可少的重要工作。用于风速测定的仪器有很多,其中主要的有机械式风表和超声波旋涡风速仪等。

一、机械式风表测定风速

(一)基本结构

　　机械式风表又称叶轮式风表,按其叶轮不同可分为叶片式(或翼式)风表[图 5-14(a)]和杯式风表[图 5-14(b)]两种类型。

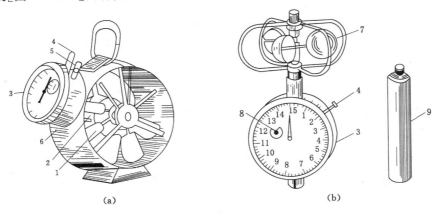

图 5-14　风表外形图

(a)叶片式风表;(b)杯式风表

1——叶轮;2——蜗杆轴;3——表盘;4——开关杆;5——回零杆;6——表壳;

7——风杯;8——计时指数;9——表把

　　(1)叶轮式风表由叶轮、传动机构、表盘及外壳四部分组成。按其测风范围又可分为微速(0.3～5 m/s)、中速(1～10 m/s)、高速(1～30 m/s)风表 3 种。

　　风表的叶轮是风速感受部分,它在风流的作用下转动。为了减少风轮轴与轴承之间的摩擦阻力、提高轴承寿命,轴承内镶有宝石。叶片与旋转轴的垂直平面呈一定角度,常为45°左右。

风表的传动机构加上表盘、开关杆、回零杆等就形成了风表、机芯及计数部分,其构造如图5-15所示。为了减少传动摩擦阻力,使风表启动风速低、机械传动部分转动平稳,风表中采用了修正摆线齿形,其轮轴上装有指针,以便与表盘配合读出读数,这套齿轮传动由离合器控制,使之在规定时间内记录下叶轮转动的次数。机械传动机构的传动比为1:3 600,即叶轮转动3.6圈,大针转动1小格;大针转动100小格,小针转动1小格。指针指示的总格数除以从合上到打开的时间(通常为1 min,用秒表计时),即得风表读数(格/分或格/秒)。

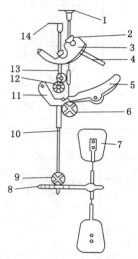

图 5-15　DFA-2/3 型风表传动系统示意图

1——个位指针;2——回零杯;3——回零闸;4——回零推杆;5——离合板闸;
6——个位轮;7——风轮叶片;8——风轮轴;9——蜗轮;10——蜗轮轴;
11——离合小托板;12——百位仪;13——中间轮;14——百位指针

风表外壳是全机的联系部分,包括壳体、底座、提环、机芯外壳、三叉支承架、宝石轴承等,在壳体的一侧还有3个定位销(用来安装高速扩散风罩,测高速风流时安装)。

(2)杯式风表的结构外形如图5-14(b)所示,叶轮通常由4个(或3个)半球形的铝杯组成,其惯性较大,强度较高,一般无回零装置,但具有定时装置,即打开开关后,1 min后停止计数,因此又称为自动风表。由于叶轮的机构采用了杯式,能够承受较大的作用力,故此类风表适应于测定高风速,测风范围为1~30 m/s。其他结构与叶片式相同。

(二)工作原理

风表的工作原理是,风流产生的压力作用在叶片上,使叶轮转动,叶轮通过一套齿轮传动机械带动指针转动。由于风速与叶轮转速成正比,因而也与指针的转速成正比,而且是线性关系,即

$$v_{真} = a + bv_{表} \tag{5-19}$$

式中　$v_{真}$——真实风速,m/s 或 m/min;

$v_{表}$——风表读数或称为表速,m/s 或 m/min(或格/秒、格/分);

a,b——风表校正系数。

上述方程代表的直线称为风表校正曲线,每块风表都要通过实际校正得出该风表的校

正曲线和曲线方程。

（三）测定方法

（1）测量前关闭开关板闸，使风轮转动而指针不动，压下回零杆，使大小指针均回归"0"位，准备好一块秒表，也使秒表回零，准备使用。

（2）为了克服风表运转部分的惯性抵抗力，将风表放于测风位置，在风吹动下空转20～30 s，并调整风表的叶轮旋转面，尽量与风流方向垂直。

（3）开始测风时，应使风表开关板闸与秒表同时动作，并且又不要太用力导致风表抖动。执风表方法有两种：一种为中指由下向上钩住提环，食指伸开抵住风表壳体右侧，无名指和小指并拢托住壳体左侧，启动、制动、回零全由拇指拨动离合闸板或推动回零杆来完成；另一种是中指由上向下钩住提环，食指抵在表头与壳体连接的右侧，拇指顶在壳体左侧，小指伸直在下部抵住壳体，无名指弯曲，食指用以打开离合闸板，拇指推顶回零压杆和制动离合闸板。

（4）按测风要求，移动风表并计时，到达规定时间、走完规定路径，即制动风表指针，从表盘上读取格数，再由校正曲线上查出对应的实际风速。

测风时应该注意，测风站应设在直线巷道中，风站长度不得小于 4 m，前后 10 m 范围内没有拐弯和其他障碍物，每个测风站应注明编号。

二、超声波旋涡风速仪测定风速

利用超声波原理测定风速，很早以前就提出来了，早在 1912 年匈牙利科学家卡曼就研究了流体绕圆柱背后的涡流运动规律，利用平面流势的方法，通过数学推导，提出了著名的涡流理论，即卡曼涡街。到了 20 世纪 70 年代，声学的方法用于该理论的检测之后，使得涡街原理在应用于检测技术上取得了新的突破。

声波是一种机械波，人的所见声波范围为 20～20 000 Hz，声波的频率超过 20 000 Hz 时，则称为超声波，小于 20 Hz 称为次声波。超声波具有传播方向好、传播功率大和穿透能力强等特点。

超声波虽然属于波，但是它在介质中传播时，其传播速度也要受到介质的状态影响，同样也会产生反射和折射。因此，能量也会逐渐衰减，也就是说超声波检测风速就是利用卡曼涡街的旋涡对超声波的干扰，即反射和折射，使其能量减少。从而，可以得到产生的旋涡频率，根据频率可由下式计算出风速

$$V = \frac{fd}{S_t} \tag{5-20}$$

式中　V——风速，m/s；

　　　f——卡曼旋涡频率，Hz；

　　　d——圆柱直径，m；

　　　S_t——常数，即斯特拉哈尔数。

三、测风仪器的校正

各种测风仪表，都是利用所测某个参数与被测风速有一确定的函数关系，来达到测定风速的目的，而这个函数关系常是用实验的方法获得。同时，测风仪器在使用过程中，由于各

种因素的影响,该函数关系也有不同程度的变化,因此要定期对测风仪器进行校正,以便得到不同使用阶段所测实际风速与仪器读数之间的函数关系,尤其是机械式测风仪器(风表),由于制造过程中的误差及使用过程中的磨损,以及温度、风速、矿尘对其的影响,使得风表的性能与出厂时相比有很大的差别,而机械式风表又是日常通风管理中用量最大、最广泛的一种测风仪表,所以一般要求其每半年至一年重新校正一次。

测风仪器的校正方法通常有两种,即转动杆校正法和风洞式校正法。

(一)转动杆校正法

1. 原理

转动杆校正法是利用相对运动的原理,如空气不流动,而将风速计移动,则它移动的速度就等于风速计不动时气流流过风速计的速度,此法可测定小于 1 m/s 的低风速,通常用来校对热电微风计。

2. 设备

图 5-16 是转动杆设备结构示意图。整个设备包括密闭箱、转动杆、水银接点盘、摩擦轮、减速器、电动机等部分。密闭箱为圆形或近似圆形,四周镶玻璃以便于观察,尺寸通常做成直径约 1 m、高约 20~40 cm。校对热电风速计时,风速计的加热和测量导线是通过水银接点盘与箱外仪器相连接的。

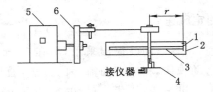

图 5-16 校对风速计用的转动杆设备
1——欲校对的热电风速计;2——密闭箱;3——转动杆;4——水银接点盘;5——减速器;6——摩擦轮

3. 方法

校准时将风速计固定在转杆的一端,设风速计转动轴心为 r,则流过风速计的风速就可按下式计算

$$V = 2\pi r \cdot \frac{n}{t} \tag{5-21}$$

式中 n——转数;

t——校准时间,min。

由此,可以不断地改变转数来对风速计进行校正,此法主要适合校正如热球式风速计一类的仪表。

(二)风洞式校正法

1. 原理

采用风洞式校正法来校正速计,其实质上是用皮托管及微压计测量出风洞内安装风速计的位置处的速压及相应的风速的读数,风速计的读数作为表速,而皮托管及微压计测量出的风速作为真风速,从而实现对风速计的校正。用皮托管的所测得的速压为

$$h_{速} = \frac{V^2}{2}\rho \tag{5-22}$$

式中　　V——风洞安装风速计位置处的风速,m/s;

　　　　$h_速$——风洞安装风速计位置处的速压,Pa;

　　　　ρ——校正风表时空气密度,kg/m²。

上式中 $h_速$、ρ 均需要实际测定,则风速可由下式示求得

$$V = \sqrt{\frac{2h_速}{\rho}} \qquad (5\text{-}23)$$

校正风表时,启动直流电动机,带动风机,待电压稳定、运转正常后同时读出风表表速 $V_{表1}$ 及微压计的速压 $h_速$,并由式(5-23)风速公式求出实验的真风速 $V_{真1}$。

然后利用变压器变更电压,则电动机转数作相应变动,风速也随之改变。按上述同样方法,分别测了 $V_{表2}$,$V_{表3}$,…。同时利用微压计的读数算得相应的真风速 $V_{真2}$,$V_{真3}$,…。

最后用上述几组实测的相对应的数值,经过有关数据处理后,以横坐标为表速,纵坐标表示真风速(或以横坐标为真风速,纵坐标为表速),通过曲线拟合在坐标纸上绘出风表校正曲线,并推导出校正曲线公式。

2. 风洞的结构

风洞的形式很多,图 5-17 为其中的一种,该风洞由集风器、稳流段、收缩段、实验段、扩散段及动力系统等部分构成。

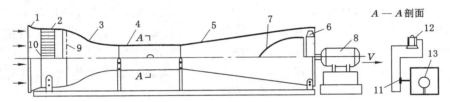

图 5-17　风洞结构示意图

1——集风器;2——稳流段;3——收缩段;4——实验段;5——扩散段;6——扇风机;7——整流罩;

8——直流电机;9——阻尼网;10——蜂窝器;11——皮托管;12——微压计;13——待校风表

(1)集风器

此段的作用是避免在吸风口产生风流收缩,出现涡流。

(2)稳流段

此段包括蜂窝器 10 及阻尼网 9,其作用是避免涡流,使气流平直稳定。

(3)收缩段

此段的作用是将由稳定段流过来的风流加速,并使实验段能达到所需的实验速度。故此断面由大逐渐变小,使风速由小变大,而且风流分布要均匀,流速要稳定。

(4)实验段

此段是整个风洞的中心,风表在这里作校正试验,实验段应达下列要求:

① 风流速度在此段内的任一截面应尽可能达到均匀分布;

② 各点的风流方向应尽可能一致并与风洞轴线平行;

③ 装卸风表及读取数据方便。

为了达到上述要求,实验段周壁沿气流流动方向有 0.5° 的扩散角。

在此段内安装校正的风表,可测出表速,同时还安有皮托管。用胶管将皮托管与微压计

连接,便可测出风流动压,据此算出真正风速。

皮托管应放在风流的均匀场内,即放在截面的 1/3 处,此处风流较稳定。被校正的风表放在风洞中心,以使测定数据正确可靠。

(5)扩散段

此段断面逐渐扩大,其目的是使速压逐渐变成静压,以降低能量损失。

(6)动力系统

动力系统由动力管道、扇风机、电动机、机械传动设置和整流罩等部分组成。其作用是利用直流电动机带动扇风机,产生所需的风流速度,扇风机的风量可借调整电动机的转速获得,直流电动机可利用可控硅整流装置进行无级调速。

该风洞校正的风速范围为 0.5～30 m/s,校正中,高速风表较为理想,对于微速风表的校正,由于微压计读数值的限制,一般不用来校正低速风表。

风洞一般由稳定段、粗收缩段、工作段、细收缩段、测量段、扩散段、风机等组成。

当电动机带动风扇旋转时,气流从进风口经过蜂窝器、阻尼网使风流变得均匀并使脉动减少,再经稳定段稳定,然后经过收缩段使气流加速,加速后的气流流入工作段,工作段是安装风表的地方,经过工作段的气流进入细收缩段再次进行加速,气流以更高的速度流入测量段。测量段内和工作段内空气流的流场均匀度小于 2%,流场稳定度小于 1%。

测量段与工作段的截面比为 1:4,由于通过管道内任一截面的气流速度与截面积的大小成反比,所以进入测量的气流速度较工作段气流速度提高了 4 倍。这时如把微速风表放在工作段内,皮托管放在测量段中,就能把微速风表所感受的微小压差在测量段增大 4^2 倍,由微压计的读数值即可算出测量段的风速 $V_{测}$,但由于风表是装在工作段内,因此还需将 $V_{测}$ 换算成工作段内的风速,即校正曲线所需的真风速 $V_{真}$。

设安设微风表的工作段的断面积为 S_1,安设皮托管处测量段的断面积 S_2,则

$$V_{真} S_1 = V_{测} S_2 \tag{5-24}$$

$$V_{真} = \frac{V_{测} S_2}{S_1} \tag{5-25}$$

式中　$V_{测}$——风洞测量段的风速,$\sqrt{\dfrac{2h_{速}}{\rho}}$,m/s;

　　　K——风洞断面系数,$K = \dfrac{S_2}{S_1} = \dfrac{1}{4} = 0.25$。

经过测量段的气流速度很大,为减少能量损失,气流进入扩散段后减速,最后通过风机排出风洞。

思考题

1. 矿井各类巷道中风速有何要求?

2. 机械式风表的工作原理是什么?

3. 如何使用机械式风表测定风速?

4. 简述超声波旋涡风速仪的测定原理。

5. 测风仪器校正方法有哪些?

第四节　氧气及二氧化碳浓度检测

【本节思维导图】

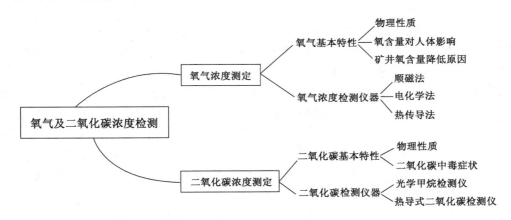

一、氧气浓度测定

（一）氧气基本特性

空气中氧的含量对人们的生活和工作有很大的影响,尤其是对于井下作业地点,氧气含量的多少直接影响着工作效率和安全生产,这是因为氧气减少对人的危害较大,其危害程度参见表5-3。

表 5-3　　　　　　　　　　　　　　　　　　　氧含量对人体的影响

氧气含量(体积)/%	症状
21	一般大气氧气的含量
16	灯火熄灭,若静止不动,对身体无影响
15	呼吸变深,脉搏数增加,劳动困难
11	上述呼吸数变多,动作非常缓慢,有睡意
10	呼吸愈发困难,脸开始变色,不能动作
7	呼吸显著困难,脸色变青,同时精神错乱,感觉迟钝
5	肌肉反应失去,失去知觉
5 以下	在 40 s 以内,无任何前兆的失去知觉,可能猝死

从物理性质上知,氧气是一种无色、无味、无臭、比空气稍重的气体。在空气中正常含量为 20.93%(体积比),稍溶于水(在 0 ℃时 1 L 水能溶 48.89 mL 氧气),能与各种物质化合,有助燃性。在煤矿井下,氧气含量的减少主要有以下几个方面原因:① 由于有机物的缓慢氧化,特别是坑木的腐烂;② 煤的缓慢氧化和作业人员的呼吸;③ 煤炭的自然发火及其火灾事故的发生;④ 煤尘爆炸、瓦斯爆炸等。氧气消耗时,大多数情况会转化成二氧化碳和水,而二氧化碳的增加将严重影响井下作业人员的生命安全。

（二）氧气浓度检测仪器

氧气浓度的检测通常是利用氧气在一定条件下发生的化学、物理变化现象来实现的,这些方法有:化学吸收法、电化学法、比色法、顺磁法、热传导法、吸附热、气相色谱法、气敏法等,其中多数属于实验内应用的分析法。目前能够在工业上应用来分析氧气含量的方法主要有顺磁法、电化学法和热传导法。

① 顺磁法——该方法是利用氧的磁性特征来进行氧含量测定的方法。

② 电化学法——它是利用氧气的电化学性质来对氧气含量进行分析的一种方法。如伽伐尼电池式传感器采用的就是电化学法。

③ 热传导法——利用氧气的导热性质来进行氧含量的检测。

这里只对顺磁法和电化学法作简单介绍。

1. 顺磁法

这种方法是目前应用最广、测量范围最大而且十分有效的一种方法。除了能够应用于煤矿井下以外,该方法还可以对锅炉、各种工业炉的燃烧状况、汽车以及其他内燃机的燃烧效率等氧含量参数进行测定。

由物理知识知,介质的体积磁化率 K 与导磁系数 u 之间有以下关系

$$K = \frac{u-1}{4\pi} \tag{5-26}$$

由上式可知:当 $u>1$ 时 K 为正值。当 $u<1$ 时,K 为负值。实验发现,$u>1$ 时,介质处于磁场中,会受到吸引,当 $u<1$ 时,会受到排斥。那么,介质在磁场中受到吸引的称该介质具有顺磁性,而受到排斥的称为逆磁性。

氧气就是一种顺磁性介质,而且氧气的磁化率比其他气体要大得多,对于含氧的混合气体的体积磁化率主要由氧的磁化率及其百分含量所决定,只要测出混合气体的体积磁化率,就可以求出混合气体的氧含量。因此,可以根据氧气的顺磁特性来对它的含量实施检测。利用顺磁性对 O_2 进行测定有两种方法:① 热磁性原理;② 顺磁性直接测量。

（1）热磁性原理

在具有温度梯度和磁场梯度的环境中,当顺磁性气体存在时,由于局部温度高,而使这些气体的磁化率下降。利用顺磁性气体在具有温度和磁场梯度的环境中,气体的热磁化率与温度的关系,来测氧气的含量称为热磁原理。

据居里-外斯定律知,磁化率与温度的关系如下

$$K = C\frac{\rho}{T} \tag{5-27}$$

式中　C——居里常数;

　　　　T——绝对温度;

　　　　ρ——气体密度。

根据波义耳定律（气体方程）有

$$\rho = \frac{pM}{RT} \tag{5-28}$$

式中　p——气体压力;

　　　　M——气体分子量;

　　　　R——气体常数。

将式(5-28)代入式(5-27)得

$$K = \frac{CMp}{RT^2} \qquad (5-29)$$

由此可见,顺磁性气体的体积磁化率与压力成正比,与绝对问题的平方成反比,即当温度升高时,其磁化率会急剧下降。

当温度变化时,气体的磁化率也发生变化,这就造成了这样一个情况,温度低的地方顺磁性气体在磁场内受到的吸引力要比温度高处的气体大。因此,磁化率较大的冷气体就对原来处于磁场内温度较高的热气体产生一个排剂力,把它排出磁场,这种现象就是所谓的热磁对流,或称磁风。磁风的存在使得气室中的热敏元件阻值发生相应的变化,阻值变化而导致外接平衡电桥被破坏,通过检测不平衡电流的大小而得到氧气的含量。

热磁式仪器的核心是一个传感器,也称为检测器或分析室,它把被分析气体含氧量转变为电压信号,这个过程为:被分析气体含氧量变化→混合气体导磁率变化→热磁对流作用力变化→热磁对流强度变化→敏感元件电阻值变化→以敏感元件为桥臂的测量电桥不平衡电压输出变化,最后这个不平衡电压代表含氧量在显示仪表上指示出来。

(2)顺磁性直接测量法

基本原理:处于非均匀磁场中的物体,当其周围气体的磁性发生变化时,就会受到吸力或斥力,被分析气体中含量氧发生变化,也就便于分析混合气体磁性发生的变化。

在不均匀磁场中,设有某物体 A 处于磁场 H 中,磁场在特定方向上的梯度为 $\frac{dH}{dx}$,物体周围的气体受磁化后被磁场吸引,结果在沿磁场梯度方向形成了气体的密度梯度,在物体两边造成一定的压力差,则物体要受这个压力差所形成的力的作用。如图 5-18 所示,物体受到的作用力 F 可用下式来表达

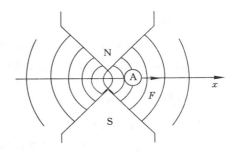

图 5-18 物体在不均匀磁场中的受力

$$F = \int_0^V (K_0 - K_G) H \frac{dH}{dx} dV \qquad (5-30)$$

式中　K_0——物体 A 本身的磁化率;

　　　K_G——物体 A 周围气体的磁化率;

　　　V——物体 A 的体积;

　　　H——磁场强度;

　　　$\frac{dH}{dx}$——场强梯度。

若物体周围的气体是含氧气体,含氧气体的磁化率 K_G 实际上取决于氧的含量。因此,在其他条件固定不变时,即 K_0、H、$\frac{dH}{dx}$ 及物体的体积 V 不变,作用力 F 仅与气体磁化率(即气体中氧的含量)有关。测得这个作用力 F 的大小,就可体现气体含氧量的多少。当气体的磁化率大于物体的磁化率时(即 $K_G > K_0$),作用力 F 的方向即为磁场梯度的方向,而当 $K_G < K_0$ 时,则作用力 F 方向与磁场梯度相反。

顺磁性直接测量法特点:稳定性好,可连续测定,但体积和质量都比电化学原理仪器大,故多用在固定的场所。

2. 伽伐尼电化学测氧法

伽伐尼电化学测氧的作用机理和定电位测一氧化碳浓度相同,也就是通过气体渗透膜将氧扩散到电解池中,并将电解池中的吸收扩散的氧气在电极表面还原时所产生的电流(或两电极之间的电位差)检测出来,根据电流(或电位差)与氧含量的关系来得到氧气的浓度。

该方法与定电位电解式测一氧化碳浓度在原理上的区别是:伽伐尼本身就是电池,因此又称为电化学燃料电池,无需外加电源(压),而定电位电解式,需外加电源(压),来保持工作极的一定电位,即保持工作极与参比极之间有一恒定的电位差。其结构原理如图 5-19 所示。

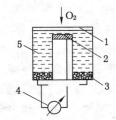

图 5-19　测氧燃料电池原理示意图
1——聚四氟乙烯薄膜;2——阴极;
3——阳极;4——电表;5——电解液

燃料电池是使燃料与氧气化学反应时将化学能直接转化成电能的装置,一般以天然燃料或其他可燃物质(如甲醇、煤气等)作为负极的反应物质,以空气中的氧或纯氧作为正极的反应物质。

两个电极发生的电化学反应为:

在阴极上:$\frac{1}{2}O_2 + H_2O + 2e \rightarrow 2(OH)^-$

在阳极上:$Pb + 2(OH)^- \rightarrow PbO + H_2O + 2e$

电池总反应:$Pb + \frac{1}{2}O_2 \rightarrow PbO$

从上式说明:在整个反应过程中,阴极不参加反应,反应过程中也不消耗电解液;而只消耗阳极材料 Pb,即阳极具有消耗性,因此,要对阳极元件进行定期更换。

二、二氧化碳浓度测定

(一)二氧化碳基本特性

二氧化碳的分子式为 CO_2,是无色、略带酸臭味的气体,易溶于水,不助燃,也不能供人呼吸。二氧化碳比空气重,与空气的相对密度为 1.52,在风速较小的巷道中,底板附近浓度较大;在风速较大的巷道中,一般能与空气均匀地混合。煤矿井下二氧化碳常常积聚在煤矿井下的巷道底板、水仓、溜煤眼、下山尽头、盲巷、采空区及通风不良处。在新鲜空气中含有微量的二氧化碳对人体是无害的。二氧化碳对人体的呼吸中枢神经有刺激作用,如果空气中完全不含有二氧化碳,则人体的正常呼吸功能就不能维持。所以在抢救遇险者进行人工输氧时,往往要在氧气中加入 5% 的二氧化碳,以刺激遇险者的呼吸机能。但当空气中二氧化碳的浓度过高时,也将使空气中的氧浓度相对降低,轻则使人呼吸加快、呼吸量增加,严重时也可能造成人员中毒或窒息。二氧化碳窒息同缺氧窒息一样,都是造成矿井人员伤亡的重要原因之一。二氧化碳中毒症状与浓度的关系如表 5-4 所列。

表 5-4　　　　　　　　　　　　　　二氧化碳中毒症状与浓度的关系

二氧化碳浓度(体积)/%	主要症状
1	呼吸加深,但对工作效率无明显影响
3	呼吸加促,心跳加快,头疼,人体很快疲劳

二氧化碳浓度(体积)/%	主要症状
5	呼吸困难,头疼,恶心,呕吐,耳鸣
6	严重喘息,极度虚弱无力
7~9	动作不协调,大约 10 min 可发生昏迷
9~11	几分钟内可导致死亡

(二)二氧化碳检测仪器

1. 光学甲烷检测仪

在没有瓦斯但一氧化碳很严重的矿井用检定器测定一氧化碳浓度时,吸收剂不用钠石灰,只用硅胶或氯化钙吸收水蒸气。其实际浓度应为所读取的数值乘以 0.995。这是由于仪器出厂时是按测定瓦斯浓度进行校正的,因此,用于测定其他气体时仪器所示读数并不是被测气体的实际浓度,还必须进行换算。空气、甲烷和二氧化碳的折射率如表 5-5 所列。

表 5-5　　　　　　　　　　　空气、甲烷和二氧化碳的折射率

气体种类	光源种类	折射率	仪器采用值
新鲜空气	白光	1.000 292 6	1.000 292
二氧化碳	白光	1.000 447~1.000 450	1.000 447
甲烷	白光	1.000 443	1.000 440

在空气中测定其他气体时,换算系数可按下式求得

$$换算系数 = \frac{甲烷折射率 - 空气折射率}{待分析气体折射率 - 空气折射率}$$

测定二氧化碳时

$$换算系数 = \frac{1.000\ 440 - 1.000\ 292}{1.000\ 447 - 1.000\ 292} = 0.955$$

在有瓦斯的地方测定二氧化碳时,或是在测定瓦斯的同时又测定二氧化碳,必须先测定瓦斯和二氧化碳的混合含量(不用钠石灰吸收二氧化碳,只用硅胶或氯化钙吸收水蒸气),然后用钠石灰吸收二氧化碳来测定瓦斯含量,把两次测定的读数相减所得的有效值再乘以 0.955,即得二氧化碳的实际浓度。例如,测得混合含量为 4%,瓦斯含量为 3%,则二氧化碳含量为(4%-3%)×0.955 =0.955%。

2. 热导式二氧化碳检测仪

(1)测定原理

气体的热率决定于它的成分。如果各个气体成分之间不发生化学反应,则混合气体的热导率接近于各成分的热导率的算术平均值。对于两种气体的混合物有:

由混合气体热导率计算式可知,如果在不同温度下 A 种气体和 B 种气体的热导率已知,混合气体的热导率可通过测定得出,则按照公式可求得 A 种气体的浓度。热导式二氧化碳检测仪就是根据上述原理来测定二氧化碳的浓度。

(2)结构特性

为了提高测量精度,对测量二氧化碳的热导仪器的热变换器应细心设计。常采用圆柱式气室,敏感元件一般用铂丝制成,铂丝的位置固定在气室的中心轴上。如果工作中铂丝位置相对于标定时的位置发生移动,则热平衡条件将变化,与热平衡相应的铂丝温度也将是另外的数值,因此铂丝常做成直线式,不宜做成螺旋状,并且气室应垂直安装。

通常气室长度为 $50 \sim 100$ mm,气室的内径为 $4 \sim 10$ mm,铂丝的直径为 $0.02 \sim 0.05$ mm。在这样的尺寸比例下,可以忽略铂丝固定端的热损耗。对流型气室中,铂丝散热受气体流动速度的影响。为了减少这种影响,气流速度要减小,在进气管道上可以装调节气流的阀门。也可以采用扩散型气室,但扩散速度不能太慢,因为扩散速度慢会增大变换器的惯性,即增大铂丝达到热平衡所需要的时间,从而增大了仪器的反应时间。总之,应力求减小测值对于气体速度的依赖性。通常,反应时间要求不大于 2 min。图 5-20 所示为两种常用的铂丝安装方式。

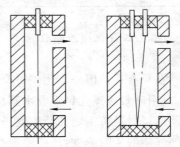

图 5-20 两种常用的铂丝安装方式

在热导式二氧化碳检测仪中,铂丝元件的工作温度不应大于 $10 \sim 120$ ℃。热导式二氧化碳检测仪的检测电路也是一个直流电桥,工作元件与补偿元件放在共处于一个金属体中的两个气室里。除补偿气室不与被测气样相通外,两个气室尽可能对称。

思考题

1. 氧含量对人有哪些影响?
2. 矿井氧气浓度降低原因有哪些?
3. 氧气浓度测定方法有哪些?
4. 二氧化碳浓度测定方法有哪些?
5. 二氧化碳中毒症状有哪些?

第五节 一氧化碳浓度检测

【本节思维导图】

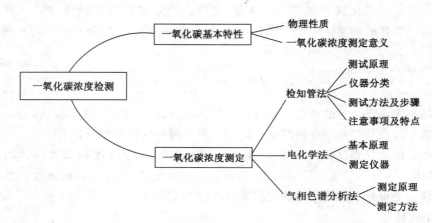

一、一氧化碳基本特性

一氧化碳是一种无色、无味、无臭、毒性极强的可燃气体,当其在空气中含量达到一定值时,会对人的生命构成直接的威胁。在生产矿井中,许多情况都可以产生大量的一氧化碳气体,如煤炭的氧化和自燃、煤尘和瓦斯爆炸等。据调查发现,人员的伤亡有许多并不是事故直接造成的,而是发生事故时,产生大量的一氧化碳,致使灾区附近的许多人员中毒窒息死亡。

因此,及时正确测定一氧化碳浓度具有两个方面的意义:

(1)正确调整井下供风量,保持井下空气成分正常,预防中毒事故发生,保证安全生产。

(2)可以判断和消除煤炭的自然发火事故。根据火灾区的一氧化碳浓度,可以了解灭火效果,以便决定火灾区的密封和拆除。

二、一氧化碳浓度检测方法

用于测定一氧化碳浓度的仪表有许多种,按其工作原理分为检知管法、电化学法、气相色谱法等;按结构可分为固定式和便携式两种。

(一)检知管法

检知管法测试一氧化碳浓度的基本原理是:采用采气装置采取一定量的待测气体,并使采集的气体通入长约 150 mm、直径为 4~6 mm 的两端密封、内装白色固体化学试剂的细长玻璃管内。当定量的待测气体通过检知管时,待测气体中的一氧化碳就会与管内试剂发生化学反应,使白色化学试剂的颜色迅速发生变化。根据化学试剂变化颜色或者变色长度的不同,检知管可分为比长式和比色式两种,常用的是比长式。由于比色式受测定地点的温度及推迟反应时间影响比较大,一般不用比色式。

1. 比长式

比长式一氧化碳检知管的结构如图 5-21 所示。它是由玻璃管外壳、堵塞物、保护胶、隔离层及指示剂等组成。其中外壳使用中性玻璃管加工而成;堵塞物通常用的是韧化玻璃丝布或耐酸涤纶,它的作用是固定整个管内物质;保护胶是用硅胶或活性炭为载体吸附试剂制成,它的作用是除去对指示剂变色有干扰的气体;隔离层一般采用的是有色玻璃粉或其他惰性颗粒物质,它对指示剂起隔离显示作用;指示剂是以活性硅胶为载体,吸附 I_2O_5 和发烟硫酸经过加工处理而成,被测气体的浓度由它来显示。

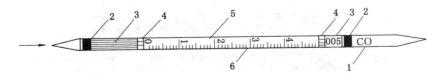

图 5-21　比长式检知管

1——外壳;2——堵塞物;3——保护胶;4——隔离层;5——指示剂;6——被测气体含量的刻度

比长式一氧化碳检知管的工作原理是:利用一氧化碳与指示剂中 I_2O_5 发生化学反应,

生成游离的 I_2,而又与 SO_3 形成一种棕色的化合物,在检知管中呈现一个棕色环。该棕色环随着气流的通过会不断向前移动,其移动距离与一氧化碳的浓度是线性正比关系,于是按照棕色环移动的最终位置,就可以从检知管壁的刻度上读出相应的一氧化碳浓度的数值。其有关化学反应式如下:

$$I_2O_5 + 5O \xrightarrow{H_2SO_4} 5CO_2 + I_2 \uparrow \qquad (5\text{-}31)$$

$$I_2 + SO_3 \longrightarrow 棕色化合物 \qquad (5\text{-}32)$$

目前国内使用的一氧化碳检知管主要技术特征如表 5-6 所列。

表 5-6 一氧化碳检知管主要技术特征

型号	测量范围 /%	允许误差 /%	使用前后颜色变化	采样体积 /mL	送气时间 /s	使用温度 /℃	生产单位
C_1D	0.000 5~0.01	±15	白色→棕色	50	90	10~30	西安煤矿仪表厂
C_1Z	0.005~0.1	±15	白色→棕色	50	90	10~30	西安煤矿仪表厂
C_1G	0.05~1	±15	白色→棕色	50	90	10~30	西安煤矿仪表厂
一	0.000 5~0.015	±15	白色→棕色	100	100	15~35	鹤壁矿务局气体检定管厂
二	0.001~0.05	±15	白色→棕色	50	100	15~35	鹤壁矿务局气体检定管厂
三	0.01~0.5	±15	白色→棕色	50	100	15~35	鹤壁矿务局气体检定管厂
四	0.5~20	±15	白色→棕色	50	100	15~35	鹤壁矿务局气体检定管厂

2. 比色式

比色式一氧化碳检知管是一根长约 16 cm 两端封闭的细玻璃管(图 5-22),管内装有以硅胶为载体吸附酸铵和硫酸钯的混合液而成为黄色指示剂和白色水分吸收剂硅胶。当 CO 气体通过检定管时,在硫酸钯的催化作用下,酸铵为 CO 还原成钼兰,随 CO 浓度的增加指示剂颜色由黄色变成黄绿、绿黄、绿、蓝绿、蓝,其反应式如下:

$$2CO + 2PdSO_4 + 3(NH_4)_2MoO_4 + 2H_2SO_4 \longrightarrow$$
$$Mo_3O_2 + Pd + PdSO_4 + 3(NH_4)_2SO_4 + 2CO_2 + 2H_2O \qquad (5\text{-}33)$$

上述反应速度比较慢,在温度一定时,指示剂变色程度与通风时间及 CO 浓度的乘积成

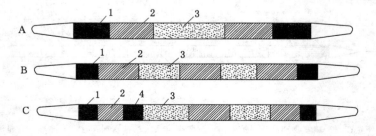

图 5-22 比色式检知管

1——脱脂棉;2——活性化硅胶;3——黄色指示胶;4——红色保护胶

正比。

由于测定地点气体成分不同,CO 检定管分为 A、B、C 三种(图 5-22 所示),A 型管只装一段黄色试剂,适用于不含乙烯和氧化氮的场所;B 型管装有两段黄色试剂,靠近气口那一段可消除乙烯对测定结果的影响,适用于煤矿自燃火灾的测定;C 型管除装有两段黄色试剂外,还装有一段橙红色硅胶用以吸收 H_2 和 NO_2,适用于炮眼中 CO 浓度的测定。

3. 测定方法与步骤

比长式与比色式一氧化碳检知管测定方法大致相同,下面以比长式一氧化碳检知管测定方法为例介绍测定方法与步骤。

(1) 采取待测气体试样。

(2) 送入气体试样。

在送入气体试样前,应先将选定的检知管两端封口打开,并把浓度标尺"0"端插在采样器的插孔上,然后将气样按检知管规定的送气时间以均匀的速度送入检知管。

(3) 读取浓度值。

检知管上刻印有浓度标尺,浓度标尺零线一端称为下端,测定上限一端称为上端。送气后变色的长度或变色环上端所指示的数字,就代表所测气体中一氧化碳的浓度值。

在对高浓度气体测定时,由于被测气体浓度可能超过检定管的上限,故测定时首先做好测定人员的防毒措施,然后可以采用下面方法进行测定:

① 稀释法。

在井下测定时,先准备好一个盛有新鲜空气的橡皮囊并带到井下,测定时首先吸取一定量的待测气体,然后用皮囊中的新鲜空气使之稀释至 $1/10 \sim 1/2$,最后将稀释后的气体送入检知管,测定的结果是读数值乘以稀释的倍数,即得被测气体浓度值。

② 缩小送气量和送气时间。

如果检知管的要求送气量为 50 mL,送气时间为 100 s,在测高浓度时则可采用送气量为 50/N 毫升,送气时间为 100/N 秒。N 可取 $2 \sim 4$,此时测定结果应为读数值乘以 N。

反之,在测定低浓度气体时,结果同样不宜量读,可采用延长推送时间或增加送气次数的方法来测定,其结果要除以时间延长的倍数或连续送气次数即可。

4. 检知管使用的注意事项

(1) 检知管应存放在阴凉处,两端切勿碰破,使用时不要过早打开两端,以防止影响测定结果。

(2) 测定环境温度若超过 $10 \sim 30$ ℃范围时,其测定误差将会增大。

(3) 测定高浓度 CO 浓度(超过 0.1%)时,必须做好测定人员的防毒措施。

(4) 送气时一定要按检知管的标准送气时间均匀地送气。

5. 检知管测定气体浓度的特点

用比长式检知管测定一氧化碳浓度的主要优点是:测试速度快、便于携带、操作方便、灵敏度高,能在多种条件下进行测定;其主要缺点是:受温度和其他条件的影响,测定结果的精确度稍差,每支检定管只能使用一次。

由于比色式检知管的灵敏度较低、颜色不易辨别、色阶与色阶之间的浓度间隔太大、成本较高、定量测定准确性差等缺点,所以在现场使用较少。

（二）电化学法

电化学分析法是利用物质电化学的性质及其变化来测定物质组成的一种分析方法。它是以电导、电位、电流、电量等电化学参数与被测物质含量之间的关系为计算基础,根据仪器的工作原理不同,可将电化学测试仪器分为电导式、电位式、电量式和极谱式(伏-安法)等。从根本上讲,电化学测试仪器是利用溶液中带电离子在外电场作用下或者是利用能量形式的转换取得待测离子浓度或数量的信息,来实现对所测试成分的分析。目前应用于矿山现场中比较成熟的检验一氧化碳浓度的仪器是电位式——定电位电解式一氧化碳测定仪。

基本原理:各种氧化还原物质在电解液中发生氧化还原时,只有在一定的电位下才能进行。当某种物质在电解液中进行氧化还原反应时,其反应电极电位高于标准电位时将产生氧化反应;低于标准电位时将进行还原反应。所谓电极标准电位,其定义为:在给定温度(一般是 25 ℃),电极反应物质的浓度为 1 mol/L 时,一个电极的电极电位对于标准氢电极电位的相对值,即该电极组成的原电池的电动势。一氧化碳的氧化还原的标准电极电位为 0.9~1.1 V,也即当电极电位高于 0.9~1.1 V 时,一氧化碳被氧化成二氧化碳,而低于 0.9~1.1 V 时,二氧化碳被还原成一氧化碳。由此可见,要将一氧化碳氧化成二氧化碳,必须保持有一定的电极电位,即保持电极电位在 0.9~1.1 V 之间。根据上述原理,主要测出一氧化碳氧化状态下离子电流的大小,即可测得一氧化碳的浓度值。

DCOY-1 型一氧化碳检测器就是利用电位电解原理生产的,它是一种便携式电表指示的检测仪表,能适用于煤矿复杂环境,属于本质安全仪器。

（三）气相色谱分析法

气相色谱法是色谱法的一种,色谱法是一种分离技术。最早创立色谱法的是俄国植物学家范维特,他在研究植物叶的色素成分时,先用石油醚浸取植物叶色素,然后将浸取液注入一根填充了碳酸钙的直立玻璃管中,再加入纯净石油醚进行冲洗,结果发现在玻璃管内的植物色素被分离成具有不同颜色的谱带,"色谱"也就由此得名。后来这种方法逐渐应用于无色物质的分离。"色谱"一词虽失去了原来的含义,但仍被沿用下来。色谱法也称做层析法或色层法。

所谓"相"是指一个混合物学中的等一均匀部分,如玻璃管中的 $CaCO_3$ 称为固相,石油醚则称为液相。也可根据它们的运动状态,称为流动相或固定相。

基本原理:利用在两相之间存在对待测成分的吸附或溶解分配系数不同,在流动的带动下使样品中各组成成分最终明显分离开,从而达到检测的目的。

思考题

1. 一氧化碳基本特性有哪些?

2. 一氧化碳测定方法有哪些?

3. 一氧化碳浓度测定意义是什么?

4. 电化学法测定一氧化碳浓度原理是什么?

第六节　硫化氢及二氧化硫浓度检测

【本节思维导图】

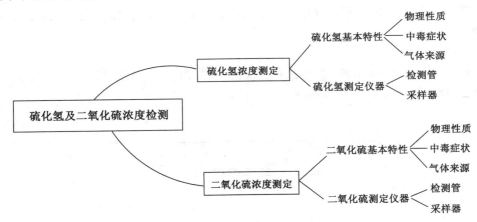

一、硫化氢浓度测定

（一）硫化氢基本特性

硫化氢的分子式为 H_2S，为无色、微甜、有浓烈的臭鸡蛋味气体，能引起鼻炎、气管炎和肺水肿。当空气中浓度达到 0.000 1％即可嗅到，但当浓度较高时（0.005％～0.01％），因嗅觉神经中毒麻痹，臭味"减弱"或"消失"，反而嗅不到。硫化氢相对密度为 1.19，易溶于水，在常温、常压下一个体积的水可溶解 2.5 个体积的硫化氢。在煤矿井下，硫化氢可能积存于旧巷的积水中。硫化氢能燃烧，空气中硫化氢浓度为 4.3％～45.5％时有爆炸危险。

硫化氢为剧毒，有强烈的刺激作用，能阻碍生物的氧化过程，使人体缺氧。当空气中硫化氢浓度较低时主要以腐蚀刺激作用为主；浓度较高时能引起人体迅速昏迷或死亡，腐蚀刺激作用往往不明显。硫化氢中毒症状与浓度的关系见表 5-7。《煤矿安全规程》规定，硫化氢在井下空气的最高允许浓度为 0.000 66％。

表 5-7　　　　　　　　　　　　　硫化氢中毒症状与浓度的关系

硫化氢浓度(体积)/％	主要症状
0.002 5～0.003	有强烈臭味
0.005～0.01	1～2 h 内出现眼及呼吸道刺激症状，臭味"减弱"或"消失"
0.015～0.02	出现恶心、呕吐、头晕、四肢无力、反应迟钝、眼及呼吸道有强烈刺激症状
0.035～0.045	0.5～1 h 内出现严重中毒，可发生肺炎、支气管炎及肺水肿，有死亡危险
0.06～0.07	很快昏迷，短时间内死亡

井中硫化氢的主要来源有坑木等有机物腐烂、含硫矿物的水化、从老空区和旧巷积水中

放出。1971年,我国某矿一上山掘进工作面曾发生一起老空区透水事故,人员撤出后,矿调度室主任和一名技术员去现场了解透水情况,被涌出的硫化氢熏倒致死。有些矿区的煤层中也有硫化氢涌出。

（二）硫化氢浓度测定仪器

煤矿井下空气中 H_2S 有害气体的浓度测定通常采用比长式检测管法,其测定仪器主要是检测管和采样器。

1. 检测管

检测管由玻璃管、指示粉、隔离层及衬塞构成,如图 5-23 所示。测量范围为 3～1 000 ppm,最小分度值 5 ppm,最小检测浓度 3.0 ppm。

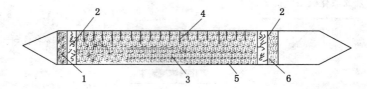

图 5-23　比长式硫化氢检测管示意图

1——起始段衬塞;2——隔离层;3——指示粉;4——分度线;5——玻璃管;6——衬塞

2. 采样器

采样器有圆筒形抽入式、圆筒形真空式和蛇腹形 3 种类型,如图 5-24 所示。

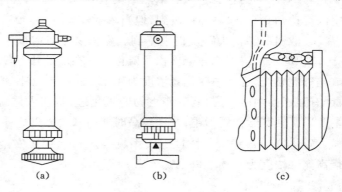

(a)　　　　　　　　(b)　　　　　　　　(c)

图 5-24　硫化氢采样器示意图

(a) 圆筒形抽入式;(b) 圆筒形真空式;(c) 蛇腹形

二、二氧化硫浓度测定

（一）二氧化硫基本特性

二氧化硫的分子式为 SO_2,是一种无色、有强烈硫黄味的气体,易溶于水,相对密度为 2.32,是井下有害气体中密度最大的。在风速较小时,易积聚于巷道的底部,二氧化硫有剧毒,对眼睛有强烈刺激作用,人们将其称之为"瞎眼"气体。SO_2 遇水后生成硫酸,对呼吸器官有腐蚀作用,使喉咙和支气管发炎、呼吸麻痹,严重时引起肺病水肿。当空气中含二氧化硫为 0.000 5% 时,嗅觉器官能闻到刺激味;浓度达到 0.002% 时,有强烈的刺激,可引起头痛、眼睛红肿、流泪、喉痛；浓度达到 0.05％时，引起急性支气管炎和肺水肿，短时间内即死亡。《煤矿安全规程》规定空气中二氧化硫最高允许浓度为 0.000 5％。

矿井中二氧化硫的主要来源有含硫矿物的氧化与燃烧、在含硫矿物中爆破、从含硫煤体中涌出。

（二）二氧化硫测定仪器

井下二氧化硫测定通常也采用比长式检测管法。其测定仪器主要是检测管和采样器，基本同硫化氢气体测定仪器相似。检测管测量范围在 2.5～100 ppm 之间，最小分度值 5 ppm，最小检测浓度 2.5 ppm。采样器标称容积为 50 mL 或 100 mL。

思考题

1. 硫化氢基本特性有哪些？
2. 如何测定硫化氢浓度？
3. 二氧化硫基本特性有哪些？
4. 如何测定二氧化硫浓度？

第七节　氨气及氮氧化合物浓度检测

【本节思维导图】

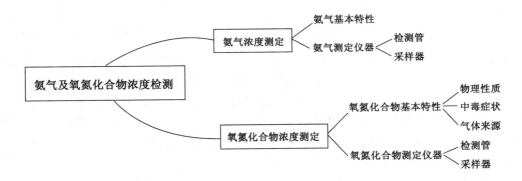

一、氨气浓度测定

（一）氨气基本特性

氨气的分子式为 NH_3，无色气体，有强烈的刺激气味，密度 0.771，相对密度 0.597（空气为 1.00），易被液化成无色的液体，在常温下加压即可使其液化（临界温度 132.4 ℃，临界压力 11.2 MPa，即 112.2 大气压）；沸点 −33.5 ℃，也易被固化成雪状固体；熔点 −77.75 ℃，溶于水、乙醇和乙醚。在高温时会分解成氮气和氢气，有还原作用，有催化剂存在时可被氧化成一氧化氮。用于制液氮、氨水、硝酸、铵盐和胺类等。可由氮和氢直接合成而制得，能灼伤皮肤、眼睛、呼吸器官的黏膜，人吸入过多，能引起肺肿胀，导致死亡。

（二）氨气浓度测定器具

井下氨气测定通常采用比长式检测管法。其测定器具主要是检测管和采样器，基本同硫化氢气体测定器具相似。检测管测量范围在 20～200 ppm 之间,最小分度值为 20 ppm,最小检测浓度为 20 ppm。采样器标称容积为 50 mL 或 100 mL。

二、氮氧化合物浓度测定

(一)氮氧化合物基本特性

矿井空气中氮氧化合物主要指二氧化氮(NO_2)和一氧化氮(NO),一氧化氮不稳定,易转化为二氧化氮。二氧化氮是一种褐红色的气体,有强烈的刺激气味,相对密度为 1.59,易溶于水,溶于水后生成腐蚀性很强的硝酸,对眼睛、呼吸道黏膜和肺部组织有强烈的刺激及腐蚀作用,严重时可引起肺水肿。二氧化氮中毒有潜伏期,容易被人忽视,中毒初期仅是眼睛和喉咙有轻微的刺激症状,常不被注意,有的在严重中毒时尚无明显感觉,还可以坚持工作,但经过 6～24 h 后发作,中毒者指头及皮肤出现黄色斑点,并有严重的咳嗽、头痛、呕吐甚至死亡。二氧化氮的中毒症状与浓度的关系见表 5-8。

表 5-8   二氧化氮的中毒症状与浓度的关系

二氧化氮浓度(体积)/%	主要症状
0.004	2～4 h 内不致显著中毒,6 h 后出现中毒症状,咳嗽
0.006	短时间内喉咙感到刺激、咳嗽、胸痛
0.01	强烈刺激呼吸器官,严重咳嗽,呕吐等
0.025	短时间即可致死

矿井中二氧化氮的主要来源是爆破工作。炸药爆破时会产生一系列氮氧化物,是炮烟的主要成分。我国某矿 1972 年在煤层中掘进巷道时,工作面非常干燥,工人们爆破后立即迎着炮烟进入,结果因吸入炮烟过多,造成二氧化氮中毒,2 名工人于次日死亡。因此在爆破工作中,一定要加强通风,防止炮烟熏人事故。矿内空气中二氧化氮的主要来源为井下爆破工作。《煤矿安全规程》规定氧化氮最高允许浓度为 0.000 25%。

(二)氮氧化合物测定器具

井下二氧化氮测定通常采用比长式检测管法。其测定器具主要是检测管和采样器,基本同硫化氢气体测定器具相似。检测管测量范围在 1～50 ppm 之间,最小检测浓度为 1 ppm。最小分度值:测量范围在 1～10 ppm 时为 2.5 ppm;大于 10～20 ppm 时为 5.0 ppm;大于 20～50 ppm 时为 10 ppm。采样器标称容积为 50 mL 或 100 mL。

思考题

1. 氨气基本特性有哪些?
2. 如何测定氨气浓度?
3. 氮氧化合物基本特性有哪些?
4. 如何测定二氧化氮浓度?

第八节　瓦斯浓度检测

【本节思维导图】

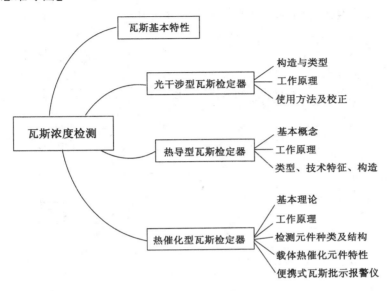

一、瓦斯基本特性

矿井瓦斯是煤矿生产过程中,从煤、岩内涌出的以甲烷为主的各种有害气体的总称。瓦斯的化学名称叫甲烷(CH_4),是无色、无味、无毒的气体。甲烷分子的直径为 0.375 8×10^{-9},可以在微小的煤体孔隙和裂隙里流动。甲烷标准状态时的密度为 0.713 kg/m^3,比空气轻,相对密度为 0.554。甲烷微溶于水,在 20 ℃和 0.101 3 MPa(1 atm)时,100 L 水可以溶解 3.31 L 甲烷,0 ℃时可以溶解 5.56 L 甲烷。

甲烷虽然无毒,但其浓度如果超过 57%,能使空气中氧浓度降低至 10% 以下。在瓦斯矿井通风不良或不通风的煤巷,往往积存大量瓦斯。如果未经检查就贸然进入,人会因缺氧而很快昏迷、窒息,直至死亡,此类事故在煤矿并不鲜见。此外,瓦斯在适当的浓度能够燃烧和爆炸,瓦斯爆炸事故已经造成巨大的经济损失和人员伤亡。

二、光干涉型瓦斯检定器

携带式瓦斯检测仪是各国应用最早最普通的一种瓦斯检测仪表,大多数都用来测定矿井空气中的低浓度瓦斯。我国煤矿井下普遍使用的瓦斯检测仪表是光学瓦斯检定器。近年来,我国在研制瓦斯检测仪表工作中,取得了很大的进展,研究制造了热效式和热导式检定器及瓦斯报警矿灯等。不同原理的瓦斯测试仪器,具有不同的构造、使用方法和测定范围。目前国内外广泛采用光干涉式、载体催化式及热导式等瓦斯检定仪器。

光干涉型瓦斯检定器除了可以用做测定瓦斯浓度外,还可以测定二氧化碳(CO_2)等一些其他气体的浓度。仪器携带方便、操作简单、安全可靠并且有足够的精度。其测量范围有 0~10%(精度为 0.01%)和 0~100%(精度为 0.1%)两种。

（一）仪器的构造与类型

1. 仪器的构造

光干涉瓦斯检定器按其结构可分为光路系统、气路系统及电路系统。这三个系统都是由相应的光学元件、金属元件等组成。图 5-25（a）是 AQG-1 型瓦斯检定器的外形图，内部构造如图 5-25（b）所示，其各个系统的主要组成及作用分述如下：

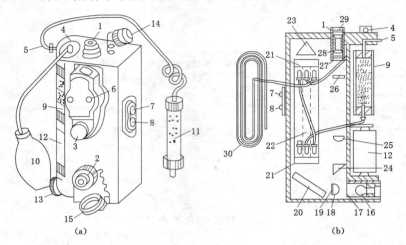

图 5-25　AQG-1 型光学瓦斯检定器

（a）外形图；（b）构造图

1——目镜；2——主调螺旋；3——微调螺旋；4——吸气孔；5——进气孔；6——微读数观察窗；
7——微读数电门；8——光源电门；9——水分吸收管；10——吸气橡皮球；11——二氧化碳吸收管；
12——干电池；13——光源盖；14——目镜盖；15——主调螺旋盖；16——灯泡；17——光栅；18——聚光镜；
19——光屏；20——平行平面镜；21——平面玻璃；22——气室；23——反射棱镜；24——折射棱镜；
25——物镜；26——测微玻璃；27——分划板；28——场镜；29——目镜保护盖；30——毛细管

（1）光路系统

① 照明装置组

该部分是由产生仪器干涉条纹的光源和微读数观察窗所组成。电源为一节 1 号电池；灯泡为额定电压 1.32 V 的特制扁形电珠，具有白色反光面，所产生的光源效果较好。

② 聚光镜组

聚光镜为一凸透镜，用虫胶将其与镜座粘牢。该镜用以聚焦由光源发出的白光，以增强光的亮度。

③ 平面镜组

平面镜组是产生光干涉的重要部件。平面镜采用挡片、弓形弹片和压板等固定在镜座上。通过聚光镜光线以 45°交角射向平面镜，光线经过此镜后分两束。由于镜座的作用，该镜向后倾斜 55°，以便得到所需的干涉条纹宽度，即一条条纹到另一条条纹间的距离。

④ 折光棱镜组

折光棱镜组也是产生光干涉的重要光学部件，固定方法与平面镜相同。它将光线两次 90°反射后折回平面镜。此组合件装配时要求绝对水平，否则，将会使全反射的光线不能平行地射回平面镜，而使干涉条纹倾斜或宽度改变。

⑤ 反射棱镜组

反射镜的作用是将光线作 90°转向,如图 5-26 所示,当调节螺杆 1 时,可使干涉条纹移动。调节支板 5 时,可以寻找干涉视场范围。在井下测定瓦斯(或其他气体)以前,必须先调整好基数(即调零)。在测定过程中,不得随便转动与调节螺杆连在一起的主调螺旋。

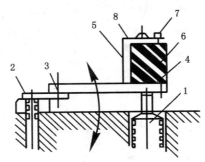

图 5-26　反射棱镜的作用示意图

1——调节螺杆;2——固定螺钉;3——弹簧片;4——反射棱镜座;
5——支板;6——反射棱镜;7——压板螺旋钉;8——压板

⑥ 物镜组

物镜和镜座用虫胶粘牢,其上的光屏用以改善干涉条纹的清晰度。调节物镜前后距离可使干涉条纹在分划板上成清晰图像。

⑦ 测微组

当转动微调螺旋时,由齿轮带动刻度盘和测微螺杆转动,螺杆又推动测微玻璃座上的测微玻璃偏转而产生光线的偏折,使干涉条纹移动,刻度盘转完全部刻度的 50 格时,干涉条纹在分划板上移动量应为 $1\%CH_4$。否则应移动连接座进行调整。

⑧ 目镜组

目镜组包括分划板和两个放大镜。它利用旋转保护玻璃(目镜筒)来调节视度,使看到的条纹及刻度情形明显。组装目镜时要注意将两个放大透镜的凸面相对。镜片要装端正,即镜片平面要与光轴垂直,否则调节目镜时,分划板像会出现晃动的现象。为了保护目镜,其上带有目镜罩。

(2) 气路系统

① 吸收管组

吸收管组包括外吸收管(又称附加吸收管或二氧化碳吸收管)和内吸收管,根据具体情况来使用。如作为二氧化碳和瓦斯两种气体测定时,则在外吸收管内装钠石灰来吸收二氧化碳;在仪器内的内吸收管装入变色硅胶或氯化钙,来吸收水蒸气。这种装法当水蒸气含量较大时,会引起钠石灰的潮解而降低效能,因此应注意经常更换药品。

如果主要做瓦斯测定,且含水蒸气量大,则最好在外吸收管内装上硅胶,在内吸收管内装钠石灰。如果水蒸气量不大,不用外吸收管,可在内吸收管的上半部装硅胶,下半部装钠石灰。

② 气室组

气室组是仪器的主要部分,共分为三格,两侧的两格称为空气室,中间一格称为瓦斯室。各室的两端上侧有弯曲的紫铜管,用以连接橡皮管。对气室的要求是:空气室和瓦斯室皆不漏气及相互贯通。

③ 吸气球组

吸气球的作用是抽取被测气体进入瓦斯室同时把瓦斯室中的原有气体排出仪器。其结构如图 5-27 所示。球的两端有活塞座，里面有锥形橡皮活塞芯子，只可抽出气体，不能压入气体，具有单向排气性。当用手握压气球 5 时，气球内的气体从下活塞芯中流出，放松气球后，由于气球内外大气压差，迫使下活塞芯子 8 堵住出气口，而仪器中气室的气体便会从上活塞芯中进入气球。

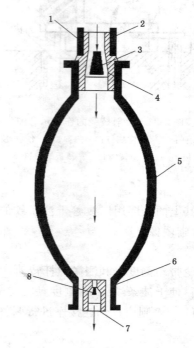

图 5-27　气球装配图

1——上活塞座；2——橡皮管；3——锥形橡皮活塞芯子；4,7——止退销子；
5——橡皮球；6——下活塞座；8——橡皮活塞芯子

（3）电路系统

光干涉瓦斯检定器的电路系统比较简单。电路结构如图 5-28 所示。在仪器的侧面中部有两个按钮，即微读数电门和光源电门。K_a 用来控制测微读数部分的照明灯泡 S_2；K_1 用来控制干涉系统的光源灯泡 S_1。

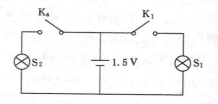

图 5-28　光干涉型瓦斯检定器的电路系统图

2. 仪器的类型

对于光干涉型瓦斯检定器,由于其体积小、检测稳定、误差较小,目前在我国使用广泛,在国外由于自动监测发展很快,因此该仪器使用范围在逐渐减小,现在使用的光干涉瓦斯检定器主要有以下7种:

(1) AQG-1 型(A——安全仪器,Q——气体,G——光学型),由抚顺煤矿安全仪器厂与沈阳光学电子仪器厂联合生产。其结构为基本型,与日本理研18型相似。检测范围为0~10%,最小读数为0.02%。

(2) GWJ-1 型(G——光学,W——瓦斯,J——检定器),由西安煤矿安全仪表厂生产。

(3) GWJ-1A 型(A——改进),由西安煤矿安全仪表厂生产。它是 GWJ-1 型的派生产品,其改进的部件为将电源1号电池1节改为1号电池2节,以便产生光源的灯泡电源由1.35 V变为2.5 V,成为通用性灯泡,亮度也有所增加,其余相同。检测范围为0~10%。

(4) AQG-1A 型,由抚顺煤矿安全仪器厂生产。它是 AQG-1 型的改进产品,其特点是把目镜的放大倍数增加了,由6倍增加到10倍。因此,观察分划板的视场也扩大了,俗称大光谱。检测范围为0~10%。

(5) AQG-2 型,是 AQG-1A 型小型化,质量由1.9 kg减轻为0.9 kg,小数读数可直接在分划板上读出,是一种新颖的光学结构。检测范围为0~10%。

(6) AQG-3 型,也由抚顺煤矿安全仪器厂生产,专为测高浓度用,检测范围为0~100%,最小读数为0.2%。

(7) GWJ-2 型,由西安煤矿安全仪表厂生产。检测范围为0~100%。

以上7种型号的仪器,其主要技术特征参数见表5-9。

表 5-9　　　　　　7 种光干涉型瓦斯检测仪的主要技术特征对照

技术特征 型号	测量范围/%	基本误差/%	读数方式	光源	电源	气室长度/mm	外壳尺寸/mm	质量/kg	视场放大倍数/(倍)
AQG-1	0~10		有测微机构,最小读数0.02%CH₄	特制1.35V扁形白炽灯泡	R20型(1号)干电池1节	120	225×195×70(带皮套)	1.8	16
GWJ-1									20 大光谱
AQG-1A		0~1　±0.05 >1~4　±0.10 >4~7　±0.20 >7~10　±0.30		普通2.5V手电筒灯泡	R20型(1号)干电池2节				16
GWJ-1A			在分划板上直接读小数,最小读数0.02% CH₄		R14型(2号)干电池2节	100	155(180)×76(85)×36(50)(括号内是带套尺寸)	0.9	
AGQ-2									20 大光谱
AGQ-3	0~100	0~10　　±0.50 >10~40　±1.0 >40~70　±2.0 >70~100 ±3.0	有测微机构,最小读数0.02%CH₄	特制1.35V扁形白炽灯泡	R20型(1号)干电池1节	22	225×195×70(带皮套)	1.8	16
GWJ-2				普通2.5V手电筒灯泡	R20型(1号)干电池2节				

（二）仪器的基本原理

光干涉型瓦斯检定器根据光干涉原理制成，它的光学系统如图 5-29 所示。

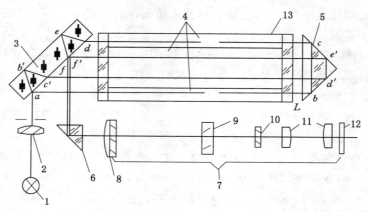

图 5-29　瓦斯检定器的光学系统

1——光源；2——聚光镜；3——平面镜；4——气室；5——折光棱镜；6——反射棱镜；
7——望远镜观察系统；8——物镜；9——测微玻璃；10——分划板；11——目镜；12——保护玻璃；13——平行玻璃

灯泡 1 发出的一束白光，经透镜 2（起聚光作用）和光栅射到平行平面镜 3。平行平面镜使光束分成两部分，一部分自平面镜的 a 点反射，经过右空气室、大三棱镜和左空气室回到平行平面镜，再经镜底反射到镜面的 f 点；另一部分光在 a 点折射进入平行平面镜镜底，经镜底反射，镜面折射，往返通过瓦斯室也到达平面镜，于 f 点反射后与第一束一同进入三棱镜，再经 90°反射进入望远镜。这两束光由于光程（光程为光线通过的路程和所通过的介质的折射率的乘积）不同，在望远镜的焦平面上就产生了白色光特有的干涉条纹（常称为"光谱"），条纹中有两条黑色条纹和若干条彩色条纹。条纹经过测微玻璃 9、分划板 10、场镜到达目镜 11。

光通过气体介质的折射率与气体的密度有关。如果以空气室和瓦斯室都充入同样密度的新鲜空气时产生的干涉条纹为基准，那么，当瓦斯室充入含有瓦斯的空气时，由于气体密度的不同，引起折射率的变化，光程也就随之发生变化，于是干涉条纹产生位移，位移量的大小与瓦斯浓度的高低呈线性关系。所以根据干涉条纹的移动距离就可以测知瓦斯的浓度。同理，如果瓦斯室内的气体压力与温度发生变化，气体的折射率也要发生变化，干涉条纹同样产生位移，所以在仪器的空气室上附加了一圈毛细管，以消除这一影响。

（三）仪器的使用方法

1. 使用光干涉型瓦斯检定器之前的准备工作

（1）检查药品性能

检查水分吸收管中的氯化钙（或硅胶）和外接的二氧化碳吸收管中的钠石灰是否变色，若变色则失效，应打开吸收管更换新药剂，新药剂的颗粒直径要在 3～5 mm 之间，不可过大或过小。因为颗粒过大不能充分吸收通过气体中的水分或二氧化碳；颗粒过小又容易堵塞甚至其粉末被吸入气室内。颗粒直径不合要求会影响测定的精度。

（2）检查气路系统

首先检查吸气球是否漏气，用手捏扁吸气球，另一手掐住胶管，然后放松气球，若气球不胀起,则表明不漏气;其次,检查仪器是否漏气,将吸气胶皮管同检定器吸气孔连接,堵住进气孔,捏扁吸气球,松手后球不胀起为好;最后,检查气路是否畅通,即放开进气孔,捏放吸气球,以气球瘪起自如为好。

(3) 检查光路系统

按下光源电门,由目镜观察,并旋转目镜筒,调整到分划板清晰为止,再看干涉条纹是否清晰,如不清晰,可取下光源盖,拧松灯泡后盖,调整灯泡后端小柄,同时观察目镜内条纹,直到条纹清晰为止。然后拧紧灯泡后盖,装好仪器。

(4) 清洗瓦斯室

在地面或井下新鲜空气中,手捏气球 5~10 次。

(5) 对零

按下微读数盘的零位刻度与指标线重合;旋下主调螺旋盖,再按下光源电门,调动主调螺旋,同时观看目镜,在干涉条纹中选定一条黑基线与分划板的零位相重合,并记住这条黑基线;然后,一边观看目镜一边盖好主调螺旋盖。

2. 使用光干涉型瓦斯检定器测定瓦斯浓度

(1) 调零

在待测地点附近的进风巷道中,捏放气球数次,然后检查微读数盘的零位刻度与指标是否重合,选定的黑基线与分划板的零位是否重合。若有移动,则按对零操作方法进行调整,使光谱处在零位状态。

(2) 测定

将连接在二氧化碳吸收管进气口的胶皮管伸向待测位置,然后捏放气球 5~10 次,将待测气体吸入瓦斯室。

(3) 读数

按下光源电门,从由目镜中观察黑基线的位置。如其恰好与某整数刻度重合,读出该处刻度数值,即为瓦斯浓度;如果黑基线位于两个整数之间,则应顺时针转动微调螺旋,使黑基线退到较小的整数位置上,然后从微读数盘上读出小数位,整数与小数相加就是测定出的瓦斯浓度。例如,若从整数位读出的数值为2,微读数为 0.46,则测定的瓦斯浓度 2.46%。如果测定地点的空气中,除瓦斯外还有二氧化碳,则在测定瓦斯时,必须在进气口接上二氧化碳吸收管,将二氧化碳吸收掉。

3. 使用光干涉型瓦斯检定器测定二氧化碳浓度

在矿井实际测定时有两种情况(准备工作同瓦斯浓度测定):

(1) 在没有瓦斯存在而二氧化碳比较严重的矿井,在测定二氧化碳浓度时,一定要将装有二氧化碳吸收剂的外吸收管去掉,只用装有硅胶或氯化钙的内吸收管来吸收水蒸气,其测定方法、步骤与测定瓦斯相同。但仪器的出厂时的分划板、刻度盘均是在测定瓦斯情况下标定的。因此,在用于其他气体浓度测定时,仪器的读数并不是被测气体的实际浓度值,还必须进行换算,即在测定结果上乘以一个换算系数 K,K 值按下式求得:

$$K = \frac{u_g - u_a}{u_x - u_a} \tag{5-34}$$

式中　u_g——瓦斯在标准状态下(101.325 kPa,20 ℃)的折射率;

　　　u_a——空气在标准状态下的折射率;

u_x——被测气体在标准状态下的折射率。

对于二氧化碳 $K=0.925$。

为了便于计算其他气体的换算系数 K，表 5-10 中列出了矿井常见气体的折射率。

表 5-10　　　　　　　　几种矿井常见气体在标准状态下的折射率

气体名称	新鲜空气	CO_2	CH_4	H_2	SO_2	H_2S	CO	O_2	水蒸气(H_2O)
折射率	1.000 272	1.000 418	1.000 411	1.000 129	1.000 671	1.000 671	1.000 311	1.000 253	1.000 255

（2）在有瓦斯和二氧化碳并存的条件下，测定二氧化碳（或瓦斯浓度）时，就必须先测定瓦斯和二氧化碳的混合度，其方法是不用外吸收管，只用内吸收管吸收水蒸气，测定步骤与上述相同，得到的测定值为瓦斯和二氧化碳的混合浓度值，然后接上外吸收管，利用外吸收管将被测气体中的二氧化碳吸收掉，所测得值为瓦斯的浓度值。把两次测定结果相减，其差乘以二氧化碳的换算系数 K，便可以得到被测气体中二氧化碳的实际浓度。例如：第一次测得的混合气体浓度为 3.50%，第二次测得的瓦斯浓度为 3.00%，则二氧化碳的实际浓度为：$(3.50\%-3.00\%)\times0.952=0.48\%CO_2$。

（四）测定过程中的注意事项

（1）如所测定的环境中湿度很大，则会使仪器的气室两端风口玻璃上有雾产生，灰尘容易积附。使干涉条纹模糊不清。因此，用氯化钙或硅胶来吸收水汽是必不可少的。湿度过大而且使用次数多时，可在仪器外再加接一支氯化钙吸收管。

（2）光源的亮度也对仪器干涉条纹的清晰度有较大的影响，因此，必须保持电门开关的接触良好。如光学系统有毛病，首先调整光源灯泡，若达不到目的，则就要拆开仪器并进行光学元件的擦拭或调整。

（3）测得的瓦斯浓度读数比实际浓度偏高时，其原因可能是外吸管的吸收剂吸收能力已降低或失效；或颗粒过大吸收不完全，或是吸入了折射率较瓦斯高的气体，应注意检查。

（4）测得的瓦斯浓度读数偏低，则有可能是平衡气压用的盘形管接头有破裂漏气情况，造成空气室被待测气体渗入；也有可能是吸气球漏气，接头不紧，或在校准零点时周围环境中的空气不纯净或气室夹层窜气，导致空气室中的空气受污染而增大了折射率，与待测气体的折射率之差减少，读数也随之降低，另一方面，如果气路系统漏气，除吸入待测气体外还漏入一部分空气，即冲淡了瓦斯中待测气体，也会导致读数偏低。

（5）利用光干涉型瓦斯检定器在测定其他气体浓度时，要计算相应的换算系数 K。需要注意的是小于空气折射率的三种气体即氧（O_2）、水蒸气（H_2O）和氢气（H_2），其干涉条纹的移动方向是与其他气体相反的。

（五）仪器的校正

同其他仪表仪器一样，光干涉型瓦斯检定器使用一段时间以后要进行校正。光干涉型瓦斯检定器的校正方法有两种，一种是绿色滤光校正法，另一种是水柱压力校正法（或称空气压力校正法）。目前，常用的是水柱压力校正法，该方法不仅设备简单、操作方便，而且精度高，水柱压力校正法所用的仪器为 AJW-10 和 GJX-1 两种型号的光干涉型瓦斯检定器校正仪。

三、热导型瓦斯检定器

热导式气体分析仪器是一种历史比较悠久的物理式分析器。它是利用各种气体热导率的差异，来实现对气体浓度的测定。它的结构比较简单、性能稳定、应用范围广，能够直接输出电量，可以生产成体积较小的便携式仪表，同时，维护方便，价格便宜。因此，在化工、石油、冶金及矿山等行业得到普遍应用，是一种最基本也是最成熟的气体分析器。

（一）基本概念

1. 热传导

物体各部分之间不发生相对位移，依靠分子、原子及自由电子等微观粒子的热运动而产生的热量传递称为导热，即热传导。温度较高的物体把热量传递给与之接触的低温物体是导热现象。热传导是热能传播的一种形式，其他的传播形式还有对流和辐射。气体、液体和固体都存在热传导现象，一般来说，气体热传导速度最低，液体的热传导速度较高，固体的热传导速度最高。

2. 热导率（λ）

不同的物体有着不同的热传导速度，常用热导率（λ）来表示热传导速度的大小。热导率是热传导过程中一个重要的比例常数，在数值上等于每小时每平方米面积上当物体内温度梯度为 1 ℃/m 时的导热量。一般来说，气体的分子量越大，其热导率越小；相反分子量越小，其热导率越大。各种气体的热导率及热导温度系数见表 5-11。对于多种组分的混合气体来说，它的热导率可以近似地认为是组成混合气体的各组分气体的算术平均值，即

$$\lambda = \sum_{i=1}^{m} n_i \lambda_i \tag{5-35}$$

式中　λ——混合气体的热导率；

$\qquad m$——组成混合气体的组分数；

$\qquad n_i$——混合气体中第 i 组分的百分含量；

$\qquad \lambda_i$——对应于百分含量为 n_i 的组分气体的热导率。

热导式气体分析器分析（或测定）的基本原理是以各种气体的热导率存在着差异为基础，除待测组分外，其他各组分的热导率应相同或相近，而且待测组分的热导率与其余组分的热导率之间要有明显的差异，差别越大，测量越精确。

从上述的原理可知，该类型的仪器最适合二元混合气体中某一组分的测定，当用于测定多组分混合气体中的某一组分时，总是希望其余各组分的热导率相同或相近，如果其余组分满足不了这个要求，但它们的浓度变化范围很小或基本不变化，也同样可以进行测定。实际上在应用热导原理进行气体浓度测定时，直接测量气体的热导率是比较复杂和困难的，所以目前所有的热导式气体分析器都是把测定热导率的差异，转变成为热敏元件电阻阻值的变化的测定，即将混合气体中待测组分浓度变化引起混合气体总热导率变化转变成电阻的变化量，通过相应的电表显示出来，而电阻的变化很容易用一般平衡电桥来测定，热导型瓦斯检定器就是应用上述原理和方法来实现对矿井瓦斯浓度的测定的。

（二）工作原理

热导型瓦斯检定器要实现对瓦斯浓度的测定，首先就要能够实现对瓦斯存在所引起的

相应测量电路电气参数的变化值进行测定。在仪器的测量电路中,通常是利用惠斯登电桥来测定瓦斯浓度变化而导致电阻变化所产生的不平衡电流的大小,由电流的大小经转换来表示瓦斯浓度。

表 5-11 各种气体的热导率及热导温度系数

气体名称		热导率 $\lambda_0 / \times 418.68 \times 10$ W/(m·K)					热导温度系数 $/(\times 10^{-4}/℃)$	$\dfrac{\lambda_0}{\lambda_{0空气}}$	$\dfrac{\lambda_{100}}{\lambda_{100空气}}$	备注
名称	分子式	100 K	200 K	273.1 K 0 ℃	300K 27 ℃	380 K 107 ℃	0~100 ℃			
空气		2.20	4.36	5.66	6.10	7.39	28.5	1	1	
氢	H_2	16.25	30.64	39.65	42.47	49.60	27	7	6.7	
氧	O_2	2.16	4.37	5.84	6.35	8.03	28.5	1.03	1.09	
氮	N_2	2.09	4.17	5.61	6.00	7.43	28.5	0.99	0.99	
一氧化碳	CO		2.27	5.52	3.98	5.63	32	0.98	1.01	
二氧化碳	CO_2		4.24	3.48	6.19	7.69	52	0.62	0.76	
一氧化氮	NO			5.67			34	1.0	1.04	
甲烷	CH_4			7.21			48	1.27	1.45	
乙烷	C_2H_6			4.36			65	0.77	0.90	
丙烷	C_3H_8			3.58			73	0.63	0.70	
丁烷	C_4H_{10}			3.22			72	0.57	0.66	
乙烯	C_2H_4			4.19			74	0.74	0.78	
乙炔	C_2H_2			4.53			48	0.80	0.85	
水蒸气	H_2O							0.66	0.74	
硫化氢	H_2S			3.14			0.538			
二氧化碳	CO_2			3.70			0.285			

如图 5-30 所示,是 LRD-1 型瓦斯检定器的工作原理图。R_1 和 R_2 分别是为工作元件和补偿元件,其阻值为 $R_1 = R_2 = 20$ Ω;R_3 和 R_4 为测量电桥的固定桥臂,其阻值 $R_3 = R_4 = 46$ Ω;R_5、R_6 为温度补偿电阻,其阻值约为 $1 \sim 1.5$ Ω;R_7 与电位器 R_{P_2} 并联,用来调节仪器的零

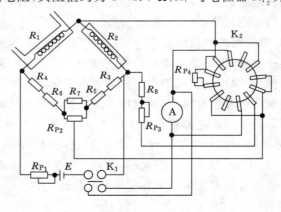

图 5-30 LRD-1 型瓦斯检定器工作原理图

位,$R_7 = 0.5\ \Omega$,$R_{P_2} = 10\ \Omega$;R_8与电位器R_{P_3}串联来检查仪器的工作电流,$R_8 = 8.2\ \Omega$,$R_{P_3} = 4.7\ k\Omega$,R_{P_1}是调节仪器工作电流用的电位器,其阻值为$10\ \Omega$;R_{P_4}是测量高浓度用的电位器,其阻值为$2.5\ k\Omega$;K_1是微动开关作为启动电源和短接表头之用;K_2是波段开关作为测定时换挡用;E是用4节镉镍电池串联组成的仪器电源;A是指针式检流用的微安表(表盘以瓦斯浓度刻制)。

热敏元件R_1和R_2分别置于仪器的气室中,与固定电阻R_3和R_4共同组成一个电桥。选择$R_1 = R_2$,$R_3 = R_4$。在测定中,若有瓦斯,则电桥平衡被打破,A中就有电流流过,电流越大,说明瓦斯浓度越高,从而就可得到所测气体中瓦斯的浓度值。

(三)仪器类型及主要技术特征

目前常用的热导型瓦斯检定器有4种,其类型及主要技术特征如表5-12所列。

表5-12　　　　　　　　　　　　　4种热导型瓦斯检定器的技术特征

仪器名称 技术特征　　　　型号	热导型甲烷检测仪 AQJ-1(兼报警)	数字式高低浓度 瓦斯检测仪 AW$_1$	瓦斯检定仪 LRD-82	携带用瓦斯报警器 HD-3
应用原理	热导原理 微珠状半导体热敏电阻	低浓:催化燃烧 高浓:金属丝导热	热导原理	热导原理 微珠状半导体热敏电阻
显示方式	LED数字显示	LED数字显示	指针式	LED点管亮多少
进气方式	自由扩散	电泵吸气	手动吸气	自由扩散
桥路工作电流	30 mA(15 mA×2)	总电流 300 mA	网络电流 97 mA	
传感元件寿命	10年以上	低浓:大于1年 高浓:大于10年	元件工作电流 57 mA	10年以上
电源	GNY-1.2×1315.6V	GNY0.5×4	4GNB-225 mAh	Ni-Cd 电池 15.6V
充电电流或时间 一次充电后检测次数	120 mA　7~14 h	45 mA　14 h >300 次		1.2 A·h 14 h 连续工作 27 h (无报警情况下)
检测范围	0~3%CH$_4$	0~5%CH$_4$ 5~100%CH$_4$	0~3%CH$_4$ 0~100%CH$_4$	0~3%CH$_4$
检测精度	0~1% ±0.1%CH$_4$ >1%~2% ±0.2%CH$_4$ >2%~3% ±0.3%CH$_4$	0~1%CH$_4$ ±0.1%CH$_4$ >1%~2% ±0.2%CH$_4$ >2%~4% ±0.3%CH$_4$ >4%~5%CH$_4$ ±0.4%CH$_4$ >5%~30%CH$_4$ ±3%CH$_4$ >30%~100%CH$_4$ ±5%CH$_4$	0~3%CH$_4$ ±0.2%CH$_4$ 0~100%CH$_4$ ±3%CH$_4$	提示值的±0.25% 报警设定值 1.5%CH$_4$ (也可在 0.5%~3%CH$_4$ 范围内调节)

仪器名称 技术特征 型号	热导型甲烷检测仪 AQJ-1(兼报警)	数字式高低浓度 瓦斯检测仪 AW₁	瓦斯检定仪 LRD-82	携带用瓦斯报警器 HD-3
检测反应时间	<50 s	<15 s		<50 s
防爆标志	ibI(150 ℃)	dibI(150 ℃)		
外壳材质	不锈钢	防静电 ABS		不锈钢
外形尺寸	300 mm× 90 mm×80 mm	140 mm× 82 mm×45 mm	140 mm× 70 mm×50 mm	300 mm× 90 mm×8 mm
质量	2 kg	<560 g	0.6 kg	2 kg

1. LRD-1 型瓦斯检定器的结构

LRD-1 型瓦斯检定器的结构比较简单,主要由 4 个部分组成。外部结构如图 5-31 所示。

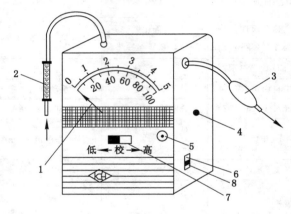

图 5-31　LRD-1 型热导型瓦斯检定器外部结构图

1——表针;2——吸收管;3——吸气球;4——电源开关;5——指示灯;

6——工作电流;7——量程开关;8——零位调节手轮

(1) 电源:充电式镉镍电池组;

(2) 获取部分:包括吸收管和吸气球;

(3) 显示部分:以指针形式显示的瓦斯浓度指示表头(检流计);

(4) 转换部分:包括转换开关及线路。

2. 仪器的操作方法

(1) 使用前,用小螺丝刀将表头的机械零位调到零,然后再调整无瓦斯状态下的仪器零位,左手握仪器,用中指扣住仪器右侧面上的电源开关,右手将仪器正面的量程开关置于"校"的位置,按下电源开关,表针应指在表盘上红线位置,否则,用右手调节仪器右侧面上方孔内的手轮,使表针指到红线上。

(2) 在地面大气中,用右手将量程开关置于"低"的位置,握压吸气球数次后,再按下电源开关,表针应指向零刻度位置,如表针不在零位,则用右手调节仪器右侧面下方孔内的手轮,使指针回到零位。

(3)在零位调节好后,便可带入井下。仪器入井后应在新鲜风流处,重复1、2两项操作,以核对工作电流和零位。上述调整准确后,便可到测量地点进行测量,在整个测量过程中,不允许调动手轮或碰撞手轮。

(4)测量时,应将量程开关置于"高"的位置,握压吸气球数次,然后按下电源开关,从表盘上的下刻度线直接读出瓦斯含量值;如果表的指针低于$5\%CH_4$,可立即将量程开关拨至"低"的位置上,从表盘上的上刻度线直接读出低浓度瓦斯的含量值。

3. 仪器使用时的注意事项

(1)在具体测量时,首先检查仪器的电源情况,按下电源开关,仪器正面的指示灯应持续发亮,如一亮即灭,说明电池需要充电。

(2)要定期更换吸收管中的吸收剂——钠石灰、脱脂棉、硅胶(氯化钙)。

(3)仪器内部涂以红漆的小型电位器R_{P_4}、R_{P_3}为调节高、低浓度的灵敏度所用,出厂时已调节准确,一般情况下不允许调动。

(4)仪器在用于测定抽采管道瓦斯浓度时,须先将管道内气体抽入气袋中,然后再用仪器测定。

(5)仪器读数时应水平或稍带倾斜放置,切忌将仪器竖起来进行读数。

(6)在任何情况下,切忌防止将水直接抽入仪器中。

四、热催化型瓦斯检定器

热催化型瓦斯检定器又称催化燃烧式或热效式瓦斯检定器,该类型的仪器是利用可燃气体在足够氧气参与并达到一定高温的情况下,发生完全催化燃烧,并根据可燃气体燃烧时所产生的一定热量来确定可燃气体的浓度(或含量)。

光干涉型瓦斯检定仪表不易实现连续检测及仪器的数字化传输;热导式的不易测定浓度在5%以下的瓦斯含量,即测定低浓度的瓦斯精度低,不能满足安全需要。热催化型瓦斯检定器能够直接输出与瓦斯浓度有关的电量,目前在检测低浓度的瓦斯,特别是远距离检测和监测系统中,被广泛地应用。

国产的热催化型瓦斯检测仪表类型较多,概括起来有以下三类:一类是便携式仪表,此类仪表结构比较简单,功能比较少,但其体积小便于工作人员携带,主要用于井下瓦斯含量个体巡回检测;第二类是固定式的检测仪器和设备,除了具有检测显示功能外,同时还具有声光报警、断电等功能,如生产中使用的各种瓦斯报警仪和断电仪等;第三类是安全监测系统或遥测仪中的瓦斯浓度传感器(或探头),以实现远距离测量瓦斯浓度。上述三类仪器或设备,其主要检测电路也是一个惠斯登电桥,不同的是瓦斯浓度会产生一个与之相应的电桥不平衡输出电量,此电量通过转换由显示装置来表示瓦斯浓度。

(一)热催化原理

由催化理论可知,矿井瓦斯在催化剂的作用下,与氧气相混合就能在较低的温度下发生强烈的催化反应,即无焰燃烧,其反应化学方程式为:

$$CH_4 + 2O_2 \xrightarrow{\text{催化剂}} CO_2 + 2H_2O + 882.6(kJ/mol) \tag{5-34}$$

上式说明了1摩尔的瓦斯与2摩尔的氧气相混合,在催化剂的作用下,会放出882.6 kJ

的热量,此反应由于催化剂的存在(通常是金属铂 Pt 或钯 Pd),降低了瓦斯 CH_4 与氧气 O_2 发生链反应的活化能,在催化剂表面的活化中心附近,被吸附的 CH_4 分子内部结构离开了稳定状态而活化裂解,加速了链反应的进行,瓦斯 CH_4 与氧气 O_2 在金属铂 Pt 或钯 Pd 催化下的反应是一种多相反应。在这种反应中,气体在催化剂表面上的吸附与否、活化程度与催化反应亲密相关,金属催化剂的吸附能力取决于金属和气体分子结构以及吸附条件,另外,催化剂的分散度对化学反应也有着重要的影响。

该原理的瓦斯检测仪表具有以下特点:

(1) 测定低浓度瓦斯时,灵敏度高,信号输出级别高(直接输入较强的信号,输出信号接近线性)。

(2) 对不燃气体不反应,受环境条件的影响小(粉尘、CO_2 等),可节省各种吸收剂。

虽然具有以上两个特点,但也存在有一定的问题。主要问题有:

(1) 易受硫化物、硅氧基化合物、卤化物及砷、硒等化合物的影响,元件会产生"中毒"现象,所谓中毒,即:使元件失去活性、失效,不能检测 CH_4。

(2) 不能在高浓度可燃气体条件下工作(在高浓度 CH_4 工作时,元件易损坏)。

(3) 元件工作温度较高(表面为 300~500 ℃,而内部可达 700~800 ℃),对氧气有引燃性。

(二)热催化型瓦斯检定器工作原理

利用热催化原理制造的瓦斯检测仪,它的基本电路也是一个惠斯登电桥电路,如图5-32所示。

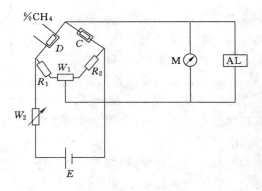

图 5-32　热催化原理测量

D——载体催化敏感元件;C——补偿元件;R_1,R_2——固定电阻;W_1——调零电位器;

W_2——调压电位器;M——检流计;AL——报警电路

工作时:① 在无瓦斯的条件下,电路有电流,使得 $R_1 = R_2$,桥路平衡,电桥的输出端 $V_{out} = 0$;② 当有瓦斯时,检测元件处在可燃气体环境中,在催化作用下,CH_4 在检测元件 R_1 表面上发生无焰燃烧,产生热量 Q,使元件本身温度上升,导致检测元件电阻值发生变化,这样在电桥电路中,由于 R_1 改变,使得电桥原来的平衡被打破,桥路的输出 V_{out} 不等于 0,有信号输出。

输出信号的大小与电位的变化有关,电阻变化大小与检测元件的温升有关,温升的大小又与 CH_4 的温度有关,故通过输出信号的大小就可以检测出 CH_4 浓度的大小。

从基本电路上可以看出,热导与热催化型 CH_4 检测仪基本相同,其测量电路都是利用电桥从平衡到不平衡的原理,来达到检测的目的,不同的是热导是由"散热"使电阻发生变化,而热催化是由"吸热"使电阻发生变化。

（三）检测元件的种类及结构

用于热催化检测元件有两种:一种是纯铂丝直接催化构成检测元件,另一种是载体热催化元件。下面分别来讨论纯铂丝和载体催化元件的结构及特性。

1. 铂丝的催化元件

（1）结构

纯铂丝检测元件十分简单,如图 5-33 所示。它是将一根 $0.03 \sim 0.07$ mm 的细铂丝,绕制在云母、石英或陶瓷管架上,呈螺旋管状。

当测量范围在 $-200 \sim 500$ ℃时,其管架和外层保护用石英材料制成,由于纯铂丝具有较大的电阻温度系数（3.9×10^{-3}/℃）,在高温条件下,可燃气体浓度稍微有改变,就有一个变化灵敏、准确的电阻值与之对应,所以纯铂丝检测元件具有分辨能力强和灵敏度高的优点,在低浓度瓦斯检测中能获得理想的效果。同时该种检测元件还具有耐氧化、抗毒性能好的优点。大量实践证明,在 $1\ 000$ ppm（1 ppm＝0.000 1%或 1 ppm＝1 mL/m³)的硫化氢 H_2S 和

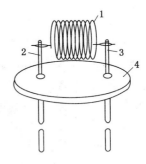

图 5-33　铂丝检测元件结构图
1——螺旋铂丝;2,3——引线柱;
4——元件座

1% 瓦斯的环境中连续工作 4 h（或者每次工作 30 s,反复工作 400 次）,元件的输出灵敏度无明显地下降。

但是,由于纯铂丝元件在较高浓度下连续工作时,很容易被还原出来的气体所污染,且升华比较严重,铂丝逐渐变细和变脆,从而影响了元件电阻与温度的对应关系,引起仪器零点飘移、精度下降及检测结果失准。同时,元件的连续工作寿命也大大缩短。用纯铂丝检测元件制作的瓦斯检测仪器如 RCY-1 型和 HRB-1S 型多种可燃气体测试仪,多用于含硫化氢气体浓度较大的矿井,其效果较好,为了克服该种元件的缺点,采用对检测元件断续通电的方法,可提高元件的使用寿命。

（2）工作原理

工作时,首先通入一个稳定的工作电流,使得瓦斯与氧气在 Pt 周围产生氧化反应,氧化过程中释放出大量热能,使铂丝温度上升到起燃温度（900 ℃左右）,此时,铂丝周围出现稳定的燃烧,当 CH_4 浓度发生变化时,释放的热能也发生变化,使铂丝电阻值也发生变化,从而导致电桥电路不平衡,有信号输出,通过输出的信号获得 CH_4 的浓度。

2. 载体热催化元件

载体热催化元件属于气敏型热效应元件。由于它的体积小、结构简单、耗能小、性能稳定、使用寿命长,目前已成为国内外检测低浓度瓦斯的主要元件。

载体热催化元件的结构如图 5-34 所示,它是在纯铂丝结构的基础上,以铂丝螺旋线圈为骨架,然后采用特殊工艺在其表面浇注一层多孔性的载体——α 型多孔硬质 Al_2O_3。均匀多孔状的载体不仅可以牢固地固定铂丝线圈,而且还提供一个很大的与气体相接触的面积（比表面积一般可达 30 m²/g）,这样不但提高了催化反应的效果,而且还提高了催化剂的

活性和抗毒性能。

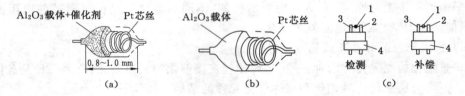

图 5-34　载体催化元件(黑白元件)及剖视图
(a) 加催化剂的载体催化元件;(b) 不加催化剂的载体催化元件;(c) 补偿及检测载体催化元件组
1——白色为补偿元件,黑色为催化元件;2,3——引线柱;4——元件座

若再在载体的表面上涂上铂黑和钯黑作为催化剂,则就形成了检测元件,即通常说的"黑元件",而未涂催化剂的为"白元件",是补偿元件。瓦斯与氧气在"黑元件"的催化剂作用下,起燃温度大大降低,在 300~360 ℃左右,就会产生强烈的氧化还原反应——无焰燃烧,也就大大降低了元件本身的电功耗,提高可靠性和延长了元件的使用寿命。黑、白元件在出厂时,是经过检测仪严格测试匹配,不能任意拆套使用,黑白元件中的铂丝,既起加热作用,也起热-电转换的作用。

(四) 载体热催化元件的特性

1. 元件的灵敏度(活性)

元件的灵敏度又称为元件的活性,它指的是元件对瓦斯氧化燃烧的速率,也就是说当标准气样的瓦斯浓度为 1% 时,元件的输出电压信号为多少毫伏,其单位为 $mV/1\% CH_4$。一般要求元件的灵敏度不低于 $15\ mV/1\% CH_4$,用 M 表示,故灵敏度又简称为 M 毫伏。灵敏度太高,元件的稳定性就差,太低时,元件的使用寿命短且受环境影响大。

2. 元件的稳定性

实质上元件的灵敏度是时间的函数,随着时间的推移,元件的灵敏度也将发生改变,一般测出的灵敏度都是元件的某一时刻的灵敏度,又称之为瞬时灵敏度;而在一段时间内各个分段时间的灵敏度的平均值称为元件的平均灵敏度。

元件的稳定性是指元件在规定的连续工作时间内,灵敏度随时间的变化率,即活性的下降率,元件的活性下降率越低,元件工作的性能就越稳定。

3. 元件的双值性

载体催化元件的双值性是指在瓦斯浓度一定时,元件的输出电参数不是一个固定值,而是具有两个可能值或一种输出量有可能存在两个浓度值。大量的实验表明:瓦斯浓度超过 5% 时,元件的输出量就呈非线性关系;瓦斯浓度在 5%~10% 之间,输出信号逐渐减小,尤其在浓度为 9.5% 时,瓦斯燃烧效果最好,产生的热量也最大,使元件温度达 1 300 ℃左右,在这样高的温度下,元件表面的催化剂会迅速挥发和烧结,其晶格发生变化,载体有可能被烧裂;在瓦斯浓度达 12% 时,元件的输出量会达到最大值,超过 12%,此时瓦斯浓度最高,而氧气含量相对降低,这时会发生不完全燃烧,有微小的炭粒生成,其反应式如下:

$$4CH_4 + 5O_2 \rightarrow 2CO + 8H_2O + 2C\downarrow + 热量 \tag{5-35}$$

因此,载体催化剂只适应于瓦斯浓度为 0~4% 的情况。虽然在反应式(5-34)中,一份瓦斯、两份氧气就能完全反应,但实际上并非如此,例如对浓度为 3% 的瓦斯来说,从燃烧原理上讲 6%的氧气就够了,而实际所需氧气量不得低于 15%。

4. 元件的中毒性

当检测元件上的催化剂与硫化物、铅化物、氯化物及有机硅分子接触时,元件的催化活性会逐步降低,这种现象称为元件的中毒性。

元件的中毒性分为暂时性中毒和永久性中毒两种情况。暂时性中毒指的是元件中毒后,采取一定的措施可以使元件的活性得到恢复或一定程度的恢复;永久性中毒的活性元件是不能恢复的。例如元件与 H_2S 接触产生了暂时中毒现象,可将元件在新鲜空气中加热至工作温度,然后通入高浓度瓦斯(75%),历时 2~5 min,元件的活性就可恢复到原来的98.5%。

5. 元件的激活特性

催化元件的激活特性是指在遇到高浓度瓦斯(>5%)数分钟后,其输出和零点都会上升和飘移,而当高浓度瓦斯消失后,元件在数小时内逐步恢复到原来值附件的现象。在这段时间内,元件的输出及零点是极不稳定的,它以较快的速率变化着,这是催化元件的一个缺点。激活现象一般都发生在元件工作一段时间后,并且作用的时间又较短,接触高浓度瓦斯时间一长,不仅不发生激活,还会使活性显著下降。

元件的激活特性是由于元件本身的结构及性质所引起的,可用下面两种方法来避免元件激活现象的发生:① 在仪器中采用两套检测元件,当检测低浓度时,用载体催化式元件;检测高浓度时,用热导式元件。② 采用断续供电的方法,即在设计测量电路时,使元件在遇到高浓度瓦斯能自动断电,元件停止工作,当浓度降到 5%以下时,再自动恢复供电,元件恢复工作。

6. 元件的寿命

催化元件的寿命是一项重要指标,它是指元件自出厂时起到其活性值(灵敏度)下降至某一确定值(国内一般规定为活性初始值的 50%)为止,这段时间即为元件的寿命。

影响元件寿命的因素有很多,除了元件本身质量原因外,工作环境对元件寿命影响较大,如瓦斯浓度大小、中毒性气体的存在情况等。导致元件的活性值下降、工作寿命缩短的原因,归结起来有以下几点:

(1) 催化剂被烧结挥发;

(2) 元件结构、形状发生变化;

(3) 元件中毒;

(4) 载体及催化剂化学组成发生变化等。一般来说,出现前两种情况,元件的活性一般不能恢复,出现后两种情况可以使元件活性得到一定程度的恢复。

此外,元件还有工作点与工作区间、广谱性、反应速度等特性。

(五) AZJ-81 型便携式瓦斯指示报警仪

应用热催化原理的瓦斯检定器种类繁多,其中最典型的是 AZJ-81 型便携式瓦斯指示报警仪,它是一种载体热催化式的电子型瓦斯检测仪器,它除了能够自动检测和指示矿井空气中的瓦斯含量外,还能在瓦斯浓度超极限时发出断续的声光报警信号,其检测的范围为0~5%CH₄,报警范围为 0.5%~3%CH₄。

1. 仪器的结构

仪器的外形结构如图 5-35 所示,其外壳采用工程塑料制造,呈扁长方体。整机为本质安全兼隔爆型结构。

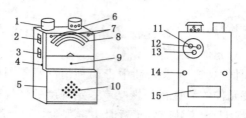

图 5-35　仪器的外形结构图

1——报警灯；2——电源开关；3——电压测量开关；4——充电插孔；5——面板；6——传感器；
7——电源指示发光二极管；8——表头；9——表头机械零点调整螺钉；10——蜂鸣器；11——电气零点调整电位器；
12——调整报警点电位器；13——调整满度电位器；14——后盖螺钉；15——铭牌

如图 5-35 所示，仪器的瓦斯检测室安设在仪器的顶部（见图中 6），它主要由检测元件、补偿元件和防爆网组成。气室属对流型的，防爆网为铜质冶金末烧结成的多孔结构。整个检测气室用带有通气孔和槽的塑料旋盖保护，旋盖的外面套有活动的塑料套圈，套圈上共有两排通气孔，上排为 2 个，下排为 8 个。与旋盖周围的 8 个通气孔槽相对应，在仪器的外壳顶部除装有传感器外，还装有报警用的红色报警灯。

仪器的内部分为上、下两部分，中间用隔板隔开。在上半部分的仪器正面装有表头 8。表盘上刻有 $0 \sim 5\% CH_4$ 的分度线和 $0 \sim 5$ V 的电压分度线，用以指示瓦斯浓度的数值，并兼作测量电源电压用。表头的前面用本色的透明有机玻璃防护，表盘的左右上角分别装有发光二极管 7。在仪器接通电源后，这两个二极管发光，用以指示电源的通电状态，并兼作表盘的照明装置。表头的后面是仪器的电路板，表头就安装在该电路板上，为了调节和校正表头的指示精度以及调整仪器的报警点，在整机外壳的正面设有表头指针的机械零位调零螺钉 9。在整机外壳的后面左上方设有表头指针的电气零点调整电位器 11、报警点调整电位器 12 和满度调整电位器 13。为了防止调整好的电位器被无故改变，上述 3 个电位器的调整螺钉平时用一个塑料盖板加以遮挡防护。

仪器的电源采用 3 节镉镍电池串联，正常工作电压为不低于 3.4 V。3 节电池被安放在仪器的下半部分，并在外壳的左边设有充电插孔 4。当电源电压下降到不足 3.4 V 时，可将仪器和专门配套使用的 CDQ-3 型充电器相连接，对电池进行充电，从而可以减少更换电池的次数。为了操作仪器，在外壳的左侧还设有电源开关 2 和电压检查测量开关 3。

仪器除设有光警报信号外，还设有声响报警信号装置，即蜂鸣器 10，也安装在仪器的下半部，并紧靠面板 5。

此外，为了便于携带和悬挂，保护仪器免遭污垢和机械损伤，仪器配备专用皮套，使用时应该将仪器放置于皮套中。

2. 仪器的工作原理

图 5-36 是 AZJ-81 型瓦斯指示报警仪的工作原理方框图，其整机电路由直流电源、稳压元件、测量单元、放大单元、比较触发单元、声光报警单元等部分组成。当被测瓦斯与传感器接触时，测量电桥即输出信号电压 U。经过由运算放大器组成的放大单元线性放大后，推动表头指示相应瓦斯浓度值。当瓦斯浓度达到和超过报警点时，相应的信号电压促使比较触发单元翻转，使声光报警单元中的振荡起振，产生一定频率的交变电压，推动报警灯和蜂鸣

器工作,同时发出闪光和音响两种报警信号。此外在电源开关接通后,两个红色的发光二极管亮,指示电源已经接通,若要检查电源电压,可闭合电压测量转换开关,利用表头读出电源电压值。

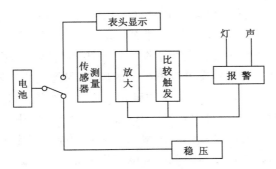

图 5-36　AZJ-81 型瓦斯指示报警仪的工作原理方框图

3. 仪器的使用

(1) 准备工作

使用前,首先应对仪器的电源进行充电。打开皮套侧边的按扣,将充电器(CDQ-3 型)的输出插头插入仪器的充电插孔,插入时应注意电源电压的正负极不能颠倒,然后按顺序打开仪器的电压测量开关和充电器的电源开关,这时仪器表头的指针应略有上升,充电器的发光二极管应亮,充电电流和充电时间可选择为 0.6 A、5 h 或 0.3 A、10 h,充电前若电池有残余容量,充电时间可以适当减少,但必须保证充电后电池带负载时的初始放电电压不低于 3.6 V,充电完毕后按顺序关闭充电器开关和仪器上的电压测量开关,然后拔出插头,仪器进入待用状态。

(2) 操作步骤

① 打开电源开关前,应查看表头指针是否指在零位,若偏离零位,可旋动机械零位调节螺钉,将指针调到零位。

② 打开电源开关,此时表头指针应有摆动,电源指示发光二极管亮。

③ 打开电源测量开关,检查电源电压是否充足。要求必须在带负载的情况下测量,电压应不低于 3.6 V。然后关闭电压测量开关,仪器即进入工作状态。经 20 min 预热后,在新鲜空气中观察表头指针的指示应为零,若有偏差时,可用小螺丝刀轻轻调节仪器背面的电气零点调整电仪器,使表头指示零点,此后即可用于测量。

④ 测量时,先将传感器上的防护盖旋转到工作位置,即八孔对八槽,然后用手将仪器的传感器部位举至待测点上,或是悬挂到待测点上,经十几秒的自然扩散,即可读出瓦斯浓度值。

⑤ 若要测量高顶瓦斯,可将传感器的防护盖旋转到人工吸气位置,即双孔对双孔,双孔分别接上带有接嘴的胶管和吸气球,然后把气嘴拧入气孔,接上吸气气泵,即可进行测量。

⑥ 若用标准气样校验仪器精度时,同样应将传感器的防护盖旋转到人工吸气位置。把气嘴拧入气孔,通气进行校验,若出现偏差可调节仪器背面的满度电位器进行修正。

(3) 报警点的调整

在调整好仪器的零点指示和完成精度校正后,用浓度等于报警点的气样通入传感器,待指针稳定在报警点的位置后,再调整仪器背面的报警点调整电位器,使之刚好报警,然后反复缓慢通气校验直到准确报警为止。

4. 注意事项

(1)仪器的电源一次充电后可连续工作 16 h 以上,因此每天工作结束时应检查电源带电压,若低于或接近于 3.4 V,应停止使用,准备充电。

(2)对仪器的零点、精度和报警点要定期进行校验和调整,一般每半个月一次。此外,及时擦拭、清理传感器防护盖的内部及仪器外部的煤尘,保持仪器通气性能良好。

(3)该种类型的仪器不适合在空气中的硫化氢和瓦斯浓度超过仪器允许值的场合使用。若硫化氢浓度超过仪器的允许值,必须加设过滤器后方可使用。

(4)合理地进行充、放电是保证仪器正常工作的首要条件。电源过放电除了影响测试还将缩短电池的使用寿命,同时还将造成电源电容量降低。

(5)仪器平时携带使用时,要防止猛烈的冲击和碰撞。

(6)仪器应固定专人使用和维护,严禁任意拆开仪器或旋动电位器。

思考题

1. 瓦斯基本特性有哪些?
2. 简述光干涉型瓦斯检定器的构造。
3. 光干涉型瓦斯检定器的工作原理是什么?
4. 简述如何使用光干涉型瓦斯检定器测定瓦斯浓度。
5. 热导型瓦斯检定器工作原理是什么?
6. 热催化型瓦斯检定器工作原理是什么?
7. 载体热催化元件的特性有哪些?

第九节　矿井瓦斯等级鉴定及煤与瓦斯突出鉴定

【本节思维导图】

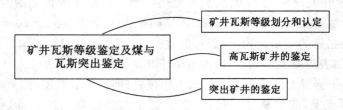

为进一步规范煤矿瓦斯等级鉴定工作,加强矿井瓦斯管理,预防瓦斯事故,保障职工生命安全,根据《安全生产法》《煤矿安全监察条例》《国务院关于预防煤矿生产安全事故的特别规定》《煤矿安全规程》等,国家煤矿安监局和国家能源局制定了《煤矿瓦斯等级鉴定办法》。

一、矿井瓦斯等级划分和认定

(一)矿井瓦斯等级划分

矿井瓦斯等级鉴定应当以独立生产系统的矿井为单位。矿井瓦斯等级应当依据实际测定的瓦斯涌出量、瓦斯涌出形式以及实际发生的瓦斯动力现象、实测的突出危险性参数等确定。

矿井瓦斯等级划分为：低瓦斯矿井、高瓦斯矿井、煤（岩）与瓦斯（二氧化碳）突出矿井（以下简称"突出矿井"）。

（二）矿井瓦斯等级认定

1. 突出矿井认定

在矿井的开拓、生产范围内有突出煤（岩）层的矿井为突出矿井。

有下列情形之一的煤（岩）层为突出煤（岩）层：

（1）发生过煤（岩）与瓦斯（二氧化碳）突出的；

（2）经鉴定或者认定具有煤（岩）与瓦斯（二氧化碳）突出危险的。

2. 高瓦斯矿井和低瓦斯矿井认定

非突出矿井具备下列情形之一的为高瓦斯矿井，否则为低瓦斯矿井：

（1）矿井相对瓦斯涌出量大于 $10\ m^3/t$；

（2）矿井绝对瓦斯涌出量大于 $40\ m^3/min$；

（3）矿井任一掘进工作面绝对瓦斯涌出量大于 $3\ m^3/min$；

（4）矿井任一采煤工作面绝对瓦斯涌出量大于 $5\ m^3/min$。

（三）矿井瓦斯等级鉴定周期

（1）低瓦斯矿井每 2 年应当进行一次高瓦斯矿井等级鉴定，高瓦斯、突出矿井应当每年测定和计算矿井、采区、工作面瓦斯（二氧化碳）涌出量，并报省级煤炭行业管理部门和煤矿安全监察机构。

经鉴定或者认定为突出矿井的，不得改定为非突出矿井。

（2）新建矿井在可行性研究阶段，应当依据地质勘探资料、所处矿区的地质资料和相邻矿井相关资料等，对井田范围内采掘工程可能揭露的所有平均厚度在 0.3 m 及以上的煤层进行突出危险性评估，评估结果应当在可研报告中表述清楚。

经评估为有突出危险煤层的新建矿井，建井期间应当对开采煤层及其他可能对采掘活动造成威胁的煤层进行突出危险性鉴定，鉴定工作应当在主要巷道进入煤层前开始。所有需要进行鉴定的新建矿井在建井期间，鉴定为突出煤层的应当及时提交鉴定报告，鉴定为非突出煤层的突出鉴定工作应当在矿井建设三期工程竣工前完成。

新建矿井在设计阶段应当按地勘资料、瓦斯涌出量预测结果、邻近矿井瓦斯等级、煤层突出危险性评估结果等综合预测瓦斯等级，作为矿井设计和建井期间井巷揭煤作业的依据。

（3）低瓦斯矿井应当在以下时间前进行并完成高瓦斯矿井等级鉴定工作：① 新建矿井投产验收；② 矿井生产能力核定完成；③ 改扩建矿井改扩建工程竣工；④ 新水平、新采区或开采新煤层的首采面回采满半年；⑤ 资源整合矿井整合完成。

（4）低瓦斯矿井生产过程中出现高瓦斯矿井认定条件的，煤矿企业应当立即认定该矿井为高瓦斯矿井，并报省级煤炭行业管理部门和省级煤矿安全监察机构。

（5）非突出矿井或者突出矿井的非突出煤层出现下列情况之一的，应当立即进行煤层突出危险性鉴定，或直接认定为突出煤层；鉴定完成前，应当按照突出煤层管理：

① 有瓦斯动力现象的；

② 煤层瓦斯压力达到或者超过 0.74 MPa 的；

③ 相邻矿井开采的同一煤层发生突出事故或者被鉴定、认定为突出煤层的。

直接认定为突出煤层或者按突出煤层管理的,煤矿企业应当报省级煤炭行业管理部门和煤矿安全监察机构。

(6) 除停产停建矿井和新建矿井外,矿井内根据(5)规定按突出管理的煤层,应当在确定按突出管理之日起 6 个月内完成该煤层的突出危险性鉴定,否则,直接认定为突出煤层。

原低瓦斯矿井经突出鉴定为非突出矿井的,还应当立即进行高瓦斯矿井等级鉴定。

开采同一煤层达到相邻矿井始突深度的不得定为非突出煤层。

(7) 矿井发生生产安全事故,经事故调查组分析确定为突出事故的,应当直接认定该煤层为突出煤层、矿井为突出矿井。

二、高瓦斯矿井的鉴定

高瓦斯矿井应该按照下面要求实施鉴定:

(1) 鉴定开始前应当编制鉴定工作方案,做好仪器准备、人员组织和分工、计划测定路线等。

(2) 鉴定应当根据当地气候条件选择在矿井绝对瓦斯涌出量最大的月份,且在矿井正常生产、建设时进行。

(3) 参数测定工作应当在鉴定月的上、中、下旬各取 1 天(间隔不少于 7 天),每天分 3 个班(或 4 个班)、每班 3 次进行。

(4) 鉴定时应当准确测定风量、甲烷浓度、二氧化碳浓度及温度、气压等参数,统计井下瓦斯抽采量、月产煤量,全面收集煤层瓦斯压力、瓦斯含量、动力现象及预兆、瓦斯喷出、邻近矿井瓦斯等级等资料。鉴定实测数据与最近 6 个月以来矿井安全监控系统的监测数据、通风报表和产量报表数据相差超过 10%的,应当分析原因,必要时应当重新测定。

(5) 测点应当布置在进、回风巷测风站(包括主要通风机风硐)内,如无测风站,则选取断面规整且无杂物堆积的一段平直巷道作测点。每一测定班应当在同一时间段的正常生产时间进行。

(6) 绝对瓦斯涌出量按矿井、采区和采掘工作面等分别计算,相对瓦斯涌出量按矿井、采区或采煤工作面计算。

(7) 高瓦斯矿井等级鉴定报告应当采用统一的表格格式,并包括以下主要内容:

① 矿井基本情况;

② 矿井瓦斯和二氧化碳测定基础数据表;

③ 矿井瓦斯和二氧化碳测定结果报告表;

④ 标注有测定地点的矿井通风系统示意图;

⑤ 矿井瓦斯来源分析;

⑥ 最近 5 年内矿井的煤尘爆炸性鉴定、煤层自然发火倾向性鉴定、最短发火期及瓦斯(煤尘)爆炸或燃烧等情况;

⑦ 瓦斯喷出及瓦斯动力现象情况;

⑧ 鉴定月份生产状况及鉴定结果简要分析或说明;

⑨ 鉴定单位和鉴定人员;

⑩ 煤矿瓦斯等级鉴定结果表。

三、突出矿井的鉴定

突出矿井应该按照下面要求实施鉴定：

（1）突出矿井鉴定应当首先根据实际发生的瓦斯动力现象进行，当由瓦斯动力现象特征不能确定为煤与瓦斯突出或者没有发生瓦斯动力现象时，应当采用实际测定的突出危险性指标进行鉴定。

（2）煤层初次发生瓦斯动力现象的，煤矿应当详细记录瓦斯动力现象的基本特征或保留现场，及时检测并记录瓦斯动力现象影响区域的瓦斯浓度、风量及其变化、抛出的煤（岩）量等情况，并委托鉴定机构开展鉴定工作；或直接认定为突出煤层。

鉴定机构接受委托后，应当指派至少 2 名本机构专业技术人员（其中至少 1 名具有高级职称）进行现场勘测并核实有关资料。

（3）以瓦斯动力现象特征为主要依据进行鉴定的，应当将现场勘测情况与煤与瓦斯突出的基本特征进行对比，当瓦斯动力现象特征基本符合以下的特征时，该瓦斯动力现象为煤与瓦斯突出。

① 突出的基本特征：a. 突出的煤向外抛出的距离较远，具有分选现象；b. 抛出煤的堆积角小于自然安息角；c. 抛出煤的破碎程度较高，含有大量碎煤和一定数量手捻无粒感的煤粉；d. 有明显的动力效应，如破坏支架，推倒矿车，损坏或移动安装在巷道内的设施等；e. 有大量的瓦斯涌出，瓦斯涌出量远远超过突出煤的瓦斯含量，有时会使风流逆转；f. 突出孔洞呈口小腔大的梨形、舌形、倒瓶形、分岔形或其他形状。

② 压出的基本特征：a. 压出有两种形式，即煤的整体位移和煤有一定距离的抛出，但位移和抛出的距离都较小；b. 压出后，在煤层与顶板之间的裂隙中常留有细煤粉，整体位移的煤体上有大量的裂隙；c.压出的煤呈块状，无分选现象；d. 巷道瓦斯涌出量增大，抛出煤的吨煤瓦斯涌出量大于 30 m³/t；e.压出可能无孔洞或呈口大腔小的楔形、半圆形孔洞。

③ 倾出的基本特征：a. 倾出的煤按自然安息角堆积、无分选现象；b. 倾出的孔洞多为口大腔小，孔洞轴线沿煤层倾斜或铅锤（厚煤层）方向发展；c. 无明显动力效应；d. 常发生在煤质松软的急倾斜煤层中；e.巷道瓦斯涌出量明显增加，抛出煤的吨煤瓦斯涌出量大于 30 m³/t。

（4）采用煤层突出危险性指标进行突出煤层鉴定的，应当将实际测定的原始煤层瓦斯压力（相对压力）、煤的坚固性系数、煤的破坏类型、煤的瓦斯放散初速度作为鉴定依据。

全部指标均符合下表所列条件的或打钻过程中发生喷孔、顶钻等突出预兆的，鉴定为突出煤层。否则，煤层的突出危险性可由鉴定机构结合直接法测定的原始瓦斯含量等实际情况综合分析确定，但当 $f \leqslant 0.3$、$p \geqslant 0.74$ MPa，或 $0.3 < f \leqslant 0.5$、$p \geqslant 1.0$ MPa，或 $0.5 < f \leqslant 0.8$、$p \geqslant 1.50$ MPa，或 $p \geqslant 2.0$ MPa 的，一般鉴定为突出煤层。煤层突出危险性鉴定指标如表 5-13 所列。

表 5-13　　　　　　　　　　　煤层突出危险性鉴定指标

判定指标	煤的破坏类型	瓦斯放散初速度 Δp	煤的坚固性系数 f	煤层原始瓦斯压力（相对）p/MPa
有突出危险的临界值及范围	Ⅲ、Ⅳ、Ⅴ	$\geqslant 10$	$\leqslant 0.5$	$\geqslant 0.74$

确定为非突出煤层时,应当在鉴定报告中明确划定鉴定的范围。当采掘工程进入鉴定范围以外的,应当经常性测定瓦斯压力、瓦斯含量及其与突出危险性相关的参数,掌握瓦斯动态。但若是根据"一、矿井瓦斯等级划分和认定"中"(三)矿井瓦斯等级鉴定周期"之(5)的规定进行的突出煤层鉴定确定为非突出煤层的,在开拓新水平、新采区或采深增加超过50 m,或者进入新的地质单元时,应当重新进行突出煤层鉴定。

(5)采用(4)进行突出煤层鉴定的,还应当符合下列要求:

① 鉴定前应当制定鉴定工作方案;

② 煤层瓦斯压力测定地点应当位于未受采动及抽采影响区域;

③ 突出危险性指标数据应当为实际测定数据;

④ 具备施工穿层钻孔测定瓦斯压力条件的,应当优先选择穿层钻孔;测点布置应当能有效代表待鉴定范围的突出危险性,且应当按照不同的地质单元分别布置,测点分布和数量根据煤层范围大小、地质构造复杂程度等确定,但同一地质单元内沿煤层走向测点不应少于2个、沿倾向不应少于3个,并应当在埋深最大及标高最低的开拓工程部位布置有测点;

⑤ 用于瓦斯放散初速度和煤的坚固性系数测定的煤样,应当具有代表性,取样地点应当不少于3个。当有软分层时,应当采取软分层煤样;

⑥ 各指标值取鉴定煤层各测点的最高煤层破坏类型、煤的最小坚固性系数、最大瓦斯放散初速度和最大瓦斯压力值;

⑦ 所有指标测试应当严格执行相关标准。

(6)当鉴定为非突出煤层时,应当充分考虑测点分布、地质单元、瓦斯赋存规律、地质构造分布、采区边界、开拓标高、采掘部署等因素,合理划定鉴定范围。

(7)鉴定报告应当对被鉴定矿井、煤层给出明确的结论,并包括鉴定证书、鉴定说明书和附件三部分。鉴定证书以表格形式列出被鉴定矿井及煤层名称、鉴定依据、关键测定参数、鉴定结论(含范围)、鉴定机构、鉴定日期、鉴定人员签字。

鉴定说明书中应当包含矿井概况、瓦斯动力现象发生情况或煤层突出危险性指标测定情况及测定结果可靠性分析、确定是否为突出矿井(煤层)的主要依据及鉴定结论、应当采取的措施及管理建议。采用突出危险性指标鉴定时还应当包含瓦斯参数测点、煤样取样点布置图、关键瓦斯压力上升曲线图、鉴定范围图等。

采用突出危险性指标鉴定时,附件应当含有仪器仪表检定证书、突出危险性指标实验测试报告等。

(8)煤与二氧化碳突出煤层的鉴定参照煤与瓦斯突出煤层的鉴定方法进行。

岩石与二氧化碳(瓦斯)突出岩层的鉴定依据为实际发生的动力现象,当动力现象具有如下基本特征时,应当确定为岩石与二氧化碳(瓦斯)突出岩层:

① 在炸药直接作用范围外,发生破碎岩石被抛出现象;

② 抛出的岩石中,含有大量的砂粒和粉尘;

③ 产生明显动力效应;

④ 巷道二氧化碳(瓦斯)涌出量明显增大;

⑤ 在岩体中形成孔洞;

⑥ 岩层松软,呈片状、碎屑状,岩芯呈凹凸片状,并具有较大的孔隙率和二氧化碳(瓦斯)含量。

思考题

1. 矿井瓦斯等级如何划分的？
2. 矿井瓦斯等级如何认定的？
3. 高瓦斯矿井如何鉴定？
4. 突出矿井如何鉴定？

第六章　矿井通风阻力检测

☞ **教学目的**

1. 了解通风阻力测试相关仪器；
2. 掌握通风阻力测定方法及操作程序；
3. 学会通风阻力数据计算。

☞ **教学重点**

1. 矿井通风阻力测定方法及操作程序；
2. 通风阻力数据计算。

☞ **教学难点**

1. 矿井通风阻力测定方法；
2. 通风阻力数据处理。

　　风流必须具有一定的能量，用以克服井巷对风流所呈现的通风阻力。通常矿井通风阻力分为摩擦阻力与局部阻力两类，它们与风流的流动状态有关。一般情况下，摩擦阻力是矿井通风总阻力的主要组成部分。

　　井巷风阻是反映井巷通风特性的重要参数。通风阻力测算的直接目的是标定井巷的标准摩擦风阻值和标准摩擦阻力系数值，并把它们汇编成册，作为通风技术管理的基础资料。在矿井通风系统优化工作中，井巷风阻是最重要的参数之一。矿井井巷摩擦风阻的测定是通过摩擦阻力的测定来进行的，因此，矿井通风摩擦阻力的测定工作是矿井通风系统优化工作必不可少的工作。

　　通过矿井摩擦阻力的测算，可以掌握矿井阻力分配状况、通风网络效率、各矿井主要通风机装置的工况点、运行效率及矿井通风能耗，论证矿井通风系统的技术经济合理性，为是否要进行系统的优化改造提供理论依据。以井巷风阻作为基础参数，才能解算矿井通风网络、设计优化矿井通风网络和优选主要通风机装置，给出一个最优的矿井通风系统。此外，通过矿井通风阻力测定还可为矿井均压法控制火灾提供必需的基础资料，为拟定发生事故时的风流控制方法提供必要的参数等。

第一节　自 然 风 压

【本节思维导图】

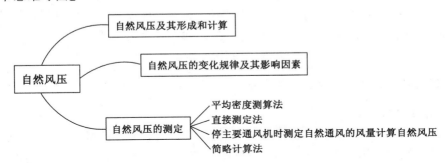

一、自然风压及其形成和计算

（一）自然风压与自然通风

图 6-1 为一个简化的矿井通风系统,2—3 为水平巷道,0—5 为通过系统最高点的水平线。如果把地表大气视为断面无限大、风阻为零的假想风路,则通风系统可视为一个闭合的回路。在冬季,由于空气柱 0—1—2 比 5—4—3 的平均温度较低,平均空气密度较大,导致两空气柱作用在 2—3 水平面上的重力不等。其重力之差就是该系统的自然风压,它使空气源源不断地从井口 1 流入,从井口 5 流出。在夏季时,若空气柱 5—4—3 比 0—1—2 温度低,平均密度大,则系统产生的自然风压方向与冬季相反。地面空气从井口 5 流入,从井口1 流出。这种由自然因素作用而形成的通风叫自然通风。

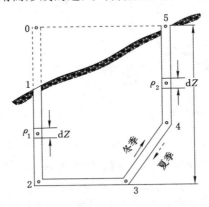

图 6-1　简化矿井通风系统

（二）自然风压的计算

由上述例子可见,在一个有高差的闭合回路中,只要两侧有高差巷道中空气的温度或密度不等,则该回路就会产生自然风压。根据自然风压定义,图 6-1 所示系统的自然风 h_N 可用下式计算

$$h_N = \int_0^2 \rho_1 g dZ - \int_3^5 \rho_2 g dZ \tag{6-1}$$

式中　Z——矿井最高点至最低水平间的距离，m；

　　　g——重力加速度，m/s^2；

　　　ρ_1,ρ_2——分别为 0—1—2 和 5—4—3 井巷中 dZ 段空气密度，kg/m^3。

由于空气密度受多种因素影响，与高度 Z 成复杂的函数关系。因此利用式(6-1)计算自然风压较为困难。为了简化计算，一般采用测算出的 0—1—2 和 5—4—3 井巷中空气密度的平均值 ρ_{m1} 和 ρ_{m2} 分别代替式(6-1)中的 ρ_1 和 ρ_2 则式(6-1)可写为

$$h_N = Zg(\rho_{m1} - \rho_{m2}) \tag{6-2}$$

二、自然风压的变化规律及其影响因素

(一)自然风压的变化规律

自然风压的大小和方向，主要受地面空气温度变化的影响。根据实测资料可知，由于风流与围岩的热交换作用使机械通风的回风井中一年四季中气温变化不大，而地面进风井中气温则随季节变化，两者综合作用的结果，导致一年中自然风压随季节发生周期性的变化。例如在冬季，地面气温很低，空气柱 1—2 比空气柱 5—3 重，风流由 1 流向 2，经出风井排至地面；夏季，地面气温高于井筒 3—4 内的平均气温，使风流由 2—1 排出。而在春秋季节，地面气温与井筒内空气柱的平均气温相差不大，自然风压很小，因此，将造成井下风流的停滞现象。在一些山区，由于地面气温在一昼夜之内也有较大变化，所以自然风压也会随之发生变化，夜晚，1—2 段进风；午间，2—1 段出风。

图 6-2 和图 6-3 分别为浅井和我国北部地区深井的自然风压随季节变化的情形。可以看出，对于浅井，夏季的自然风压出现负值；而对于我国北部地区的一些深井，全年的自然风压都为正值。

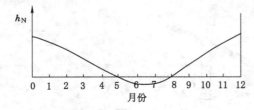

图 6-2　浅井自然风压示意图

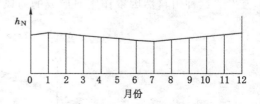

图 6-3　深井自然风压示意图

(二)自然风压的影响因素

由式(6-1)可见，影响自然风压的决定性因素是两侧空气柱的密度差，而空气密度除了受温度 T 的影响，还受大气压力 p、气体常数 R 和相对湿度 φ 等因素影响。

(1)矿井某一回路中两侧空气柱的温差是影响 h_N 的主要因素。影响气温差的主要因素是地面入风气温和风流与围岩的热交换。其影响程度随矿井的开拓方式、采深、地形和地理位置的不同而有所不同。

(2)空气成分和湿度影响空气的密度，因而对自然风压也有一定影响，但影响较小。

(3)井深也是一影响因素。由式(6-2)可见，当两侧空气柱温差一定时，自然风压与矿井或回路最高与最低点(水平)间的高差 Z 成正比。

(4)主要通风机工作时对自然风压的大小和方向也有一定影响。因为矿井主要通风机工作决定了主风流的方向，加之风流与围岩的热交换，使冬季回风井气温高于进风井，在进

风井周围形成了冷却带以后。即使通风机停转或通风系统改变,这两个井筒之间在一定时期内仍有一定的气温差,从而仍有一定的自然风压起作用。有时甚至会干扰通风系统改变后的正常通风工作,这在建井时期表现尤其明显。如淮南潘一矿及浙江长广一号井在建井期间改变通风系统时都曾遇到这个问题。

三、自然风压的测定

在矿井通风设计、日常通风管理和通风系统调整中,为了明确地考察自然风压的影响,必须对自然风压进行定量分析,为此需要掌握自然风压的测算方法。

(1) 平均密度测算法

自然风压可根据式(6-2)进行测算,某矿测点自然风压测点布置如图6-4所示。

为了测定通风系统的自然风压,以最低水平为基准面(线),将通风系统分为两个高度均为 Z 的空气柱,一个称之为进风空气柱,一个称之为回风空气柱(有时也含有部分进风段)。为了准确求得高度 Z 内空气柱的平均密度,应在密度变化较大的地方,如井口、井底、倾斜巷道的上下端及风温变化较大和边坡的地方布置测点,并在较短的时间内测出各点风流的

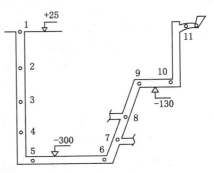

图 6-4　某矿测点自然风压测点布置图

绝对静压 p、干湿温度 t_d、t_w、湿度。两测点间高差不宜超过 100 m(以 50 m 为宜)。若各测点间高差相等,可用算术平均法求各点密度的平均值,即

$$\rho_m = \frac{1}{n} \sum_{i=1}^{n} \rho_i \tag{6-3}$$

若高差不等,则按高度加权平均求其平均值,即

$$\rho_m = \frac{1}{Z} \sum_{i=1}^{n} Z_i \rho_i \tag{6-4}$$

式中　ρ_i——i 测段的平均空气密度,kg/m³;

Z_i——i 测段高差,m;

Z——总高差,m;

n——测段数。

此方法一般配合矿井通风阻力测定进行,也是目前普遍使用的方法。

(2) 直接测定法

当主要通风机的风硐中安有闸门且水柱计安装在闸门靠井筒一侧时,通风机停止运转后放下闸门,水柱计示值即是通风系统的自然风压。也可采用在通风系统的总进风或总回风系统某处设置密闭墙隔断总风流,用压差计测出密闭墙两侧的压差,此值即为该回路的自然风压。这种测算要求密闭墙尽可能严密,否则读数偏低。密闭墙的位置可以任意选定,但要能完全隔断总风流。

应用上述方法测定时既要等风流停滞(停风后等待 10~15 min),又要动作迅速,防止因停风时间过长,空气的密度发生变化,影响测定精度。

(3) 停主要通风机时测定自然通风的风量计算自然风压

利用正常通风时通风系统参数计算出通风系统的总风阻 R,停运风机时测定系统的总进(或回)风量,则通风系统的自然风压为

$$h_N = RQ^2 \qquad (6\text{-}5)$$

（4）简略计算法

对于新设计或延伸、扩建矿井的自然风压仍可用式(6-2)计算,但式中两侧空气柱平均密度值需进行估算。由气体状态方程近似可得

$$\rho_{m1} = \frac{p}{RT_{m1}}, \rho_{m2} = \frac{p}{RT_{m2}} \qquad (6\text{-}6)$$

式中　p——矿井最高点与最低水平间的平均气压,Pa;

　　　T_{m1},T_{m2}——分别为进、回风侧空气柱的平均气温,K;

　　　R——空气的气体常数,J/(kg·K)。

将(6-6)带入(6-2),则得

$$h_N = gZ\frac{p}{R}\left(\frac{1}{T_{m1}} - \frac{1}{T_{m2}}\right) \qquad (6\text{-}7)$$

T_{m1}、T_{m2} 可参考本矿或附近矿井的资料确定,也可按下述方法估算:

① 以该地区最冷或最热月份的月平均气温作为该矿最冷或最热时期入风井口气温;

② 井底气温可按比该处原岩温度低 3~4 ℃考虑;

③ 回风井风流温度按每上升 100 m 降低 1 ℃估算平均值。

若专门考察矿井的自然风压而进行测定,其测定时间应选择在冬季最冷或夏季最热以及春、秋有代表性的月份,一个回路的测定时间应尽量短,并选择在地面气温变化较小的时间内进行。

思考题

1. 自然风压是怎样产生的? 进、排风井井口标高相同的井巷系统内是否会产生自然风压?

2. 何谓空气的静压,它是怎样产生的? 说明其物理意义和单位。

3. 影响自然风压大小和方向的主要因素是什么?

4. 能否用人为的方法产生或增加自然风压?

第二节　井巷通风阻力

【本节思维导图】

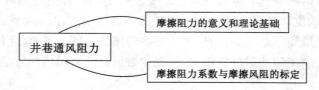

一、摩擦阻力的意义和理论基础

风流在井巷中做均匀流动时,沿程受到井巷固定壁面的限制,引起内外摩擦而产生的阻

力称做摩擦阻力。所谓均匀流动是指风流沿程的速度和方向都不变,而且各断面上的速度分布相同。流态不同的风流,摩擦阻力 h_{fr} 的产生情况和大小也不同。

前人实验得出水流在圆管中的沿程阻力公式为

$$h_{fr} = \frac{\lambda \rho L V^2}{2d} \tag{6-8}$$

式中 λ——实验比例系数,无因次;

ρ——水流的密度,kg/m^3;

L——圆管的长度,m;

d——圆管的直径,m;

V——圆管内水流的平均速度,m/s。

上式是矿井风流摩擦阻力计算式的基础,它对于不同流态的风流都能应用,只是流态不同时,式中 λ 的实验表达式不同。

又据前人在壁面能分别胶结各种粗细砂粒的圆管中,实验得出流态不同的水流,λ 系数和管壁的粗糙度、Re 的关系。实验是用管壁平均突起的高度(即砂粒的平均直径)$k(m)$ 和管道的直径 $d(m)$ 之比来表示管壁的相对光滑度,并用阀门不断改变管内水流的速度,实验结果表明:

(1) 在 $\lg Re \leqslant 3.3$(即 $Re \leqslant 2\,000$)时,即当流体做层流运动时,相对光滑度不同的所有实验点都分布于其上,λ 随 Re 的增加而减少,且与管道的相对光滑度无关,此时 λ 与 Re 的关系式为

$$\lambda = 64/Re \tag{6-9}$$

(2) 在 $3.3 < \lg Re < 5.0$(即 $2\,000 < Re < 100\,000$)的范围内,即当流体由层流到紊流再到完全紊流的中间过渡状态时,λ 系数既与 Re 有关,又与管壁的相对光滑度有关。

(3) 在 $\lg Re \geqslant 5.0$(即 $Re \geqslant 100\,000$ 以上),即当流体作完全紊流状态流动时,λ 系数与 Re 无关,只与管壁的相对光滑度有关,管壁的相对光滑度越大,λ 值越小。其实验式为

$$\lambda = \frac{1}{\left(1.74 + \lg \dfrac{d}{k}\right)^2} \tag{6-10}$$

(一) 完全紊流状态下的摩擦阻力定律

井下多数风流属于完全紊流状态,完全紊流状态下的摩擦阻力 h_{fr} 为

$$h_{fr} = \frac{\lambda \rho L U v^2}{8S} \tag{6-11}$$

式中 U——井巷周界,m;

S——井巷断面积,m^2。

因矿井空气密度 ρ 变化不大,而且对于尺度和支护已定型的井巷,其壁面的相对光滑度是定值,则在完全紊流状态下,λ 值是常数。故把上式中的 $\dfrac{\lambda \rho}{8}$ 用一个系数 α 来表示,即

$$\alpha = \frac{\lambda \rho}{8} \tag{6-12}$$

式中 α——摩擦阻力系数,$N \cdot s^2/m^4$ 或 kg/m^3。在完全紊流状态下,井巷的 α 值只受 λ、γ 或 ρ 的影响;对于尺寸和支护已定型的井巷,α 值只与 γ 或 ρ 成正比。

将式(6-12)代入式(6-11),得

$$h_{fr} = \frac{\alpha L U v^2}{S} \tag{6-13}$$

若通过井巷的风量为 $Q(m^3/s)$,则 $v=Q/S$,代入上式,得

$$h_{fr} = \frac{\alpha L U Q^2}{S^3} \tag{6-14}$$

式(6-13)与(6-14)都是完全紊流状态下摩擦阻力的计算式。只要知道井巷的 α、L、U、S 各值和其中风流的 Q 或 v 值,便可用上式计算出摩擦阻力。

对于已定型的井巷,L、U 和 S 等各项都为已知数,α 值只和 ρ 成正比。故把上式中的 $\frac{\alpha L U}{S^3}$ 项用符号 R_{fr} 来表示,即

$$R_{fr} = \frac{\alpha L U}{S^3} \tag{6-15}$$

式中 R_{fr}——井巷的摩擦风阻,$N \cdot s^2/m^8$ 或 kg/m^7。它反映了井巷的特征。它只受 α 和 L、U、S 的影响,对于已定型井巷,只受 ρ 的影响。

将式(6-15)代入式(6-14),得

$$h_{fr} = R_{fr} Q^2 \tag{6-16}$$

式(6-16)就是风流在完全紊流状态下的摩擦阻力定律。当摩擦风阻一定时,摩擦阻力和风量的平方成正比。

(二)层流状态下的摩擦阻力定律

在层流状态下摩擦阻力有

$$h_{fr} = \frac{2v\rho L U^2 v}{S^2} \tag{6-17}$$

将 $v=Q/S$ 代入上式,得

$$h_{fr} = \frac{2v\rho L U^2 Q}{S^3} \tag{6-18}$$

用一个符号 α 代表上式中的 $2v\rho$,则

$$\alpha = 2v\rho \tag{6-19}$$

式中 α——层流状态下的摩擦阻力系数,$N \cdot s/m^2$ 或 $kg/(s \cdot m)$。

将式(6-19)代入式(6-18)得,

$$h_{fr} = \frac{\alpha L U^2 Q}{S^3} \tag{6-20}$$

用一个符号 R_{fr} 代表上式中的 $\frac{\alpha L U^2}{S^3}$,即

$$R_{fr} = \frac{\alpha L U^2}{S^3} \tag{6-21}$$

式中 R_{fr}——层流状态下的摩擦风阻,$N \cdot s^2/m^8$ 或 kg/m^7。

将式(6-21)代入式(6-20),得

$$h_{fr} = R_{fr} \cdot Q \tag{6-22}$$

以上(6-19)、(6-20)、(6-21)和(6-22)都和完全紊流状态下相应的公式不同,式(6-22)就是风流在层流状态下的摩擦阻力定律。即 R_{fr} 一定时,h_{fr} 和 Q 的一次方成正比。

（三）降低摩擦阻力的措施

降低矿井通风阻力,在安全(管理自然发火和瓦斯)和经济(减少通风电费)方面都有重要意义。摩擦阻力是矿井通风阻力的主要组成部分,故要以降低摩擦阻力为重点。根据式(6-14)可知,要降低摩擦阻力须从以下几个方面来考虑:

(1) 降低摩擦阻力系数。

(2) 扩大巷道断面。因巷道周界与断面的 1/2 次方成正比,把这个关系引入式(6-14),便知摩擦阻力和断面的 2.5 次方成反比。即断面的扩大,会使摩擦阻力显著减少。因此,扩大巷道断面是降低摩擦阻力的主要措施。改造通风困难的矿井,几乎都采用这种措施,例如把某些总回风道的断面扩大;必要时,甚至开掘并联巷道。在通风设计工作上,要根据使用年限、开掘费、维护费和通风电费等因素,选定主要回风道和总回风道的经济断面(即总费用最小的断面)。

(3) 选用周界较小的井巷。井巷的周界与摩擦阻力成正比,在断面相同的条件下,以圆形断面的周长为最小,拱形次之,梯形最大。故井筒要采用圆形断面,主要巷道要采用拱形断面;只有采区内的服务期限不长的巷道可采用梯形断面。

(4) 缩短风路的长度。因巷道的长度和摩擦阻力成正比,进行通风系统设计时,在满足开采需要的条件下,要尽可能缩短风路的长度。例如,中央并列式通风系统的阻力过大时,可改为两翼式通风系统,以缩短回风路线。

(5) 避免巷道内风量过大。摩擦阻力与风量的平方成正比。巷道内的风量如果过大,摩擦阻力就会大大增加。因此,要尽可能使矿井的总进风早分开,总回风晚汇合,即风流"早分晚合"。

二、摩擦阻力系数与摩擦风阻的标定

矿井通风摩擦阻力系数和摩擦风阻的标定可以通过全矿阻力测量得到,但也可以通过其他标定方法得到。矿井通风阻力包括井巷摩擦阻力和局部阻力。实际工作中一般只测算摩擦阻力,局部阻力根据实际情况大约按摩擦阻力的 10% 估计。

（一）补充标定摩擦阻力系数 α 和摩擦风阻 R

对于生产矿井,通风技术管理部门一般都进行过若干次的摩擦阻力测算和阻力系数与风阻的标定工作。在确信已标定的通风井巷的井巷风阻和阻力系数数值准确的前提下,这些数值可以作为矿井通风系统优化工作的依据。对于那些未标定的井巷和几何形状、支护形式以及风流流态等影响阻力系数的因素已发生变化的井巷,进行补充标定,而不必进行全矿性阻力测量。全部井巷的阻力系数和风阻值均有了标定值以后,可选择两条通风路线,只测量风量,再计算矿井通风总阻力,如果两条路线的闭合误差在允许值范围之内,则标定值可靠。

（二）全矿典型巷道阻力测算

典型巷道阻力测算是将矿井巷道依通风阻力特性分为若干类,然后在每一类巷道中选择一段典型巷道,测定其阻力、几何参数和风量。据式(6-14)、式(6-15),有

$$h_{\mathrm{m}} = \frac{\alpha L U}{S^3} Q^2 = R_{\mathrm{m}} Q^2$$

即

$$\alpha = \frac{h_{\mathrm{m}}S^3}{LUQ^2} \qquad (6-23)$$

计算出摩擦阻力系数 α 和摩擦风阻 R_{m}，作为该类巷道的摩擦阻力系数和摩擦风阻值。

为校验摩擦阻力系数和摩擦风阻标定值的正确性，选择两条通风路线，只进行风量测定，再计算通风阻力及矿井总阻力，进行闭合计算，如果闭合误差在允许值范围内，则标定可靠。

（三）全矿井井巷摩擦阻力系数及摩擦风阻的标定

对于未进行过矿井井巷摩擦风阻标定的矿井，应通过全矿性阻力测定来标定各通风井巷的摩擦阻力系数和摩擦风阻值。

全矿性阻力测定的测量范围主要分为三类：

（1）从通风系统的进风井口至回风井口测量一条主干风路；

（2）对通风系统内的每一条分支巷道进行测量；

（3）对通风系统中每一个巷道交叉点进行测量。

思考题

1. 摩擦阻力系数与哪些因素有关？

2. 摩擦阻力与摩擦风阻有何区别？

3. 局部阻力是如何产生的？

4. 降低摩擦阻力和局部阻力采用的措施有哪些？

第三节　矿井通风阻力测定基础

【本节思维导图】

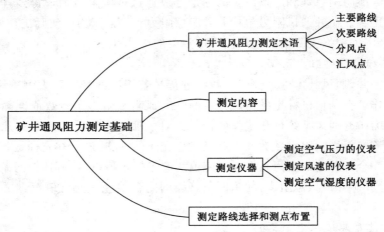

矿井通风阻力是依据《矿井通风阻力测定方法》(MT/T 440—2008)进行测定。

一、矿井通风阻力测定术语

（1）主要路线

测定矿井通风阻力时所选定的从进风井口，经进风井、进风大巷、采区（盘区）、回风大巷、回风井至风硐的通风路线。

（2）次要路线

测定矿井通风阻力时，所选定的除主要路线外的通风路线。

（3）分风点

在通风系统图中风流从一条巷道进入多条巷道的节点。

（4）汇风点

在通风系统图中风流从多条巷道进入一条巷道的节点。

二、测定内容

矿井通风阻力测定即矿井各井巷的通风阻力（摩擦阻力和局部阻力之和）测定，有时也单指矿井最大通风阻力路线的阻力测定。测定参数包括：测点的静压、测点的标高、干温度、湿温度、风速、测点间长度、井巷断面面积、周长等通风参数，以及风门两端静压差。

三、测定仪器

（一）测定空气压力的仪表

1. 空盒压差计

图6-5为空盒气压计工作原理示意图。它主要是由感受压力的波纹真空膜盒1、传动机构2、指针3及刻度盘组成。空气压力发生变化时，膜盒收缩或膨胀，产生轴向变形，通过拉杆和传动机构2使指针偏转，指示空气压力值。其测压范围一般为 80 000～108 000 Pa。

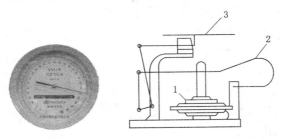

图 6-5　空盒气压计工作原理图

1——波纹真空膜盒；2——传动机构；3——指针

使用时，气压计水平放在测点处，并轻轻敲击仪器外壳，以消除传动机构的摩擦误差；由于该仪器有滞后现象，因此在测压地点一般要放置 3～5 min（从一点移到另一点，若两点压差为 2 668～5 337 Pa，则需放置 20 min）方可读数；读数时，视线与刻度盘平面保持垂直。

为了提高测定精度，读数值应按厂方提供校正表（或曲线）进行刻度、温度和补偿校正。每台仪器出厂检定书中均附有这三个校正值。其中温度校正值 P_t 用下式计算

$$P_t = \Delta P_t \cdot t \qquad (6\text{-}24)$$

式中　P_t——温度校正值，Pa；

ΔP_t——温度变化 1 ℃时的气压校正值，Pa/℃；

t——读数时仪器所在的环境温度，℃。

2. 精密气压计

外形说明如图 6-6 所示。

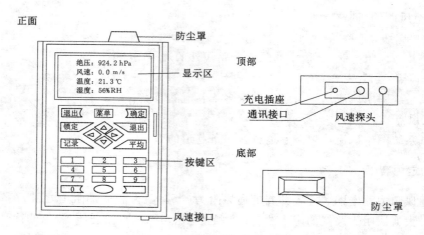

图 6-6　精密气压计外形说明

3. U 形压差计

U 形压差计(称 U 形水柱计)如图 6-7 所示,分为垂直型和倾斜型两类。U 形压差计是把一根等直径的玻璃管弯成 U 形,装入蒸馏水或酒精,中间放置一个刻度尺。测压前,U 形管的两个液面处于同一水平。测压时,在压差作用下,较大压力液面下降,较小压力液面上升,U 形压差计两端压差为

$$h = \rho g L \sin \alpha \tag{6-25}$$

式中　α——U 形管倾斜的角度,垂直 U 形压差计倾角 $\alpha=90°$;

　　　h——两液面垂直高差(即压差),Pa;

　　　L——两液柱面长度差,mm;

　　　ρ——液体密度,kg/m³。

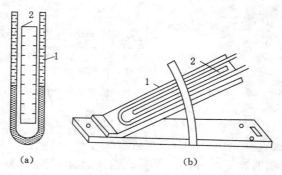

(a)　　　　　　　　　　(b)

图 6-7　U 形压差计

(a) 垂直型;(b) 倾斜型

1——U 形玻璃管;2——刻度尺

4. 倾斜压差计

(1) 工作原理

YYT-2000B 倾斜式微压计是一种可见液体弯面的多测量范围液体压力计,原理示意如图 6-8 所示,当测量正压时,需要测量压力和宽广容器相连通,而当测量负压时则与倾斜管

相连通,测量压差,则把较高的压力和宽广容器接通,较低的压力和倾斜管接通。

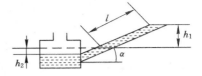

图 6-8　原理示意图

设在所测压力的作用下,与水平线之间有倾斜角度 α 的管子内的工作液体在垂直方向上升高度 h_1,在宽广容器内的液面下降 h_2,则在仪器内工作液体面的高度差为

$$h = h_1 + h_2 \tag{6-26}$$

其中,

$$h_1 = n\sin\alpha \tag{6-27}$$

设 F_1 为管子的截面积,F_2 为正压容器的截面积,于是

$$nF_1 = F_2h_2 \tag{6-28}$$

也就是在倾斜管内所增加的液体体积 nF_1 等于宽广容器内所减少的液体体积 F_2h_2。

把式(6-27)和式(6-28)所算出的 h_1 及 h_2 的数值代入式(6-26)中,可得到

$$h = n(\sin\alpha + F_1/F_2) \tag{6-29}$$

$$p = h\rho = n\rho(\sin\alpha + F_1/F_2) \tag{6-30}$$

式中　p——所测压力,mmH_2O;

　　　n——倾斜管上的度,mm;

　　　ρ——工作液体的密度,g/cm^3。

(2)仪器结构

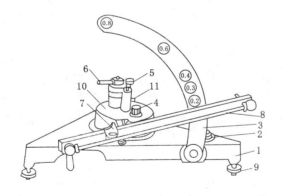

图 6-9　YYT-2000B 倾斜式微压计

1——底板;2——水准指示器;3——弧形板;4——加液盖;5——零位调整旋钮;6——转向阀门;

7——游标;8——倾斜测量管;9——定位螺钉;10——正压容器;11——多项阀门

YYT-2000B 倾斜式微压计是测量管倾斜角度可以变更的压力计,它的结构如图 6-9 所示,在正压容器中内装有工作液体(95%酒精),与它相连的是倾斜测量管 8,在倾斜测量管上标有长度为 255 mm 的刻度,正压容器固定在有两个水准调节机脚和一只固定机脚上,水准指示器 2 固定在底板 1 上,底板侧面还装着弧形板支架 3,用它可以把倾斜测量管固定在 5 个不同倾斜角度的测量上限值,弧形金属板上的数字 0.2、0.3、0.4、0.6、0.8 表示常数因子 $[\rho(\sin\alpha + F_1/F_2)]$ 的数值。

把工作液体的液面调整到零点,用手动旋钮调整零位,原理是调节浮筒浸入工作液面体的深度,来改变正压容器内酒精的液面高度,从而将测量管内的液面调整到零点位置。

在正压容器上装有阀门6,旋转阀门可以使被测压力与容器相通,或与测量管相通。

仪器水准位置调整,可目测安装在底板上的水准指示器,用底板下面左、右两个机脚手动调节螺纹来调整仪器水平。

(3)仪器的使用

① 使用时将仪器从箱内取出,放置在平稳且无振动的工作台上,调整仪器底板左、右两个水准调节机脚,使仪器处于水平位置,将倾斜测量管按测量值固定在弧形板上相应的常数因子数值上。

② 旋开正力容器上的加液盖,缓慢加入密度为 0.810 g/cm³(浓度 95%)的酒精,使其液面在倾斜测量管上的刻线在零点附近,然后把加液盖旋紧,将阀门拨在测压处,用橡皮管接在阀门“+”压接头上,用压气球轻吹橡皮管,使倾斜测量管内液面上升到接近于顶端处,排出存留在正压容器测量管道之间的气泡,反复数次,直至气泡排尽。

③ 将阀门拨回校准处,旋动零位调整旋钮校准液面的零点,若旋钮已旋至最低位置,仍不能使液面升到零点,则所加酒精量过少,应再加酒精,使液面升到稍高于零点处,再用旋钮校准液面至零点,反之所加酒精过多,可轻吹套在阀门“+”压接头上的橡皮管,使多余酒精从倾斜测量管上端接头溢出。

④ 测量时把阀门拨在测压处,如被测压力高于大气压力,将被测压力的管子接在阀门“+”压接头上;如被测压力低于大气压力,应先将阀门中间接头和倾斜测量管上端接头用橡皮管接通,将被测压力的管子接在阀门“一”压接头上;如测量压力差时,则将被测的高压接在阀门的“+”压接头上,低压管接在阀门的“一”压接头上,阀门中间接头和倾斜测量管上端的接头用橡皮管接通。

⑤ 测量过程中,如欲校对液面零位是否有变化,可将阀门拨至校准处进行校对。

⑥ 使用以后,如短期内仍需继续使用,则容器内所贮的酒精无需排出,但必须把阀门柄拨至校准处,以免酒精挥发改变酒精密度。如需排出容器内所贮的酒精,则把阀门柄拨至测压处,将盛放酒精的器皿置于倾斜测量管上端的接头处,轻吹套在阀门“+”压接头上的橡皮管,使酒精沿倾斜测量管上端接头排出,直至排尽。

(4)注意事项

① 必须把倾斜测量管上的计数乘以弧形支架上的对应常数因子,为所测压力值。仪器必须加入 95% 的酒精,使用一段时间后,因酒精挥发应重新调换新的酒精,或用密度计重新标定工作液体。

② 填充酒精时,必须使酒精密度与仪器铭牌上所标明的酒精密度相符,若工作液体与标称密度不同时,应根据下式进行换算

$$P = \frac{P_1 \rho_1}{\rho} \tag{6-31}$$

式中　P——实际水柱高度,mm;

　　　P_1——读出水柱高度,mm;

　　　ρ——工作液体标称密度,g/cm³;

　　　ρ_1——工作液体实际密度,g/cm³。

（5）计算

按国家计量标准规定，计量单位要按国际单位 Pa 执行，因此测试结果必须按国际单位制进行换算，只需把各个量代入下列公式，即可得到法制计量的压力值 Pa。

$$P_{法} = Pg\rho_1 \left(1 - \frac{\rho_a}{\rho_1}\right) \times 10^{-3} \tag{6-32}$$

式中　$P_{法}$——实际水柱高度，mm；

　　　P——液体压力仪器所测水柱高度值，mm；

　　　g——仪器使用地点的重力加速度，m/s^2；

　　　ρ_1——仪器使用温度下的纯水密度，kg/m^3；

　　　ρ_a——仪器使用温度下的空气密度，kg/m^3。

5．补偿式微压计

（1）原理与结构

它由充满水的小容器 1 和大容器 2 间用胶皮管连通，如图 6-10 所示。在无压差时，两容器液面处于同一水平面上。大压力作用在小容器上时，其液面下降。为了恢复其原液位，转动固定于丝杆上的读数盘 3，大容器沿丝杆上升。在小容器内装有光学设备，可在反射镜 6 内看到水准器 7 的尖端同它自己的像互相接触，如图 6-10 所示，从而根据大容器液面新的平衡位置来确定大小容器所受到的压力差。

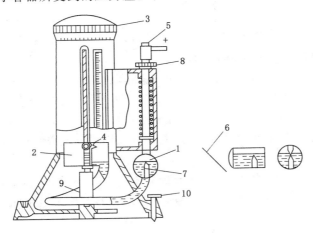

图 6-10　补偿式微压计结构示意图

1——小容器；2——大容器；3——读数盘；4——指针；5——螺盖；
6——反射镜；7——水准器；8——螺母；9——胶皮管；10——调平螺钉

（2）操作方法

① 测前准备

转动读数盘，使读数盘及位移指针 4 均处于零点。打开螺盖 5，注入蒸馏水直到从反射镜中观察到水准器 7 中的正、倒影像近似相接。盖好螺盖，缓慢转动读数盘，使大容器上下移动数次，以排除大、小容器间连接胶皮管内的气泡。用调平螺钉 10 将仪器调平，慢慢转动调节螺母 8 使小容器微微移动，水准器中的正、倒影尖端恰好相接触。如不能相接，两个影像重叠，表明水量不足，则应加水；若两尖端分离，表明水过多，则应减水。

② 测定

a. 调平、调零。转动读数盘,使读数盘及位移指针均处于零点。调整调平螺钉将仪器调平,慢慢转动调节螺母使小容器微微移动,使水准器中的正、倒影尖端恰好相接触。

b. 测压。将被测压力较大的胶皮管接到螺盖附近的"＋"接头上,压力较小的胶皮管接到指针附近的"－"接头上。小容器中的液面下降,反射镜中观察到的水准器正、倒影像消失或重叠,此时顺时针缓慢转动读数盘,直至恢复两影像尖端再次刚好相接。指针4位移后指的整数与读数盘所指的小数之和,即为所测压力差。

6. 皮托管

皮托管主要用于测量流体流场内某测点的流速,是实验室和工矿企业测量通风管道、工业管道、工业炉窑内流体流速的理想测试工具,也可以了解煤矿巷道中空气流动量,控制巷道中的瓦斯浓度,排除瓦斯爆炸隐患。用皮托管测速和确定流量,有可靠的理论根据,构造简单,使用方便,精度高,经济性能好,是一种成熟而可靠、广泛应用的测量手段。

(1) 主要型式和特性

皮托管分为标准型、笛型、防堵型等多种型式。标准型皮托管 K 值可以保持在 $0.99 \sim 1.01$ 之内,且在较大的 M 数、Re 数范围内保持一定值;笛型皮托管,可以在较大尺寸管道内测量平均流速,使测试工作简化,便于自动化控制;防堵型皮托管可以在含粉尘较高的情况下测试而不易堵塞测孔,该产品分有吸气式、靠背式和遮板式。

(2) 使用方法

① 使用前分别检查全压管和静压管是否畅通,两管空间不应有渗漏现象。皮托管与精密气压计、通风管道连接如图 6-11 所示。

② 要正确选定测量断面,确保它在流动平稳的直管段,测量位置距气流方向的弯头、阀门、异径管等局部构件应大于4倍管径,离下游反向的局部构件应大于2倍管道直径。

③ 要正确选用皮托管规格,皮托管与所测管道的直径比应不大于 0.02,以免误差增大,测量时不要使皮托管紧贴管壁。测量时,应将全压孔正对气流方向,全压管中心线与气流方向之间偏角不大于 5°。

④ 要合理布置测量断面的测点,由于断面流速分布不均匀,因此必须测量该断面上若干点的流速,然后取其平均值,测点位置可以按对数线法,也可以按常用的等分面积法确定。

⑤ 按如下公式求出测点的风速 v:

$$v = k \sqrt{2p/\rho} \tag{6-33}$$

式中　p——皮托管测得的压差值,Pa;

　　　ρ——流体密度,kg/m³;

　　　k——皮托管的系数。

⑥ 按如下公式求出管道流体截面的流量 Q:

$$Q = vS \tag{6-34}$$

式中　v——被测处管道内的流体平均速度,m/s;

　　　S——被测处管道的截面积,m²。

⑦ 使用完毕应吹掉皮托管各测孔的灰尘并用绒布擦干净妥善保管,防止碰撞或压坏管壁。

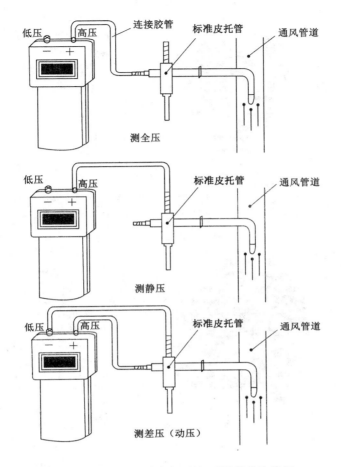

图 6-11　皮托管与精密气压计、通风管道连接图

（二）测定风速的仪表

1. 机械式风表

（1）结构

低速风表、中速风表示意图如图 6-12 所示。高速风表如图 6-13 所示。

CFJ 系列机械式风速表主要由翼轮、蜗轮、蜗轮轴、计数器、针示针、回零机构、离合机构、外壳、三脚架、防尘盒、提环、表座等组成。

翼轮是由 8 个叶片按照设计角度铆合而成,翼轮轴安装在 2 个三尾架中心的刚玉轴眼中转动,翼轮的转动通过蜗轮轴传给计数器,指针指示翼轮转速。翼轮转速与实际风速之间的关系记录于风表的曲线图表上。

回零机构的作用:轻按回零闸压杆,大小指针立即回零位。

离合机构的作用:左右推动离合闸、计数器与翼轮轴连接分开,用以开关计数器。

外壳、表座、提环是风表操作的主要执表部分。

（2）操作

中指由上至下钩住提环,食指抵在表头与外壳连接的右侧,拇指顶在外壳左边,小指伸直在下部抵住外壳,无名指弯曲。食指用以打开离合闸,拇指推顶回零闸压杆和制动离合

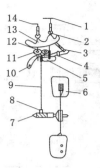

图 6-12　低速风表、中速风表示意图

1——个位指针;2——表套;3——回零闸;4——离合闸;5——个位轮;6——翼轮叶片;
7——翼轮轴;8——蜗轮;9——蜗轮轴;10——离合小承板;11——百位轮;12——过轮;
13——回零闸;14——百位指针

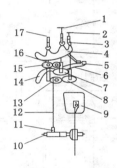

图 6-13　高速风表示意图

1——个位指针;2——千位指针;3——表套;4——回零闸;5——回零闸压杆;6——离合闸;
7——个位轮;8——千位轮;9——翼轮叶片;10——翼轮轴;11——蜗轮;12——蜗轮轴;
13,16——过轮;14——离合小承板;15——百位轮;17——百位指针

闸,如图 6-14(a)所示。

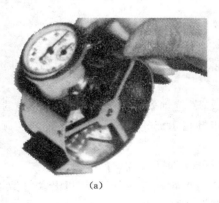

(a)　　　　　　　　　　　　　　(b)

图 6-14　风表操作

中指由下向上钩住提环,食指伸开抵住外壳右侧,无名指与小指并拢托住外壳,拇指完

成回零闸或回零闸压杆的启动制动如图 6-14(b)。

（3）测量方法

测量前首先关闭离合闸并压下回零闸压杆,使大小指针回零。

使风表的旋转面与风流方向垂直,先空转 20～30 s,以克服其运转部分的惰性抵抗。

用秒表测定时间,采用两种方法读数。

第一种:1 min 测量。测量时秒表与风速表同时开动,测量后需同时关闭,读取计数器。计数器表盘示意如图 6-15 所示。

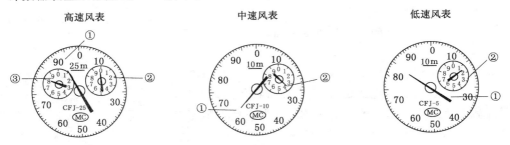

图 6-15 高、中、低速风表计数器表盘示意图

高速风表:①为个位指针每刻度表示 1 格;②为百位指针每刻度表示 100 格;③为千位指针每刻度表示 1 000 格。此表盘示值为 7 933 格/min。

中速风表:①为个位指针每刻度表示 1 格;②为百位指针每刻度表示 100 格。此表盘示值为 363 格/min。

低速风表:①为个位指针每刻度表示 1 格;②百位指针每刻度表示 100 格。此表盘示值为 184 格/min。

第二种,以上个位指针转动一周计数为 1 圈(计时 30 s 左右),以转动圈数乘以 100 除以计时时间,读取以格/s 为单位的风速值。

（1）实际风速修正

第一种,依测量时在表盘上读取的数值 v_z,在坐标图上查得对应的实际风速 v_s(见检定曲线用表)。

第二种,利用曲线图表上的曲线方程计算实际风速。

（2）注意事项

① 防止剧烈撞击、震动。

② 不要随意拆动风表各零部件。

③ 不要碰触或拨动翼片,防止因变形而改变其性能,使测量值不准。

④ 用后擦净,放入盒内,置于干燥处保存。

⑤ 定期检验,实验室中使用的风表一年检验一次。其他条件下使用的风表半年检验一次。

⑥ 损坏修复后的风表,使用前要检验一次。

2. 电子风表

叶轮式数字风表感受元件仍是叶轮,只是在叶轮上安装一些附件,根据光电、电感和干簧管等原理把物理量转变为电量,利用电子线路实现自动记录和检测数字化。如 XSF-1 型数字风表,叶轮在风流作用下,连续不断转动,带动同轴上的光轮做同步转动。当光轮上的孔正对红外光电管时,发射管发出的脉冲信号被接收管接收,光轮每转动一次,接收管接收到两个脉冲。由于风轮的转动与风速呈线性关系,接收管接收到脉冲与风速呈线性关系。脉冲信号经整形、分频和 1 min 记数后,LED 数码管显示 1 min 的平均风速值。

KDF9403 型矿用电子计算式风速计也是采用机械光电原理、以单片微机为核心的矿用智能测风仪表。使用时不必查对校正曲线,通过预置表头修正系数和常数,可测量 1 s、1 min、2 min 时间内的平均风速,并具有风量计算、数据储存、保护和调用等功能。

(三)测定空气湿度的仪器

测定空气湿度常用的仪器是机械式通风干湿表,如图 6-16 所示。

1. 结构与工作原理

机械通风干湿表主要由干球温度计 1、湿球温度计 2 及通风器 6 组成。两支温度计规格、型号和量程相同,湿球温度计水银球上裹有一层湿润的棉纱布 3。为避免太阳照射和防止热辐射的影响,温度表的球部外面均罩着一个双层的保护管 4、5,保护管的外表面应光亮,以使其反射热辐射。通风器内有发条和风扇,当旋紧的发条所储蓄的能量逐渐释放带动风翼轮动,在风管 7 中产生稳定的气流,而使温度表球部有一定的稳定气流,从而保证温度表的测量值更具代表性。

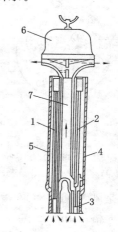

图 6-16　机械通风干湿表
1——干球温度计;2——湿球温度计;
3——棉纱布;4,5——双层金属保护管;
6——通风器;7——风管

2. 安装和使用

在使用前首先要在正规位置的右温度表球部上套好脱脂纱套。纱套安装方法:将纱套剪成长 25 mm 左右,将下端用脱脂棉线捆扎,套在湿球温度表球部上,为了防止脱落,将纱套上端捆扎在温度表球部上方的玻璃管凹圆处。

使用通风干湿表时,应将通风干湿表悬挂好,悬挂通风干湿表的地方,应保证仪器周围的障碍距离温度表球部至少有 0.5 m。这是为了避免障碍物本身的热辐射影响到温度表的测量值。通风干湿表挂好后,还应先用蒸馏水润湿湿球温度表的纱套,然后上紧通风器发条,等通风器转动 4 min 后,进行干球、湿球温度表读数。并将读数通过温度表器差订正,根据订正后的干球温度和湿球温度在湿度查算表(气象常用表)中查得空气相对湿度。在野外使用时如野外风速大于 3 m/s,应在迎风器的迎风面上罩上防风罩,以防止野外风速影响通风器的气流速度。

四、测定路线选择和测点布置

1. 测定路线的选择

在通风系统图上选择测定的主要路线和次要路线。选择的测定路线须包含矿井最大阻力路线。当测定巷道较长或阻力较大时,可分段测定。如需测试巷道摩擦阻力,可依据《矿井巷道通风摩擦阻力系数测定方法》(MT/T 635—1996)进行。

2. 测点的选择

首先在通风系统图上按选定的测定路线布置测点,然后再按井下实际情况确定最终测点位置,并作标记。

选择测点时应满足下列要求:

(1) 测点应在分风点或汇风点前(或后)处选定。选在前方不得小于巷道宽度的 3 倍,选在后方不得小于巷道宽度的 8 倍;需要在巷道转弯处、断面变化大的地方选点时,选在前方不得小于巷道宽度的 3 倍,选在后方不得小于巷道宽度的 8 倍。

(2) 测点前、后 3 m 内巷道应支护良好,巷道内无堆积物。

(3) 两测点间的压差:倾斜压差计法应不小于 10 Pa,气压计法应不小于 20 Pa。

(4) 两测点之间不应有分风点或汇风点。

(5) 测点前后 3 m 长的地段内,应该使支架保持完好,没有堆积物。

(6) 在并联风路中,对于不进行阻力测量的风路,也要进行风量测定,以便计算它的风阻和校核风量。

(7) 用气压计法测定时,测点应尽可能选在测量标高点附近。

(8) 测点沿风流方向应依次编号。

思考题

1. 如果圆形井筒直径增大 10%,在其他条件不变的情况下,井筒的通风阻力降低多少?

2. 某通风巷道的断面由 2 m³ 突然扩大到 10 m³,若巷道中流过的风量为 20 m³/s,巷道的摩擦阻力系数 0.016 N · s²/m⁴,空气的密度 $\rho = 1.25$ kg/m³。求巷道突然扩大出的通风阻力。

3. 巷道断面由 10 m² 突然收缩到 2 m²,若巷道的摩擦阻力系数为 0.016 N · s²/m⁴,流过的风量为 20 m³/s,空气的密度 $\rho = 1.25$ kg/m³。求巷道突然收缩处的通风阻力。

第四节　矿井通风阻力的测定方法

【本节思维导图】

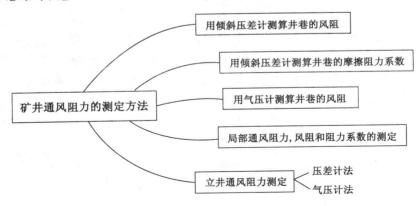

一、用倾斜压差计测算井巷的风阻

(一)测算方法

例如用倾斜 U 形管压差计在图 6-17 所示的倾斜巷道中进行测算,须在 1 和 2 两测点各安置一根静压管(是传送测点绝对静压的工具,可按图 6-18 所示的尺寸用钢管制作),大致位于巷道中心。尖部迎风,管轴和风向平行;在末点 2 后至少 10 m 的地方(或在起点 1 前至少 20 m 的地方)安稳压差计,使其 U 形管的倾角为 β,管内两酒精面相齐,用长短两根内径 3～4 mm 的胶皮管把两根静压管分别和压差计 U 形管两个开口连接起来,则 U 形管内两个酒精面出现一段倾斜距离,即为压差计的读数(倾斜的酒精柱长度,mm),在测量时间内须读 3 次;同时,用风表在 1 和 2 两测点分别量出表速(即风表的读数,m/s),须量 3 次。

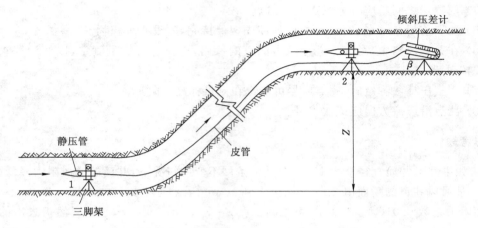

图 6-17　倾斜 U 形管压差计法测量风阻布置简图

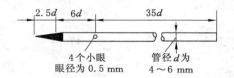

图 6-18　静压管结构简图

为了用有关公式测算两测点的空气密度 ρ_1 和 ρ_2,同时还要用湿度计在两测点附近分别测出风流的干温度和湿温度,用气压计分别在两测点量出风流的绝对静压。将以上测得的基本数据随时分别填入表 6-1、表 6-2、表 6-3 中。最后分别量出两测点的净断面积、周界、两测点的距离,连同井巷名称、形状、支护方式等一并记入表 6-4 中。

表 6-1　　　　　　　　　　　　　　大气状态的记录表

测点序号	干温度/℃	湿温度/℃	干湿温度差/℃	相对湿度/℃	大气压力/Pa	附注
(1)	(2)	(3)	(4)	(5)	(6)	(7)

表 6-2　　　　　　　　　　　　　　　　风速的测定

测点序号	表风速/(m/s)				风速/(m/s)	附注
	第一次	第二次	第三次	第四次		
(1)	(2)				(3)	(4)

表 6-3　　　　　　　　　　　　　　倾斜压差计读数的记录表

测点序号	压差计的倾斜角度/(°)	读数 h_{re}(倾斜的酒精柱长度)/mm				附注
		第一次	第二次	第三次	平均	
(1)	(2)	(3)				(4)

表 6-4　　　　　　　　　　　　　　井巷规格记录表

测点序号	井巷名称	测点位置	井巷形状	支护方式	井巷规格						测点距离/m	附注
					上宽/m	下宽/m	高/m	斜高/m	断面积/m²	周长/m		
(1)	(2)	(3)	(4)	(5)	(6)						(7)	(8)

压差计 U 形管右边酒精表面所承受的压力,等于从静压管 4 个小眼传入胶皮管内的 1 断面空气绝对静压与皮管内空气柱产生的重力压强之差,即

$$p_{s1} - Z\rho'_{1-2}g \tag{6-35}$$

式中　Z——起末两断面的标高差,m;

　　　ρ'_{1-2}——胶皮管内空气的平均密度,kg/m³。

而 U 形管左边酒精表面所承受的压力则是 2 断面的绝对静压 p_{s2}。故把两边酒精表面的倾斜距离 h_{re} 换算为垂直水柱的高度 mm,再换算为 Pa,就是两边酒精表面所承受的压力之差,即

$$h_{re} \cdot (\sin \beta)\delta cg = (p_{s1} - Z\rho'_{1-2}g) - p_{s2} \tag{6-36}$$

式中　δ——酒精的比重,0.81×10^3 kg/m³;

　　　c——压差计的精度校正系数。

据能量方程,知两端面间的通风阻力为

$$h_{r1-2} = p_{s1} + \rho_1 v_1^2/2 - (p_{s2} + \rho_2 v_2^2/2 + Z\rho_{1-2}g) \tag{6-37}$$

式中　v_1,v_2——起末断面上的平均风速,m/s,据测得的表速查风表的校正曲线而得;

　　　ρ_{1-2}——两断面间巷道内的空气密度平均值,即$(\rho_1 + \rho_2)/2$,kg/m³。

如预先用打气筒向胶皮管内打气,使巷道内的空气进入皮管内,则皮管内和巷道内的空

气密度平均值相等,因而皮管内和巷道内空气柱产生的重力压强也相等,即

$$Z\rho'_{1-2}g = Z\rho_{1-2}g \tag{6-38}$$

由以上三式可得两断面间距风阻力的测算式为

$$h_{r1-2} = h_{re} \cdot (\sin\beta)\delta c g + \rho_1 v_1^2/2 - \rho_2 v_2^2/2 \tag{6-39}$$

上式同样适用于风流向下流的倾斜巷道和水平巷道。用上式算出 h_{r1-2} 以后,再用下式算出两断面间当空气密度平均值为 ρ_{1-2}、距离为 L_{1-2} 时的风阻为

$$R_{1-2} = h_{r1-2}/Q^2 \tag{6-40}$$

式中　Q——通过该巷道的风量,无漏风时,$Q = v_1 S_1 = v_2 S_2$;有均匀漏风时,

$$Q = (v_1 S_1 + v_2 S_2)/2 \tag{6-41}$$

再用下式算出两断面的标准风阻值

$$R_{s1-2} = \rho R_{1-2}/\rho_{1-2} \tag{6-42}$$

只要该巷道的规格尺寸和支护方式不变化,它的 R_{s1-2} 值是个常数,故可把各条井巷的标准风阻值一一测算出来,汇编成表供通风技术管理工作者使用。

(二)注意事项

(1)选定测量区段和测点。分风、合风或拐弯处的风流比较紊乱。一般需把静压管安置在风流紊乱之前的位置上。

例如在图 6-19 的 A—B 段,一般要把静压管安置在 A、B 点前 3～5 m 的 1、2 点上。巷道中的局部阻力一般很小,很难单独测准,选定测量段时,不必把摩擦风阻和局部风阻的测量段分开。在 1 至 2 段的总风阻中包括 A 处的局部风阻。因 1 至 A 小段和 2 至 B 小段的风阻相差甚微,故 A—B 段的风阻可用下式测算

$$R_{A-B} = h_{r1-2}/Q_2^2 \tag{6-43}$$

式中　h_{r1-2}——测得 1 至 2 段的通风阻力,Pa;

　　　Q_2——测得 2 点的风量,m^3/s。

图 6-19　测量区段示意图

在倾斜巷道内不宜安设测点,起末两测点都要安置在上下水平巷道内。

(2)事先掌握仪表的性能、精度和操作方法,所用仪表(压差计、风表、湿度计和气压计)都要进行校正;所用工具(静压管和胶皮管)要检查是否漏气或堵塞。

(3)要仔细量准测点的断面。对于整齐规则的井巷断面,可用面积公式测算;对于不规则的断面,一般可把断面先分为若干个 0.2～0.5 m 宽的正方形,算出它们的总面积;再细致描绘和估算出巷道四周若干个不成规则正方形的总面积,然后把这两个总面积加起来。测点的断面是否测量准确对风量和风阻的测算影响很大。因此,人们曾用照相法和缩尺法,前者是按一定比例把断面照下来,后者是用缩尺把断面按一定比例描绘下来,然后用求积仪器算出面积值。

(4)对于长度较短或风量较小以致通风阻力较小的测量段,要设法增加风量,以免压差计读数较小、产生较大误差。

（三）优缺点和适用条件

这种测量方法比较精确，数据整理比较简单。但收放胶皮管的工作量大，费时、费力。故对于巷道的风阻和摩擦阻力系数的标定工作，只要测量区段内能够铺设胶皮管，都宜采用这种测量方法。但对于回采面、井筒、整个采区或行人困难的倾斜巷道，这种方法就不适用。

二、用倾斜压差计测算井巷的摩擦阻力系数

这项标定工作也宜用倾斜 U 形管压差计的测量方法，由前述式(6-13)得

$$\alpha = h_{\text{fr}} S / (LU v^2) \tag{6-44}$$

式中符号的意义和度量单位同前。把式中右边各项都测算出来，便可算出测量时的 α 值。

前已说明，只有井巷中的风流做均匀流动时，才只产生摩擦阻力。故测量某巷道的 α 值时，须选择支护方式相同、支架间距相等、断面和周界基本不变化、比较平直、中间没有弯道和堆积物、没有漏风的一个区段来进行。又因 α 值和起末两测点的间距无关，间距的长短可根据压差计读数不能太小的原则来定。测量的布置方式如图 6-20 所示。所要记录的测量数据与图 6-17 基本相同。此时

$$h_{\text{re}} \cdot (\sin \beta) \delta c g = p_{\text{s1}} - p_{\text{s2}} \tag{6-45}$$

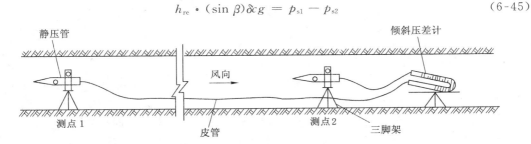

图 6-20　用倾斜压差计测阻力系数的布置简图

两测点间的摩擦阻力为

$$h_{\text{fr}} = p_{\text{s1}} - p_{\text{s2}} + \rho_1 v_1^2 / 2 - \rho_2 v_2^2 / 2$$

则 h_{fr} 的测算式为

$$h_{\text{fr}} = h_{\text{re}} \cdot (\sin \beta) \delta c g + \rho_1 v_1^2 / 2 - \rho_2 v_2^2 / 2 \tag{6-46}$$

理论上要求两测点的断面 $S_1 = S_2$、周界 $U_1 = U_2$、平均风速 $v_1 = v_2$，但实际上很难办到，通常取两测点的算术平均值 $S(\text{m}^2)$、$U(\text{m})$、$v(\text{m/s})$，连同用上式测算的 h_{fr} 值，代入式(6-44)，便可算出测量时［即当空气密度是 $\rho_{1-2} = (\rho_1 + \rho_2)/2$ 时］该巷道的 α 值。

最后用下式算出该巷道的摩擦阻力系数的标准值 α_s

$$\alpha_s = \rho \alpha / \rho_{1-2} \tag{6-47}$$

式中　ρ——与式(6-42)的 ρ 意义和计量单位相同。

只要该巷道的支护方式和断面不变化，其 α_s 值也是常数。

三、用气压计测算井巷的风阻

（一）仪器的构造与原理

水银气压计携带不方便，空盒气压计精度不够，都不适用于这种测量工作。我国已制成

数字显示气压计可供使用。该仪器根据空盒气压计的工作原理,配上放大、测微和显示等部件,使精度提高,最小显示数为 0.1 mbar(1 mbar=100 Pa),量程为 950～1 050 mbar;电池作电源,可工作 15 h 以上,外形尺寸 270 mm×266 mm×215 mm,质量为 4.6 kg,其工作原理框图如图 6-21 所示。静压传感器由真空压力膜盒、差动变压器及整流电路组成。压力膜盒感受气压变化,形成微小的位移,带动差动变压器使其产生与气压成正比的电讯信号 V_s,整流后输入 IC5 放大器,产生电讯号 V_1,再经 IC6 放大器产生电讯号 V_2,输入数字电压表,显示出大气力的 mbar 值。国外制成的自记式微压计也是用真空压力膜盒作为静压传感器的主要部件,并配上放大、测微、自记录等部件,使精度提高,最小刻度数为 0.02 mmHg,量程为 640～860 mmHg,肉眼读数,还能自动记录。外形尺寸为 180 mm×230 mm×250 mm,质量约 6 kg。

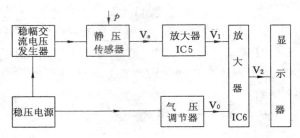

图 6-21　数字显示气压计工作框图

(二)测算方法

现介绍以下两种测算方法。

(1) 用 A 和 B 两台上述气压计分别在某段风流的起点和末点同时读数。

例如,对图 6-22 所示的回风井 1—2 段进行测量。A 和 B 两台气压计分别在 1 和 2 测点安置平稳,并在预先约定的时间同时读数,把两个读数单位换算成 Pa,即分别是两测点空气的绝对静压值 p_{s1} 和 p_{s2};同时用有关仪表分别测算两测点的空气密度和平均密度(kg/m)以及 1 测点的风速 v_1(m/s)(2 测点设在地表,其风速 $v_2=0$);并预先量出两测点的高差 Z_{1-2}(m)。将以上各实测数值代入下式,便可算出两测点间的通风阻力。

$$h_{r1-2} = p_{s1} - p_{s2} + \rho_1 v_1^2/2 - Z_{1-2}\rho_{1-2}g \tag{6-48}$$

式中两测点的位能差数值较大,须把 Z_{1-2} 和 ρ_{1-2} 测准,否则会产生较大误差。

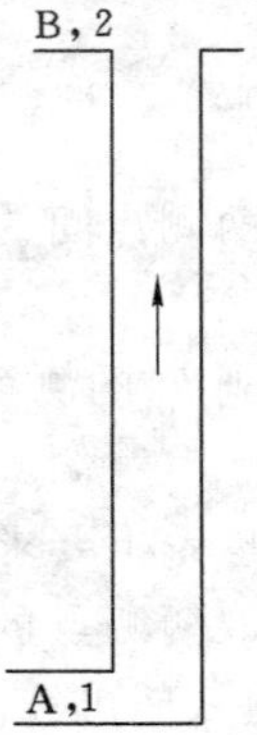

此外,还要测量通过井筒内的风量 Q,用下式计算该测量段的风阻 R_{1-2},再换算成标准风阻 R_{s1-2} 值。

图 6-22　回风井测段示意图

$$R_{1-2} = h_{r1-2}/Q^2 \tag{6-49}$$

测量段的位能差有时较难测准,是这种测量方法的一大缺点。因此必要时可用下一种测量方法。

(2) 用 A 和 B 两台气压计分别在起点和末点同时读数;尽快改变测量段内的风量,两台气压计仍在原地同时读数。

仍以图 6-22 为例,若在上午 8 时测得井筒内的风量为 Q,同时用式(6-48)预算两测点间的通风阻力,式中右边各项除高差 Z_{1-2} 外都是 8 时的测算值。紧接着在 10 h 内在测点 1 的左侧用挡风帐使井筒内的风量减少到 Q',同时测算出下式右边各项。

$$h'_{r1-2} = p'_{s1} - p'_{s2} + \rho_1 v'^2/2 - Z_{1-2}\rho_{1-2}g \tag{6-50}$$

前已说明,空气密度的影响因素是空气的温度、压力和湿度。在改变风量的短时内,温、湿度几乎不变;测量段的通风阻力不太大时,测点空气的绝对压力变化不大。因此,可以认为风量改变前后,测点空气的密度变化甚微,则(6-48)和(6-50)二式中的位能差近乎相等。故把这二式相减,可得出两测点间通风阻力的测量式为

$$h'_{r1-2} = \frac{Q'^2(p_{s1} - p_{s2} - p'_{s1} + p'_{s2} + \rho_1 v_1^2/2 - \rho_1 v'^2/2)}{Q^2 - Q'^2} \tag{6-51}$$

然后用下式计算该测量段的风阻 R_{1-2},在换算为标准风阻 R_{1-2} 值。

$$R_{1-2} = h'_{r1-2}/Q'^2 \tag{6-52}$$

(三)优缺点和适用条件

用气压计的测量方法不需要收放胶皮管和静压管,省时省力,操作简便,但这种测量法的精度较差。用第一种测法时,位能差不易测准;用第二种测法时,要改变风量,对于瓦斯大的测量段,要设法增加风量,比较麻烦。故气压计的测量法不适用于精度要求很高的测量,只适用于无法收放胶皮管或范围大的测量段。

四、局部通风阻力 h_1、风阻 R_1 和阻力系数 ξ 测定

根据矿井通风阻力的基本理论,局部通风阻力 h_1 的计算公式为:

$$h_1 = \xi \frac{\rho}{2S^2} Q^2 \tag{6-53}$$

令 $R_1 = \xi \frac{\rho}{2S^2}$,此称为局部阻力,$kg/m^7$。故

$$h_1 = R_1 Q^2 \tag{6-54}$$

现以测算转弯的局部阻力参数 h_1、R_1 和 ξ 值为例说明局部阻力测定方法。如图 6-23 所示,用压差计法测出 1~2 段摩擦阻力 $h_{R_{12}}$ 和 1~3 段的通风阻力 $h_{R_{13}}$。$h_{R_{13}}$ 中包括 1~3 段的摩擦阻力和巷道拐弯的局部阻力。因摩擦阻力是与测段长度成正比的,故可按下式求出单纯巷道拐弯的局部阻力。

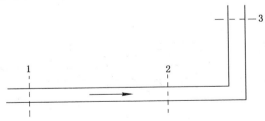

图 6-23　局部阻力测点布置图

$$h_1 = h_{R13} - h_{R12}\frac{L_{13}}{L_{12}} \tag{6-55}$$

式中　L_{12}, L_{13}——分别为 1—2、1—3 两测段长度。

由式(6-55),拐弯的局部风阻 R_1 和阻力系数 ξ 为

$$R_1 = \frac{h_1}{Q^2} \tag{6-56}$$

$$\xi = \frac{2S^2}{\rho} R_1 = \frac{2S^2 h_1}{\rho Q^2} \tag{6-57}$$

五、立井通风阻力测定

立井通风阻力测定原理和井下水平或倾斜巷道一样,测定方法可用压差计法,也可以用气压计法。

(一)压差计法

1. 进风立井通风阻力测定

整个井筒的通风阻力包括井口、井底局部阻力和井筒全长的摩擦阻力三部分。当井筒较深且不能下人铺设胶管时,可采用吊测法测定。

(1)测定系统。它由压差计、胶皮管、静压管和测绳等部件组成,布置如图 6-24 所示。静压管是特制的,是感受风流的绝对静压的探头。一般要求具有一定质量(约 2 kg),防止风流吹动,同时又要防止淋水堵塞静压孔,静压管结构如图 6-25 所示。

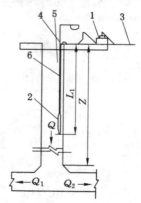

图 6-24 进风立井通风
1——单管压差计;2,3——静压管;4——测绳;5——井筒;6——胶皮管

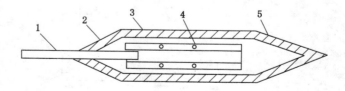

图 6-25 静压管结构
1——接管;2——系绳孔;3——外传压孔;4——内传压孔;5——排水孔

(2)测定方法。为了缩短测定时间,测定前应根据测定深度,预先将胶皮管与测绳绑扎好。连接好胶皮管、静压探头和压差计后,将静压管缓慢放入井筒中,开始每隔 5～10 m 作为一个测点,读一次压差计示值,放下 30 m 后,每 20～30 m 读一次压差计示值,直至放到

预定深度为止。测定各断面与地面的势能差的同时,还应测定井筒的进风量。此外,测试人员还应乘罐笼测定井筒内空气压力和干、湿温度,以便计算井筒内的空气密度。

2. 回风立井通风阻力测定

测定系统有两种方式,一是在防爆盖上开个孔,供下放静压管用;另一种方法是在风硐内的井口平台上放置压差计和下放静压管进行测定。

回风立井上部井筒与风硐连接段风流不稳定,测定时首先确定井筒与风硐交接位置(标高)。测定系统布置如图 6-26 所示。对于抽出式通风的矿井,压差计的低压端(一)与主要通风机房水柱计传压管相连接;压差计的高压端(十)与连接静压管的胶皮管相接。测定时静压管穿过防爆盖放入井筒,慢慢下放静压管,记录其下放的深度,同时观察压差计液面变化,当静压管下放至风硐口处即可开始读数,以后每下放 20～30 m 读取一次压差计的示数。一般静压管下放深度 100～150 m,即可推算出回风井和风硐的通风阻力。

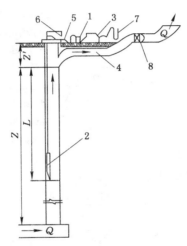

图 6-26　回风立井通风阻力测定测点布置

1——单管压差计;2——静压管;3——三通管;4——风硐;5——胶皮管;

6——测绳;7——U 形水柱计;8——通风机

当一个井筒担负多水平通风任务时,可采用上述方法分水平测定,即先测算第一水平的井筒通风阻力,将仪器移至下水平进行测定。这样即可测算整个井筒的通风阻力。

3. 测定数据处理

首先根据测定数据确定井口的局部阻力影响范围,在局部阻力影响区间以外的数据,采用线性回归方法确定摩擦阻力计算式 $h_{Rf} = a + bH$ 式中的系数 a 和 b(H 为井深),然后计算出井筒全长的摩擦阻力,再根据井口受局部阻力影响段的吊测数据即可确定井口的局部阻力 h_1。井底局部阻力可按前述的局部阻力测定方法进行。

(二)气压计法

用气压计法测定立井通风阻力一般采用基点法。基点设在井口外无风流流动的地方。用两台仪器同时在基点读数后,一台留在基点(图 6-26 中压差计处),另一台移至井底风流比较稳定的地方。使用气压计时,井筒内的空气密度的测量精度对测量结果影响较大,为了获得准确的结果,一般是乘罐笼分段(段长 50 m 左右)测量井筒内的大气压和干、湿温度,然后计算各段的空气密度,求其平均值,同时测量井筒的总进(回)风量。最后按式(6-29)计算立井筒的通风阻力。

思考题

1. 简述倾斜压差计测定井巷风阻的优缺点及使用条件。
2. 简述气压计的测量方法优缺点及适用条件。
3. 简述立井通风阻力测定的方法。

第五节 矿井总阻力、总风阻计算与误差处理

【本节思维导图】

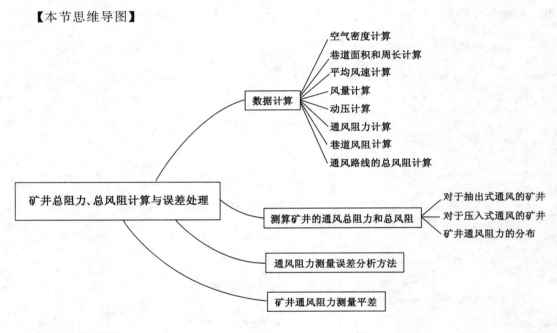

一、数据计算

(1)空气密度计算

测点空气密度按下式计算

$$\rho = 0.003\ 484\ \frac{p_0 - 0.377\ 9\varphi p_\omega}{273.15 + t} \tag{6-58}$$

式中　ρ——空气密度,kg/m³;

　　　p_0——测点风流的绝对静压,Pa;

　　　φ——空气相对湿度,%;

　　　t——空气温度,℃;

　　　p_ω——饱和水蒸气分压力,Pa。

(2)巷道面积和周长计算

使用断面仪直接获取巷道面积和周长,或者按巷道断面形状,根据测量数据计算其断面面积和周长。

（3）平均风速计算

每测点取 3 次实际测量风速值,然后求取算术平均值作为该测点的平均风速。

（4）风量计算

风量按下式计算

$$Q = Sv \tag{6-59}$$

式中 Q——测点风量,$\mathrm{m^3/s}$;

S——测点面积,$\mathrm{m^2}$;

v——测点风速,$\mathrm{m/s}$。

（5）动压计算

动压按下式计算

$$h_v = \frac{1}{2}\rho v^2 \tag{6-60}$$

式中 h_v——测点的动压,Pa。

（6）通风阻力计算

① 倾斜压差计法

倾斜压差计两测点间压力差按下式计算

$$h_{ij} = kL \tag{6-61}$$

式中 h_{ij}——两测点间压力差,Pa;

k——倾斜压差计系数;

L——倾斜压差计读数,Pa。

两测点间通风阻力按下式计算

$$h_{rij} = h_{ij} + h_{vi} - h_{vj} \tag{6-62}$$

式中 h_{rij}——两测点间的通风阻力,Pa;

h_{vi}——测点 i 的动压值,Pa;

h_{vj}——测点 j 的动压值,Pa。

② 气压计基点测定法

按下式计算

$$h_{rij} = k''(h''_i - h''_j) - k'(h'_i - h'_j) + \rho_{ij}g(z_i - z_j) + (h_{vi} - h_{vj}) \tag{6-63}$$

式中 k',k''——气压计 Ⅰ、Ⅱ 的校正系数;

h''_i,h''_j——气压计 Ⅱ 在测点 i、j 的读数,Pa;

h'_i,h'_j——与 h''_i,h''_j 对应时间气压计 Ⅰ 的读数,Pa;

z_i,z_j——测点 i、j 的标高,m;

ρ_{ij}——测点 i、j 间空气密度的平均值,$\mathrm{kg/m^3}$。

（7）巷道风阻计算

① 两点间风阻计算

两测点间风阻按下式计算

$$R_{ij} = h_{rij}/Q_{ij}^2 \tag{6-64}$$

式中 R_{ij}——测点 i、j 间的风阻,$\mathrm{N \cdot s^2/m^8}$;

Q_{ij}——测点 i、j 间风量的算术平均值,$\mathrm{m^3/s}$。

② 两点间的标准风阻计算

两点间标准风阻计算按下式计算

$$R_{sij} = \frac{1.2}{\rho_{ij}} R_{ij} \tag{6-65}$$

式中 R_{sij}——标准空气密度下测点 i、j 间的标准风阻，$N \cdot s^2/m^8$。

③ 巷道标准百米风阻计算

若 R_{ij} 为风阻，则巷道百米标准风阻按下式计算

$$R_{100} = \frac{100}{L_{ij}} R_{sij} \tag{6-66}$$

式中 R_{100}——巷道百米标准摩擦风阻，$N \cdot s^2/m^8$；

L_{ij}——测点 i、j 间的距离，m。

（8）通风路线的总阻力计算

测定通风路线的总阻力按下式计算

$$h_r = \sum h_{rij} \tag{6-67}$$

式中 h_r——通风路线的总阻力，Pa；

h_{rij}——一条通路上所有两测点 i、j 间的通风阻力。

二、测算矿井的通风总阻力和总风阻

矿井主要通风机的工作方法不同，矿井通风总阻力的测算式略异。

（一）对于抽出式通风的矿井

如图 6-27 所示，风流自静止的地表大气（其绝对静压是 p_0，速压等于零）开始，经过进风口 1 沿井巷到主要通风机进风口 2，沿途所遇到的摩擦阻力与局部阻力的总和就是抽出式通风的矿井通风总阻力 h_r。据能量方程可知

$$h_r = (p_0 - p_{s2}) + (0 - h_{v2}) + (Z\rho_1 g - Z\rho_2 g) \tag{6-68}$$

式中 p_0，p_{s2}——分别是地表大气和断面 2 风流的绝对静压，Pa；

h_{v2}——断面 2 风流的速压，Pa；

Z——井筒的垂深，m；

ρ_1，ρ_2——分别是进风井和回风井内空气密度的平均值，kg/m^3。

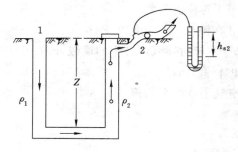

图 6-27 抽出式通风矿井总阻力测量

断面 2 的相对静压

$$h_{s2} = p_0 - p_{s2}$$

该矿井的自然风压 $h_N = Z\rho_1 g - Z\rho_2 g$，则

$$h_r = h_{s2} - h_{v2} + h_N \tag{6-69}$$

又因断面 2 的相对全压 $h_{t2} = h_{s2} - h_{v2}$

故又得

$$h_r = h_{t2} + h_N \tag{6-70}$$

上述式(6-69)和式(6-70)就是抽出式通风的矿井 h_r 的测算式。由于断面 2 的风流为紊流，h_{t2} 的读数不太稳定，故常用式(6-69)。式中 h_{s2} 的数值较大，其余两项均较小。常用图 6-28 所示的方法测量 h_{s2}，即靠近 2 断面的周壁固定一圈外径 4~6 mm 的铜管，等距离钻 8 个垂直于风流方向的小眼(直径 1~2 mm)，再用一根铜管和这一圈铜管连通，并穿出风硐壁与胶皮管相连，胶皮管另一端和主通风机房内的压差计相连。用下式计算该矿井不包括外部漏风途径的总风阻 R_r，即 $R_r = h_r/Q_m^2$。

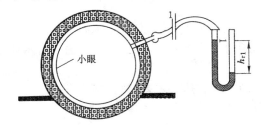

图 6-28　铜管测通风机装置静压

式中 Q_m 为来自井下的总回风量，m^3/s，是通过主要通风机的风量 Q_f 与主要通风机附属设备的漏风量之差。

该矿井通风动力(指主要通风机所产生的机械风压与自然风压之和)的工作风阻则用下式计算：$R'_r = h_r/Q_f^2$。

(二) 对于压入式通风的矿井

如图 6-29 所示，对于压入式的轴流主要通风机，其风路一般分为抽风段 1—2 和压风段 3—4，实际上为又抽又压式。因抽风段内的空气密度无变化，则如前述，可得该段的通风总阻力为

$$h_{er} = p_0 - p_{s2} + 0 - h_{v2} \tag{6-71}$$

式中　p_0——与进风井口同标高的地表大气压力，Pa；

p_{s2}, h_{v2}——分别为断面 2 的绝对静压和速压，Pa。

压风段的通风总阻力 h_{pr} 是指风流自主要通风机出风口 3 开始，经过井下风路、出风井口 4 到静止的地表大气为止，沿途的摩擦阻力和局部阻力之和。按能量方程可得

$$h_{pr} = (p_{s3} - p_0) + (h_{v3} - 0) + (Z\rho_1 g - Z\rho_2 g) \tag{6-72}$$

式中　p_{s3}, h_{v3}——分别是断面 3 风流的绝对静压和速压，Pa；

Z——井筒的垂深，m；

ρ_1, ρ_2——分别是进风井和回风井内空气密度的平均值，kg/m^3。

该矿井的通风总阻力 h_r 应为 h_{er} 和 h_{pr} 之和，即上两式相加得

$$h_r = p_{s3} - p_{s2} + h_{v3} - h_{v2} + Z\rho_1 g - Z\rho_2 g = h_{s3-2} + h_{v3-2} + h_N \tag{6-73}$$

或

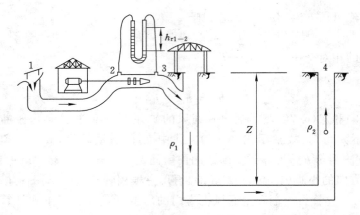

图 6-29　压入式通风矿井总阻力测量

$$h_r = h_{t3} - h_{t2} + h_N \tag{6-74}$$

式中　h_{s3-2}——断面 3 和断面 2 的绝对静压之差，可用图中所示的连接方法，用压差计直接
　　　　　测出，Pa；

　　　　h_{v3-2}——断面 3 和断面 2 的速压之差，数值很小，Pa；

　　　　h_N——该矿井的自然风压，Pa；

　　　　h_{t2}, h_{t3}——分别是断面 2 和断面 3 的相对全压，Pa。

　　然后用 h_r 和流向井下的总进风流 Q_m 计算该矿井不包括外部漏风途径的总风阻，用 h_r 和通过主要通风机的风量 Q_f 计算该矿通风动力的工作风阻。

　　为了提高压入式的矿井通风能力，节省电耗，图 6-29 中的抽风段要设法取消，让该主要通风机的进风口 2 直接和地表大气相通。若这样，压入式矿井的通风总阻力 h_r 就只是上述压风段的总阻力。故由式(6-74)可得测算式为

$$h_r = h_{s3} + h_{v3} + h_N \tag{6-75}$$

　　或

$$h_r = h_{t3} + h_N \tag{6-76}$$

式中　h_{s3}——断面 3 的相对静压，Pa。

　　其他符号意义同前。

　　（三）矿井通风阻力的分布

　　研究及统计结果表明：新设计矿井的通风系统中，进风段阻力占总阻力 25％、用风段占 45％、回风段占 30％为宜。一般地，随着矿井服务年限的增加，回风段的阻力会有所增大，但多数以回风段的阻力不超过 60％为宜。实际测定表明，大多数矿井回风段的通风阻力占总阻力的 60％～85％，只有少数矿井采区的通风阻力为总阻力的 40％～50％。

三、通风阻力测量误差分析方法

　　在测阻布线中，要求至少有两条路线能形成闭合网孔，因此可以用这两条形成闭合网孔的阻力测量路线上的阻力测定结果对比来分析阻力测量的准确程度或误差的情况。一般情况下，只要

$$\varphi_1 = \frac{|h_1 - h_2|}{h_1} \leqslant 5\% \tag{6-77}$$

我们就认为测量是符合要求的。

式中　　φ_1——两条阻力测量路线上阻力测量结果相对误差值，%；

　　　　h_1——两条阻力测量路线中，阻力测得值较小者，Pa；

　　　　h_2——两条阻力测量路线中，阻力测得值较大者，Pa。

阻力测定路线布置还要求至少有一条路线是由矿井总进风抵达总回风的，因此这条路线上各段风路的阻力之和是矿井总阻力。另一方而，矿井总阻力还可以用本节开始介绍的方法进行测量。用这两种方法测定的矿井总阻力，如果测量没有误差，应当是相等的。事实上，误差总是存在的，并且可由上述两种方法测定所得的矿井总阻力相比较来衡量。一般而言，只要

$$\varphi_2 = \frac{|h'_1 - h'_2|}{h'_1} \leqslant 5\% \tag{6-78}$$

我们就认为测量是符合要求的。

式中　　φ'_1——两条阻力测量路线上阻力测量结果相对误差值，%；

　　　　h'_1——两条阻力测量路线中，阻力测得值较小者，Pa；

　　　　h'_2——两条阻力测量路线中，阻力测得值较大者，Pa；

四、矿井通风阻力测量平差

矿井通风网络各分支的阻力、风量的实测值一般不能满足风网的回路风压和节点风量的平衡定律。由实测值计算的风阻，如果用于风网解算及通风系统分析，由于基础数据存在误差，可能影响计算结果甚至严重到失真的程度。因此，对原始测量数据进行合理的误差处理，使校正后的结果满足克希霍夫第一、二定律是提高测量结果可靠度的有效途径。

我们知道，在一个支路数为 B、节点数为 N 的通风网络中，如果对风网进行阻力测量，根据克希霍夫第一定律，只要测量其中的 $(B-N+1)$ 条分支就可以计算出其他 $(N-1)$ 条分支的通风阻力。随着仪器仪表技术的发展以及矿井通风安全管理的需要，可以方便地对实际矿井中全部巷道的通风阻力进行测量。在已测的 B 个阻力值中，$(B-N+1)$ 个是必要的，而其他 $(N-1)$ 个是多余的。在误差处理中，我们必须综合考虑全部实测值，合理地进行误差平衡分配，尽可能地减少实测位的误差，这种方法称为平差。

平差的常用模型是最小二乘法，即在使平差后的结果满足克希霍夫第一和第二定律的前提下要求达到下式所确定的目标

$$\min f = \omega_1 v_1^2 + \omega_2 v_2^2 + \cdots + \omega_N v_N^2 = V^{\mathrm{T}} \omega V \tag{6-79}$$

式中　f——最小二乘函数；

　　　N——测量数据个数；

　　　$V = (v_1, v_2, \cdots, v_N)$——残差向量；

　　　$v_i (i=1,2,\cdots,N)$——平差结果与实测值之差；

　　　$\omega_i (i=1,2,\cdots,N)$——第 i 分支测值的权，它是精度的量度；等精度测量，即当所有读数所用仪器仪表相同、测量状态相同时，$\omega_i = 1$；否则按测量条件划分精度等级，再设置权值，精度越高，权值越大；反之，权值越小；为了方便，也可取实测值绝对值的倒数或读数次数，ω_i必须大于零；

ω——权矩阵,它是一个对角矩阵,即

$$\omega = \mathrm{diag}(\omega_1, \omega_1, \cdots, \omega_N)$$

根据求自由极值的方法,欲使式(6-79)成立,必须有

$$\frac{\partial f}{\partial N} = 0 \qquad\qquad (6\text{-}80)$$

根据有关平衡定律,列出基础方程(残差方程),然后根据式(6-79)、式(6-80)进行推导简化,即可得一组非奇异的线性方程组并求解,把该方程组的解回代,最终就可求得平差结果。

思考题

1. 在如图所示的通风系统中,测得风机两端静压差为 180 $\mathrm{mmH_2O}$,风速为 12 m/s,求全矿通风阻力。

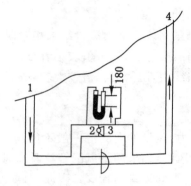

2. 设某一并联通风系统的总风量 $Q = 20$ $\mathrm{m^3/s}$,左翼需风量 $Q_2 = 12$ $\mathrm{m^3/s}$,右翼需风量 $Q_3 = 8$ $\mathrm{m^3/s}$,各巷道的风阻为 $R_1 = 0.20$ $\mathrm{N \cdot s^2/m^8}$,$R_2 = 2.80$ $\mathrm{N \cdot s^2/m^8}$,$R_3 = 2.00$ $\mathrm{N \cdot s^2/m^8}$,$R_4 = 0.25$ $\mathrm{N \cdot s^2/m^8}$。用风窗调节风量时,求风窗的面积和调节后系统的总阻力(设风窗处巷道断面 $S = 4$ $\mathrm{m^2}$);若用辅助通风机调节风量时,求辅助通风机应达到的风压和调节后该系统的总阻力。

3. 断面相同的水平巷道如图所示,巷道中通过的风量 $Q = 10$ $\mathrm{m^3/s}$,空气平均密度为 1.2 $\mathrm{kg/m^3}$,用气压计测得巷道中 1、2 两点的气压分别为 101 989.8 Pa 与 101 323.2 Pa。问巷道 1、2 两点间的通风阻力多大? 若用水柱计直接测定两点间的压差时,压差计上的读数是多少?

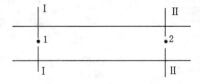

第六节　矿井通风阻力测定报告

矿井通风阻力测定报告应主要包括:矿井的通风和生产概况,测定目的和要求,测定路线选择,人员组织,使用仪器,测定方法,测定结果,矿井通风阻力分布,改善矿井通风状况的建议等内容。

第七章　煤矿主要通风机性能检测

☞ **教学目的**

1. 使煤矿主要通风机性能检测工作有章可循,使通风机性能检测工作的过程控制和结果评估规范化,保证全过程的安全和质量;

2. 提供通风机性能检测作业文件化的依据;

3. 为持续改进通风机性能检测工作质量、作业安全和规范提供管理体系的基础和根据。

☞ **教学重点**

了解主要通风机检测仪器及使用方法,掌握主通风机的主要测定内容及方法。

☞ **教学难点**

掌握主要通风机测定内容及计算方法。

煤矿主要通风机的工作性能是保证井下作业安全的关键,而通风机的性能测试是了解通风机的性能、保证通风机平稳运行的重要措施。主通风机检测工作可加强对煤矿在用主通风机系统安全的维修检验和在用检验,保证检测检验质量和煤矿在用主通风机系统安全可靠运行,保障煤矿安全生产。

主要通风机性能测定分工厂试验(包括生产样机抽查和模型试验)和实际运行条件下的试验两种。通风机出厂时所附的个体特性曲线或类型特性曲线都是根据模型试验获得的(不带任何扩散器及其他附属装置),而实际运行的通风机都装有扩散器,形成通风机装置。由于其安装质量、运转过程中的磨损及结构改变(如拆级、拆叶片)等原因,通风机装置即使通风机本身相同,其性能也相差甚远,几乎各不相同。因此,需要对实际运行中的通风机装置在实际运行状态下进行性能试验,测定其性能。

通风机经过长时间运转后,因零部件锈蚀或者机械摩擦,性能和参数会发生变化,井下风量负压也会有变化,通风机的工况点也会发生变化,根据《煤矿安全规程》规定,新安装的主要通风机或经重大技术改造的主要通风机必须进行一次性能测定,以后每五年至少进行一次。

第一节　矿用通风机类型及附属装置

【本节思维导图】

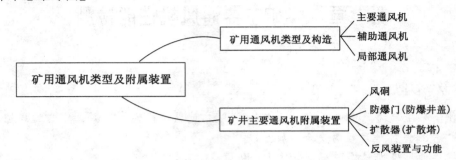

矿用通风机类型及附属装置
- 矿用通风机类型及构造
  - 主要通风机
  - 辅助通风机
  - 局部通风机
- 矿井主要通风机附属装置
  - 风硐
  - 防爆门（防爆井盖）
  - 扩散器（扩散塔）
  - 反风装置与功能

一、矿用通风机类型及构造

矿用通风机按其服务范围和所起的作用分为 3 种。

（1）主要通风机。担负整个矿井或矿井的一翼或一个较大区域通风的通风机,称为矿井的主要通风机。主要通风机必须昼夜运转,它对矿井安全生产和井下工作人员的身体健康、生命安全关系极大。主要通风机一般安装在地面上,也是矿井的重要耗电设备。所以对主要通风机的选用,必须从安全、技术、经济等方面进行综合考虑。

（2）辅助通风机。用来帮助矿井主要通风机对一翼或一个较大区域克服通风阻力,增加风量的通风机,称为主要通风机的辅助通风机。辅助通风机大多安装在井下,目前已很少使用。

（3）局部通风机。为满足井下某一局部地点通风需要而使用的通风机,称为局部通风机。局部通风机主要用作井巷掘进通风。

矿用主要通风机按其构造和工作原理不同,可分为离心式通风机和轴流式通风机两大类,其中轴流式通风机又可分为普通式和对旋式两种。

1. 离心式通风机

离心式通风机主要由动轮（工作轮）、蜗壳体、主轴、锥形扩散器和电动机等部件构成,如图 7-1 所示。工作轮 1 是在两个圆盘间装有若干个叶片构成,它由主轴 4 带动旋转。主轴 4 两端分别由止推轴承 5 和径向轴承 6 支撑。这两个轴承由机架 8 支撑并和机座 11 固定。主轴 4 和电动机 14 通过齿轮联轴节 9 连接,形成直接传动（也有用皮带传动的）。前导器 7（有的通风机没有前导器）是用来调节风流进入主要通风机叶轮时的方向,以调节主要通风机所产生的风压和风量。要使主要通风机紧急停转时可由制动器 10 完成。通风机吸风口 12 与风硐 15 相连,通风机房 13 中通常设有能反映通风机工作状况的各种仪表和电力拖动装置等。

当叶轮转动时,靠离心力作用（离心式通风机的命名由此而来）,空气由吸风口 12 进入,经前导器进入叶轮的中心部分,然后折转 90°沿径向离开叶轮而流入蜗壳体 2 中,再经扩散器 3 排出,空气经过主要通风机后获得能量,使出风侧的压力高于入风侧,造成了压差以克服井巷的通风阻力促使空气流动,达到了通风的目的。

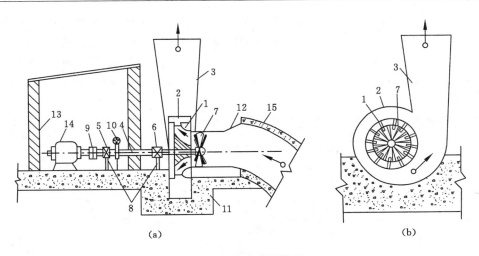

图 7-1　离心式通风机

（a）离心式通风机构造；（b）离心式通风机在井口安装作抽出式通风示意

1——工作轮；2——蜗壳体；3——扩散器；4——主轴；5——止推轴承；6——径向轴承；

7——前导器；8——机架；9——联轴节；10——制动器；11——机座；12——吸风口；

13——通风机房；14——电动机；15——风硐

　　根据通风机的叶片角度的不同，离心式通风机可分为径向式、后倾式和前倾式 3 种，如图 7-2 所示，β_2 为叶片出口的构造角，即为风流沿叶片移动的切线 w_2 与圆周速度 u_2 的夹角。对于径向式 β_2 为 90°，后倾式 β_2 大于 90°，而前倾式的 β_2 则小于 90°。

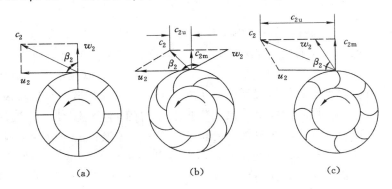

图 7-2　离心式通风机叶轮

（a）径向式；（b）后倾式；（c）前倾式

w_2——空气沿叶片出口的相对速度；u_2——动轮外缘圆周速度；c_2——合速度；

c_{2u}——c_2 的切向分量；c_{2m}——c_2 的径向分量

　　后倾叶片的通风机效率高，所以，中低压大型主要通风机一般都为后倾叶片。小型离心式通风机，为便于制造，多为径向叶片。

　　离心式通风机有单面吸风口与双面吸风口两种。增加吸风口的目的，在于增加主要通风机的风量。

　　我国矿井使用的离心式风机主要有 G4-73、K4-73 、Y4-73 和 4-72 等系列，该类风机的特点是特性曲线较平缓、无驼峰、运行噪声较小、效率高，且具有启动功率较小等特点。运行时调节门(前导器)可在 0°~70°范围内调节,用以改变运行工况,还可通过配置不同转速的电机或电机调速来改变其运行工况,适应性较好。其中 4-72 系列离心式风机主要用于风量和通风阻力不是太大的中小型矿井。我国小型煤矿使用该系列风机较多,由于机型小,配置电机的容量也小,可配用 380 V 或 660 V 电压的电机,适用于低压供电的矿井。

2. 轴流式通风机

图 7-3 是轴流式通风机的构造及其安装在出风口作抽出式通风的装置示意图。

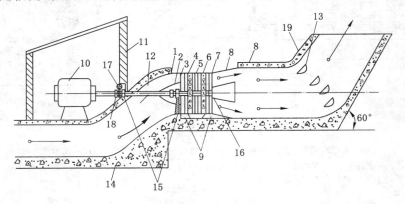

图 7-3　轴流式通风机的构造

1——集风器;2——前流线体;3——前导器;4——第一级工作轮;5——中间整流器;
6——第二级工作轮;7——后整流器;8——环行或水泥扩散器;9——机架;10——电动机;
11——通风机房;12——风硐;13——导流板;14——基础;15——径向轴承;16——止推轴承;
17——制动器;18——齿轮联轴节;19——扩散器

如图 7-3 所示,轴流式通风机主要由工作叶轮、圆筒形外壳、集风器、整流器、前流线体和环形扩散器等组成。集风器是一个外壳呈曲面形、断面收缩的风筒。前流线体是一个遮盖动轮轮毂部分的曲面圆锥形罩,它与集风器构成环形入风口,以减小入口对风流的阻力。整流器用来引导由动轮流出的旋转气流以减小涡流损失。环形扩散器是轴流风机的特有部件,其作用是使环状气流过渡到柱状(风硐或外扩散器内的)空气流,使动压逐渐变小,同时减小冲击损失。工作轮是由固定在轮轴上的轮毂和在其上安装的若干叶片组成。叶片是用螺栓固定在轮毂上,叶片呈梯形(中间是空的),其横截面和机翼形相似,如图 7-4 所示。一个动轮与其后的一个整流器(固定叶片)组成一级,依据工作叶轮数不同轴流式通风机有一级(或一段)和二级(或两段)之分。图 7-4 中 θ 称为轴流式通风机的叶片安装角,其大小是

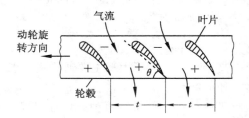

图 7-4　轴流式通风机的叶片安装角

θ——叶片安装角;t——叶片间距

可调的。因为通风机的风压、风量的大小与 θ 角有关,所以工作时可根据所需要的风量、风压调节 θ 的角度。只有一级叶轮的通风机,θ 角的调节范围是 $10°\sim40°$;二级叶轮的通风机是 $15°\sim45°$,角度可按 $5°$ 或 $2.5°$ 间隔调节。增加工作轮数可增加通风机的风压和风量。

叶片在轮毂上是等间距分布的,相邻叶片间是空气的流道。当动轮叶片(机翼)在空气中快速扫过时,由于翼面(叶片的凹面)与空气冲击,给空气以能量,产生了正压力,空气则从叶道流出;翼背牵动背面的空气,而产生负压力,将空气吸入叶道,如此一推一吸造成空气流动。空气经过动轮时获得了能量,即动轮的工作给风流提高了全压。

为了改善轴流式主要通风机的空气动力性能,提高主要通风机效率,新型主要通风机的叶片在沿着长度方向做成扭曲型的,如图7-5所示。在调整扭曲叶片的安装角时,可按根部扭角计算。

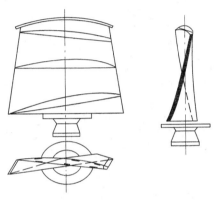

图 7-5　扭曲叶片

传动部分由径向轴承、止推轴承和传动轴组成。主要通风机的轴与电动机的轴用齿轮联轴节连接,形成直接传动。

主要通风机运转时,风流经集风机、流线体进入第一级叶轮,再经中间整流器进入第二级叶轮,又经后整流器进入扩散器,最后流入大气。空气经主要通风机叶轮后,获得能量,造成主要通风机进风口与出风口的压差,用来克服阻力,达到通风的目的。

目前我国生产的轴流式主要通风机有 2BY、2K 系列、GAF、BD(K)、KZS 系列等。其中 2K 系列的 2K60、2K58 轴流式通风机是老型号 70B2 型的换代产品,叶轮直径为 $1.2\sim3.6$ m,可满足不同大小井型的需要。该系列风机均为双级叶轮,机翼型扭曲叶片,叶片角度可在较大范围内进行有级(2K58)或无级(2K56、2K60)调节,且均可直接反转反风,是我国煤矿用量较大的一类风机。

GAF 系列风机是在引进国外技术的基础上,结合国内的实际情况加以改型改造的轴流式风机。它具有风量风压调节范围宽、静压效率高、叶片角度调节自动化程度高等优点,特别适用于需要经常改变运行工况的矿井使用。由于叶片角度调整方便,这类风机可通过改变风叶角度实现风机反风,既不需要反风道,也不需要风机反转控制装置。

3. 对旋式通风机

对旋式通风机在构造上属于轴流式。近年来,BD(K)系列对旋式通风机发展迅速,该系列风机的特点是采用双级双电机驱动结构,两机叶轮相对并反向旋转,其结构相当于两台同型号轴流风机对接在一起串联工作,因此被称之为对旋式风机。由于这种结构可省去中间及后置固定导叶,且涡流损失较小,具有传动损耗小、压力高、高效范围较宽、效率也较高的特点,其结构如图7-6所示。

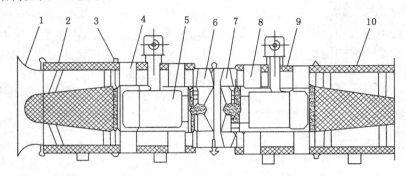

图 7-6　对旋压抽式轴流通风机结构示意图

1——集流器;2——前消声器;3——前机壳;4——进气翼;5——电机;6——Ⅰ级叶轮;

7——Ⅱ级叶轮;8——出气翼;9——后机壳;10——后消声器

对旋式通风机作为目前我国矿用风机的新生代产品,国内已有多家风机厂投入生产,结构性能也不断改进和提高,如湖南湘潭平安电气、山西运城安瑞节能风机有限公司等厂家和西北工业大学合作研制的弯掠组合三维扭曲正交型叶片技术,使风机的静压效率、噪声等性能指标得到较大提高,被誉为21世纪的环保节能风机。

二、矿井主要通风机附属装置

主要通风机的附属装置包括风硐、扩散器(扩散塔)、防爆门(防爆井盖)以及反风装置等。

1. 风硐

风硐是出风井和主要通风机的一段联络巷道。由于通过风硐的风量及内外压力差较大,所以应特别注意降低风硐的通风阻力和减少漏风。在风硐设计、施工及通风管理中应注意以下要求:

(1) 风硐断面不宜过小,使其风速<10 m/s,最大不超过 15 m/s。

(2) 风硐风阻应不大于 0.019 6 N·s²/m⁸,通风阻力应不大于 100~200 Pa。因此风硐不宜过长,拐弯部分应呈圆弧形,内壁应光滑,且应经常保持其中无堆积物。为尽量降低通风阻力,在拐弯处应安设导流叶片。

(3) 风硐及其闸门等装置的结构要严密,防止漏风。

(4) 风硐内应安设测量风速及风流压力的装置。为此,风硐和主要通风机相连的一段长度应不小于(10~12)D(D 为主要通风机工作轮直径)。

(5) 风硐直线部分要有流水坡度,以防积水。

2. 防爆门(防爆井盖)

《煤矿安全规程》规定,装有主要通风机的出风井口应当安装防爆门。无论是斜井还是立井的出风井口所安设的防爆门都不得小于出风井口的断面积,并应正对出风井口的风流方向。当井下发生瓦斯或煤尘等爆炸时,爆炸气浪将防爆门掀起,可保护主要通风机免受损坏。在正常情况下，防焊门是气密的，严防风流短路。图 7-7 为不提升的通风立井井口的防爆门。井盖 1 用钢板焊接而成，其下端放入凹槽 2 中，槽中盛油密封（不结冰地区用水封），槽深与负压相适应；在其四周用四条钢丝绳绕过滑轮 3 用重锤 4 配重；井口壁四周还应装设一定数量的压脚 5，在反风时用以压住井盖，防止被气压顶开造成风流短路。装有提升设备的井筒设井盖门，一般为铁木结构，其与门框接合处应加胶皮垫层以减少漏风。

防爆门（井盖）应设计合理、结构严密、维护良好、动作可靠。

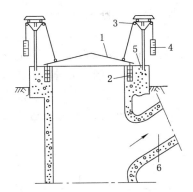

图 7-7 立井井口防爆盖示意图

1——防爆井盖；2——密封液槽；3——滑轮；4——平衡重锤；5——压脚；6——风硐

3. 扩散器（扩散塔）

抽出式通风时，无论是离心式通风机还是轴流式通风机，在风机的出口都外接一定长度、断面逐渐扩大的构筑物——扩散器。其作用是将主要通风机出风口的速压大部分转变为静止，以减少风机出风口的速压损失，提高主要通风机的有效静压。如图 7-8 所示，轴流式主要通风机的扩散器是由圆锥形内筒和外筒构成的环状扩散器，外圆锥体的敞角可取 $7°\sim12°$，内圆锥体的敞角可取 $3°\sim4°$。扩散器出口要与由混凝土砌筑成的外接扩散器相连。外接扩散器是一段向上弯曲的风道，一般用砖和混凝土砌筑，其各部分尺寸应根据风机类型、结构、尺寸和空气动力学特性等具体情况而定，总的原则是：阻力小，出口动压损失小并且无回流（涡流）现象。

如图 7-9 所示，离心式主要通风机的扩散器是长方形，其敞角取 $8°\sim10°$，出风口断面（S_3）与入风口断面（S_2）之比约为 $3\sim4$。

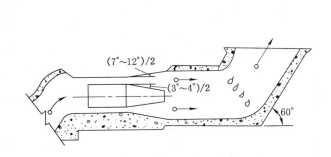

图 7-8 轴流式通风机扩散器

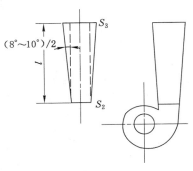

图 7-9 离心式通风机扩散器

4．反风装置与功能

反风装置是用来使井下风流反向的一种设施。煤矿必须设有反风装置的原因，是为了使风流能向相反方向流动，防止进风系统中一旦发生火灾、瓦斯或煤尘爆炸时产生的大量 CO、CO_2 等有毒有害气体沿风流进入采掘区域或其他区域，危及工作人员的生命安全。有时为适应救灾工作的需要，也须反风。

反风方法因风机的类型和结构不同而异。目前的反风方法主要有：设专用反风道反风；利用备用风机作反风道反风；风机反转反风和调节动叶安装角反风。

（1）反风道反风

利用反风道反风是一种常用且可靠的反风方法，能满足反风要求。图 7-10 为轴流式通风机作抽出式通风时利用反风道反风的示意图。正常通风时，风门 1、7、5 均处于水平位置，井下的污浊风流经风硐直接进入通风机，然后经扩散器 4 排到大气中。反风时，风门 1、5、7 打开，新鲜风流由风门 1 经反风门 7 进入风硐 2，由通风机 3 排出，然后经反风门 5 进入反风绕道 6，再返回风硐送入井下。

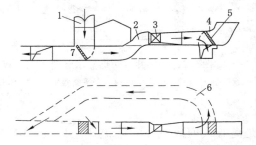

图 7-10　轴流式通风机作抽出式通风时利用专用反风道反风示意图
1——反风进风门；2——风硐；3——通风机；4——扩散器；5,7——反风导向门；6——反风绕道

图 7-11 为离心式通风机作抽出式通风时利用反风道反风的示意图。正常通风时，用反风门 1 关闭反风道 3，用反风门 2 关闭风硐的地面空气入口，使井下来的风流经风硐进入主要通风机，从扩散器排入地面大气。反风时，放下反风门 2，同时提起反风门 1，打开反风道 3 关闭扩散器，使地面空气从入口 2 进入主要通风机，由主要通风机作用经反风道 3 送往井下。

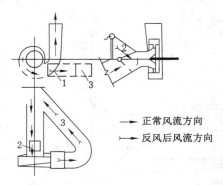

　　━━━━▶　正常风流方向
　　━━━━▷　反风后风流方向

图 7-11　离心式通风机作抽出式通风时利用反风道反风示意图
1——反风控制风门；2——反风进风门；3——反风绕道

（2）利用通风机反转反风

使通风机反转反风只适用于轴流式通风机。反风时,将电动机的三相电源线中的任意两相调换相接,使电动机反转,从而使通风机工作轮反转,使井下风流反向。虽然这种反风方法的基建费用少,简便,但反风量一般都不能满足要求。目前,一些新型通风机在设计时已考虑了这一因素,反风量有所提高。

（3）利用备用风机的风道反风（无地道反风）

如图 7-12 所示,当两台轴流式通风机并排布置时,工作风机（正转）可利用另一台备用风机的风道作为"反风道"进行反风。Ⅱ号风机正常通风时,分风门 4、入风门 6、7 和反风门 9 处于实线位置。反风时风机停转,将分风门 4、反风门 9Ⅰ、9Ⅱ拉到虚线位置,然后开启入风门 6、7,压紧入风门 6、7,再启动Ⅱ号风机,便可实现反风。

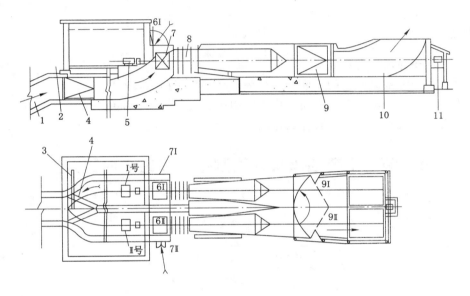

图 7-12　轴流式风机无地道反风

1——风硐;2——静压管;3——绞车;4——分风门;5——电动机;6——反风入风顶盖门;

7——反风入风侧门;8——通风机;9——反风门;10——扩散器;11——绞车

（4）调整动叶安装角进行反风

对于动叶可同时转动的轴流式通风机,只要把所有叶片同时偏转一定角度（大约120°）,不必改变叶（动）轮转向就可以实现矿井风流反向,如图 7-13 所示。我国上海鼓风机生产的 GAF 型风机,结构上具有这种性能,国外此种风机较多。

无论用哪种反风方法反风,煤矿矿井都必须有反风装置,这是《煤矿安全规程》规定的。同时《煤矿安全规程》还规定,所装设的反风装置能在 10 min 内改变巷道中的风流方向。当风流方向改变后,主要通风机的供给风量不应小于正常风量的 40%。每季度应当至少检查1 次反风设施,每年应当进行 1 次反风演习;矿井通风系统有较大变化时,应当进行 1 次反风演习。

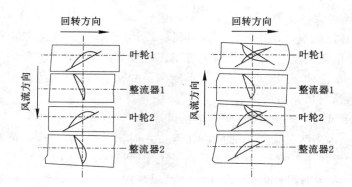

图 7-13　调整动叶安装角反风

思考题

1. 矿井主要通风机有哪几类？
2. 目前我国大部分矿井的主要通风机为什么都采用抽出式通风？
3. 为什么目前我国煤矿掘进通风广泛使用压入式局部通风机的方式？
4. 主要通风机附属装置各有什么作用？设计和施工时应符合哪些要求？

第二节　主要通风机性能测定的理论依据和方法

【本节思维导图】

- 主要通风机性能测定的理论依据和方法
  - 基本概念
    - 流量
    - 压力
    - 通风机的输出功率
    - 通风机效率
  - 通风机的特性曲线
  - 通风机工况点及合理工作范围
  - 主要通风机装置性能测定原理
    - 抽出式主要通风机性能测定原理
    - 压入式通风机性能测定原理
  - 通风机性能测定方法
  - 测定方案

一、基本概念

（1）流量

单位时间内通过通风机装置的空气体积，称为通风机装置的流量，一般用 Q_s 表示，其单位为立方米/秒（m^3/s）。在矿井通风中，通过通风机装置的流量，也就是通风机送入井下或从井下排出的空气量。因此,通风机装置的流量是一个重要参数。

（2）压力

通风机工作时,叶轮给每 1 m^3 空气的全部能量,即每 1 m^3 空气通过通风机后所增加的全部能量,称为通风机全压或通风压力,一般用 h_{sq} 或 h 表示,其单位为帕(Pa)。

通风机全压 h_{sq} 是指通风机出口断面上空气的绝对全压(该断面上空气的绝对静压与速压之和)与通风机入口断面上空气的绝对全压之差。h_{sq} 一般在通风机制造厂所提供的特性曲线或性能选用表中给出。

对于实际运转中的通风机(都装有扩散器),用 h'_{sq} 表示通风机装置全压。它是指通风机装置扩散器出口断面上空气的绝对全压与通风机入口断面上空气的绝对全压之差。通风机装置的全压与通风机的安装质量和扩散器的优劣等因素有关,因此,h'_{sq} 需对实际运转的通风机进行实测获得。

通风机全压 h_{sq} 和通风机装置全压 h'_{sq} 在数值上相差不大,所以,在通风机选型计算中,可直接应用厂家提供的性能曲线给出的数值,但在安装情况及扩散器形式具有确定性的实际运行风机装置调整优化时,应以实测的通风机装置全压为准。

通风机装置全压,用以克服矿井井巷通风阻力和排入大气时的速压损失。我们将通风机装置用以克服井巷通风阻力的那部分通风压力,称为通风机静压,用 h_{sj} 表示。

（3）通风机的输出功率

单位时间内通过通风机的流量和通风机给予每 1 m^3 空气的全部能量之积,称为通风机的输出功率,用 N_c 表示,即

$$N_c = hQ_s \tag{7-1}$$

由于通风机压力有通风机全压 h_{sq} 和通风机静压 h_{sj} 之分,所以通风机的输出功率也有通风机全压输出功率和静压输出功率之分,即全压输出功率 N_{qc} 以和静压输出功率 N_{jc}

$$N_{qc} = h_{sq}Q_s \tag{7-2}$$

$$N_{jc} = h_{sj}Q_s \tag{7-3}$$

式中　Q_s——通风机风量。

（4）通风机效率

通风机在运转过程中,由于机械损失及空气流动损失等原因,通风机轴上的功率(N_z)不可能全部传递给空气,也就是说通风机的轴功率必然要大于通风机的输出功率,通风机输出功率和通风机轴功率 N_z(或通风机输出功率)之比,叫做通风机的效率,即

$$\eta_q = \frac{N_{qc}}{N_z} \tag{7-4}$$

$$\eta_{sj} = \frac{N_{jc}}{N_z} \tag{7-5}$$

式中　η_q,η_{sj}——分别为通风机的全压效率和静压效率。

通风机的效率是衡量通风机的工作性能的重要指标,也是矿井通风系统是否最优的标志之一。

二、通风机的特性曲线

主要通风机的风量、风压、功率和效率这四个基本参数可以反映主要通风机的工作特

性,对每一台主要通风机来说,在额定转速的条件下,对应于一定的风量,就有一定的风压、功率和效率与之对应。风量如果变动,其他三者也随之改变。因此,可将主要通风机的风压、功率和效率随风量变化而变化的关系,分别用曲线表示出来,即称为主要通风机的个体特性曲线。这些个体特性曲线必须通过实测来绘制。

主要通风机的个体特性曲线一般形状如图 7-14、图 7-15 所示。

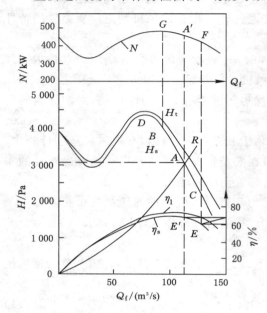

图 7-14　轴流式通风机个体特性曲线

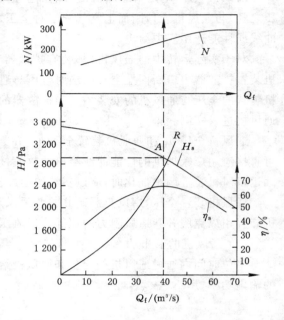

图 7-15　离心式通风机个体特性曲线

（1）风压特性曲线（H-Q_f）

轴流式主要通风机的风压特性曲线较陡,并有一个"马鞍形"的"驼峰"区,当风量变化时,风压变化较大。

离心式主要通风机的风压特性曲线比较平缓,当风量变化时,风压变化不大。

（2）功率曲线（N-Q_f）

轴流式主要通风机在 B 点的右下侧功率是随着风量的增加而减小,所以启动时应先全敞开或半敞开闸门,待运转稳定后再逐渐关至合适位置,以防止启动时电流过大,引起电动机过负荷。

离心式主要通风机当风量增加时功率也随之增大,所以在启动时,应先关闭闸门然后再逐渐打开。

（3）效率曲线（η_s-Q_f）

当风量由小到大逐渐增加时,主要通风机效率也逐渐增大,当增到最大值后便逐渐下降。

轴流式主要通风机通常将不同叶片角度的多条曲线绘制在同一坐标系中,此时可将各条风压曲线上的效率相同的点连接起来绘制成曲线,称之为等效率曲线。如图 7-16 所示,轴流式主要通风机两个不同的叶片安装角 θ_1 与 θ_2 的风压特性曲线分别为 1 与 2,效率曲线分别为 3 与 4。从各个效率值(如 0.2、0.4、0.6、0.8)画水平虚线,分别和 3 与 4 曲线相交,可得 4 对相等的交点,从这 4 对交点作垂直虚线分别与相应的个体曲线 1 与 2 相交,又在曲线 1 与 2 上得出 4 对效率相等的交点,然后把相等的效率的交点连接起来,即得出图中 4 条等效率曲线:0.2、0.4、0.6、0.8。

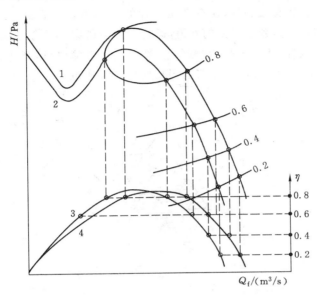

图 7-16　等效特性曲线的绘制

1,2——风压特性曲线;3,4——等效特性曲线

三、通风机工况点及合理工作范围

以同样的比例把矿井总风阻 R 曲线绘制于通风机个体特性曲线图中,则风阻 R 曲线与风压曲线交于 A 点,此点就是通风机的工况点或工作点,如图 7-14 所示。工况点的坐标值就是该主要通风机实际产生的静压和风量;通过 A 点作垂线分别与 N-Q_f 和 η_s-Q_f 曲线的交点的纵坐标 N 值与 η_s 值,分别为主要通风机实际的轴功率和静压效率。从工作点 A 可看出,此时通风机的静风压为 3 040 Pa,风量为 115 m^3/s,功率为 450 kW(A' 点),静压效率 0.68(E' 点)。由此启示我们,可以根据矿井通风设计所算出的需要风量 Q_f 和风压 H 的数据,再从许多条表示不同型号、尺寸、不同转数或不同叶片安装角的主要通风机运转特性曲线中选择一条合适的特性曲线,所选的这条特性曲线,载明了它所属的主要通风机型号、尺寸、转数和叶片安装角等。这就是最简单的选择主要通风机的方法。所谓选择合理是要求预计的工况点在 H-Q_f 曲线的位置应满足以下两个条件:

一是从经济方面考虑,所选择的工况点对应主要通风机的静压效率不应低于 70%,即工作点应在 C 点以上。

二是从安全的角度,要求风机工况点不能处于不稳定区。实践证明,许多轴流式主要通风机在 H-Q_f 曲线最高点的左侧,风压与风量的关系不再具有唯一性,如果工作点位于风压曲线最高点的左侧即所谓的"驼峰"区时,主要通风机的运转就可能产生不稳定状况,即工作点发生跳动,风压忽大忽小,声音极不正常(喘振现象)。为了防止矿井风阻偶然增加等原因使工况点进入不稳定区,在选择和使用风机时规定风机的实际工作风压不应大于最大风压

的 0.9 倍，即工作点应在 B 点以下；在转速上要求其不超过额定转速；对于电动机，要求不超负荷运行。所以轴流式风机在风压曲线上的合理工作范围应是 BC 段（见图 7-14）。

由于受到动轮和叶片等部件的结构强度所限，通风机动轮的转数不能超过它的额定转数；轴流式通风机除转数有限制外，还有动轮叶片的安装角 θ 的限制，对于一级动轮的轴流式通风机，最大的 θ 为 45°，越过最大的 θ 角，运行就不易稳定。又考虑到通风机工作的经济性，一级动轮的轴流风机，其 θ 角不小于 10°；二级动轮的轴流风机，其 θ 角不小于 15°。综上所述，在图 7-17 中的阴影部分即为主要通风机的合理工作范围。

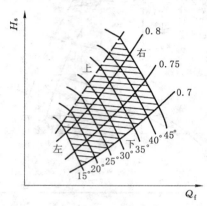

图 7-17　主要通风机合理工作范围

应该指出的是，分析主要通风机工况点是否合理时，应使用实测的主要通风机特性曲线。厂方提供的曲线往往与安装后的实际特性曲线不符，采用厂方提供的曲线时，可能会得出错误的结论。

四、主要通风机装置性能测定原理

（一）抽出式主要通风机性能测定原理

通风机装置的性能测试就是要测出通风机装置在矿井标准大气状态下的风量-风压曲线、风量-功率曲线和风量-效率曲线。要测出这三条曲线，除了测出通风机装置通过的风量外，最重要参数是测量风机装置的风压。在抽出式通风中，通风机装置的静压（实际是和自然风压共同作用）克服矿井通风阻力，因此在实际工作中，一般只测算通风机的静压。本节推导出通风机装置静压测算式作为测量工作的理论依据。

如图 7-18 所示，通风机装置的全压为通风机扩散器出口断面 3 与进风口断面 2 上的绝对全压之差，即

$$h'_{sq} = p_{Q3} - p_{Q2} = (p_{s3} + h_{v3}) - (p_{s2} + h_{v2}) \tag{7-6}$$

式中　p_{Q2}，p_{Q3}——2、3 断面上的绝对全压，Pa；

p_{s2}，p_{s3}——2、3 断面上的绝对静压，Pa；

h_{v2}，h_{v3}——2、3 断面上的速压，Pa。

因为断面 3 的绝对静压 p_{s3} 等于与该断面同标高的地面大气压 p 即 $p_{s3} = p$，故上式可写为

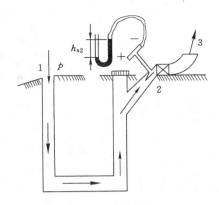

图 7-18　抽出式通风机装置的全压与静压计算

$$\begin{cases} h'_{sq} = (p - p_{s2}) + h_{v3} - h_{v2} \\ h'_{sq} = h_{s2} - h_{v2} + h_{v3} \end{cases} \tag{7-7}$$

式中　h_{s2}——断面上的相对压能，Pa。

　　式(7-7)为风机性能测定时的基本测算式。它表明，通风机装置的全压可以通过测定风硐内等断面上的相对静压 h_{s2}、平均速压 h_{v2} 和扩散器出口断面上的平均速压 h_{v3} 获得。

　　通风机装置的静压为 $h_s = Pt - hv$ 即为通风机装置静压的测算式，为通风机装置性能测点的实用公式。可以证明，h_s 与自然风压联合作用克服全矿井通风总阻力，即有

$$h_s \pm h_{zr} = h_{z1-2} \tag{7-8}$$

式中　h_{zr}——自然风压；

　　　h_{z1-2}——抽出式通风矿井总阻力。

　　(二)压入式通风机性能测定原理

　　和抽出式通风不同，压入式通风矿井通风机性能测定，所测量的压力对象是通风机装置的全压。因此，通风机装置全压测算公式是性能测定工作的理论依据。

　　如图 7-19 所示，通风机装置全压为通风机装置扩散器出风口断面 2 与通风机入风口断面 1 的总能量之差。若忽略 1、2 两断面的位能差，则通风机装置的全压为其出口断面和入口断面的绝对全压差，即 $h'_{sq} = pQ_2 - pQ_1$

　　因 $pQ_1 = p_0$，$pQ_2 = p_s + h_v$

　　故 $h'_{sq} = p_s + h_v - p_0$

$$h_{sq} = h_s + h_v \tag{7-9}$$

式(7-9)是压入式通风矿井进行通风机装置性能测定时的基本测算式。它表明，测定压入式通风矿井通风机装置的全压，必须测定通风机风硐内某断面上的相对静压 h_s 和平均速压 h_v。

　　因为抽出式通风矿井是通风机装置的全压与自然风压共同克服矿井总阻力，所以抽出式通风矿井主要通风机装置性能测定只测通风机装置的全压。因此，式(7-9)也是抽出式通风矿井通风机装置性能测定的实用公式。

$$h'_{sq} \pm h_{zr} = h_{z2-3} + h_{v3} \tag{7-10}$$

式中　h_{z2-3}——图 7-19 所示压入式通风矿井总阻力。

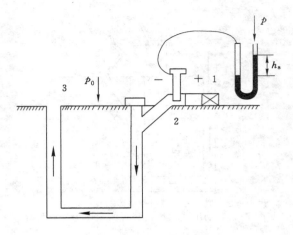

图 7-19　压入式通风机装置的全压计算

五、通风机性能测定方法

（1）抽出式通风机的性能测定方法

如图 7-18 所示，风机装置风流入口 2 至风流出口 3 这一段风路上的风阻、风量、风压之间的关系，因为 2、3 两点高差较小，故可不计自然风压，此时应有

$$h_s = RQ^2 \tag{7-11}$$

式中　h_s——风机装置静压，Pa；

　　　　R——风机装置工作风阻，N·s^2/m；

　　　　Q——风机装置工作（或通过）风量，m^3/s。

风阻 R 从 R_0 改变为 R_1，R_2，$\cdots$，R_n 时，通过风量和风机装置静压也相应变化，见表7-1。事实上，可以不必知道 R_1，R_2，$\cdots$，R_n 的具体值，而只测算 Q_i、h_{si}、N_i、η_i 的值，直接以 Q 为横坐标，以 h_s、N、η 为纵坐标就可以画出三条性能曲线。应当注意的是，虽然 R 的具体值不必知道，但对轴流通风机应使 R 的值由小到大顺序变化，离心通风机则相反。

表 7-1　　　　　　　　　　　　　通风机装置性能测定工况变化

风阻值	风量值	主装置静压值	轴功率值	效率值
R_0	Q_0	h_{s0}	N_0	η_0
R_1	Q_1	h_{s1}	N_1	η_1
R_2	Q_2	h_{s2}	N_2	η_2
...	...	...	...	...
R_n	Q_n	h_{sn}	N_n	η_n

（2）压入式通风机装置性能测定方法

同抽出式相似，如图 7-19 所示，在 1 点和 2 点之间设调节装置调整工作风阻 R，使其由 R_0，R_1，R_2，$\cdots$，R_n 由小到大变化，同时对应 R 的各值测定风量 Q、风压 h 和功率 N 及效率 η 按表 7-1 形式列表后即可画出风量-风压、风压-功率和风压-效率的曲线。

六、测定方案

主要通风机装置性能测定的方案制定包括工况点的调节地点和方法,通风机装置通过风量和风压的测定地点和测量方法,通风机转数的测定方法、电气参数的测定方法,大气物理参数的测量地点及方法和噪声的测量地点与方法等。下面主要讨论工况点调节与进风方式的布置问题。工况点调节的地点、方法和进风方式的布置有多种方法,可以利用防爆门进风、井下进风,也可以利用备用风机的风道进风等;可以停产测量,也可以不停产测量。虽然不停产测量所得的性能曲线也能满足通风管理、掌握风机基本性能的要求,但因不停产条件下备用通风机性能测定受条件限制,测定精度不高。就目前的测试手段,以停产测量为宜,所以应充分利用停产检修和节假日停产的机会进行测试。

从被测的通风机装置和井下运行的风网的关系来看,测定时通风机装置的进风方式有三种:① 负载法:由井下进风;② 半负载法:由井下进一部分风;③ 非负载法:不由井下进风。下面就图 7-20 进行分别论述。

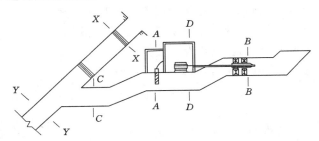

图 7-20　通风机装置性能测定示意图

$A—A$——工况点;$B—B$——皮托管测风点;$C—C$——风表测风点;
$D—D$——静压测风点;$X—X$——防爆门;$Y—Y$——井下进风点

(1) 负载法测定通风机性能

本法是将 $X—X$ 处的防爆门关闭,利用 $A—A$ 处闸门进行加阻、调节风量。因调节风量的方向应使电机功率由大到小逐渐变化,所以在开始时应使 $A—A$ 处闸板提至最高位置,使风机通过风量(即井下风量)达到最大,然后由大到小逐渐变化。这种方法不能测得风机装置性能曲线的全部,因为风量最大位置,即 $A—A$ 处闸门提至最高位置时,工作风阻为矿井风网当时的风阻,所以低于该风阻对应的那部分曲线无法测得。但一般情况下,所测得的部分曲线,对生产管理还是有使用价值的。这种方法因井下风量由大到小变化,所以井下应采取严格的安全措施,以防发生瓦斯积聚等事故,而且应停止生产。

(2) 半负载法测定通风机性能

这种方法是在性能测试时,通过通风机装置的风量同时由防爆门和井下进入。首先将 $A—A$ 处调节闸门提到最高位置,在 $X—X$ 位置处加一定的阻力(用木板即可),保证从井下进入通风装置的风量保持一定的数值,然后再在 $X—X$ 处逐渐加阻;使通过通风机装置的风量逐渐减少,待井下的风量减小幅度较大时,开始下降 $A—A$ 处调节闸门,使通风机装置风量继续下降,连续测量。

这种测量方法,可保持井下有一定风量,对于防止瓦斯积存有一定好处,但测试过程中,井下风量是不稳定的,应采取严格安全措施,且停产为宜。这种方法所测得的曲线范围比负载法宽得多。

(3) 非负载法测定性能曲线

这种方法是将井下隔绝断风,在 $Y—Y$ 处构筑挡风墙,利用防爆门将进风短路,在 $X—X$ 处加阻调节通风机装置的进风量。

(4) 性能曲线与测法无关

以上是根据性能测定时调节通风机装置进风方式的不同而划分的。众所周知,风机装置形成以后,其性能由风机叶片形状、叶片数、叶片安装角、级数等结构参数和引风硐、扩散器等附属装置参数所确定,当上述参数不变时,风量-风压关系的曲线不变,风机装置通风性能就不变。风量-风压曲线是客观的,无论用何种测法——负载、半负载或非负载法,所测得的结果均应一致。但在实际工作中,由于所谓的"工况点漂移问题",使人们不能清楚地认识风量-风压曲线的客观性。

(5) 制订性能测定方案应该注意的问题

① 根据具体情况,因地制宜地选择停产或不停产测定方案。

② 采取正确的措施,保证测量地点风流稳定,测定误差小。

③ 测定时严格采取安全措施,以免发生安全事故。

④ 以停产测量为好,不但精度高,而且安全方面有保证。

思考题

1. 什么叫通风机的工况点? 如何用图解法求单一工作或联合工作通风机的工况点,并举例说明。

2. 简述绝对压力和相对压力的概念。为什么在正压通风中断面上某点的相对全压大于相对静压,而在负压通风中断面某点的相对全压小于相对静压?

3. 主要通风机性能测定方案包括哪些?

第三节 通风机现场性能检测

【本节思维导图】

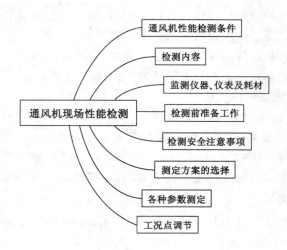

一、通风机性能检测条件

（1）在通风机至流量和压力测量面之间的风道应无明显的内外漏风现象。通风机进、出口之间不得存在未规定的气体循环。

（2）为保证实验操作人员安全及机器免受损坏所采取的措施，不应对通风机的气动性能有任何影响。

（3）通风系统阻力可以改变时测试点的选择。当系统阻力可以改变时，通过调节风机自有的闸门或系统中设置的风门进行工况调节，测点在全流量范围内不少于7个点。

（4）通风系统阻力不可改变时测试点的选择。

① 通风系统的阻力不能改变时，只能在一个工况点测试。此种情况下，各方应对只进行单一工况测试达成协议。

② 通风系统的阻力不能改变时，为得到通风机特性曲线的各个点，可采用板阻法测量备用风机口测点在全流量范围内不少于7个点。

二、检测内容

（1）主要通风机及配套件相关证件应齐全，如：安全标志准用证、防爆合格证、摩擦火花安全性检验合格证、聚合物制品阻燃抗静电检验报告等。主要通风机因其结构、采购或使用年限等不同，其相关证件也会有所不同，但应符合国家有关规定。

（2）现场检查通风机、电动机各零部件应齐全，主通风机各连接部位的紧固件应牢固；刹车装置应灵活可靠，润滑系统应工作正常；主要通风机外壳或内部结构不应有异常变形或损伤；主要通风机铭牌、转向标志应齐全。

（3）主要通风机的电动机运行功率不应超过额定功率。

（4）主要通风机系统的保护及相关设施应齐全，应符合《煤矿安全规程》的规定。如：双回路供电、防爆门、反风性能及反风设施、欠压和过流保护、监视用仪器仪表等等。

（5）主要通风机装置运行效率，应不小于最高效率的70%。风量和风压应满足矿井的需要和产品使用说明书的规定。

（6）振动速度测量结果应符合《通风机振动检测及其限值》（JB/T 8689—2014）标准中的规定。

（7）若测试主要通风机系统全性能曲线时，通风机系统的比A声级应符合《通风机噪声限值》（JB/T 8690—2014）的要求，比A声级应不大于35 dB。有环保要求时，主要通风机系统环保噪声应符合国家环保要求。

（8）轴承温升应满足《矿井轴流式通风机》（JB/T 4296—2011）标准的规定，不应超过厂方提供的技术参数。

（9）故障诊断系统发现故障特征信号，应及时进行排查，防止事故发生。

（10）电动机绝缘电阻在额定电压为380 V时，应不小于0.5 MΩ；660 V时应不小于1 MΩ；6 000 V时应不小于6 MΩ。接地电阻应不大于4 Ω。

（11）主要通风机叶片与机壳（或保护圈）的单侧间隙值应不小于2.5 mm。

三、检测仪器、仪表及耗材

标准仪器设备如表 7-2 所列。

表 7-2 标准仪器设备表

序号	仪器名称	测量范围	准确度	数量/只(台)	用途
1	气压计	800～1 060 hPa	±200 Pa	1	测大气压力
2	温度计	0～50 ℃	±0.5 ℃	2	测温度
3	干湿温度计	−25～+50 ℃	±0.5 ℃	2	测干、湿温度
4	皮托管		系数 0.998～1.004	≥25	测动压、全压
5	全压管		系数 0.998～1.004	≥25	测全压
6	附壁静压片或静压管		系数 0.998～1.004	≥8	测静压
7	风速传感器、摇测风速计、风速表	0.5～20 m/s	±(0.10～0.20)m/s	≥25	测风速
8	压差计	0～6 000 Pa	±10 Pa	≥5	测静压、全压
9	压差计	0～2 000 Pa	±10 Pa	≥5	测动压
10	电流互感器		0.2 级	≥2	电气参数测定
11	电压互感器		0.2 级	≥2	电气参数测定
12	转速表		±1 r/min	1	测风速、电机转速
13	声级计		0.5 dB	1	测噪声
14	点温计或温度测量元件	0～1 000 ℃	±0.5 ℃	1	电机温升
15	通风机综合测试仪			1	风速、风压
16	全功能电力测量仪或电动机经济运行仪		0.5 级	1	电参数
17	测振仪	加速度 0.1～199.9 m/s²	±5%	1	测振动
18	故障诊断仪			1	故障分析
19	兆欧表	0～1 000 MΩ	1.0 级	1	测绝缘电阻
20	兆欧表	0～1 000 MΩ	1.5 级	1	测绝缘电阻

四、检测前准备工作

矿井通风机装置性能测定是一项技术性很强的通风管理工作。无论是采用传统的分立仪表测定,还是采用集成的通风机装置性能测定仪,在测定前,都要根据测定方案进行组织分工和必要的工具、器材、记录表格等一系列准备工作。

(1)登记通风机和电动机的铭牌技术数据,并测量通风机的有关结构尺寸。

(2)测量测压以及测风处的风硐断面尺寸。

(3)在测压和工况调节地点分别安设测压管、胶皮管和调节风窗框架,并准备足够的用于调节工况的木板。

（4）对所使用的各种仪表（风表、压差计、大气压力计、电工仪表等）或通风机性能测定仪进行检查和校正，并使测定人员熟悉其使用方法。

（5）必要时安装通信联络电话或无线对讲机。

（6）采取措施堵塞地面漏风。

（7）清除风硐内的碎石等杂物和积水。

（8）检查主要通风机、电动机闸门、绞车的各部件是否完整牢固。

五、检测安全注意事项

测定中的注意事项如下：

（1）测定时不仅要有明确分工，还要有彼此间的密切配合。在测定过程中要求全体人员听从指挥，思想集中，动作敏捷，步调一致。

（2）为了避免电动机过负荷，主要通风机应在低负荷工况下启动，工况调节顺序应使电动机功率由低而高，逐渐变化。离心式主要通风机启动由全闭到全放；轴流式主要通风机启动由全放到全闭。

（3）在测定中当工况点转入左侧的不稳定区段时，一般应停止测定工作。或抓紧时间测完该点，并严密监视电动机负荷、轴承温升及风机喘振等情况，以免发生意外事故。

（4）为了消除由于电压波动导致主要通风机转速变化引起的误差，人工测定时同一工况的各参数应尽可能同时测定，而且至少连续测量两次，并取平均值。

（5）根据出厂特性曲线和速算结果推断，当工况点靠近离心式主要通风机的最高功率点或轴流式主要通风机的"驼峰"点时，要探索着改变工况，防止工况点突然转入不稳定区段内。同时应密切注视电流值的变化和工况调节装置的强度。

（6）进入风硐工作的人员以及工况调节人员，务必注意安全，工作时精力要集中，不可粗心大意。

六、测定方案的选择

主要通风机装置的布置形式多种多样，一般是依主要通风机类型、台数和尺寸、回风井筒的形式及周围地形等因素因地制宜修筑的。因此，在确定测定方案时也须因地制宜，力求使测定工作简单、安全，测定结果能满足精度要求。确定测定方案需考虑的内容和顺序应为：

（1）选择调节主要通风机工况点的地点和方法。

（2）选择测风速、风量的地点和方法。

（3）测定风压等其他参数的方法。

风机测定方案的确定，通常可分以下三种情况：

（1）新安装的主要通风机在投产前进行的测定。这种测定是必需的且内容也是全面的，测定工作既要获得主要通风机装置的特性曲线，又要检验主要通风机装置的制造和安装质量，检验各附属装置的合理性及其漏风情况等，为投入正常运转提供基础数据。

（2）在不影响正常生产条件下对备用通风机进行性能测定。在这种情况下进行测定，风流以短路形式进入主要通风机，且又受运转主要通风机的影响，使系统中难以找到风流稳定区段进行测风测压,故这是用备用主要通风机进行特性测定的难题,测定结果也往往不尽如人意。尤其是目前采用反转反风的风井设计渐成主流,其中很多在设计时没有考虑风机性能测定的需要,使被测风机无法形成独立的风流回路,因此也无法进行不停产测定。

(3) 在停产条件下进行主要通风机装置性能测定。测定工作常安排在节假日或检修日进行。停产测定的工况调节大多在防爆门处进行,测定时,揭开防爆盖,风流由此处进入,经主风硐、分风硐、风机,由扩散塔排出,实现短路通风测定。为测出阻力较高的工况点,还需在井下总回风道中构筑临时密闭以隔断与矿井的联系,密闭应有足够的强度以防大风压时被拉破。停产测定的缺点是测定时间有限,如不能在规定时间内完成,将会影响生产。与不停产测定相比,停产测定能为测定工作提供较佳的条件,特别是在风流稳定方面,从而使测定结果更接近实际。因此,条件许可时应尽量采用停产测定。

有些矿井主要通风机装置在布置上不具备测风、测压的完备条件,所以测定前须周密考虑测定各项指标的地点和所用的方法。必要时可对通风机装置进行简单的改造,以适应测定工作需要。

七、各种参数测定

(一) 截面和测点布置

(1) 风速截面和测点布置

截面应选择在风机进风口前(或出风口)风流稳定的直线段,考虑到风硐断面形状大多为矩形,因此可根据测风断面大小不同将其分为 9、12 或 16 个等面积矩形,风速传感器应布置在每个小矩形块的重心上。

(2) 压力截面和测点布置

静压测定的位置,应在工况调节处与风机入口之间直线风硐内的风流稳定区段设置引压端口,并尽量接近通风机,以正确反映风机的相对静压值。全压测点应布置在每个小矩形块的重心上,静压测点应根据巷道断面的近似形状布置在巷道壁上。

(二) 风速检测

风速(风量)的测定,通常可采用以下几种方法:

(1) 风表法测风

选择在风机进风口前(或出风口)风流稳定的直线段,采用多个风速传感器测定出风流断面的平均风速。如中国矿业大学研制的 KSC 系列通风机装置性能测定仪,共配备了 16 只风杯式风速传感器,考虑到风硐断面形状大多为矩形,因此可根据测风断面大小不同将其分为 3×3、3×4 或 4×4 个等面积矩形,使得每个矩形断面的面积不要超过 $1\sim1.5\ m^2$,并分别安装 9、12 或 16 只风速传感器以测定该断面的平均风速。图 7-21 是安装 9 只风速传感器的示意图。

如图 7-21 所示,在测定方案所确定的测风位置(矩形水平风硐内)固定两根 2 寸钢管(其他材料也可)作为立柱,间距约为风硐宽度的 1/3。立柱应采用螺旋杆或用木楔等方式上下顶紧,以防测量过程中倾倒。在立柱上固定三根横担以安装风速传感器,每根横担上以 1/3 风硐宽度为间距固定三个风速传感器支架。装好后风速传感器迎风流方向距离立柱面应不小于 200 mm,以减少立柱对风流的干扰,并使所装风表位于各个矩形的中心。横担可采用 $40\times40\times4$(或 $30\times30\times3$)角钢,长度略大于 2/3 风硐宽度。

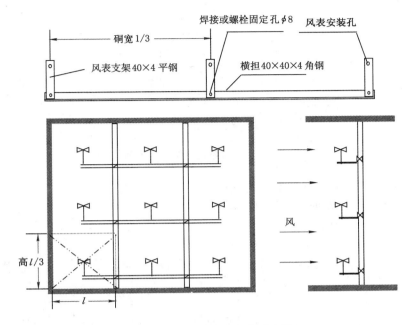

图 7-21　风速传感器安装示意图

如果布置风表的断面为圆形,按上述方式布置风表难以实现,也可按等面积环原理将断面分为 4~5 个等面积环,并在各等面积环的面积平分线上布置风表,即在水平或者垂直直径上布置 8~10 个风表(每个面积环上布置两只)。各风表位置距风硐中心点的距离 X_i 可用下式计算

$$X_i = D\sqrt{\frac{2i-1}{8n}} \tag{7-12}$$

式中　　i——面积环的编号数,中心环为 1,依次外推;

n——等面积环数;

D——风硐直径,X_i 与 D 使用相同单位。

(2) 静压差法测风

KSC 系列通风机装置性能测定仪配备的静压差测风法是利用伯努利方程推导出来的一种测风方法。现以 GAF 风机结构为例说明其原理。图 7-22 为 GAF 风机整流环处的结构示意图,利用其整流罩造成的入风侧风流断面的面积差即可采用静压差原理测风。其他类型的风机,只要风流较稳定且能在入风侧找到两个面积差较大且相距不太远的测风(引压)断面,都可用该方法来测量。

如图 7-22 所示,设整流环内径为 ϕ_1,整流罩外径为 ϕ_2,则断面 S_1、S_2 处的面积为

$$S_1 = 0.25\pi\phi_1^2, S_2 = 0.25\pi(\phi_1^2 - \phi_2^2)$$

以上海风机厂的 GAF26.6-15.8-1 风机为例,由型号参数知 $\phi_1 = 2\ 660$ mm,$\phi_2 = 1\ 580$ mm,故 S_1、S_2 为已知值。列出 S_1 和 S_2 两断面上的伯努利方程

$$p_1 + \rho_1 Z_1 g + \frac{1}{2}\rho_1 v_1^2 = p_2 + \rho_2 Z_2 g + \frac{1}{2}\rho_2 v_2^2 + h_r \tag{7-13}$$

式中　　p_1,p_2——S_1、S_2 断面处的空气静压力;

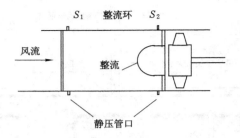

图 7-22　风机整流环结构示意图

ρ_1, ρ_2——S_1、S_2 断面处的空气密度；

Z_1, Z_2——S_1、S_2 断面处的计量标高；

v_1, v_2——S_1、S_2 断面处的平均风速；

h_r——S_1、S_2 断面间的通风阻力。

如果两断面相距很近，且位于同一标高时，则有 $\rho_1 = \rho_2 = \rho$，$Z_1 = Z_2$，$h_r \approx 0$，则

$$p_1 + \frac{1}{2}\rho v_1^2 = p_2 + \frac{1}{2}\rho v_2^2, p_1 - p_2 = \frac{1}{2}\rho v_2^2 - \frac{1}{2}\rho v_1^2$$

上式表明两断面上的压差（$p_1 - p_2$）（也即静压差）等于它们的速压差，而静压差（$p_1 - p_2$）可通过压差传感器（压差计）测得。设风量为 Q_f，考虑到两断面上的平均风速：$v_1 = \dfrac{Q_f}{S_1}$，$v_2 = \dfrac{Q_f}{S_2}$，代入可求得

$$Q_f = S_1 S_2 \sqrt{\frac{2(p_1 - p_2)}{\rho(S_1^2 - S_2^2)}} \tag{7-14}$$

用该方法测量风机风量在理论上是成熟的。与在风硐中布置多只风速传感器测风相比，具有准备工作简单，安装工作量小，测定数据较为稳定等优点，当条件具备时应优先采用该方法。

（3）速压测量法

速压测量即皮托管测量风量法。这是传统的测风方法，理论上十分成熟。用皮托管测得的速压与测点处风速的关系为

$$v = \sqrt{\frac{2h_v}{\rho}} \tag{7-15}$$

式中　v——测点风速，m/s；

h_v——皮托管测得的速压，Pa；

ρ——空气密度，kg/m³。

用皮托管测量风量也具有与静压差法测量相类似的许多优点，如装备简单，准备工作量较小等。但在一定的风速范围内，用皮托管测得的速压其绝对值远小于用静压差法测得的压差值，假定压差计或压差传感器的测量误差是一定值，其结果必导致速压测量结果的相对误差增大，当风速较低时这种误差更为严重。因此，用皮托管测量风量适用于风速较大、测风断面较小以及不适宜用前两种测量方法的情况下使用。

（三）压力检测

如图 7-23 中Ⅰ—Ⅰ断面与风机之间某处，通常在抽出式风机进风口约二倍动轮直径的

地点,引出的压力接入 U 形水柱计或测定仪器的负压传感器。

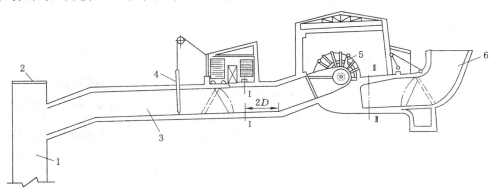

图 7-23　离心式通风机性能测定时的布置方案

1——风井;2——防爆盖;3——风硐;4——调节闸门;5——离心式通风机;6——扩散塔

（四）功率及效率检测

电动机输入功率 P_e、效率 η_m 的测定按《工业通风机现场性能试验》（GB/T 10178—2006）中测定方法进行。在电动机输送给通风机的功率需要精确测量时,应取足够数量的测试结果的平均值。驱动轴功率既可采用扭矩仪直接进行测量的方法,也可采用在电动机传动的情况下,传输到电机端子的功率推导的方法。为此,既可采用分项损失法,也可采用相电流法,或与所采用的电动机性能相一致的电动机性能数据或预先经校准的电动机性能数据。

（五）转速检测

主要通风机的实际转速可用机械转速表和红外转速测量仪直接测量,如图 7-24 所示。在通风机装置性能测定仪中的转速测量则是由转速传感器来完成。

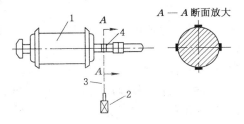

图 7-24　激光转速仪测量电动机转数图

1——电动机;2——红外转速测定仪;3——红外光束;4——反射纸

（六）噪声测定

当主要通风机叶轮直径小于或等于 1 m 时,取标准长度为 1 m;当叶轮直径大于 1 m 时,取标准长度等于叶轮直径。在通风机扩散器出口 45°方向测量风机噪声。

（七）大气参数的测定

大气参数的测定,应尽量在测压处测定,如不具备条件可在进风口处测量。测量的主要参数有:大气压力、温度和湿度,以便计算空气密度。这些参数既可人工测量,也可由相应的传感器来采集测量。

此外,还可根据实际需要,对风机的轴温、振动等参数进行测量。

八、工况点调节

测定工作中工况点的调节主要有闸门调节、防爆盖处调节以及风窗调节等方法。

大多数主要通风机装置在风硐中都有控制风量的闸门,尤其在离心式主要通风机装置中,这个闸门更是必备的设施。在主要通风机装置性能测定时应充分利用闸门来调节主要通风机的工况点。图 7-25 是对通风机进行性能测定并可用闸门调节工况点的一种布置方案。为了获得更长的风流稳定段,可在井下打临时密闭隔断风机与风网的联系,将调节闸门全部开启,在防爆盖处进行工况调节。

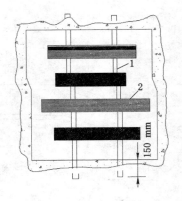

图 7-25 临时调节风窗
1——框架;2——木板

在轴流式主要通风机装置性能测定时,也可用临时风窗调节主要通风机的工况点,临时风窗须在测定前于工况调节地点安设妥善。风窗的框架采用木材或型钢制成,须有足够的强度。框架须伸入巷壁中,深度不小于 150 mm。用木板变更风窗的面积,木板厚 30～50 mm(依风窗两侧压力差而定),宽度应有不同规格(如 50 mm、100 mm 或 200 mm 等),以满足每次调节幅度的需要。木板长度及数量依调节地点的巷道断面大小而定。调节时木板不得固结在框架上,而是借风窗两侧的压力差将木板附着在框架的迎风侧上。用木板来改变主要通风机的工作风阻,达到调节主要通风机工况点的目的。

根据现场具体条件,可灵活采用各种方式调节工况,如井下局部增阻、通过另一台风机的风道进风、打开入风侧的观测小门进风等。

调节工况点的次数应能保证测得连续完整的特性曲线。一般不应少于 6 个工况点,并以 8～10 个工况点为佳。

为避免电动机在启动时电流过大超负荷而烧毁,调节工况的顺序须依主要通风机的功率特性而定。因离心式主要通风机的功率特性是功率随风量增加而增大,所以测定时应先关闭闸门或调节风窗,使其在工作风阻较大时启动,待转速正常后再逐渐打开闸门或风窗来调节工况点。而轴流式主要通风机工况调节顺序则相反,因轴流式通风机的功率特性是功率随风量增加而减少,所以应打开闸门或临时风窗,在主要通风机工作风阻较小时启动,启动后待转速正常时再逐渐关闭闸门或临时风窗来调节工况点的风量。

思考题

1. 风机性能测试中应注意哪些事项?

2. 风机测试过程主要测试哪些内容?

3. 矿井反风的目的是什么?

4. 简述风速对矿内气候的影响。

5. 简述用风表测风的具体操作方法。

第四节　检测数据分析与通风机实际特性曲线

【本节思维导图】

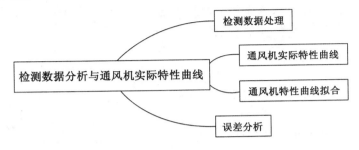

一、检测数据处理

（1）风量的计算

通风机的风量用下式计算

$$Q'_f = S_1 V_1 \tag{7-16}$$

式中　S_1——测风断面的面积，m^2；

V_1——测风断面的平均风速，m/s。

（2）抽出式通风机静压的计算

$$h'_{fs} = h'_{s2} - h'_{v2} \tag{7-17}$$

式中　h'_{s2}——测压断面处测得的相对静压，Pa；

h'_{v2}——测压断面上的平均速压，Pa。

h'_{v2}用下式计算

$$h'_{v2} = \frac{\rho}{2} \left(\frac{Q'_f}{S_2} \right)^2 \tag{7-18}$$

式中　S_2——测压断面的面积，m^2；

ρ——测压断面附近的空气密度，kg/m^3。

（3）通风机输入功率和静压输出功率的计算

$$N'_{fi} = \frac{\sqrt{3} \cdot U \cdot I \cdot \cos\varphi \cdot \eta_e}{1\,000} \tag{7-19}$$

$$N'_{fos} = \frac{h'_{fs} \cdot Q'_f}{1\,000} \tag{7-20}$$

（4）通风机静压效率的计算

$$\eta_{fs} = \frac{N_{fos}}{N'_{fi}} \times 100\% \tag{7-21}$$

为了便于比较，要将通风机的上述四项数据换算为矿井空气密度平均值 ρ_0（对于平原矿井可取空气密度 1.2 kg/m^3）和某一固定转数条件下的数值，即须进行以下换算：

通风机转数的校正系数 K_n

$$K_n = n_0/n \tag{7-22}$$

式中　n_0——电动机同步转数或各种工作下转数的算术平均值,r/min;

　　　n——某一种工作下测得的转数,r/min。

空气密度校正系数 K_ρ

$$K_\rho = \rho_0/\rho \tag{7-23}$$

式中　ρ_0——当地全年平均气象条件下的井下空气密度平均值,kg/m³;

　　　ρ——某一种工作下测算的空气密度,kg/m³。

校正后的通风机风量

$$Q_f = Q'_f \cdot K_n \tag{7-24}$$

校正后的通风机装置静压

$$h_{fs} = h'_{fs} \cdot K_n^2 \cdot K_\rho \tag{7-25}$$

校正后的通风机输入功率和输出功率

$$N_{fi} = N'_{fi} \cdot K_n^3 \cdot K_\rho \tag{7-26}$$

$$N_{fos} = N'_{fos} \cdot K_n^3 \cdot K_\rho = h_{fs} \cdot Q_f/1\ 000 \tag{7-27}$$

以上只是一个工作点所对应的一组数据。同理,可以整理出其他工作点(至少要有 10 个工作点)的各组数据。

二、通风机实际特性曲线

将上述计算结果汇总,都填入预先制定好的表 7-3 中。然后以 Q_f 为横坐标,分别以 h_{fs}、N_{fi}、η_{fs} 为纵坐标,将所对应的各点描绘于坐标图上,即可得出若干个点,用光滑的曲线将这些点连接,便可绘出通风机的个体特性曲线。

表 7-3　　　　　　　　　　　　　　**计算数据汇总表**

主要通风机工作点	测算的数值				空气密度校正系数	转数校正系数			校正后的数值				效率
	Q'_f	h'_{fs}	N'_{fs}	N'_{fos}	K_ρ	K_n	K_n^2	K_n^3	Q_f	h_{fs}	N_{fi}	N_{fos}	η_{fs}
1													
2													
...													
10													

三、通风机特性曲线拟合

按本章第二节得到的参数表 7-1,可以画出 $h = f(\theta)$ 的曲线。在解算风网等运算中有时要用到主要通风机装置的压力与风量函数关系的数学表达式,因此要进行曲线拟合。

设从风机压力曲线上取 n 个点 $(Q_1,h_1),(Q_2,h_2),\cdots,(Q_n,h_n)$,求 m 次多项式

$$h = f(\theta) = a_0 + a_1 Q + a_2 Q^2 + \cdots + a_m Q^m = \sum_{j=0}^{m} a_j Q^j \tag{7-28}$$

使得多项式在所取的 $Q_i(i=1,2,\cdots,n)$ 处算出的 h 的值与 $h_i(i=1,2,\cdots,n)$ 之差的平方和最小,即下式

$$\varphi = \sum_{i=1}^{n} \left[P(Q_1) - h_i \right]^2 = \sum_{i=1}^{n} \left[\sum_{j=0}^{m} a_j Q_i^2 - h_i \right]^2 \tag{7-29}$$

取最小值。根据多元函数的极值原理得

$$\frac{\partial \varphi}{\partial a_k} = 0 (k = 0, 1, \cdots, m) \tag{7-30}$$

令 $S_{k,j} = \sum_{i=1}^{n} Q_j^{i+k}$，$t_k = \sum_{i=1}^{n} h_i Q_i^k$，则式（7-30）又可写成

$$\sum_{j=0}^{m} S_{h,j} \cdot a_j = t_k \quad (k = 0, 1, \cdots, m)$$

将上式写成矩阵形式，有

$$\begin{pmatrix} S_{00} & S_{01} & \cdots & \cdots & S_{0m} \\ S_{10} & S_{11} & \cdots & \cdots & S_{1m} \\ S_{20} & S_{21} & \cdots & \cdots & S_{2m} \\ \cdots & \cdots & \cdots & \cdots & \cdots \\ S_{m0} & S_{m1} & \cdots & \cdots & S_{mn} \end{pmatrix} \begin{pmatrix} a_0 \\ a_1 \\ a_2 \\ \cdots \\ a_m \end{pmatrix} = \begin{pmatrix} t_0 \\ t_1 \\ t_2 \\ \cdots \\ t_m \end{pmatrix} \tag{7-31}$$

当 $n > m$ 时，式（7-31）有定解，求得 $m+1$ 个未知量（$a_0, a_1, \cdots, a_m$）。

代入式（7-28）即为所拟合的多项式，通常 n 不小于 6，$m = 2$ 或 3。

例 设 70B2-11No18 风机在转速 $n = 750$ r/min，安装角为 30°时的性能曲线上，一组坐标点的风量，风压值为

Q_i	20	24	38	32	36	39
h_i	125	130	125	102	75	50

共 6 个点，用二次多项式拟合这组数据所形成的曲线。

解 设二次多项式的方程为

$$h = f(Q) = a_0 + a_1 Q + a_2 Q^2$$

按照以上的算法得线性方程组如下

$$\begin{pmatrix} 6 & 179 & 5601 \\ 179 & 5\ 601 & 18\ 251 \\ 5\ 601 & 18\ 251 & 6\ 148\ 065 \end{pmatrix} \begin{pmatrix} a_0 \\ a_1 \\ a_2 \end{pmatrix} = \begin{pmatrix} 610 \\ 17\ 130 \\ 503\ 650 \end{pmatrix}$$

求解得 $\begin{cases} a_0 = -61.243\ 2 \\ a_1 = 16.203\ 7 \\ a_2 = -0.343\ 3 \end{cases}$

因此该风机性能曲线拟合多项式为：

$$h = -61.243\ 2 + 16.203\ 7Q - 0.343\ 3Q^2$$

四、误差分析

通风机装置性能曲线测定工作是经常要做的，为检验性能测定工作质量，必须在测定后进行误差分析。

与矿井总阻力对比方法，用式(7-32)、式(7-33)衡量误差

$$E = \frac{|h_t - h_p|}{h_p} \times 100\% \tag{7-32}$$

$$E = \frac{|h_p - h_t|}{h_t} \times 100\% \tag{7-33}$$

式中　E——风量-风压曲线测定误差，%；

　　　h_p——矿井风量等于 Q_p 时，通风机装置实际运行静压值（抽出式通风方式中此值即为矿井总阻力），Pa；

　　　h_t——从测得性能曲线上查出的对应于 Q_p 的主要通风机装置静压值，Pa。

上述误差分析的不足之处在于：

① 通风机装置性能参数测定时测风量所用仪器（一般为皮托管）和矿井日常通风管理所用风量测量仪器（一般为风表）不尽相同，因此相同的 Q_p，对应的 h_t、h_p 相差较大，式(7-32)、式(7-33)算出的误差值 E 也较大，不易满足 $E \leqslant 5\%$ 的要求，同时比较方式也不合理。

② 矿井实际运行风网的总风量 Q_p 和总阻力 h_p 只有一组值，所以只能检验某一特定性能曲线上特定点即 (Q_p, h_t) 测定是否准确，依此来推论整个性能曲线测定的准确性不确切。

思考题

1. 影响自然风压大小和方向的主要因素是什么？能否用人为的方法产生或增加自然风压？

2. 描述主要通风机特性的主要参数有哪些？其物理意义是什么？

3. 轴流式通风机和离心式通风机的风压和功率特性曲线各有什么特点？在启动时应注意什么问题？

第五节　通风机性能检测报告的编写

【本节思维导图】

一、检测记录

检测记录由检测人员填写并签名，确保现场记录的真实、准确。

检测记录包括通风机运行参数检验记录表（各角度）、电动机参数检验记录表、干湿温度记录表、噪声的检验记录表、风机振动各测点数据记录表、轴承与电动机温度记录表、主通风机证件审查原始记录表等，如表 7-4～表 7-14 所列。

表 7-4　　　　　　　　**通风机运行参数检验记录表(1# 风机＿＿°)**

矿井名称：　　　　　通风机型号：　　　　　　通风方式：

调节风量次数	测定时间	大气参数			测风断面积/m²	测风断面平均风速/(m/s)	Ⅰ—Ⅰ测压断面积/m²	风量/(m³/s)
		风硐气压/kPa	温度/℃	湿度/%				
1								
…								

表 7-5　　　　　　　　**电动机参数检验记录表(1# 风机＿＿°)**

矿井名称：　　　　　通风机型号：　　　　　　通风方式：

调节风量次数	测定时间	电动机转速/(r/min)	通风机转速/(r/min)	传动效率/%	电动机					备注
					电压/kV	电流/A	功率因数 cos φ	电动机效率/%	输出功率/kW	
1										
…										
备注	配套电动机型号：　　　　　　　　　功率：　　　　额定转速：　　　　　　　　　　　额定电压：									

表 7-6　　　　　　　　**干湿温度记录表**

风机号：　Ⅰ级：　Ⅱ级：　平均：　角差：　调阻方式：　运转方式：　转向：

序号	干温度/℃	湿温度/℃	相对湿度/%	饱和水蒸气分压力/kPa	风硐大气压/kPa	密度/(kg/m³)	时间
1							
…							

表 7-7　　　　　　　　**噪声的检验记录表(＿＿＿°)**

矿井名称：　　　　　通风机型号：　　　　　通风机编号：

测点名称　　　风量调节次数	1	2
扩散器出口噪声声级/dB(A)		
机壳辐射噪声声级/dB(A)		

审核：　　　　　　　测试人员：　　　　　测试日期：

表 7-8　　　　　　　　　　　　**风机振动各测点数据记录表（＿＿°）**

矿井名称：　　　　　　通风机型号：　　　　　　通风机编号：

风机编号：			风机转速/(r/min)		测量仪器：		测量时间：											
测　点		1号			2号			3号			4号			5号			6号		
项　目		V	H	A	V	H	A	V	H	A	V	H	A	V	H	A	V	H	A
位移峰-峰值/mm																			
振动速度/(cm/s)																			
加速度	加速度峰-峰值/(m/s²)																		
	加速度平均值/(m/s²)																		

表 7-9　　　　　　　　　　　　**轴承与电动机温度记录**

风机号：　　Ⅰ级：　　Ⅱ级：　　平均：　　角差：　　调阻方式：　　运转方式：　　转向：　　基准大气压：

序号	轴承温度	轴承温升	电动机温度
1			
…			

审核：　　　　　测试人员：　　　　　测试日期：

表 7-10　　　　　　　　　　　　**主要通风机证件审查原始记录表**

序号	审查内容	相关规定	审查结果	备注
1	主要通风机安全标志准用证			
2	配套电动机安全标志准用证和防爆检验合格证			
3	叶片与保护圈的金属材料摩擦火花安全性检验合格证			
4	聚合物制品阻燃抗静电检验报告			

表 7-11　　　　　　　　　　　　**主要通风机安全保护及措施检查原始记录表**

序号	检查内容	相关规定	检查结果	备注
1	双回路供电			
2	防爆门			
3	反风性能及反风设施			
4	欠压过流保护			
5	监视用仪器仪表			

表 7-12　　　　　　　　　　　　电动机绝缘电阻测量原始记录表

电动机绝缘电阻/MΩ	相-地	测量值	相-相	测量值
	A-0		A-B	
	B-0		A-C	
	C-0		B-C	

表 7-13　　　　　　　　　　　　主要通风机外观质量检查原始记录表

序号	审查内容	相关规定	检查结果	备注
1	主要通风机和配套电动机各零部件	应齐全		
2	主要通风机各连接部件的紧固件	应紧固		
3	刹车装置	应灵活可靠		
4	润滑系统	应工作正常		
5	主要通风机外壳或内部结构	不应有异常变形或损伤		
6	主要通风机铭牌、转向标志、风流标志	齐全		

表 7-14　　　　　　　　　　　　主要通风机叶片径向间隙测量原始记录表

叶片径向间隙值/mm	测量位置	一级叶片	二级叶片
	S1		
	...		
测量结果/mm			

二、检验报告

本着科学、公正、客观的原则出具检验报告,检验项目要准确清晰、明确和客观,报告格式、内容应满足检验方法中规定的要求,提供足够的信息,如表 7-15～表 7-18 所列。

表 7-15　　　　　　　　　　　　风机性能测试数据整理计算结果

序号	密度 /(kg/m³)	风速 /(m/s)	风量 /(m³/s)	通风机装置静压 /Pa	通风机的静压功率 /kW	通风机输入功率 /kW	通风机的静压效率 /%	标况和额定转速下风机的静风压 /Pa	校正后风机的静压功率 /kW	校正后风机的输入功率 /kW
1										
...										

表 7-16　　　　　　　　　　　　检测报告

设备名称		检验类别	
设备型号		检验地点	
出厂编号		检验日期	
生产厂家		出厂日期	

检验依据				
检验环境				
委托单位	名称			
	地址		邮编	
	联系人		电话	
检测人员				
检测项目				
检测结论				
备注				

表 7-17 　　　　　　　　**检验设备环境一览表**

检验时间		检验地点	
检验环境		温度：　　　　湿度：	
检验用主要设备和仪器、仪表			
序号	名称	规格型号	准确度	检定证书编号
1				
...				

表 7-18 　　　　　　　　　　　**检验项目**

序号	检验项目	技术要求	实测值	判定	备注
1	证件审查				
2	外观质量				
3	安全保护及设施				
4	轴承与电动机温升				
5	风量				
6	风压				
7	通风机输出功率				
8	通风机运行效率				
9	噪声				
10	振动速度有效值				
11	叶片径向间隙				
12	电动机绝缘电阻				
13	故障诊断				

第八章　粉尘检测

☞ **教学目的**

1. 掌握粉尘基本概念、粉尘的物理化学参数检测方法；
2. 熟悉粉尘浓度检测、粉尘粒度与分散度检测、粉尘中游离二氧化硅含量检测及粉尘爆炸性的检测方法和技术。

☞ **教学重点**

1. 了解粉尘浓度表示方法、采样器的种类、测尘仪器种类及粉尘浓度检测方法；
2. 掌握粉尘粒度检测的光学显微镜法；
3. 掌握游离二氧化硅含量检测；
4. 掌握粉尘爆炸性检测。

☞ **教学难点**

熟悉粉尘浓度检测、粉尘粒度与分散度检测、粉尘中游离二氧化硅含量检测及粉尘爆炸性的检测方法和技术。

工业场所的粉尘检测在职业健康与安全中具有重要意义，是分析粉尘对人体健康的危害程度，检查作业地点空气中粉尘浓度是否达到国家卫生标准、国家排放标准，以及采取相应的防尘措施的科学依据。本章将在介绍粉尘基本概念、粉尘的物理化学参数检测方法的基础上，系统地介绍粉尘浓度检测、粉尘粒度与分散度检测、粉尘中游离二氧化硅含量检测及粉尘爆炸性的检测方法和技术。

第一节　粉尘概述

【本节思维导图】

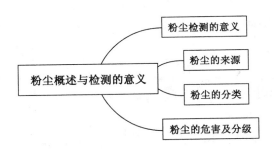

粉尘，一般指矿物开采或材料加工过程中产生的微细固体集合体。粉尘的存在状态：常把沉积于器物表面或井巷四壁之上的称为落尘；悬浮于空气中或井巷空间中的粉尘称为浮尘（或飘尘）。落尘与浮尘在不同环境下是可以相互转化的。防尘技术研究的对象，主要是悬浮于空气中的粉尘，所以一般所说的粉尘就是指这种状态的粉尘。

一、粉尘检测的意义

粉尘检测主要包含粉尘性质、粉尘浓度、粉尘粒度、游离二氧化硅含量及粉尘爆炸性检测，其内容涵盖了职业健康、生产安全等重要内容。尤其是近年来粉尘引发的职业伤害及安全事故时有发生，部分事故造成了重大人员伤亡，所以，对生产环境中的粉尘进行检测，对确保安全生产、进行粉尘治理提供依据均有重要意义。

二、粉尘的来源

粉尘的来源主要有两大类，一是工业生产过程矿物（岩石、煤等）由于机械、爆破等作用被粉碎而生成的细小颗粒，一般称为矿尘，尘粒形状不规则，颗粒大小分布范围很广，其中 $1\sim100~\mu m$ 的尘粒能暂时悬浮于空气中；二是有燃烧、氧化等伴随着物理化学变化过程所产生的固体微粒，称为烟尘，如井下煤的自然发火、外因火灾产生的烟尘，直径一般很小，多在 $0.01\sim1~\mu m$ 范围，可长时间悬浮于空气中。

三、粉尘的分类

粉尘的分类方法有多种，其中最常见，在防尘方面应用最广泛的分类方法是按照粉尘颗粒的大小进行分类，分类方法如下：

（1）粗尘：直径大于 $40~\mu m$ 的粉尘，是一般筛分的最小直径，极易沉降；

（2）细尘：直径大于 $10\sim40~\mu m$，在明亮的光线条件下，肉眼可以看到，在静止空气中呈加速尘降；

（3）微尘：直径为 $0.25\sim10~\mu m$，用普通光学显微镜可以观察到，在静止空气中呈等速尘降；

（4）超微粉尘：直径小于 $0.25~\mu m$ 的粉尘，要用超倍显微镜才能观察到，可长时间悬浮于空气中，并能随空气分子做布朗运动。

另外粉尘的分类还可按照成分、有无毒性及爆炸性进行分类：

（1）按粉尘的成分分为煤尘、岩尘、石棉尘、水泥尘以及动、植物粉尘等；

（2）按有无毒性可分为有毒、无毒、放射性粉尘等；

（3）按爆炸可分为易燃、易爆和非燃、非爆炸性粉尘。

四、粉尘的危害及分级

（一）粉尘的危害

工业粉尘的危害主要分为两类：职业健康及安全性。其中职业健康主要是引起职业伤害，安全性主要是指部分粉尘具有爆炸性，容易引起火灾、爆炸等安全事故。

职业伤害主要有以下几个方面：

（1）尘肺。尘肺是指由于长期吸入一定浓度的能引起肺组织纤维性变的粉尘所致的疾病。按其病因可分为以下四类：

①矽肺：由于吸入含有游离二氧化硅的粉尘而引起的尘肺。

②硅酸盐肺：由于吸入含有结合状态二氧化硅（硅酸盐），如石棉、滑石、云母等粉尘而引起的尘肺。

③混合性尘肺：由于吸入含有游离二氧化硅和其他某些物质的混合性粉尘而引起的尘肺，如煤矽肺、铁矽肺等。

④其他尘肺：某些其他粉尘引起的尘肺，如煤肺、铝肺等。

尘肺按其病理形态又可分为三种类型，即间质型（弥漫硬化型）、结节型及肿瘤样型。但这种分型也不是绝对的，如煤矽肺可表现为间质型与结节型两者同时存在。在实际工作中，通常按其病理变化、X线所见、临床表现将尘肺分为Ⅰ、Ⅱ、Ⅲ三期。

（2）肺粉尘沉着症。锡、钡、铁等粉尘，吸入后可沉积于肺组织中，仅呈现一般的异物反应，但不引起肺组织的纤维性变，对人体健康危害较小或无明显影响，这类疾病称为肺粉尘沉着症。

（3）有机性粉尘引起的肺部病变。有些有机性粉尘，如棉、亚麻、茶、甘蔗渣、谷类等粉尘，可引起一种慢性呼吸系统疾病，常有胸闷、气憋、咳嗽、咳痰等症状。一般认为，单纯有机性粉尘不致引起肺组织的纤维性变。

粉尘的安全性主要体现在两个方面：

（1）粉尘的燃烧，主要指部分可燃性粉尘浓度较高，超过其爆炸上限后，遇到引火源，发生燃烧，诱发火灾事故。

（2）粉尘爆炸，部分可燃性粉尘如粮食粉尘、煤尘、镁铝等金属性粉尘具有可燃性，分散于空气中的浓度在爆炸界限内，遇到火源发生爆炸事故。

（二）粉尘的危害程度分级

根据 GBT5817-2009 粉尘作业场所危害程度分级标准，一般采用超标倍数 B 作为粉尘作业场所危害程度的分级指标，超标倍数的计算公式为

$$B = \frac{C_{\mathrm{TWA}}}{C_{\mathrm{PC\text{-}TWA}}} - 1 \tag{8-1}$$

式中　B——超标倍数；

C_{TWA}——8 h 工作日接触粉尘的时间加权平均浓度，$\mathrm{mg/m^3}$；

$C_{\mathrm{PC\text{-}TWA}}$——作业场所空气中粉尘容许浓度值，$\mathrm{mg/m^3}$。

对规定了呼吸性粉尘容许浓度的粉尘，使用粉尘的呼吸性粉尘时间加权平均。

计算 B 值对只规定了总粉尘容许浓度的粉尘，使用粉尘的总粉尘时间加权平均浓度计算，只规定了总粉尘容许浓度的粉尘，使用粉尘的总粉尘时间加权平均浓度计算 B 值。

根据 B 值大小，将粉尘作业场所危害程度分为 0 级、Ⅰ级和Ⅱ级三个等级，如表 8-1 所列。

表 8-1　　　　　　　　　　　　　粉尘作业场所危害程度分级表

超标倍数 B	危害程度等级	备注
$B \leqslant 0$	0	达标
$0 < B \leqslant 3$	Ⅰ	超标
$B > 3$	Ⅱ	严重超标

思考题

1. 简述粉尘检测的意义。
2. 简述粉尘的分类。
3. 粉尘造成的职业伤害有哪些？
4. 简述如何对粉尘危害进行分级。

第二节　粉尘物理化学性质检测

【本节思维导图】

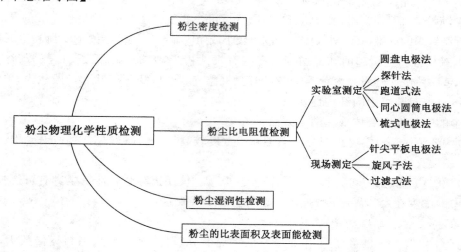

粉尘物理化学性质检测主要包含密度、比电阻值、湿润性、比表面积及表面能检测。这些检测主要是通过物理化学手段分析粉尘的物理化学性质，为粉尘防治提供相应依据。

一、粉尘密度检测

由于粉尘粒子均为不规则形状，且粒子均有间隙，其外开孔和内闭孔占据了粉尘的主要体积，因此粉尘的密度主要分为三类：

（1）堆积密度，指单位体积的松散粉尘所具有的质量。

堆积密度的测定一般分为两种，自由堆积密度和振实堆积密度，其中自由堆积密度是把已捕集的粉尘或粉料自由填充于某一容器中，在刚填充完后所测得的其单位体积质量。在此体积中包括了尘粒内部的孔隙及尘粒之间的孔隙。其测定可采用图 8-1 所示设备进行检测。

振实堆积密度是通过振动使粉尘或粉料达到最大填充率时的单位体积粉尘或粉料的质量，可采用图 8-2 所示的设备进行检测。

（2）假密度，指单位体积（包括存在于尘粒内部的封闭孔洞体积）的密实粉尘的质量。

（3）真密度，指不包括尘粒之间空隙的密度称为粉尘的真密度 ρ_p，单位为 kg/m³ 或 g/cm³。物质密度与粉尘的真密度是不相同的，因为粉尘在形成过程中，粉尘的表面甚至其内部可能形成某些孔隙。只有表面光滑又密实的粉尘的真密度才与其物质密度相同，通常

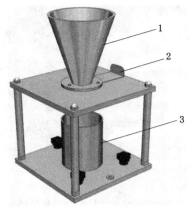

图 8-1 自由堆积密度检测仪

1——漏斗;2——开关;3——固定量杯

图 8-2 振实堆积密度检测仪

1——漏斗;2——振动台;3——控制器;
4——溜槽;5——固定量杯

物质密度比粉尘密度大 20%～50%。

固体磨碎而形成的粉尘,其密度与母料相同。但是,如果它经受表面氧化等作用,则其密度将发生变化。由冷凝过程形成的粉尘粒子,如 ZnO、MgO、Fe_2O_3 之类的冶金烟尘或炭黑等,会大规模凝集。由于包含空气,这些凝集成的集合体的密度小于组成集合体的单个粉尘粒子的密度,例如,燃料粉煤产生的飞尘粒子含有熔融的空心球,其密度大大低于根据物料性质推算的密度。当研究从人为发生源排放出来的粉尘粒子在大气中扩散、污染环境的问题,以及推算和说明除尘器的性能时,应当考虑粉尘粒子的实际密度。

在实际测量中,很难把尘粒内部封闭孔洞的体积测量出来,常常把粉尘的真假密度视为一致。机械破碎过程产生的粉尘,一般无内部封闭孔洞,这些粉尘的真、假密度相等。化学生产过程如烧结、化工反应等产生的粉尘中有些尘粒内形成封闭孔洞,这些粉尘的真密度较假密度大。粉尘真密度测定依据《煤矿粉尘真密度测定方法》(MT/T 713—1997)规定的液相置换法。

液相置换法的测定系统如图 8-3 所示,测定原理:称量烘干的干净空比重瓶质量 m_0,然后装入约 1/3 体积的粉尘,并称其质量(瓶+尘)m_s。选用浸润性好,易于渗透又不溶解也不使粉尘膨胀的液体作为浸泡粉尘的浸液,将浸液注入装有粉尘的比重瓶内约至 2/3 体积,放入真空干燥器内,按图 8-3 连接好各件,启动真空泵抽气,至真空表示值为 100.0～101.4

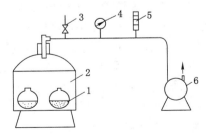

图 8-3 粉尘真密度测量装置

1——比重瓶;2——真空干燥器;3——三通阀;
4——真空表;5——温度计;6——真空泵

kPa,观察瓶内基本无气泡逸出时,停止抽气。取出比重瓶并加满浸液,称出(瓶+尘+液)的质量 m_{sl}。洗净、烘干该比重瓶,注满浸液并称出(瓶+液)的质量 m_1。粉尘的真密度为

$$\rho_p = \frac{m_s - m_0}{(m_s - m_0) + m_1 - m_{sl}} \rho_1 \tag{8-2}$$

式中 ρ_1——测量温度下的浸液密度,g/cm^3。

一个试样需要做两次平行测定,取其平均值作为测定结果,同一试样测定的平行试样误差应不大于 $0.02\ g/cm^3$,否则需要重新测定。本测定方法中温度是引起误差的主要原因,因此需将比重瓶置于恒温器中充分恒温后再读取数据。

二、粉尘比电阻值检测

粉尘的电性质对除尘有着重要意义,目前在地面环境除尘技术中,越来越多地利用粉尘的电性质来捕集粉尘。可是粉尘的自然荷电由于具有两种极性,且荷电量也很少。为了达到捕集的目的,须利用附加条件使粉尘荷电,粉尘的导电性通常用比电阻 ρ 表示

$$\rho = \frac{V}{J\delta} \tag{8-3}$$

式中 ρ——比电阻,$\Omega \cdot cm$;

　　　V——通过粉尘层的电压,V;

　　　J——通过粉尘层的电流密度,A/cm^2;

　　　δ——粉尘层厚度,cm。

粉尘比电阻可用圆板电极法测出,即在两圆板电极间堆积粉尘层,在两电极间加直流电压,测出电压、电流后,依式算出。比电阻是评定粉尘导电性的一个指标,一般在 $10^4 \sim 10^{11}$ $\Omega \cdot cm$ 范围,比较适于静电除尘。

粉尘比电阻的实验室测定一般有圆盘电极法(平行平板电极法)、探针法、跑道式法、同心圆筒电极法及梳式电极法。这些方法的一个共同点是将粉尘灰样带回实验室中,通过不同方法在一定厚度粉尘上施加高压,测定粉尘层两端的电压和通过电流,然后计算粉尘比电阻值,不同之处是测量装置形状不同。

(一)圆盘电极法(平行平板电极法)

圆盘电极法测定装置如图 8-4 所示,其测定原理依据《粉尘物性试验方法》(GB/T 16913—2008)进行检测,测定仪下部有一金属盛灰圆盘,盛灰盘内盛被测粉尘,盛灰盘下接高压电源负极,粉尘层的上表面设置可上下移动的圆盘式电极,圆盘上有一导杆,使其可上下移动,导杆上端接电流表(与地连接),为消除边缘效应加装屏蔽环。

测试时将上述测定仪部件置于调节箱内,调节箱可以调节温度和湿度。将上圆盘降落在粉尘层上,并将调节箱调整到所需温度和湿度。将事先制备好的一定量被测粉尘,放入两导体板之间,逐步升高测试电压,每步升 50 V 左右,记录通过尘层的电流和电压。如出现电流值突然跃升,高压电压表读数下降或摇摆时,表明粉尘层内发生了电击穿,此时停止升压,并记录击穿电压。然后,将被击穿粉尘搅拌,再刮平(或重换粉尘),重复测试三次,取三次击穿电压的平均值,再重装一份粉尘,再次测试,使测试电压升高至击穿电压的 $0.85 \sim 0.95$ 倍,记录高压电压表和微电流表的读数,代入式 8-3 可求得比电阻值。

(二)探针法

探针法测定装置将测定装置安装在可调节温度的电炉内(温度可达 300~500 ℃),针尖

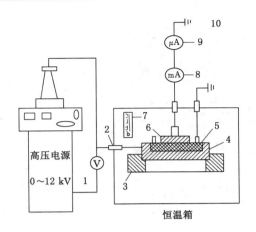

图 8-4 圆盘法粉尘比电阻值测定系统

1——电压表;2——套筒;3——绝缘板;4——灰皿;5——被测粉尘;6——活动电极;

7——温度传感器;8——毫安表;9——微安表;10——接地

电极接高压电源负极。粉尘从电炉上方装入,并在平板电极上形成一定厚度的粉尘层,在粉尘层内设置一横向探针,为消除边缘效应加装屏蔽环,平板电极(主电极)下端通过毫安表接地,针尖电极与平板电极之间产生电晕放电。测出探针与平板电极之间的电位以及主电极通过的电流和粉尘层厚度及面积就可以计算出粉尘比电阻。

(三)跑道式法

跑道式法的原理是在封闭循环系统中,使气体和悬浮烟尘在系统中循环,其中的测试主件是点-板式测定仪,通过电晕放电使粉尘沉积,再测出粉尘比电阻。为了模拟电除尘现场条件,还设有翼片形电热器和气体增湿水槽。如需进行化学调质,可将所采用溶液或气体加入该系统。点-板电极置于电热恒温箱内(温度 300~700 ℃)构成比电阻测定仪。施加高电压约 20 kV,测定其电流就可计算出粉尘比电阻值。

(四)同心圆筒电极法

这种测定仪由圆筒电极和圆柱电极构成,粉尘充填在两电极之间,施加高电压时测出电压值和电流值,然后计算出粉尘比电阻。如国内开发的 F-A 型工况比电阻测定仪,如图 8-5 所示。

测定时首先利用小旋风分离器将烟气中的粉尘分离出来,落入两同心圆筒中间的环缝中,利用高阻表测定电阻值,然后按照式(8-4)计算。

$$\rho = \frac{2\pi l_1}{\ln \dfrac{r_2}{r_1}} R \tag{8-4}$$

式中　R——高阻表测定电阻值,Ω;

　　　l_1——主电极长度,cm;

　　　r_1——内电极半径,cm;

　　　r_2——外电极半径,cm。

F-A 型工况比电阻测定仪的优点是:可采用低电压电源,粉尘层厚度由两圆筒间隙准确测定;其缺点是粉尘层充实率很难保证一致,故测定结果的重复性差。

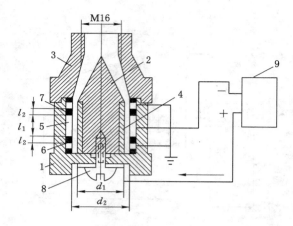

图 8-5　F-A 型工况比电阻测定仪

1——圆盘；2——测量电阻；3——漏斗；4——内电极；5——主电极；

6——辅助电极；7——绝缘环；8——固定螺栓；9——二次显示仪表

（五）梳式电极法

该仪器为实验室和现场两用，该仪器是将电极做成梳（齿）状，固定在 2 根绝缘套管的端部，在梳式电极上部装刀形电极，梳式电极接高压电源负极，刀形电极接正极（接地），整个仪器置于加热测定箱内。梳式电极法是利用电除尘原理捕集粉尘，使粉尘逐渐填满梳齿缝隙。断开高压电源后，用高阻计（10^{12} Ω）测定两梳齿电极之间粉尘的电阻值，进一步得出测定时气体温度和湿度下的粉尘比电阻。

粉尘比电阻的现场测定法一般有针尖平板电极法、旋风子法、过滤式法。

（六）针尖平板电极法

针尖平板电极法的测定原理与上述跑道式法中的点-板电极测定装置相同，所不同的是它是现场测定仪，直接测定工业粉尘的比电阻。这种测定仪的优点是测定条件接近于电除尘器的工况，缺点是粉尘层的厚度难以测定。测定装置如图 8-6 所示。

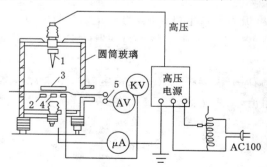

图 8-6　针尖平板电极法电阻测定仪

1——针尖电极；2——导向电极；3——粉尘层；4——主电极；5——镍铬感应丝

（七）旋风子法

采用旋风子法测量时将小旋风子置于工业管道内，烟气被吸入小旋风子内，由于离心力的作用，粉尘沉积并落入下部同心圆筒电极的间隙内，用高阻计测出粉尘的电阻值，再进一步计算出粉尘比电阻。该测定仪是测定利用旋风子所收集的粉尘,尘粒较粗,粉尘层较疏松,测定的数值与其他方法相比往往大 $1\sim2$ 个数量级。

（八）过滤式法

这种现场比电阻测定仪分为同心圆环式和金属网格式两种。金属网格式是根据平板电极法原理设计,即能高效地采集粉尘,同时又能进行测定。同心圆环式是用过滤方法在烟气中通过等速采样所采集的粉尘呈圆环形,同心圆环的测定电极与采样器构成一体,测量与采样同步进行。圆环形粉尘层的电阻用高阻表测定,进一步可计算出粉尘比电阻。

三、粉尘湿润性检测

液体对固体表面的湿润程度,取决于液体分子对固体表面作用力的大小,而对同一粉尘尘粒来说,液体分子对尘粒表面的作用力又与液体的力学性质即表面张力的大小有关。表面张力愈小的液体,对尘粒越容易湿润。不同性质的粉尘对同一性质的液体的亲和程度不同,这种不同的亲和程度称为粉尘的湿润性。

粉尘湿润性还与粉尘的形状和大小有关,球形粒子的湿润性比不规则形状的粒子要小;粉尘越细,亲水能力越差。如石英的亲水性好,但粉碎成粉末后亲水能力大大降低。

粉尘的湿润性不同,当其沉于水中时会出现两种不同的情况,如图 8-7 所示,粉尘湿润的周长（虚线）为水（1）、气（2）、固（3）三相互相作用的交界线。在此有三种力的作用:气与固的交界面的表面张力 $\sigma_{2.3}$,气与水的交界面的表面张力 $\sigma_{1.2}$,水与固的交界面的表面张力为 $\sigma_{1.3}$。这里 $\sigma_{1.3}$ 及 $\sigma_{2.3}$ 作用于尘粒的表面内,而 $\sigma_{1.2}$ 作用于接触点的切线上,切线与尘粒表面的夹角 θ 称为湿润角或边界角。若忽略重力及水的浮力作用,在形成平衡角 θ 时,上述三种力应处于平衡状态,平衡条件为

$$\sigma_{2.3} = \sigma_{1.3} + \sigma_{1.2}\cos\theta \tag{8-5}$$

$$\cos\theta = \frac{\sigma_{2.3} - \sigma_{1.3}}{\sigma_{1.2}} \tag{8-6}$$

$\cos\theta$ 的变化由 1 到 -1,θ 角的变化为 $0\sim180°$。这样可以用湿润角 θ 来作为评定粉尘湿润性的指标:① 亲水性粉尘 $\theta\leqslant60°$,如石英、方解石的湿润角 θ 为 $0°$,石灰石粉、磨细的石英粉 $\theta=60°$;② 湿润性差的粉尘 $60°<\theta<85°$,如滑石粉 $\theta=70°$,以及焦炭粉及经热处理的无烟煤粉等;③ 疏水性粉尘 $\theta>90°$,如炭黑、煤粉等。

粉体的湿润性还可以用液体对试管中粉尘的湿润速度来表征,通常取湿润时间为 20 min,测出此时的湿润高度 L_{20}(mm),于是湿润速度为

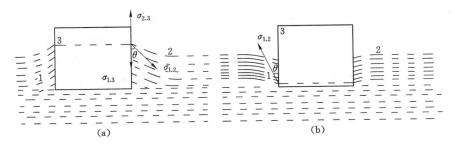

图 8-7　粉尘的亲水性

(a) 亲水性粉尘;(b) 疏水性粉尘

$$U_{20} = \frac{L_{20}}{20} \qquad\qquad (8\text{-}7)$$

按 U_{20} 作为评定粉尘湿润性的指标,可将粉尘分为四类,如表 8-2 所列。

表 8-2　　　　　　　　　　　　　　　粉尘对水的湿润性

粉尘类型	Ⅰ	Ⅱ	Ⅲ	Ⅳ
湿润性	绝对憎水	憎水	中等亲水	强亲水
$U_{20}/(\text{mm/min})$	<0.5	0.5～2.5	2.5～3.5	>8.0
粉尘举例	石蜡、沥青	石墨、煤	石英	锅炉飞灰

在除尘技术中,粉尘的湿润性是选用除尘设备的主要依据之一。对于湿润性好的亲水性粉尘(中等亲水、强亲水),可选用湿式除尘器。为了加强液体(水)对粉尘的浸润,往往要加入某些湿润剂,减少固、液之间的表面张力,增加粉尘的亲水性,提高除尘效率。

四、粉尘的比表面积及表面能检测

每单位质量粉尘的表面积称为比表面积(简称比面)。微细尘粒的重要特性是这一比面较大。例如,1 cm³ 单位密度的物料分散成 1 μm 的球,其比面达 11.5 m²/kg。当微粒粒度减小时,比面迅速增加。可以这样来看一下比面增加的程度:假设把一个单位密度的每边为 1 cm 的立方体分成每边为 a cm 的若干个立方体,这些立方体的总表面积和原来那个立方体的表面积之比将为 $1 \times 6a^2/(a^3 \times 6) = 1/a$,也就是说,后来分成的小立方体的总表面积是原来那个立方体的表面积之比将为 $1/a$ 倍。例如,把每边为 1 cm 的立方体分成每边为 1 μm(10^{-4} cm)的小立方体,可得 10^{12} 个。其总表面积将增加 10^4 倍,即增加到 60 000 cm³。这也就是它的比面。物料的许多物理、化学性质实质上与其表面积有很大关系,细粉尘粒子常常表现出显著的物理和化学活性。如氧化、溶解、蒸发、吸附、催化以及生理效应等都能因细粉尘粒子的比面大而被加速。有些粉尘的爆炸危险性和毒性随其粒度的减小而增加,原因即在于此。

假设尘粒为与它具有同样体积的球形粒子时,则比表面积 S_w 与粒径 d_p 的关系为

$$S_w = \frac{\pi d_p^2}{\left(\dfrac{\pi}{6}\right)d_p^3 \rho_p} = \frac{6}{\rho_p \cdot d_p} \qquad\qquad (8\text{-}8)$$

式中　　d_p——粉尘的直径,m。

上式看出,粉尘的比表面积与直径成反比,粒径越小,比表面积越大。

由于粉尘的比表面积增大,它的表面能也随之增大,增强了表面活性,在研究粉尘的湿润、凝聚、附着、吸附、燃烧等性能时,必须考虑其比表面积。例如微细粉尘的表面吸附能力增强,容易吸附空气而在尘粒表面形成气膜降低了尘粒间的凝集以及影响其尘粒的湿润性,更难于把它从空气中捕捉分离出来。

思考题

1. 简述粉尘密度的分类。

2. 粉尘比电阻值的测定方法有哪些?

3. 简述粉尘的湿润性与除尘效率之间的关系。

4. 粉尘比电阻值检测中圆盘电极法的适用条件及测试要点是什么?

第三节　粉尘浓度检测

【本节思维导图】

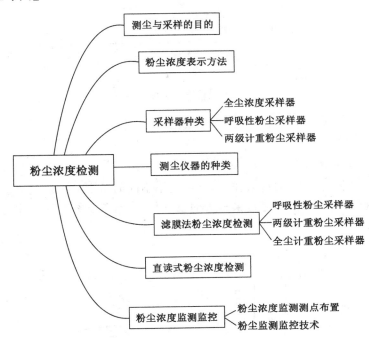

一、测尘与采样的目的

(1) 对井下各作业地点的粉尘浓度进行测定,以检查是否达到国家卫生标准;

(2) 测定作业点粉尘的粒度分布及其矿物组成的化学、物理性质;

(3) 研究各种不同采掘工序的产尘状况,提出解决办法;

(4) 评价各种降尘措施的效果。

二、粉尘浓度表示方法

粉尘浓度表示方法有两种:单位体积空气中粉尘的颗粒数,称为粉尘计数浓度;单位体积空气中粉尘的质量,称为粉尘计重浓度。

20 世纪 50 年代初,英国医学界通过尘肺病的研究,认识到尘肺病不仅与吸入的粉尘质量、暴露时间、粉尘成分有关,而且在很大程度上与尘粒的大小有关。由此英国医学研究协会在 1952 年提出呼吸性粉尘的定义,即进入肺泡的粉尘。同时给出 BMRC 采样标准曲线,后来美国卫生家协会给出 ACGIH 采样标准曲线,这一定义和两种呼吸性粉尘采样标准曲线于 1959 年在南非召开的国际尘肺会议上得到承认,同时确定了以计重法表示粉尘浓度。采样方式亦逐渐由瞬时、短周期渐渐偏向长周期定点监测。采样标准曲线如图 5-8 所示。

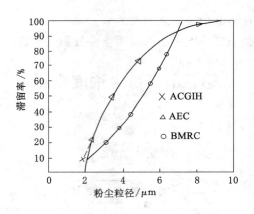

图 8-8　呼吸性粉尘标准曲线

三、采样器种类

（一）全尘浓度采样器

将一定体积的含尘空气,通过采样头,全部大小不同的粉尘粒子被阻留于夹在采样头内的滤膜表面,根据滤膜的增重和通过采样头的空气体积,计算出空气中的粉尘浓度,采样方式如图 8-9 所示。

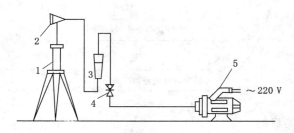

图 8-9　滤膜测尘系统

1——三角支架;2——滤膜采样头;3——转子流量计;4——调节流量螺旋夹;5——抽气泵

（二）呼吸性粉尘采样器

呼吸性粉尘采样器的设计,按照分离过滤原理,在采杆头部加设前置装置,对进入含尘气流中的大颗粒尘粒进行淘析,所以前置装置亦称淘析器。按淘析器分离原理,有三种类型。

（1）平板淘析器:按重力沉降原理设计;

（2）离心淘析器:按离心分离原理设计;

（3）冲击淘析器:按惯性冲击原理设计,如图 8-10 所示。

（三）两级计重粉尘采样器

两级计重粉尘采样器的分级方法,也是采用惯性冲击原理设计的。

四、测尘仪器的种类

测尘仪器按照是否需要取样分为取样法和非取样法,如表 8-3 所列。

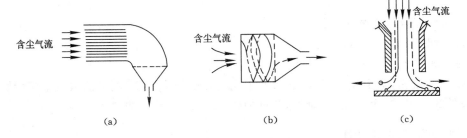

图 8-10　呼吸性粉尘采样器分离原理示意图

(a) 平板淘析器;(b) 离心淘析器;(c) 冲击器淘析

表 8-3　　　　　　　　　　　　　　　取样法与非取样法比较

	取样法	非取样法
定义	从待测区域中抽出部分具有代表性的含尘气样并送入随后的分析测量系统来测量粉尘浓度与粒径的方法	测量时不取样,而是利用粉尘的物理化学等特性直接测量粉尘浓度与粒径的方法
测量原理	简单	较复杂
测定周期	长	短
自动化程度	低	高
测试准确度	低	高
是否干扰测量场	是	否
其他	粉尘的分散度对测量结果无影响;可对粉尘样品作进一步物理化学分析	粉尘的分散度等自身参数影响测量结果,测量中需标定参数

　　未来粉尘浓度测量方法应该是非取样法。主要是因为非采样法具有测量周期短、测试准确度高的优点。非采样法主要包括黑度法、光透射法、光散射法、光吸收法、摩擦电法、超声波法和微波法等。超声波法、微波法测量粉尘浓度还处于试验研究阶段。由于煤矿井下光线差,因而黑度法无法使用;光透射法无法测量引起尘肺病的粉尘浓度阈值,也不适用于矿井环境;只有光散射法、光吸收法和摩擦电法适用于煤矿井下粉尘浓度的测量。其分类可按照以下方式进行:

　　(一) 按检测原理分类

　　(1) 光电法:按光线通过含尘气流使光强变化的检测原理,包括:白炽灯透射、红外光透光、光散射、激光散射等原理设计的测尘仪。

　　(2) 滤膜增重法。

　　(3) β射线吸收法。

　　(二) 按测尘浓度类型分类

　　(1) 全尘粉尘测定仪。

　　(2) 呼吸性粉尘测尘仪。

　　(3) 两段分级计重粉尘测定仪。

（三）按测尘仪工作方式分类

（1）长周期、定点、连续测尘仪。

（2）短周期、定点、连续测尘仪。

（3）便携式测尘仪。

测尘仪种类繁多，除上述分类外，还有按不同行业的粉尘性质、测量的浓度范围、精度要求、环境条件的要求，有大量程、小量程、防爆型（或本质安全型）、非防爆型等区别。

五、滤膜法粉尘浓度检测

（一）呼吸性粉尘采样器

AQH-1 型呼吸性粉尘采样器如图 8-11 所示。

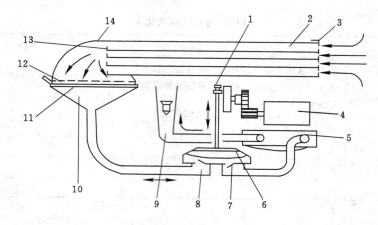

图 8-11　AQH-1 型呼吸性粉尘采样器原理示意图

1——泵的调节曲柄；2——淘析器；3——进气口板；4——微电机；5——稳流盒；6——气泵；
7——泵的排气口阀片；8——泵的吸气口阀片；9——流量计；10——过滤网；11——尼龙托网；
12——滤膜；13——淘析器尾部；14——通气罩

该采样器属便携式标准采样器，该采样器可以在一个工作班连续采样，用实验室天平称量出所采集到的粉尘总重量，计算出一个工作班内的呼吸性粉尘的平均浓度（即工作班平均暴露浓度），从而为评价粉尘作业环境的卫生条件及对尘肺病研究提供数据。

采样原理如图 8-11 所示，微电机 4 带动薄膜气泵 6 抽吸含尘空气，气流以 2.5 L/min 的稳定流量流经淘析器 2 和过滤器 10。淘析器是水平安装的，具有四个通道，它根据重力沉降原理设计对粒径进行分选，粒度较大的尘粒（非呼吸性粉尘）滞留其内，让粒度较小的尘粒（呼吸性粉尘）通过，淘析器的分选效能符合 BMRC 曲线，通过淘析器的粉尘由置于过滤器内的滤膜 12 捕集。从过滤器出来的干净气流，经气泵 6、稳流盒 5，通过流量计 9 排入采样器壳体，并保持微小压力，防止粉尘进入采样器壳体内，稳流盒的作用是减小气流的脉动，提高流量稳定性，吸气泵的吸气总体积通过计数器显示。微电机由稳压电路控制以恒速转动，保证流量稳定。

另外，ACGT-1 型矿用个体粉尘采样器也是一种测定平均班暴露粉尘浓度采样器，淘析器为微型旋流分离器，分离效率符合 BMRC 曲线。该采样器附有液晶显示计时装置，显示累计采样时间，为计算平均班粉尘浓度提供了便利的条件。

（二）两级计重粉尘采样器

两级计重粉尘采样器主机部分与其他采样器一样，需要一个恒定的采集含尘空气流量的采样头，主要的区别在于采样头的结构。两级计重的采样器大多数按惯性原理利用气流中粒子的惯性冲击、粗大粒子在冲击板上沉积的装置，进行分级计重。分级效率可按惯性参数进行设计，可以与 BMRC 曲线拟合。

江苏省煤炭研究所研制的 AFQ-20A 型矿用粉尘采样器，由吸气泵、稳流电路、安全电源组成。仪器有可编制自动计时控制电路，可自动定时采样，时间显示器可显示采样预置时间及采样空气流量，具有欠压自动切断电源等功能；仪器配有系列粉尘采样分级装置，能测定全尘、呼吸性粉尘及两级计重分级采样等。

（三）全尘计重粉尘采样器

《煤矿安全规程》第六百四十条规定：作业场所空气中粉尘（总粉尘、呼吸性粉尘）浓度应当符合表 8-4 的要求。不符合要求的，应当采取有效措施。

表 8-4　　　　　　　　　　　　　　作业场所粉尘浓度要求

粉尘种类	游离 SiO_2 含量/%	时间加权平均容许浓度/(mg/m^3)	
		总尘	呼尘
煤尘	<10	4	2.5
矽尘	10～50	1	0.7
	50～80	0.7	0.3
	≥80	0.5	0.2
水泥尘	<10	4	1.5

1. 滤膜测尘原理

滤膜测尘装置由滤膜采样头、流量计、调节装置和抽气泵组成。当抽气泵开动时，工作区的含尘空气通过采样头被吸入，粉尘被阻留在采样头内的滤膜表面，根据滤膜的增重和采样的空气量，就可以计算出空气中的粉尘浓度，即

$$S = \frac{W_2 - W_1}{Q_N} \tag{8-9}$$

式中　S——工作面粉尘浓度，mg/m^3；

W_1，W_2——分别为采样前、后的滤膜质量，mg；

Q_N——标准状态下的采气量，m^3。

2. 主要采样工具

（1）滤膜：常用的滤膜是由直径 $1.2～1.5\ \mu m$ 超细合成纤维制成的网状薄膜，此种薄膜的孔隙很小，表面呈细绒状，不吸湿、不脆裂，质地均匀，有明显的带负电性及耐酸碱的性质，能牢固地吸附尘粒，阻尘率在 99% 以上，在一般温、湿度变化范围内（50 ℃以下，相对湿度 25%～90%），质量比较稳定（干燥后质量减轻率在 0.04% 以内），可简化干燥过程，阻力较小。采样后滤膜可溶于醋酸丁酯等有机溶剂，用于测定粉尘的分散度。

滤膜有大小两种规格，常用的为直径 40 mm 的小号滤膜，一般用于采集粉尘浓度较低的环境。若环境粉尘浓度在 200 mg/m^3 以上，可采用直径为 75 mm 的大号滤膜。

（2）采样头（受尘器）：由采样漏斗和滤膜夹两部分组成，用塑料或轻金属制作。图 8-12 为常用的一种形式。滤膜装在滤膜夹中，并进行编号备用。

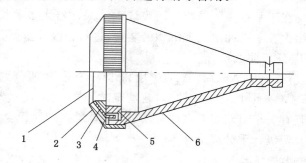

图 8-12　滤膜采样头
1——滤膜；2——顶盖；3——夹环；4——夹盖；5——夹座；6——漏斗

（3）流量计：常用转子流量计，便于携带，流量范围 $q = 10 \sim 13$ L/min，采样时间 $t = 10 \sim 20$ min，将所测得的总抽气量（$Q = t \cdot q \cdot 1\,000$ m^3）换算成标准状态（Q_N）。流量计流量的调节由针形阀控制。转子流量计使用一定时间后，因积尘和污垢等原因，锥形体尺寸、重量会产生变化，影响测值，须检查，清洗，并进行校正。

（4）抽气装置：抽气装置有两类：一种是由微电机和薄膜泵组成的抽气系统，另一种由压气源和引射器组成的抽气系统。目前采样器中，后者的抽气系统基本上已淘汰。

3. 测定工作

（1）准备滤膜

① 干燥。待用滤膜存放于玻璃干燥器中。

② 称重。用感量为万分之一克的分析天平进行滤膜称重，并进行编号记录重量，为初重。因滤膜荷电有引力作用，应注意环境清洁。

③ 装滤膜。将滤膜装入滤膜夹，直径 40 mm 的滤膜铺平，直径 75 mm 滤膜折成漏斗形安装，装好后要检查有无不牢、漏缝现象，完好时，装入样品盒备用。

（2）采样

① 采样位置：应在工人的呼吸带高度采样，距底板约 1.5 m。采样位置应在工作面附近下风侧风流较稳定区域选取。

② 采样头方向：一般情况，人口应迎向风流。

③ 采样开始时间：连续产尘点应在作业开始后 20 min 采样，阵发性产尘与工人操作同时采样。

④ 采样流量和时间：应使所采粉尘量不少于 1 mg，对于小号滤膜不大于 20 mg。一般采样流量为 10 ~ 30 L/min，采样时间不少于 20 min。

（3）粉尘浓度计算和统计分析

① 称重。采样后的滤膜连同夹具一起放在干燥器中，称重时取出，受尘面朝上，用镊子取下滤膜，向内对折 2 ~ 3 次，用原先称重的天平称量为初重。如测点水雾大，滤膜表面有小水珠，必须干燥 30 min 后再称重，称重后再干燥 30 min，直到前后两次重量差不大于 0.2 mg 为止，作为恒重，取其值为末重。

② 计算粉尘浓度。按式（8-9）计算，取值到小数点后一位即可。

③ 流量计的修正。流量计刻度一般在 $t_0 = 20\ ℃$，$p_0 = 1.013 \times 10^5\ Pa$ 条件下标定，如测定时的气体状态与标定状态相差较大时，必须对流量计的读数进行修正，修正后的数值为实际流量。按下式进行修正

$$Q = \sqrt{\frac{\rho_0}{\rho}} = Q_0 \sqrt{\frac{T \cdot p_0}{T_0 \cdot p}} \qquad (8\text{-}10)$$

式中　Q——实际流量，L/min；

　　　Q_0——标定状态下流量计读数，L/min；

　　　ρ——测定状态下空气密度，mg/m^3；

　　　ρ_0——标定状态下空气密度，mg/m^3；

　　　T——测定状态空气温度，K；

　　　T_0——标定状态空气温度，K；

　　　p_0——标定状态空气压力，$p_0 = 1.013 \times 10^5\ Pa$；

　　　p——测定状态空气压力，Pa。

④ 标准状态空气体积的换算。采样时的空气状态可能互相差别很大，为了互相对比，有时需要把采样的流量一律换算为标准状态下的空气流量。换算按下式计算。

$$Q_N = Q \cdot \frac{273}{1.013 \times 10^5} \cdot \frac{p}{T} \qquad (8\text{-}11)$$

式中　Q_N——标准状态(273 K，1.013×10 Pa)空气流量，1/min；

　　　Q——采样状态(T_K，p Pa)下实际流量，1/min。

⑤ 统计分析采样时，应记录现场生产条件、作业装备、通风防尘、降尘措施等情况，逐月将测定结果统计分析，上报有关单位。

六、直读式粉尘浓度检测

直读式测尘仪及粉尘浓度传感器的出现，不仅有效地解决了粉尘浓度的现场直接测试读数，同时为粉尘浓度的实时在线监测监控提供了可能。

直读式测尘仪及粉尘浓度传感器的技术原理，主要有光散射法、光吸收法、摩擦电法、超声波法和微波法等。

超声波法、微波法测量粉尘浓度还处于试验研究阶段。

目前主要采用 β 射线法、光散射法、光吸收法、摩擦电法进行粉尘浓度直接测试和在线监测，并已成功地应用于烟道粉尘浓度测量和煤矿井下粉尘浓度测量。

（一）β 射线法

β 射线法通常基于 β 射线吸收原理，即原子核在发生 β 衰变时，放出 β 粒子。β 粒子实际上是一种快速带电粒子，它的穿透能力较强，当它穿过一定厚度的吸收物质时，其强度随吸收层厚度增加而逐渐减弱的现象叫做 β 吸收。当吸收物质的厚度比 β 粒子的射程小很多时，β 射线在物质中被吸收，其吸收强度与介质层的质量厚度（单位面积上的介质质量）有关，其减弱关系在一定范围内大致遵循指数衰减规律，如下式

$$\ln \frac{n_0}{n} = \frac{\mu}{\rho} d \qquad \cdot \qquad (8\text{-}12)$$

式中　$d = m/A\ (mg/cm^2)$，是粉尘的表面质量；n_0，n 分别为采样粉尘前后计数器每分钟以

电流脉冲方式所记录下来的 β 粒子数,这个脉冲计数比值表征了放射穿透强度;$\frac{\mu}{\rho}$ 是质量衰减系数,该系数是介质层衰减系数与介质层密度的比值,受粉尘粒子化学成分的影响,与电子密度有关。对 β 射线粉尘浓度测量仪器使用的特定场合来说,该系数是个常值,因此公式(8-12)得到的粉尘绝对质量为

$$m = A\left(\frac{\mu}{\rho}\right)\ln\frac{n_0}{n} \qquad (8\text{-}13)$$

式中　　m——粉尘的绝对质量,mg;

　　　　A——粉尘分布的表面积,cm^2。

粉尘绝对质量 m 和气体采样体积 Q 的比值,就是粉尘浓度 c,计算关系式为

$$c = m/Q \qquad (8\text{-}14)$$

β 射线测尘仪的工作原理基于公式(8-12)。应用 β 射线吸收技术具有不受粉尘颗粒种类、颜色、形状和空气、水分等因素的影响,测量范围较宽、精度高,既具备了粉尘采样器的优点,又克服了采样器不能现场读数的缺陷,因而被广泛采用。但这种方法需要使用滤膜作载体将空气中的颗粒截取在滤膜表面才能实现仪器的测量工作,故其缺陷是若要实现长期在线监测,必须更换滤膜,该类仪器的体积一般较大。

利用 β 射线吸收技术研制的直读式粉尘浓度测量仪,在粉尘浓度测量中得到了广泛应用。其一般工作原理如图 8-13 所示。

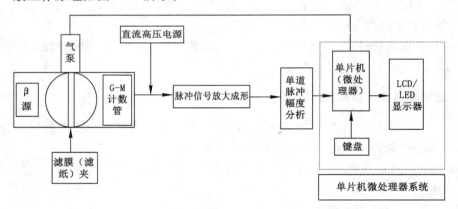

图 8-13　β 射线吸收法测尘仪一般工作原理

（二）光散射法粉尘浓度检测

光散射法原理:当光束通过散布着固体颗粒的含尘气流时,会发生吸收和散射,所接收到的散射光强度发生变化,其变化大小与被测悬浮物颗粒的体积成正比,若已知被测粉尘的密度,即可计算出被测环境中粉尘的质量浓度。粉尘浓度传感器就是通过探测变化的光信号,建立光强度与气室内粉尘浓度的关系,经过换算而实现粉尘浓度测量的,其结构原理如图 8-14 所示。采用光散射法测量空气中的粉尘浓度具有快速、简便、连续测量的特点。

按照经典的米氏散射理论,对粒径较大的颗粒,在任意角 θ 下散射光强度在空间的分布可按照 Fraunhofe 衍射理论计算

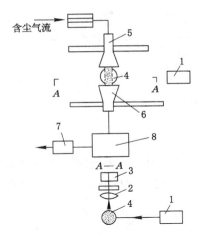

图 8-14 光散射粉尘浓度传感器结构原理示意图

1——光源；2——透镜；3——探测器；4——含尘气流；5——粉尘进入嘴；

6——粉尘出去嘴；7——抽气泵；8——过滤器

$$I_\theta = \frac{\pi^2 d^4}{16\lambda^2 L^2} I_0 \left[\frac{2J_1(x)}{x} \right]^2 \tag{8-15}$$

式中：L 是散射颗粒到观察点的距离；J_1 是一阶 Bessel 函数；x 是无因次参数，$x = \pi d \sin\theta/\lambda$；$\lambda$ 散射光波长；d 是颗粒粒径；I_0 是散射光原始光强。

由式(8-15)，在任意空间立体角 θ_1 到 θ_2 内，单个粉尘颗粒的散射光强为

$$I(\Delta\theta) = \int_{\theta_1}^{\theta_2} I(\theta) L^2 \sin\theta \mathrm{d}\theta = \frac{\pi}{2} I_0 \int_{\theta_1}^{\theta_2} \frac{J_1^2(x)}{\sin\theta} \mathrm{d}\theta \tag{8-16}$$

假设含尘气流内粉尘的粒度分布函数为 $f(d)$，在单位体积内的粉尘总数为 N，则在 d 到 $d+\Delta d$ 内的粉尘数 $\mathrm{d}N = N f(d)\mathrm{d}d$。因此，在 θ_1 到 θ_2 环状立体角内粉尘粒径在 d 到 $d+\Delta d$ 内所有粉尘产生的散射光强为

$$\mathrm{d}I(\Delta\theta) = I(\Delta\theta)\mathrm{d}N = I(\Delta\theta)Nf(d)\mathrm{d}d \tag{8-17}$$

则在 θ_1 到 θ_2 环状立体角内所有粉尘产生的散射光强为

$$Q(\theta) = \int_0^\infty I(\Delta\theta)Nf(d)\mathrm{d}d \tag{8-18}$$

把公式(8-16)带入公式(8-18)中并整理得到

$$Q(\theta) = \frac{\pi}{2} I_0 N \int_0^\infty d^2 f(d)\mathrm{d}d \int_{\theta_1}^{\theta_2} \frac{J_1^2(x)}{\sin\theta} \mathrm{d}\theta \mathrm{d}d \tag{8-19}$$

设尘粒密度为 ρ，则尘粒重为 $\pi\rho d^3/6$，根据计重密度的定义，有

$$C = \int_0^\infty \pi\rho d^3 Nf(d)\mathrm{d}d \tag{8-20}$$

通过公式(8-19)和式(8-20)，整理得到如下公式

$$C = \frac{\rho \int_0^\infty d^3 f(d)\mathrm{d}d}{3I_0 \int_0^\infty d^2 f(d) \int_{\theta_1}^{\theta_2} \frac{J_1^2(x)}{\sin\theta}\mathrm{d}\theta \mathrm{d}d} \cdot Q(\theta) \tag{8-21}$$

令 $K = \dfrac{\rho\displaystyle\int_0^\infty d^3 f(d)\,\mathrm{d}d}{3I_0\displaystyle\int_0^\infty d^2 f(d)\displaystyle\int_{\theta_1}^{\theta_2}\dfrac{J_1^2(x)}{\sin\theta}\,\mathrm{d}\theta\,\mathrm{d}d}$，则上式变为

$$C = K \cdot Q(\theta) \tag{8-22}$$

式中　C——粉尘质量浓度，$\mathrm{mg/m^3}$；

　　　$Q(\theta)$——θ 方向的散射光强；

　　　K——光散射比例系数。

现有各种测尘技术中，光散射法粉尘浓度监测技术最适合长期在线测量粉尘浓度。但光散射法容易受到粉尘颗粒大小、组分、湿度的影响，且光学系统容易受到粉尘污染，需要定期清理，维护麻烦。

光散射法粉尘浓度传感器的一般原理如图 8-15 所示。

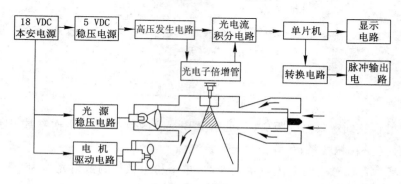

图 8-15　光散射法原理图

（三）光吸收法粉尘浓度检测

光吸收法原理：当光波通过含尘气流时，会与含尘气流发生相互作用，光波一部分被含尘气流吸收，转化为热能；一部分被含尘气流散射，偏离了原来的传播方向，剩下的部分仍按原来的传播方向通过介质。透过部分的光强与入射光强之间符合朗伯-比尔定律。光吸收型粉尘浓度传感器以朗伯-比尔定律为基础，通过测量入射光强与出射光强，经过计算得到粉尘浓度，其原理如图 8-16 所示。光吸收型粉尘浓度传感器只有在高浓度时，即在 8 000～15 000 $\mathrm{mg/m^3}$ 内测量较为准确，且光学系统易受污染，需要经常维护，因此在煤矿井下使用该类仪器较少。

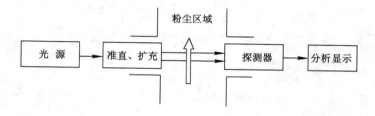

图 8-16　光吸收法的基本原理

入射光强因粉尘的吸收而衰减，则光的透过率 T 为

$$T = \frac{I}{I_0} = e^{-KCL} \tag{8-23}$$

式中，I_0 是入射光强度；I 是经粉尘吸收衰减后的光强度，即出射光强度；K 是粉尘单位浓度对光吸收的指数，也称吸收系数；C 是粉尘浓度；L 是粉尘厚度，即光程长度。

对于同一测量系统，光程长度 L 是固定的，单位粉尘浓度的吸收系数 K 也是恒定的，因此只要测量出透光率 T，就可以通过标定的方式得到粉尘浓度 C。

光吸收法粉尘浓度监测技术具有在粉尘浓度较高时测量精度高的优点，且适合于在线连续监测，但在低浓度时误差较大，存在与光散射法相同的缺点，测量结果受粉尘颗粒大小、组分、湿度的影响，光学系统同样容易受到粉尘污染，需要定期清理。

（四）摩擦电法粉尘浓度检测

摩擦电法测量粉尘浓度是近 10 年来国际上受重视的一种粉尘浓度在线测量方法。该方法是对运动的颗粒与插入流场的金属电极之间由于碰撞、摩擦产生等量的符号相反的静电荷进行测量，来考察与粉尘浓度的关系，其原理如图 8-17 所示。其特点是灵敏度高、结构简单、免维护。

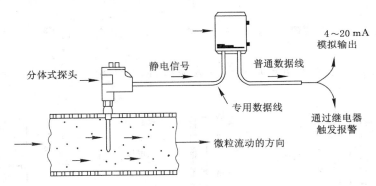

图 8-17　摩擦电法粉尘浓度检测仪原理图

摩擦电法测量粉尘浓度技术主要在美国、澳大利亚、芬兰等少数国家进行研究，其主要应用在布袋除尘器泄漏检测上。但该方法受风速、粉尘颗粒粒径、磁场、粉尘性质等因素影响较大，要达到准确的测量，必须找出风速、粉尘粒径、磁场等因素对其影响。

摩擦电法是近年来新兴的粉尘浓度监测技术，包括直流电荷感应法和交流静电感应法两种方式。直流电荷感应法是依靠电极与粉尘之间的摩擦起电，电极上产生等量异种电荷，经过电荷放大后转化为直流电压，根据直流电压的大小间接测量粉尘浓度。但直流电荷感应法受粉尘积累，尤其受湿度的影响极大，精度不高，应用不是很广泛。交流电荷感应法可避免直流电荷感应法的缺点，得到了广泛关注。本章节将以交流电荷感应法为例来说明电荷感应法粉尘浓度测量技术。

直流电荷感应法和交流电荷感应法检测粉尘电荷量都是依靠金属电极实现的，但直流电荷感应法的金属电极是裸露的，依靠其与粉尘颗粒摩擦起电，而交流电荷感应法的金属电极涂有绝缘材料，粉尘颗粒上的电荷不是通过与电极的直接摩擦，而是通过电极与粉尘间的静电感应产生等量异种电荷。

交流电荷感应法的原理可以简述如下：当粉尘通过金属探头附近时，根据电荷的库仑定律和泊松分布原理,在金属电极上感应出对应的正负电荷,电荷在电极中的转移运动形成电流信号。因为正负极性电荷均有,故电流信号是交流电信号,此电信号和粉尘质量含量存在直接的数学关系。通过检测到的电流与固体质量流量的比例和检测入口单位质量固体所带电荷$(q/m)_0$呈线性关系,与粉尘颗粒在空间内的分布无关。

粉尘颗粒的质量流量 W_p 与检测到的电流 I_m 近似呈下列关系

$$\left| I_m \right| = W_p \left| \left(\frac{q}{m_p}\right)_\infty - \left(\frac{q}{m_p}\right)_0 \right| \exp\left(-\frac{n(x)}{n_0}\right) \left[1 - \exp\left(-\frac{n(\Delta x)}{n_0}\right) \right] \tag{8-24}$$

式中,$(q/m_p)_0$、$(q/m_p)_\infty$ 分别为 $x=0$ 和 $x=\infty$ 时单位质量粒子的带电量;x 为粉尘的流动长度;$n(\Delta x)$ 为在流动长度 Δx 区间内的一个粒子与测量管壁的碰撞次数;n_0 为调和撞击次数。

经近似变化得到下式

$$\left| I_m \right| = au^{-b}C \tag{8-25}$$

式中　a,b——常数,与测量管壁所在位置及管道中的物质有关;

　　　C——粉尘浓度;

　　　U——风速。

a、b 可通过标定的方式确定,从式(8-25)中可以看出感应电流与粉尘浓度大小高度相关,在风速一定时呈线性关系。

目前国内外几种常见的电极形式分别为棒状、内环状和外环状,具体结构如图 8-18 所示。

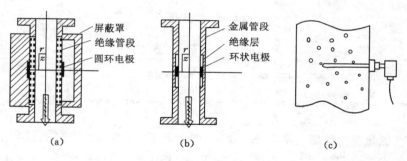

图 8-18　电极结构示意图

(a)外环状探头;(b)内环状探头;(c)棒状探头

七、粉尘浓度监测监控

(一)粉尘浓度监测测点布置

粉尘浓度监测测点布置需要根据采样目的,选择采样地点,一般可选择在尘源的回风侧,粉尘扩散得较均匀地区的呼吸带。呼吸带是指作业场所距巷道底板高 1.5 m 作业人员呼吸的地带;在薄煤层及其他特殊情况下,呼吸带高度应根据实际情况随之改变。移动式产尘点的采样位置,应位于生产活动中有代表性的地点,或将采样器架设于移动设备上。

井下作业场所测点的选择和布置见表 8-5、表 8-6 和表 8-7。

表 8-5   **采煤工作面的测点布置**

生产工艺	测尘点位置
1. 采煤机落煤	采煤机回风侧 10～15 m
2. 司机操作采煤机	司机工作地点
3. 液压支架司机移架	司机工作地点
4. 工作面爆破作业	爆破后工人在工作面开始作业前的地点
5. 回柱放顶移输送机	作业人员工作范围
6. 工作面多工序同时作业	回风巷距工作面端头 10～15 m
7. 人工攉煤	回风侧 3～5 m
8. 带式输送机作业	转载点回风侧 5～10 m
9. 工作面回风巷	距工作面 20 m 处

表 8-6   **掘进工作面的测点布置**

生产工艺	测尘点位置
1. 掘进机作业	机后 4～5 m 处的回风侧
2. 司机操作掘进机	司机工作地点
3. 风钻打眼	距作业地点 4～5 m 处的巷道中部
4. 工作面爆破作业	爆破后工人在工作面开始作业前的地点
5. 打眼与装岩同时作业	装岩机回风侧 3～5 m 处的巷道中部
6. 机械装岩	在未安风筒的巷道一侧距装岩机 4～5 m 处的回风流中
7. 人工装岩	在未安风筒的巷道一侧距装岩机 4～5 m 处的回风流中
8. 抽出式通风	产尘点与除尘器吸尘罩间粉尘扩散较均匀地区的呼吸带内
9. 刷帮	距作业地点回风侧 4～5 m 处
10. 挑顶	距作业地点回风侧 4～5 m 处
11. 拉底	距作业地点回风侧 4～5 m 处
12. 砌碹	在作业人员活动范围内
13. 打锚杆眼	工人作业地点回风侧 5～10 m 处
14. 打锚杆	工人作业地点回风侧 5～10 m 处
15. 喷浆	工人作业地点回风侧 5～10 m 处
16. 搅拌上料	工人作业地点回风侧 5～10 m 处
17. 装卸料	工人作业地点回风侧 5～10 m 处
18. 带式输送机作业	转载点回风侧 5～10 m 处

表 8-7 转载点及井下其他场所的测点布置

生产工艺	测尘点位置
1. 带式输送机作业	转载点回风侧 5～10 m 处
2. 装煤(岩)点及翻车机	转载点回风侧 5～10 m 处
3. 翻车机和放煤工人作业	尘源回风侧 3～5 m 处
4. 人工装卸材料	作业人员工作地点
5. 地质刻槽	作业地点回风侧 3～5 m 处
6. 维修巷道	作业地点回风侧 3～5 m 处
7. 材料库,配电室,水泵房,机修室等处工人作业	作业人员活动范围内

(二)粉尘监测监控技术

1. OSIRIS 粉尘浓度计算机监测系统

英国 Mitchell 公司在 Simslin1 测尘仪的基础上发展成 OSIRIS 粉尘浓度计算机监测系统,实现了粉尘浓度的连续自动监测。目前国内粉尘监测产品的主要厂家有郑州光力科技股份有限公司、中煤科工集团重庆研究院、天地(常州)自动化股份有限公司等多家公司。典型产品有郑州光力科技股份有限公司的 GH100(CCZ-1000)直读式粉尘浓度测量仪、CCF-7000 直读式粉尘浓度测量仪、GCG1000 粉尘浓度传感器,中煤科工集团重庆研究院的 GCG500(A)粉尘浓度传感器等。其中 GH100(CCZ-1000)直读式粉尘浓度测量仪是国内最早的直读式粉尘浓度测量仪之一,在粉尘监测中占有重要地位。

粉尘浓度传感器与煤矿井下的监测系统联网使用,可实现煤矿井下粉尘浓度的连续监测。

2. ZPA-63S 型粉尘浓度超限自动喷雾降尘系统

ZPA-63S 型粉尘浓度超限喷雾降尘装置,可根据作业场所粉尘浓度大小进行设限喷雾:当作业场所粉尘浓度高于设定值时开始喷雾,低于设定值时停止喷雾,从而实现了高效的喷雾降尘,节约了水、电。图 8-19 为粉尘浓度超限喷雾降尘装置示意图。

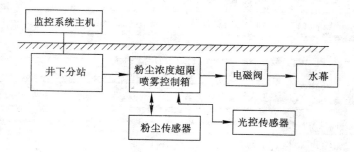

图 8-19　粉尘浓度自动喷雾装置示意图

针对煤矿井下粉尘治理难的状况,通过对井下粉尘浓度的自动监测与监控、喷雾装置的自动化控制、粉尘浓度超限报警,以及地面监测、信息管理系统等研究,在该系统现有功能基础上,建立了粉尘自动监测与喷雾装置的自动化系统,实现了远距离粉尘在线实时监测、监控与信息管理功能,取得良好效果。

3. KJ90NB 监测监控系统

KJ90NB 监测监控系统建立了粉尘自动监测与喷雾装置自动化系统的联动,实现井下粉尘在线监测与自动化管理,主要包括井下粉尘浓度自动监测与监控和喷雾装置自动化控制、浓度超限报警以及地面监测、信息管理系统,实现远距离的粉尘在线连续实时监测监控与信息管理功能。

(1)系统主要功能

① 自动监测与报警。在产生粉尘的场所安装粉尘实时监测监控子系统,能自动监测粉尘浓度,粉尘浓度超限时实现报警功能。系统设置粉尘监测浓度区间为 $0.1 \sim 500 \ \mathrm{mg/m^3}$,其报警浓度为 $10 \ \mathrm{mg/m^3}$(可调),当粉尘浓度大于 $10 \ \mathrm{mg/m^3}$(可调)自动喷雾,直到粉尘浓度降到报警浓度以下,喷雾自动停止,报警解除;报警浓度参数根据实际情况进行修改。

② 模拟显示。自动喷雾系统工作状态实现地面模拟显示,除正常显示粉尘浓度外,可同时显示自动喷雾的工作状态。

③ 信息化管理。可进行历史数据存储查询,既为工程保留资料,进行具体的分析,又可为研究提供直接的数据资料。

(2)系统组成和主要经济技术指标

① 主要组成

粉尘实时监测监控系统如图 8-20 所示。

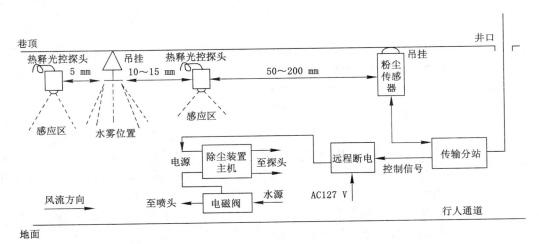

图 8-20　粉尘实时监测监控系统

a. 上位机监测与监控及数据处理信息化管理模块。

以现有 KJ90NB 监控监测系统为依托,通过对该系统控制和收发数据,接受各个现场控制器采集的测量数据,然后进行汇总、处理,储存到数据库,并能动态地实时显示到屏幕中,软件可以打印出图形及报表等。该模块实现了实时数据显示、存储,历史数据、曲线查询,用户权限设定、数据备份等功能。

b. 粉尘自动监测与喷雾自动化控制模块。

该模块主要由控制器、语音报警等功能模块组成。控制器的微处理器采用STC89C52RC 单片机,将粉尘检测、红外探测、喷水控制、灯光语音提示、数据传输、数据显示功能集于一体,构成一套完整的井下粉尘在线实时监测监控控制器。该控制器采用先进的微控器技术,实现报警浓度的设置与显示,对粉尘浓度传感器的自动校正和修改控制,粉尘浓度的数据上传以及喷雾系统的智能化自动控制等功能。该模块不仅实现各种信号的采集、处理和控制功能,而且提供了现场显示粉尘数据的功能,可循环显示从现场采集到的数据,为现场监测人员提供了方便。

c. 数据传输模块。

该模块主要以现有 KJ90NB 监测监控系统为平台,其主要由干线扩展器、区域控制器、接线盒、频率信号转换器和开关量输入信号转换器等组成。该模块实现粉尘数据的上传,各种传感器的开关量输入信号的传输,以及地面控制指令的传输功能。

d. 传感器模块。

该模块主要由粉尘浓度传感器、红外探测传感器、水流控制传感器以及自动喷雾系统等组成。粉尘浓度传感器采用先进的 ZLCCD1000 粉尘传感器,能够保证实现在线连续检测粉尘浓度,且测量准确、操作维护方便;红外探测传感器与自动喷雾系统结合,实现有人通过,喷雾系统自动停止喷雾;水流控制传感器用于判断喷雾系统电磁水阀是否打开或关闭,确保喷雾系统的正常工作。

② 主要经济技术指标

a. 测量范围为 $0.1 \sim 500 \text{ mg/m}^3$。

b. 传感器测量误差为 ≤12%。

c. 根据现场情况,通过大量试验确定粉尘浓度报警值并启动喷雾,且该值可调。

d. 在报警值基础上上调 5% 作为断电值。

e. 喷雾过程中,当有人经过时喷雾自动停止,人过后再自动喷雾。

f. 实现信息化数据处理、存储、显示、打印、报警等功能。

（3）系统中采用的粉尘浓度传感器

系统采用光散射式快速粉尘传感器,引入滑动加权平均算法进行采样,对采样信号利用线性拟合规则设计调整,并实现 K 值在线自动校正。系统具有良好的灵敏度和可靠性,可满足实时在线监测监控粉尘浓度的要求。

该传感器符合煤矿井下使用要求,具有防潮、防水功能;能够实现井下粉尘实时监测,并且操作简单,维护方便;粉尘监测范围为 $0.1 \sim 1 \ 000 \text{ mg/m}^3$;测量误差≤±12%。

（4）系统采用 CAN 总线

CAN 总线具有突出的可靠性、实时性和灵活性,传输距离可达 10 km。CAN 总线通过 CAN 控制器接口芯片的两个输出端 CANH 和 CANL 与物理总线相连,而 CANH 端的状态只能是高电平或悬浮状态,CANL 端只能是低电平或悬浮状态。CAN 节点在发生错误的情况下具有自动关闭输出功能,以使总线上其他节点的操作不受影响,从而保证不会出现像 RS-485 网络中因个别节点出现问题,使得总线处于"死锁"状态。为此,采用将RS-485 总线电平转换成为 CAN 总线电平,远端的网络分站再由 CAN 电平转换成 RS-485 总线电平,从而完成 RS-485 或 RS-232 信号的超远距离传输,选用美国微芯科技有限公司生产的 MCP2510。考虑到煤矿监控系统的实际,系统从井下到井上传输采用光纤技术。

（5）高性能微控器

微控器采用 STC89C52RC,将粉尘检测、红外探测、喷水控制、灯光语音提示、数据传输、数据显示功能集于一体,构成一套完整的实时粉尘在线监测监控系统。主要功能为可检测并显示 1 路粉尘信号;可接 2 路红外探测器;可控制 2 路电磁阀;可接 2 路水流开关输入信号;具有 RS-232、RS-485、CAN 总线接口,可以实现数据远传。

（6）系统的加密技术

模块核心控制硬件采用可加密微处理器,不仅系统结构紧凑、在线可编程,而且保密性好。为防止外界的干扰,从硬件上设置"看门狗"电路,避免程序进入死循环,可在较长的时间内能够保持技术的领先性和较好的经济效益。

（7）系统的抗干扰技术

考虑到系统工作在复杂环境中,设计电路拟采取多项抗干扰技术,包括滤波电路、光电耦合隔离电路、抗电源干扰变压器隔离电路、电磁屏蔽等技术。

粉尘在线实时监测与监控系统实现了煤矿井下粉尘在线连续监测与监控,具有井下粉尘浓度超标报警、自动净化水喷雾、远程监控等功能;实现了远距离的粉尘在线连续实时监测监控与信息管理,降低了工作面粉尘浓度;体现了工作面无尘化管理,对井下粉尘的综合治理,改善工作环境,减小职业危害具有重要的现实意义和社会效益。

思考题

1. 简述测尘与采样的目的。
2. 简述采样器的种类。
3. 简述测尘仪器的种类。
4. 简述滤膜测尘原理。
5. 简述光散射法原理。
6. 简述光吸收法原理。
7. 简述滤膜法测尘时规定了采样流量一般不小于 10 L/min,采样时间不大于 20 min 的原因。

第四节　粉尘粒度检测

【本节思维导图】

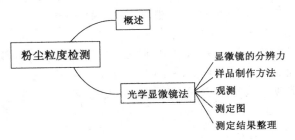

一、概述

粉尘的粒度分布状况,对劳动环境质量状态、正确选择防尘装备和措施,并检验其实际效果等方面,有着密切的联系。

粉尘粒径的测定,是测尘技术中的一个重要组成部分。测定粉尘粒径的方法很多,如表8-8所列。在防尘工作中采用较多的方法有:显微镜法、液相沉降法、气相离心沉降法等。各种粉尘都属于非球体,不同的测定方法之间(计重法和计数法)没有可比性,所以在给出粒径分布的同时,应说明采用的测定法。

表 8-8   粉尘粒径测定方法

类别	测定方法		测定范围/μm	粒径符号	分布基准	适用条件
显微镜法	电子显微镜		$0.001\sim0.5$	d_J	面积或个数	实验室
	光学显微镜		$0.5\sim100$	d_J	面积或个数	实验室
细孔通过法	电导法		$0.3\sim500$	d_v	体积	实验室
	光散射法		$0.5\sim10$ $2\sim9\,000$	d_v	个数	现场
沉降法	液体介质	粒径计法	<100	d_{st}	计重	实验室
		移液法	$0.5\sim60$	d_{st}	计重	实验室
	气体介质	重力	$1\sim100$	d_{st}	计重	实验室
		离心力	$1\sim70$	d_{st}	计重	实验室 现 场
		惯性力	$0.3\sim20$	d_{st}	计重	现 场
超细粉尘分级	扩散法		$0.01\sim2$	d_{st}	个数	现 场

在我国的防尘工作中,采用较多的方法是显微镜法、液相沉降法、气相离心分离法,下面重点介绍光学显微镜法。

二、光学显微镜法

利用光学显微镜直接测出粉尘的尺寸和形状,是常用的一种方法,尤其配合滤膜采样,更为方便。

1. 显微镜的分辨力

正常人眼睛的明视距离为 25 cm,在较好的照明条件下,视角极限分辨角约 1′,故正常人眼的分辨力为 73 μm(即半径为 250 mm,角度为 1′ 的弧长为:$0.000\,291\times250=0.073$ mm),即在明视距离处,相距 73 μm 的两个小点,不会误认为一个点。

显微镜的放大作用,即是增大视角,显微镜的放大倍数指的是长度,而不是面积,是由物镜的放大倍数和目镜的放大倍数的乘积得出,但也不能无限制地增大放大倍数。

显微镜的分辨力是由物镜的分辨力决定(第一次放大),而物镜的分辨力又由它的数值孔径和照明光线的波长两个参数决定的。物镜的数值孔径 $N\cdot A$ 为

$$N\cdot A = n\cdot\sin\frac{\alpha}{2}$$

(8-26)

式中　n——物镜与标本之间介质的折射率,空气 $n=1$,水 $n=$1.33,香柏油 $n=1.515$;

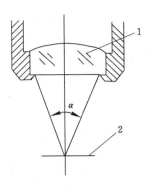

图 8-21　物镜
1——物镜;2——标本面

　　α——物镜镜口角,如图 8-21 所示,$\alpha<180°$,$\sin\dfrac{\alpha}{2}<1$。

　　干物镜的数值孔径为 $0.05\sim0.95$;水浸物镜的数值孔径为$0.1\sim1.25$;油浸物镜的数值孔径可达 1.5。

　　一般物镜上标有如 10/0.25、160/0.17 字样,其中 10 为放大倍数,0.25 表示数值孔径,160 表示镜筒长度(mm),0.17 为盖玻璃片厚度(mm)。

　　用普通光线,中央照明,显微镜分辨距离用下式表示

$$d=\frac{0.61\lambda}{N\cdot A} \qquad (8-27)$$

式中　d——物镜分辨距离,μm;

　　λ——照明光线的波长,μm;

　　$N\cdot A$——物镜的数值孔径。

　　照明用可见光的波长范围为 $0.4\sim0.7$ μm,若取其平均值为 0.55 μm,这是人眼最敏感的波长,如取油浸物镜的数值孔径为 1.25,则 $d\approx0.27$ μm,而一般用的干物镜为 $0.4\sim0.5$$\mu$m。常用的显微镜放大倍数为 $500\sim1\,000$。

　　2. 样品制作方法

　　为在显微镜下观测,需将试样粉尘均匀地分布于玻璃片上。样品的制作需细致,并注意样品的代表性。制作方法有三类:

　　(1)干式制样法

　　① 冲击采样法:利用打气唧筒把一定量的含尘空气经窄缝高速冲击于玻璃片,使沉积其上,为防止粉尘逸散,常涂一薄层黏性油于玻璃片上。此法可直接从空气中取样。

　　② 干式分散法:将已制备好的试样,用毛笔类笔尖,将试样黏附后,轻轻地均弹落在玻璃片上,为防止飞扬,玻璃片上涂一薄层黏性油。

　　(2)湿式制样法

　　① 滤膜涂片法:将取样后的滤膜放于磁坩埚或其他小器皿中,加 $1\sim2$ mL 醋酸丁酯溶剂,使滤膜溶解并搅拌均匀,然后取一滴加在盖玻璃片上的一端,再用另一玻璃片推片制成样品,一分钟后,形成透明薄膜,即可观测。这种方法操作简单,适于滤膜测尘,样品可长期保存。

　　② 滤膜透明法:将采样后的滤膜,受尘面向下平铺于盖玻璃片上,然后在样品中心部位滴一小滴二甲苯,二甲苯向周围扩散并使滤膜成透明薄膜,数分钟后即可观测,若滤膜积尘过多时,不便观测。

　　(3)切片法:将已制备好的试样,分散于树脂中,固结后切成薄片进行观测。

　　3. 观测

　　(1)显微镜放大倍数的选择:粉尘的粒径分布若范围较窄,可用一个放大倍数观测,一般选用物镜的放大倍数为 40 倍,目镜放大倍数为 $10\sim15$ 倍,总放大倍数 $400\sim600$ 倍。对微细粉尘可用更高的放大倍数。

（2）目镜测微尺的标定：目镜测微尺如图 8-22 所示，是一线状分度尺，它放在目镜镜筒中，用以量度尘粒尺寸。但其每一分格所表示尺寸与所选放大倍数有关，故使用前要用标准尺（物镜测微尺）标定。

物镜测微尺是一标准尺度，每一小刻度为 10 μm，如图 8-23 所示。

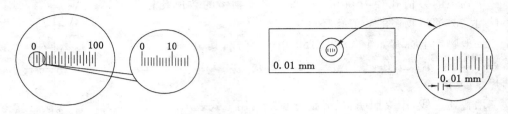

图 8-22　目镜测微尺 　　　　　　　　　　　图 8-23　物镜测微尺

标定时，将物镜测微尺放在显微镜载物台上（相当于粉尘试样），选好目镜并装好目镜测微尺。先用低倍物镜，将物镜测微尺调到视野正中，然后换所选用的物镜，调好焦距。操作时要注意先将物镜调至低处，注意观察不要碰到测微尺，然后目视目镜，慢慢向上调整，直至物象清晰。

缓慢调整载物台，使物镜测微尺的刻度与目镜测微尺的刻度的一端对齐（或某一刻度互相对齐），再找出另一互相对齐的刻度线。因物镜的分度是绝对长度 10 μm，据此计算出目镜测微尺一个刻度所度量的尺寸。如图 8-24 所示，两测微尺的 0 点相对，另一侧目镜尺的 32 与物镜尺的 14 对齐，则目镜测微尺每一刻度的度量长度为：$\dfrac{10\times14}{32}=4.4\ \mu$m。

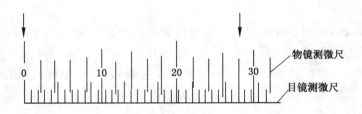

图 8-24　目镜测微尺标定示意图

若要更换物镜或目镜时，要重新标定。

4. 测定图

将准备好的样品放于载物台上进行观测，用目镜测微尺度量尘粒大小，一般取定向径。观测方法常用的有两种：一是在一固定视野内测量所有尘粒，尘粒过密时容易混杂；另一种是以目镜刻度尺为基准，凡是在刻度尺范围内的即计测，然后向一个方向移动样品，继续计测，如图 8-25 所示。

度量粒径可按分散度划分的粒级范围计数。观测时对尘粒不应有选择，每一样品计测 200 粒以上。可用血球计数器分挡计数，较为方便。

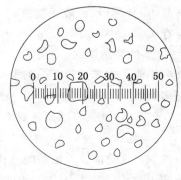

图 8-25　粒径测定示意图

5. 测定结果整理

根据测定要求划分出分散度的粒级范围,一般划分为:<2 μm,2~5 μm,5~10 μm,10~20 μm,>20 μm,每一粒级范围取其平均值为该粒级的代表粒径。<2 μm 粒级,因为一般显微镜最小观测到 0.5 μm,其代表粒径按 1.25 μm 计算;>20 μm 粒级,如数量很少,即不再划分,并取 20 μm 作为代表粒径或按实际平均粒径计。根据需要,计算出数量分散度(P_n),重量分散度(P_w)、重量累积分布(R)等。整理计算方法如表 8-9 所列。

表 8-9　　　　　　　　　　粉尘分散度整理计算示例

序号	内容	<2 μm	2~5 μm	5~10 μm	10~20 μm	>20 μm	$\sum$
1	计测粒数 n	240	42	15	2	1	300
2	数量分散度 $n/\sum n$ /%	80	14	5	0.7	0.3	100
3	代表粒径 d/μm	1.25	3.5	7.5	15	20	
4	当量重 nd^3	469	1 800	6 328	6 750	8 000	23 347
5	重量分散度 $nd^3/\sum md^3$	2	7.7	27	29	34.3	100
6	重量累计 $\sum nd^3$	233 470	22 874	21 078	14 750	8 000	
7	重量累积分布 R/%	100	98	90.3	63.3	34.3	

思考题

1. 防尘工作中常使用的方法有哪些?
2. 利用光学显微镜法如何制作样品?
3. 简述光学显微镜法进行粒度检测的原理。

第五节　游离二氧化硅含量检测

【本节思维导图】

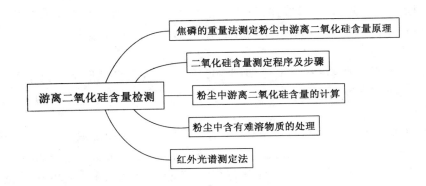

游离二氧化硅是指没有与金属及金属氧化物结合的二氧化硅,常以结晶形态存在,化学分子式为 SiO_2。测定粉尘中游离二氧化硅含量的目的是了解粉尘的化学性质,评价各种粉尘对人体健康的危害。目前国家标准 GBZ/T 192.4—2007 规定游离二氧化硅的测定方法为焦磷酸重量法。

一、焦磷酸的重量法测定粉尘中游离二氧化硅含量原理

1. 原理

在 245～250 ℃的温度下,焦磷酸能溶解硅酸盐及金属氧化物,而对游离二氧化硅几乎不溶。因此,用焦磷酸处理样品后,所得残渣质量即为游离二氧化硅的量,以百分数表示。

2. 器材与试剂

① 锥形烧瓶(50 mL);② 量筒(25 mL);③ 烧杯(200～400 mL);④ 玻璃漏斗;⑤ 温度计(0～360 ℃);⑥ 电炉(可调);⑦ 高温电炉(附温度控制器);⑧ 瓷坩埚或铂坩埚(25 mL,带盖);⑨ 坩埚钳;⑩ 干燥器(内盛变色硅胶);⑪ 分析天平(感量为 0.000 1 g);⑫ 玛瑙研钵;⑬ 定量滤纸(慢速);⑭ pH 试纸;⑮ 焦磷酸(将 85%的磷酸加热到沸腾至 250 ℃不冒泡为止,放冷,贮存于试剂瓶中);⑯ 氢氟酸;⑰ 结晶硝酸铵;⑱ 盐酸。

以上试剂均为化学纯。

二、二氧化硅含量测定程序及步骤

1. 采样

采集工人经常工作地点呼吸带附近的悬浮粉尘。按滤膜直径为 75 mm 的采样方法以最大流量采集 0.2 g 左右的粉尘,或用其他合适的采样方法进行采样;当受采样条件限制时,可在其呼吸带高度采集沉降尘。

2. 分析

(1) 将采集的粉尘样品放在 105 ℃±3 ℃电热恒温干燥箱中烘干 2 h,稍冷,贮于干燥器中备用。如粉尘粒子较大,需用玛瑙研钵研细至手捻有滑感为止。

(2) 准确称取 0.1～0.2 g 粉尘样品于 50 mL 的锥形烧瓶中。

(3) 样品中若含有煤、其他碳素及有机物的粉尘时,应放在瓷坩埚中,在 800～900 ℃下灼烧 30 min 以上,使碳及有机物完全灰化,冷却后将残渣用焦磷酸洗入锥形烧瓶中,若含有硫化矿物(如黄铁矿、黄铜矿等),应加数毫克结晶硝酸铵于锥形烧瓶中。

(4) 用量筒取 15 mL 焦磷酸,倒于锥形烧瓶中,摇动,使样品全部湿润。

(5) 将锥形烧瓶置于可调电炉上,迅速加热到 245～250 ℃,保持 15 min,并用带有温度计的玻璃棒不断搅拌。

(6) 取下锥形烧瓶,在室温下冷却到 100～150 ℃,再将锥形烧瓶放于冷水中冷却到 40～50 ℃,在冷却过程中,加 50～80 ℃的蒸馏水稀释到 40～45 mL,稀释时一边加水,一边用力搅拌混匀。

(7) 将锥形烧瓶内容物小心移于烧杯中,再用热蒸馏水冲洗温度计、玻璃棒及锥形烧瓶。把冲洗液一起倒于烧杯中,并加蒸馏水稀释至 150～200 mL,用玻璃棒搅匀。

(8) 将烧杯放在电炉上煮沸内容物,趁热用无灰滤纸过滤(滤液中有尘粒时,需加纸

浆),滤液勿倒太满,一般约在滤纸的 2/3 处。

（9）过滤后,用 0.1 mol/L 盐酸洗涤杯移于漏斗中,并将滤纸上的沉渣冲洗 3～5 次,再用热蒸馏水洗至无酸性反应为止(可用 pH 试纸检验);如用铂坩埚时,要洗至无磷酸根反应后再洗 3 次。上述过程应在当天完成。

（10）将带有沉渣的滤纸折叠数次,放于恒重的瓷坩埚中,在 80 ℃ 的烘箱中烘干,再放在电炉上低温灰化。灰化时要加盖并稍留一小缝隙,然后放入高温电炉(800～900 ℃)中灼烧 30 min,取出瓷坩埚,在室温下稍冷后,再放入干燥器中冷却 1 h,称至恒重并记录。

三、粉尘中游离二氧化硅含量的计算

$$SiO_2(F)\% = \frac{m_2 - m_1}{G} \times 100 \tag{8-28}$$

式中　$SiO_2(F)$——游离二氧化硅的含量,%;

m_1——坩埚质量,g;

m_2——坩埚加沉渣质量,g;

G——粉尘样品质量,g。

四、粉尘中含有难溶物质的处理

（1）当粉尘样品中含有难以被焦磷酸溶解的物质时(如碳化硅、绿柱石、电气石、黄玉等),则需用氢氟酸在铂坩埚中处理。

（2）向铂坩埚内加入数滴 1:1 硫酸,使沉渣全部湿润。然后再加 40% 的氢氟酸 5～10 mL(在通风柜内进行),稍加热,使沉渣中游离二氧化硅溶解,继续加热蒸发至不冒白烟为止(防止沸腾),再在 900 ℃ 温度下灼烧,称至恒量。

（3）处理难溶物质后游离二氧化硅含量的计算:

$$SiO_2(F)\% = \frac{m_2 - m_3}{G} \times 100 \tag{8-29}$$

式中　m_3——经氢氟酸处理后坩埚加沉渣质量,g。

五、红外光谱测定法

红外吸收波谱是电磁辐射的一种。按红外波长的不同,可以分为 3 个区域:近红外区,其波长在 0.77～2.5 μm;中红外区,其波长在 2.5～25 μm;远红外区,其波长在 25～1 000 μm。红外光谱分析主要是应用中红外光谱区域。物质的分子是由原子或原子团组成的,在一个含有多原子的分子内,其原子的阶跃能级具有该分子的特征频率。如果具有相同振动频率的红外通过分子时,将会激发该分子的振动转动能级由基态能量跃迁到激发态,从而引起特征红外吸收谱带,其特征性吸收谱带强度与该化合物的质量在一定范围内呈正相关,符合比尔·朗伯特定律,此即红外光谱的定量分析。生产性粉尘中常见 α-石英,α-石英在红外光谱中于 12.5(800 cm⁻¹)、12.8(780 cm⁻¹)及 14.4(695 cm⁻¹)处出现特异性的吸收谱带,在一定的范围内其吸光度值与 α-石英质量呈线性关系。

红外光谱法的核心仪器为红外分光光度计。图 8-26 为典型的红外分光光度计结构示

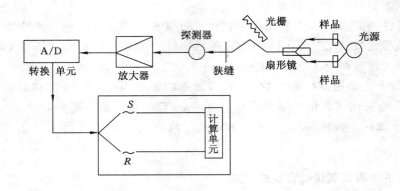

图 8-26 红外分光光度计基本结构示意图

意图,由光源发出的光(碳化硅棒)被分为对称的 2 束,一束通过样品,称为样品光(S);另一束作为基准用,称为参比光(R)。这两束光通过样品室进入光度计后,被一个以 10 r/s 旋转的扇形镜所调制,形成交变光信号,然后合为一路,并交替地通过入射狭缝而进入单色器中。在单色器中,离轴抛物镜将来自入射狭缝的光束转变为平行光投射在光栅上,经光栅色散并通过出射狭缝之后,被滤光片滤出高级次光谱,再经椭球而聚焦在探测器的接收面上。探测器将上述的交变光信号转换为相应的电信号,经过放大器进行电压放大后,馈入转换单元,将放大电信号转换为相应的数字量,然后进入数据处理系统的计算单元中去。在计算单元中,运用同步分离单元原理,将被测信号中的基频分量($R-S$)和倍频分量($R+S$)分离开来,再通过解联立方程求出 R 和 S 的值,最后再求出 S/R 的比值。这个比值表示被测样品在某一固定波数位置的透过率值,可以通过仪器的终端显示器显示出来,也可以运用终端绘图打印出来。当仪器从高波数至低波数进行扫描时,就可连续显示或记录被测样品的红外吸收光谱。

红外光谱法测定游离 SiO_2 时,应先按如下方法制备石英标准曲线:将不同质量的标准石英锭片置于样品室光路中进行波数扫描,根据红外光谱 $600 \sim 900 \ cm^{-1}$ 区域内游离 SiO_2 具有 3 个特征吸收带的特点,以 $800 \ cm^{-1}$、$780 \ cm^{-1}$、$695 \ cm^{-1}$ 三处吸收光度值为纵坐标,石英质量为横坐标,绘制出 3 条不同波数的石英标准曲线。制备标准曲线时,每条曲线有 6 个以上的质量点,每个质量点不应少于 3 个平行样品,并求出标准曲线回归方程。在无干扰的情况下,一般选用 $800 \ cm^{-1}$ 标准曲线进行定量分析,然后根据实测的粉尘样品的吸收光度值,查得 SiO_2 含量。

思考题

1. 简述焦磷酸重量法测定粉尘中游离二氧化硅含量的原理。
2. 如何处理粉尘中含有的难溶物质?
3. 简述红外光谱法的步骤。

第六节 粉尘爆炸性检测

【本节思维导图】

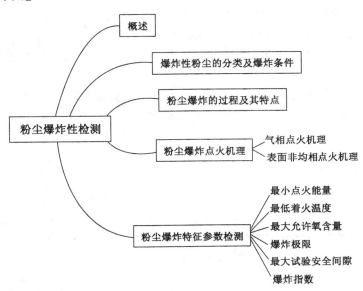

一、概述

说起粉尘爆炸,大多数人们可能常常想到炸药、煤尘、硫黄等粉尘的爆炸。其实,能够引起爆炸的粉尘种类很多,烟花爆竹的爆炸就是一种典型的粉尘爆炸。

第一次有记载的粉尘爆炸发生在 1785 年意大利的一个面粉厂,至今已有 200 多年。随着工业现代化的发展,粉尘爆炸源越来越多,粉尘爆炸的危险性和事故数量也有所增加。近二十多年来,随着经济的发展和生产规模的扩大,我国粉尘爆炸事故屡有发生。其中 2014年 8 月 2 日上午 7 时 37 分许,江苏昆山市开发区中荣金属制品有限公司汽车轮毂抛光车间在生产过程中发生金属粉尘爆炸,共造成 75 人死亡,185 人受伤。从 20 世纪 80 年代开始,煤炭科学研究总院重庆分院等单位对我国煤尘爆炸事故的防范进行了系统的研究,煤炭行业也相继出台了煤尘鉴定、防爆、抑爆标准,近十年来,煤尘爆炸事故大幅度减少。

二、爆炸性粉尘的分类及爆炸条件

悬浮在空气中的某些粉尘达到一定浓度时,若在高温、明火、电火花、静电、撞击等条件下能引起爆炸,则称这类粉尘为爆炸性粉尘。爆炸性粉尘按其种类可分为:

(1)火炸药类:火药、炸药、起爆药和其他爆炸物质的粉尘;

(2)金属粉尘类:如镁、铝及其合金,钛、钨、铁、硅铁等粉尘;

(3)农林产品类:谷物、糖、巧克力粉、木粉、亚麻、面粉粉尘等;

(4)树脂类及其原料:乙基纤维素、环氧树脂、橡胶、人造丝的纤维尘;

(5)矿物及其他:煤尘、硫黄粉尘等。

而爆炸性粉尘要发生爆炸,还必须满足一定的外部条件:

（1）要有一定的粉尘浓度。粉尘爆炸所采用的化学计量浓度单位与气体爆炸不同，气体爆炸采用体积百分数表示，而粉尘浓度采用单位体积所含粉尘粒子的质量来表示，单位是 g/m^3 或 mg/L，如浓度太低，粉尘粒子间距过大，火焰难以传播。

（2）要有一定的氧含量。一定的氧含量是粉尘得以燃烧的基础。

（3）要有足够的点火源。粉尘爆炸所需的最小点火能量比气体爆炸大 1～2 个数量级，大多数粉尘云最小点火能量在 5～50 MJ 量级范围。

（4）粉尘必须处于悬浮状态，即粉尘云状态。这样可以增加气固接触面积，加快反应速度。

（5）粉尘云要处在相对封闭的空间，压力和温度才能急剧升高，继而发生爆炸。

上述条件中，前 3 个条件是必要条件，即所谓的粉尘爆炸"三要素"，后 2 个条件是充分条件。

三、粉尘爆炸的过程及其特点

粉尘爆炸过程可简单以图 8-27 来描述：

一般认为，粉尘爆炸可概括为下列几个过程：

（1）供给粒子表面以热能，使其温度上升。

（2）粒子表面的分子由于热分解或干馏作用，变为气体分布在粒子周围。

（3）气体与空气混合生成爆炸性混合气体，进而发火产生火焰。

（4）火焰产生热能，加速粉尘分解，循环往复放出气相的可燃性物质与空气混合，进一步发火传播。

因此，粉尘爆炸时的氧化反应主要是在气相内进行的，实质上是气体爆炸，并且氧化放热速率要受到质量传递的制约，即颗粒表面氧化物气体要向外界扩散，外界氧也要向颗粒表面扩散，这个速度比颗粒表面氧化速度小得多，就形成控制环节。所以，实际氧化反应放热消耗颗粒的速率，最大等于传质速率。

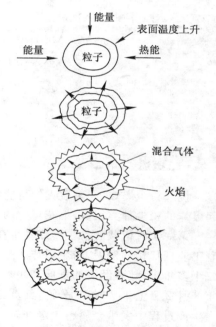

图 8-27　粉尘爆炸过程

粉尘爆炸的特点可归纳为以下几点：

（1）燃烧速度或爆炸压力上升速度比气体爆炸要小，但燃烧时间长，产生的能量大，所以破坏和焚烧程度大。

（2）发生爆炸时，有燃烧粒子飞出，如果飞到可燃物或人体上，会使可燃物局部严重炭化和人体严重烧伤。

（3）如图 8-28 所示，静止堆积的粉尘被风吹起悬浮在空气中时，如果有点燃源就会发生第一次爆炸。爆炸产生的冲击波又使其他堆积的粉尘扬起，而飞散的火花和辐射热可提供点火源又引起第二次爆炸，最后使整个粉尘存在场所受到爆炸破坏。

（4）即使参与爆炸的粉尘量很小，但由于伴随有不完全燃烧，故燃烧气体中含有大量的 CO，所以会引起中毒。在煤矿中因煤粉爆炸而身亡的人员中，有一大半是由于 CO 中毒所致。

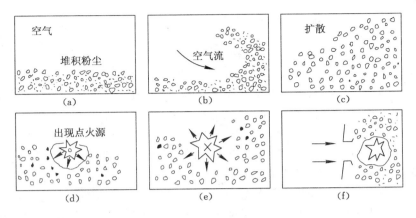

图 8-28　粉尘爆炸的扩展

四、粉尘爆炸点火机理

关于粉尘颗粒的点火机理,目前主要存在两种观点:气相点火机理和表面非均相点火机理。一般认为,点火能量较弱的情况下,在爆炸初始阶段或爆炸空间尺寸较小时,火焰的传播形式是爆燃波,主要受热辐射和湍流作用机理控制;当点火能量较强时,大尺寸空间或长管道中的火焰传播,主要受对流换热和冲击波绝热压缩机理控制,火焰传播速度不断增加,甚至可能由爆燃发展成为爆轰。

1. 气相点火机理

该理论认为,粉尘点火过程分为颗粒受热温度升高、颗粒发生热分解反应以及分解产生气体与空气混合形成易爆混合气体并引发反应放出热量、燃烧 3 个阶段。首先,粉尘颗粒通过热辐射、热对流和热传导等方式从外界获取能量,使颗粒表面温度迅速升高;当温度升高到一定值后,颗粒迅速发生热分解或汽化形成气体;这些热分解或蒸发气体与空气混合形成爆炸性气体混合物,发生气相反应,释放出化学反应热,并使相邻粉尘颗粒发生升温、汽化和点火。

2. 表面非均相点火机理

表面非均相点火机理认为粉尘点火过程也分 3 个阶段。首先,颗粒表面与氧气接触,发生化学反应,释放的反应热使颗粒点燃,发生表面点火;而后粉尘颗粒大量逸出的挥发分在粉尘颗粒周围形成气相层,阻止了氧气继续向颗粒表面扩散;最后阶段是挥发分点火,氧气得以继续向颗粒表面扩散,促使粉尘颗粒重新燃烧。可以看出,表面非均相点火过程中氧分子必须先通过扩散作用到达颗粒表面,发生氧化反应,反应产物离开颗粒表面扩散到周围环境中去。

对于特定的粉尘-空气混合物,究竟是气相点火机理还是表面非均相点火机理起作用,至今仍未能形成一致的理论。一般认为,加速速率快慢以 100 ℃/s 为界,颗粒大小以 100 μm 为界,对于大颗粒粉尘,加热速度较慢则以气相反应为主;对于加热速度较快的小颗粒粉尘以表面非均相反应为主。

五、粉尘爆炸特征参数检测

描述粉尘-空气混合物爆炸的特征参数可分为两方面,一方面是粉尘点火特征参数,包括最低着火温度、最小点火能量、最大允许氧含量、粉尘比电阻、爆炸下限等,这些参数值越小,表明粉尘云爆炸越易发生;另一方面是粉尘爆炸效应参数,包括最大爆炸压力 p_{max}、最大压力上升速率 $(dp/dt)_{max}$ 和爆炸指数 K_{max} 等,这些参数值越大,表明粉尘爆炸强度越高。

1. 最小点火能量

根据 IEC31H《粉尘/空气混合物最小点火能量测定》规定,粉尘云最小点火能量是指在标准测试装置中能够点燃粉尘云并维持火焰自行传播所需的最小能量。其大小与粉尘的物理化学性质相关,包括粉尘浓度、粒径及分布、温度以及粉尘的化学性质等。

粉尘云的最小点火能量是用已知能量的电容器放电来测定的。以放电火花击穿 Hartmanm(哈特曼)管中的粉尘云,而粉尘点火与否,则根据火焰是否能自行传播来判定,一般要求火焰传播至少 10 cm 以上。确定最小点火能量的方法是依次降低火花能量,如在连续 10 次相同实验中无一次发火,则此时的火花能量定为该粉尘云的最小点火能量。Hartmanm 管测试装置示如图 8-29 所示。

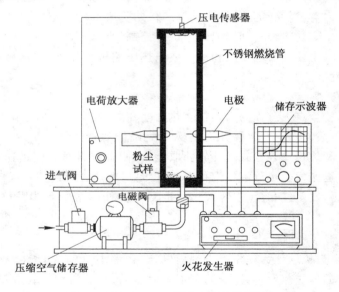

图 8-29　Hartmanm 管试验装置示意图

2. 最低着火温度

粉尘最低着火温度(MIT)包括粉尘层最低着火温度(MITL)和粉尘云最低着火温度(MITC)两方面。根据 IEC31H《粉尘最低着火温度测试方法:恒温表面上粉尘层》规定:粉尘层最低着火温度是指特定表面上一定厚度粉尘层能发生着火的最低热表面温度,而粉尘云最低着火温度指粉尘云通过特定加热炉管时,能发生着火最低炉管内壁温度。粉尘最低着火温度参数是防爆电器设计与选型的重要设计依据之一。

粉尘云和粉尘层的点火温度都是在 Godbert-Greenwald 炉中测定的,该装置如图 8-30 所示。

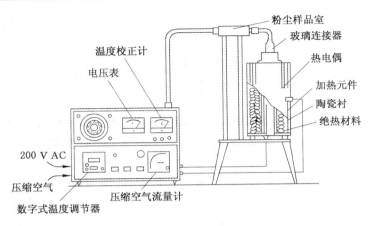

图 8-30　G-G 炉示意图

炉核是一根直径 36.5 mm、长 229 mm 的管子,管子用电加热。测定粉尘云点火温度时,将室温的粉尘喷入加热后的炉核,炉核温度用热电偶测定,温度可任意调节。测定粉尘层点火温度时,粉尘放在直径 25.4 mm、深 12.7 mm 的容器中,再将其置于炉中段。从数控温度-时间记录中可以定出爆炸点温度。

3. 最大允许氧含量

最大允许氧含量(LOC)是指粉尘-空气混合物不会爆炸的最低氧气浓度。随氧气含量的减小粉尘爆炸强烈程度下降,如果氧气浓度不足以维持粉尘爆炸火焰的自行传播,就不会发生粉尘爆炸事故。就其本质而言,最大允许氧含量是粉尘爆炸上限浓度的另一种说法。最大允许氧含量是粉尘爆炸预防和控制的重要依据之一。

4. 爆炸极限

粉尘和空气的混合物只有在一定的浓度范围内才会发生爆炸,在一定的测试条件下能引燃,且能维持火焰传播的最低粉尘浓度,称为爆炸下限;若粉尘浓度超过某一值便失去爆炸性,则这一粉尘浓度值称为爆炸上限。粉尘的爆炸极限受到粉尘本身物理化学性质的影响,包括粉体粒径、湿度、形状以及化学成分等。一般可燃粉尘爆炸下限在 $15\sim60$ g/m³ 范围,爆炸上限在 $2\sim6$ kg/m³ 范围。

爆炸下限浓度也是在 Hartmanm 管中进行测定的。测定时,将一定量的试验粉尘用蘑菇头喷嘴喷出的压缩空气将其吹起,使其均匀悬浮在整个管中,在喷粉后延迟零点几秒后由连续的电火花放电点火。点火与否的判据与上述点火温度测量相同,一般是根据火焰是否充满容器来判定,也可以根据封在顶部的纸膜突然破裂来判别。粉尘在容器中虽然是不均匀的,但这种实验装置所测得的值和大规模试验所获得的结果颇为一致。

5. 最大试验安全间隙

最大试验安全间隙(MESG)的定义是在特定试验条件下,点燃壳体内所有浓度范围的可燃粉尘/空气混合物后,通过 25 mm 长接合面时均不能点燃壳外同种粉尘/空气混合物时的外壳内腔与壳内两部分之间的最大间隙。

6. 爆炸指数

根据《空气中可燃粉尘爆炸参数测定》(ISO 6184—85)规定:在标准测试方法下,测得可燃粉尘/空气混合物每次试验的最大爆炸超压称为爆炸指数 p_m,测得爆炸压力-时间曲线上升段上的最大斜率称为爆炸指数$(\mathrm{d}p/\mathrm{d}t)_\mathrm{m}$,并定义$(\mathrm{d}p/\mathrm{d}t)_\mathrm{m}$与爆炸容器容积$V$立方根乘积为爆炸指数$K_\mathrm{st}$,即

$$K_\mathrm{st} = (\mathrm{d}p/\mathrm{d}t)V^{1/3}$$

在可燃粉尘/空气混合物所有浓度范围内,所测p_m,$(\mathrm{d}p/\mathrm{d}t)_\mathrm{m}$,$K_\mathrm{st}$之中最大者分别称为爆炸指数$p_\mathrm{max}$(最大爆炸压力)、$(\mathrm{d}p/\mathrm{d}t)_\mathrm{max}$(最大爆炸压力上升速率)和$K_\mathrm{max}$。

因此,相互比较压力上升速度数据时,必须说明试验容器的体积,未说明容器体积的压力上升速度数据是没有意义的,只有在事先规定好爆炸容器容积的前提下,进行煤尘爆炸压力上升速率的讨论才是有实际意义的。

Hartmanm 管不太适合用来测量爆炸威力参数(最大压力和最大压力上升速度),原因是因为它的爆炸室为管状结构,火焰很快接触冷管壁,会损失部分燃烧反应热。此外,它的点火方式和点火位置也都不利于爆炸过程的迅速成长。因此,Hartmanm 管实际测得的爆炸威力(K_m值)较低,不适于作为设计防爆措施的参考数据。在较小试验容器里测得的煤尘云爆炸特性值K_m值,并不能很好地说明大容器中爆炸时观察到的真实破坏情况,所以目前测量爆炸威力参数的试验装置正朝着大型化的方向发展。

在球形试验装置中进行的系统性煤尘爆炸试验表明,随着容器体积的增加,测得的爆炸特性值也越接近于大型容器的数值(见图 8-31),因而还存在一个与极限值相应的容器体积,超过此体积时,爆炸强度不再增加。从试验数据外推估算可知,测定煤尘爆炸特性值所需要的最小容积为 16 L。目前,国际上普遍使用 20 L 容器来测定煤尘爆炸基本参数。大量试验证实,以 20 L 容器所测得的爆炸特性值与用容器所测得的结果基本相同(见图 8-32)。

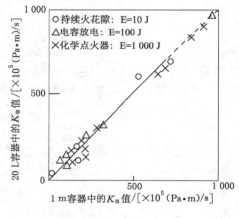

图 8-31　1 m 容器中的 K_m 值

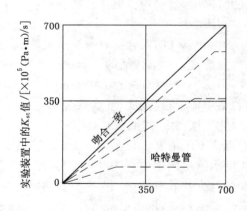

图 8-32　20 L 和 1 m³ 容器中测得的 K_st 值比较

20 L 粉尘爆炸试验设备如图 8-33 所示,其主体为一球形试验腔,腔体由两层不锈钢板加工而成,夹层可以通冷却水冷却。底部有粉尘入口,侧向有压缩空气或氧入口。球顶部为点火用的电极,侧向还有一个观察窗口。仪器有一个控制单元,可控制球内压力、真空度,以及从吹尘到点火的时间,以使点火发生在粉尘最佳分散状态。

压力传感器的信号输入到数字示波仪或数字波形存储仪,也可输入微机,记录并处理信号。大多数试验都是用压缩空气来分散粉尘的。这种分散粉尘引入了空气,并产生湍流,增

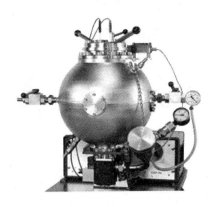

图 8-33　20 L 粉尘爆炸试验装置

加压力和压力上升速率,增加燃烧所需氧量。而空气压力越高,最大压力和压力上升速率也越高。所以对同一种材料,不同的分散系统可导致不同的压力和压力上升速率。

从试验结果来看,点火温度和爆炸下限浓度的测量比较稳定,重复性较好。但最小点火能量、最大爆炸压力及压力上升速率测定的重复性不很理想,其中以压力上升速率值的偏差最大(这是因为设备中很难得到均匀和重复的粉尘分布)。

思考题

1. 爆炸性粉尘的爆炸条件有哪些?
2. 简述粉尘爆炸的特点。
3. 简述粉尘爆炸的机理及过程。
4. 粉尘爆炸特征参数具体有哪些?

第九章 煤自燃检测

☞ **教学目的**

让学生了解煤自燃基本概念和特性,并掌握煤自燃倾向性、煤自然发火期、煤自燃标志性气体及采空区煤自燃"三带"检测技术。

☞ **教学重点**

1. 掌握煤自燃的机理、过程及影响因素;

2. 熟悉煤自燃倾向性检测的方法、煤自然发火期检测方法及煤炭氧化自燃指标气体检测方法;

3. 掌握工作面采空区"三带"的划分方法,并学会测试工作面自燃"三带"的方法。

☞ **教学难点**

煤自燃倾向性、煤自然发火期、煤自燃标志性气体及采空区煤自燃"三带"检测技术。

煤自燃是煤矿生产中的主要自然灾害之一。自 17 世纪以来,人们就开始对煤的自燃现象进行研究,但至今还不能完全阐述清楚煤的自燃机理。尽管如此,人们仍在对煤的自燃机理孜孜探求。近些年来通过对煤自燃的宏观特性(氧化产热量、产物和耗氧量)与深入研究,对煤自燃的认识不断深入,总结出了一些检测煤自燃特性的方法和技术,对防治煤炭自燃有着十分重要的意义。本章将在介绍煤自燃基本概念和特性的基础上,详细介绍煤自燃倾向性、煤自然发火期、煤自燃标志性气体及采空区煤自燃"三带"检测技术。

第一节 煤自燃概述

【本节思维导图】

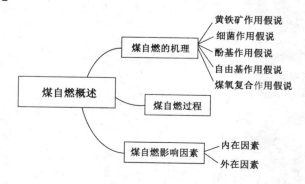

　　煤自燃是煤不经点燃而自行着火的现象,是有自燃倾向性的煤在遇到空气中的氧气时,进行氧化产生的热量大于向周围环境中散失的热量,发生了热量聚集,使煤温升高达到燃点而着火的过程。煤层露头、老窿以及煤堆,都是容易引起煤自燃的场所。煤的自燃不但浪费地下煤炭资源,而且影响煤矿生产和安全。从 17 世纪开始世界主要产煤国家都对其进行了研究,得到了大量研究成果。

一、煤自燃的机理

(一) 黄铁矿作用假说

　　黄铁矿作用假说认为煤的自燃是由于煤层中的黄铁矿(FeS_2)与空气中的水分和氧相互作用放出热量而引起的。早期,人们认为黄铁矿在空气中逐渐氧化而产生的热是煤炭自热的诱因,然而,现在已经确定煤中的黄铁矿促进含碳成分氧化的途径一方面是通过将煤分解成更小的碎片从而把更大的煤体表面积暴露到空气中,另一方面是通过自身氧化释放出的热量来提高煤温,从而使之氧化自热。此假说认为,煤炭自热是氧和水与煤中的黄铁矿按以下化学反应式作用生热的结果:

$$2FeS_2 + 7O_2 + 2H_2O \rightarrow 2FeSO_4 + 2H_2SO_4 + 25.7 \text{ kJ}$$

　　但是,黄铁矿导因说在煤炭自燃学说发展的过程中不断受到质疑,因为采煤的实践和科学研究都说明,发生自燃的煤炭并不都含有黄铁矿,不含黄铁矿的煤也会自燃。然而许多研究仍然说明,煤中含有黄铁矿,尤其是其量较大时,将有助于煤自燃过程的发展,它起着催化剂的作用。

(二) 细菌作用假说

　　该假说是由英国人帕特尔(Potter, M. C.)于 1927 年提出的,他认为在细菌的作用下,煤体发酵,放出一定热量,这些热量对煤的自燃起了决定性的作用。

　　1951 年波兰学者杜博依斯(Dubois, R.)等人在考查泥煤的自热与自燃时指出:当微生物极度增长时,通常发生伴有放热的生化反应,30 ℃以下是亲氧的真菌和放线菌起主导作用(使泥煤的自热提高到 60～70 ℃是由于放线菌作用的结果);60～65 ℃时,亲氧真菌死亡,嗜热细菌开始发展;72～75 ℃时,所有的生化过程均遭到破坏。为考察细菌作用学说的可靠性,英国学者温米尔(Winmill, T. F.)与格瑞哈姆(Graham, J. J.)曾将具有强自燃性的煤置于 100 ℃真空器里长达 20 h,在此条件下,所有细菌都已死亡,然而煤的自燃性并未减弱。因此,细菌作用假说未能得到广泛承认。

(三) 酚基作用假说

　　1940 年,苏联学者特龙诺夫(Б. В. Троиов)提出:煤的自热是由于煤体内不饱和的酚基化合物吸附空气中的氧,同时放出一定的热量所致。此假说的实质实际上是煤与氧的作用问题,因此,可认为是煤氧复合作用学说的补充。该学说的依据是:煤体中的酚基类最容易被氧化,不仅在纯氧中可被氧化,而且亦可与其他氧化剂发生作用。

　　该假说认为,煤分子中的芳香结构首先被氧化生成酚基,再经过醌基后,发生芳香环破裂,生成羧基。但理论上芳香结构氧化成酚基需要较为激烈的反应条件,如程序升温、化学氧化剂等,这就使得反应的中间产物和最终产物在成分上和数量上都可能与实际有较大的偏移,因此,酚基作用假说也未能得到广泛认可。

（四）自由基作用假说

煤是一种有机大分子物质，在外力（如地应力、采煤机的切割等）作用下煤体破碎，产生大量裂隙，必然导致煤分子的断裂。分子链断裂的本质就是链中共价键的断裂，从而产生大量自由基。自由基可存在于煤颗粒表面，也可存在于煤内部新生裂纹表面，为煤自然氧化创造了条件，引发煤的自燃。

该假说认为，煤中最初自由基的产生即链式反应的引发是由于机械力作用，然而实践证明在未受外力作用下，煤照样自燃。煤的自燃过程也表明，煤的自燃有较长的准备期，而自由基通常在快速的化学连锁反应中产生或需要新的能量的激发，自由基存活的时间也非常短，因此自由基还不能说明煤在低温氧化阶段的反应特性，其对煤自燃过程的影响还在进一步的研究中。

（五）煤氧复合作用假说

煤氧复合作用假说认为煤自燃的主要原因是煤与氧气之间的物理、化学复合作用的结果，其复合作用是指包括煤对氧的物理吸附、化学吸附和化学反应产生的热量导致煤的自燃。该假说已在实验室的实验及现场的实践中得到不同程度的证实，因此得到了国内外的广泛认可。

经过长期的研究，人们认识到煤氧复合过程是一个极其复杂的物理、化学过程。当煤表面暴露于空气中时，首先是煤粒表面对空气中氧的物理吸附，产生物理吸附热，同时煤中原生赋存的瓦斯气体组分释放，水分蒸发，产生瓦斯解析热和水分蒸发潜热。随着煤体温度的逐渐升高，物理吸附过渡到化学吸附，产生化学吸附热，化学吸附会自动加速成化学反应，并产生 CO、CO_2、H_2O 等产物，放出氧化反应热，并促使反应的进一步加速直至发生自燃。

煤自燃实质是煤体氧化放热和向环境散热这对矛盾运动的结果。当煤氧化放热量大于向环境的散热量时，煤体热量得以积聚，温度升高，最终导致自燃。随着科学研究手段越来越先进和对煤炭微观结构的不断深入了解，已认识到煤氧复合反应并非单纯的一种结构和一步反应，而是多种结构多步反应混杂进行。低温下煤氧复合的过程和产物非常复杂，所以很难用单纯的化学反应推算出煤氧化过程及其伴随的热效应。到目前尚没有根据低温下煤氧复合过程测算氧化产物及放热量的系统方法，还不能回答煤炭自燃过程中产生的 CO、CO_2、烷烃、烯烃、低级醇、醛等气体成分是如何生成的等一系列问题，因此煤氧复合作用还只是解释煤自燃的一种假说。尽管如此，该假说还是揭示了煤炭氧化生热的本质，成为指导人们防治煤炭自燃工作的重要依据。

二、煤自燃过程

煤炭自燃一般是指煤在常温环境下会与空气中的氧气通过物理吸附、化学吸附和氧化反应而产生微小热量，且在一定条件下氧化产热速率大于向环境的散热速率，产生热量积聚使得煤体温度缓慢而持续地上升，当达到煤的临界自热温度后，氧化升温速率加快，最后达到煤的着火点温度而燃烧起来，这样的现象和过程就是煤的自燃（或称之为煤的自然发火、煤矿的内因火灾）。

根据现有的研究成果，认为煤炭的氧化和自燃是基链反应，一般将煤炭自燃过程大体分为 3 个阶段：① 准备期；② 自热期；③ 燃烧期，如图 9-1 所示。

煤炭在其形成过程中,形成许多含氧游离基,如羟基(—OH)、羧基(—COOH)和羰基($\diagdown$ C ＝O)等等。当破碎的煤与空气接触时,煤从空气中吸附的 O_2 ,只能与这些游离基反应,并且生成更多的、稳定性不同的游离基。此阶段煤体温度的变化不明显,煤的氧化进程十分平稳缓慢,然而煤确实在发生变化,不仅煤的重量略有增加,着火点温度降低,而且氧化性被活化。由于煤的自燃需要热量的聚集,在该阶段因环境起始温度低,煤的氧化速度慢,产生的热量较小,

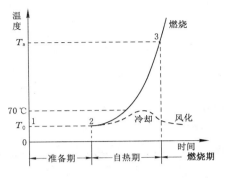

图 9-1　煤炭自燃过程(T_s 为着火点温度)

因此需要一个较长的蓄热过程,故这个阶段通常也称为煤的自燃准备期,它的长短取决于煤的自燃倾向性的强弱和外部条件。

经过这个准备期之后,煤的氧化速度增加,不稳定的氧化物分解成水(H_2O)、二氧化碳(CO_2)、一氧化碳(CO)。氧化产生的热量使煤温继续升高,超过煤自热的临界温度(一般为 $60\sim80$ ℃),煤温急剧加速上升,氧化进程加快,开始出现煤的干馏,产生芳香族的碳氢化合物(C_xH_y)、氢(H_2)、更多的一氧化碳(CO)等可燃气体,这个阶段为自热期。

临界温度也称自热温度(Self-heating temperature,SHT),是能使煤自发燃烧的最低温度。一旦达到了该温度点,煤氧化的产热与煤所在环境的散热就失去了平衡,即产热量将高于散热量,就会导致煤与环境温度的上升,从而加速了煤的氧化速度并又产生更多的热量,直至煤自燃起来。煤的自热温度与煤的产热能力和蓄热环境有关,对于具有相同产热能力的煤,煤的自热温度也是不同的,主要取决于煤所在的散热环境。如浮煤堆积量越大,散热环境越差,煤的最低自热温度就越低。因此应注意即使是同一种煤,其自热温度不是一个常量,受散热(蓄热)环境影响很大。

自热期的发展有可能使煤温上升到着火温度(T_s)而导致自燃。煤的着火点温度由于煤种不同而变化,无烟煤一般为 400 ℃,烟煤为 $320\sim380$ ℃,褐煤为 $270\sim350$ ℃。如果煤温根本不能上升到临界温度,或能上升到这一温度但由于外界条件的变化更适于热量散发而不是聚集,煤炭自燃过程自行放慢而进入冷却阶段,继续发展,便进入风化状态,使煤自燃倾向性能力降低而不易再次发生自热,如图 9-1 中虚线所示。

从煤的自燃过程可见,煤的自燃过程就是煤氧化产生的热量大于向环境散失的热量而导致煤体热量聚集,使煤的温度上升而达到着火点的过程。

三、煤自燃影响因素

(一) 内在因素

影响煤自燃的内在因素主要指煤本身的一些特性,如煤化程度、水分、煤岩成分、含硫量、煤的粒度和孔隙结构及煤层的瓦斯含量等。

1. 煤化程度

不同煤化程度煤的自燃倾向性发生规律性变化正是由于随着煤化程度的变化煤的分子结构发生规律性变化所致。随着煤化程度的增加,结构单元中芳香环数增加,使气态氧较活泼的侧链和含氧官能团减少甚至消失,煤的抗氧化作用的能力增加,难以自燃。一般来说,

煤的煤化程度愈低,挥发分就愈高,氢氧含量就愈大,其自燃危险性就愈大。

2. 水分

煤的含水量对其氧化进程的影响表现在两个方面。在煤炭自燃初始阶段,水分起到催化作用。在一定条件下,水分又可以起到阻化作用。

水分在煤炭自燃初始阶段起到一定的催化作用,当煤炭被水分润湿时,水分与煤体表面相互作用并释放出一定量的润湿热从而促进煤自燃初期的氧化。同时,当干煤炭被通以潮湿空气时,水蒸气在发热区周围产生凝结,放出汽化潜热,从而使煤堆及进入煤堆的空气加热,增加了煤温与环境的温度,从而加速了煤炭自燃的进程。

而煤层中水分含量增加到一定程度时,充满在煤中的水分由于具有极高的蒸气压力,将阻止空气中的氧到达煤表面,阻止了煤的氧化,同时煤的表面将形成含水液膜,可以起到阻化煤、氧接触,即起到隔氧阻化的作用,阻碍煤炭自燃。

3. 煤岩成分

不同的煤岩成分有着不同的氧化性,氧化趋势按下列顺序降低:镜煤、亮煤、暗煤、丝煤。在低温下,丝煤吸氧最多,最容易自燃,在常温条件下,丝煤是自燃中心,起着引火物的作用。但是,随着温度的升高,镜煤吸氧能力最强,其次是亮煤,暗煤最难于自燃。

4. 煤的含硫量

煤中的硫无疑会影响煤的自燃,硫氧化能力相对来说要比煤强,因此在其他成分相差无几的情况下,含硫多的煤在同样条件下易于氧化、易于自燃。但是煤中硫的含量不大(一般低于3%),对煤自燃的影响有限。

5. 煤的粒度与孔隙结构

完整的煤层和大块堆积的煤一般不会发生自燃,一旦受压破裂,呈破碎状态存在,煤才可能自然发火。这是因为氧气不能够进入完整煤层的煤体,大块的煤能够充分与氧接触的表面积有限,氧化产生的热量相对较小,不足以使煤块升温,并且由于大块煤堆积的大缝隙导致对流传热明显,热量不易于积聚。但是,当煤的粒度过于小时,氧气难以进入堆积的煤体内部,影响了煤的充分氧化。

孔隙越发育的煤,其内表面积越大,单位质量吸附氧气的能力越大,利于反应的进行,而且孔隙发育的煤的导热性也相对较差(孔隙中充满气体,气体导热性比无孔隙的实体煤差),因此,孔隙越发育的煤,往往越易于自燃,如褐煤。

6. 煤的瓦斯含量

煤与瓦斯在一般温度条件下不发生反应,从煤氧化角度来说,瓦斯相当于惰性气体。因此,瓦斯或者其他气体含量较高的煤,由于其内表面受到隔离(由于煤层中的瓦斯压力一般比大气压力高),氧气不易与煤表面发生接触,也就不易同煤进行复合,即使氧气能够达到煤体,瓦斯的稀释作用使氧气浓度降低,使煤氧发生反应的强度降低,产生热量的强度降低,煤发生自燃的危险性也相应减小。一般认为,当煤中残余瓦斯量大于5 m³/t时,煤往往难以自燃。但是随着瓦斯的放散,煤自燃性将会提高,自然发火的危险性同一般的煤也就没有区别了。因此,瓦斯含量也不应该作为煤层自燃危险性的判断标准。

(二)外在因素

煤自燃的外界因素主要是指煤层的地质赋存条件、采掘技术及通风管理等因素对煤自燃的影响。

1. 煤层地质赋存条件

煤层地质赋存条件主要是指煤层厚度、倾角、煤层埋藏深度、煤层的地质构造及围岩性质等。

（1）较厚的煤层总的来说是一个增大火灾危险性的因素。

（2）煤层倾角对煤炭自燃也有重要影响，开采急斜煤层比开采缓斜煤层易自燃。

（3）地质构造复杂的地区，包括断层、褶曲发育地带、岩浆入侵地带，自然发火次数要多于煤层层位规则之地。

（4）煤层顶板坚硬，煤柱易受压碎裂。坚硬顶板的采空区冒落充填不密实，冒落后有时还会形成与相邻正在回采的采区，甚至地面连通的裂隙，漏风无法杜绝，为自燃提供了条件，越容易发生煤自燃。

2. 采掘技术因素

采掘技术因素对自燃危险性的影响主要表现在采区回采速度、回采期、采空区丢煤量及其集中程度、顶板管理方法、煤柱及其破坏程度、采空区封闭难易等方面。

（1）采用丢煤愈多、浮煤越集中的采煤方法的煤层越易引起自燃。

（2）采用冒落法管理顶板的开采方法在采空区中遗留的碎煤一般都比其他方法多。由于顶板岩层的破坏，隔离采空区的工作比较困难，易于发生煤炭自燃。

（3）前进式开采程序比用后退式开采的漏风大，而且也使采空区内的遗煤受氧作用时间长，都为自燃创造了条件。因此，开采有自燃倾向性煤层的采区，一般都采用后退式回采程序。

（4）长壁式采煤法中留煤皮假顶，留刀柱支持顶板，以及回采率较低的水力采煤，也均不利于防止煤炭自燃。

（5）一个采区或工作面回采速度慢，回采时间长，使采空区遗煤经受氧的作用时间大大超过煤层的自然发火期，就难于控制自燃发生。

3. 通风管理因素

通风因素的影响主要表现在采空区、煤柱和煤壁裂隙漏风。如果漏风很小，供氧不足，则抑止煤炭自燃。如果漏风量大，大量带走煤氧化后产生的热量，则煤层也很难产生自燃。决定漏风大小的因素有矿井、采区的通风系统，采区和工作面的推进方向，开采与控顶方法等。一般后退式 U 形、W 形通风方式有利于防止煤炭自燃，Y 形和 Z 形通风方式易促进采空区煤炭自燃。

开采自燃煤层时，合理的通风系统可以大大减少或消除煤炭自然发火的供氧因素，无供氧蓄热条件，煤是不会发生自燃的。所谓合理的通风系统是指矿井通风网络结构简单，风网阻力适中，主要通风机与风网匹配，通风设施布置合理，通风压力分布适宜。

煤炭自燃主要决定于内因，即自燃倾向性，而煤层自然发火的危险性和发火期又受外因条件的严重影响。煤炭自燃的安全检测检验技术也是从这些方面入手的。

思考题

1. 关于煤自燃的机理有哪些假说？
2. 煤炭自燃的定义是什么？
3. 煤炭自燃的过程分为哪几个阶段？
4. 影响煤自燃的因素有哪些？

5. 简述由于采掘技术而引起煤自燃的原因。

第二节　煤自燃倾向性检测

【本节思维导图】

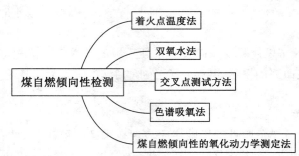

煤的自燃倾向性,即煤自燃难易程度,是煤低温氧化性的体现,是煤的内在属性之一。煤的自燃倾向性与煤的氧化能力和氧化过程释热强度有关。易于氧化且在氧化过程释放热量多的煤自燃倾向性就强,也就易于自燃。煤自燃倾向性仅仅是煤的氧化性和热释放强度的问题,与影响煤自燃的条件如聚热环境、风速、空气湿度和空气中的氧气浓度等都没有关系。同样的煤在某一种环境下可能比较容易自燃,而在另外一种环境下可能就不易自燃,但这不能说明该煤的自燃倾向性发生变化。

不同煤层、不同矿井的煤具有不同的煤自燃倾向性。煤自燃倾向性是煤矿防灭火等级划分的唯一依据,并且所有防灭火技术与措施都建立在煤自燃倾向性鉴定基础之上。《煤矿安全规程》规定,煤的自燃倾向性分为容易自燃、自燃和不易自燃三类;新建矿井的所有煤层的自燃倾向性由地质勘探部门提供煤样和资料,送国家授权单位作出鉴定。世界上主要产煤国家对煤自燃倾向性的鉴定工作均十分重视,并已开展了较深入的研究。澳大利亚、新西兰和英国等国的学者采用绝热温升速率、交叉点温度法研究了煤的自燃倾向性和自燃机理,建立了煤炭自燃的测定装置并取得了一系列的研究成果。现将国内外广泛采用的几种煤自燃倾向性鉴定方法介绍如下。

一、着火点温度法

煤经过氧化后(空气或者固体亚硝酸钠等氧化剂),其着火温度(着火点)会有不同程度的降低。在同一条件下,自燃倾向性大的煤,易于氧化,着火温度值降低的幅度较大,自燃倾向性小的煤,着火温度值降低较小。因此可以用氧化前后着火温度差 ΔT 作为表示煤的自燃倾向性的指标。

这种方法需测 3 种煤样(原煤样、还原煤样和氧化煤样)的着火温度,即 T_0、T_1 和 T_2,三种煤样(粒度在 0.15 mm 以下)的配制方法如下:

① 原煤样

煤样:亚硝酸钠($NaNO_2$)=1:0.75(质量比)。

② 还原煤样

煤样:亚硝酸钠:联苯胺($NH_2COH_4NH_2$)=1:0.75:0.25(质量比)。

③ 氧化煤样

取 1 g 煤样与浓度为 30% 的双氧水（H_2O_2）0.5 mL 混合密封，放置于暗处氧化 24 h，然后再暴露于空气中 2 h，使双氧水蒸发，最后放置于温度为 50 ℃ 的真空干燥箱内，经干燥后的煤样与亚硝酸钠按 1∶0.75（质量比）配制即得氧化煤样。

将配制好的 3 种煤样各取 2 份，每份为 0.175 g，分别装入 6 支试管中（直径 8 mm，长 100 mm），用如图 9-2 所示的测量装置进行测定。加热器直径 55 mm，高 100 mm，由铜质容器和加热炉构成。加热时通过调节变阻器使温度以 5 ℃/min 的速度上升。当试样发生爆炸反应时，记录其反应温度。计算还原煤样与氧化煤样的着火温度差值 $\Delta T = T_0 - T_2$，作为煤炭自燃倾向性的鉴定主指标，按此指标分类的情况如表 9-1 所示。

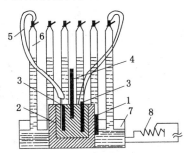

图 9-2　着火点测定煤炭自燃倾向性仪表简图

1——电炉；2——恒温圆柱体；3——煤样管；4——温度计；5——胶管；6——集气管；7——水槽；8——调温电阻器

表 9-1　　　　　　　　　　　　根据 ΔT 值对煤的自燃倾向性分类表

煤样名称	煤的自燃倾向性等级					煤的化学成分/%			
	着火温度 T_0/℃	ΔT/℃				V^r	C^r	O^r	W^f
		容易自燃的	自燃的	可能自燃的	不自燃的				
		Ⅰ	Ⅱ	Ⅲ	Ⅳ				
褐煤、长焰煤	<305	>20	>12	—	—	>42	<80	>12	>5
长焰煤、瓦斯煤	305～345	>40	25～40	12～25	<12	40～45	75～81	8～12	2～5
瓦斯煤、肥煤、炼焦煤	345～385	>50	35～50	20～35	<20	22～40	81～88	5～10	<3
贫煤、瘦煤	380～410	—	>40	25～40	<25	10～22	87～92	<6	<3
无烟煤	>400	—	>45	25～45	<25	<10	>89	<4	—

注：表中 V^r——可燃基（无水无灰基）挥发分（%）；O^r——可燃基 O_2 含量；C^r——可燃基 C 含量；W^f——分析煤样的水分。

这种方法根据煤的着火温度与煤的化学性质有一定的关系，既考虑了 ΔT 值，又考虑了煤的牌号及化学成分，特别是煤的挥发分。我国过去采用这种方法鉴定煤的自燃倾向性。但此法存在一些缺点：① 使用的联苯胺等化学试剂对人体有危害；② 因部分煤样不爆而无法分类；③ 仪器装置和测量系统落后。

二、双氧水法

这种方法是根据煤样与双氧水(过氧化氢 H_2O_2)反应时升温速度的特性完全不同的原理进行分类的。易于自燃的煤炭,反应初期温度微微上升,达到 50 ℃后反应温度则迅速上升,最后可达 90 ℃以上;不易自燃的煤炭,反应情况则不同,温度上升几摄氏度或十几摄氏度之后,经过一段时间即自行下降。实验装置如图 9-3 所示。该装置由恒温器、水浴、绝热试样瓶、温度计和放气管及连接管组成。

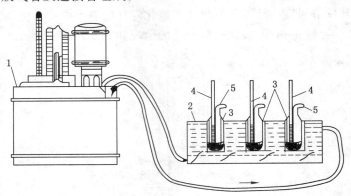

图 9-3　双氧水法测定煤炭自燃倾向性装置简图
1——恒温器;2——水浴;3——绝热试验瓶;4——温度计;5——放气管

测定时使水浴中的水与恒温器内的水形成回路,以保证试样在相同条件下进行试验。由于初始温度对试验影响较大,故定为 18 ℃。选用 0.06 mm 粒度的煤样,用精密天平称量 3 g 放入瓷器内,加入 1.5 cm³ 的蒸馏水,搅拌使煤样湿透。将湿润后的煤样倒入绝热试样瓶内,向瓶内加入 20%的双氧水 9 mL,即每克煤样加入 3 mL,用磁力搅拌器搅拌使其发生反应,记录得到的最高温度和到达 90 ℃时的时间(一般 3~30 min,取决于煤炭的类型),根据这两种参数值确定其分类标准,如表 9-2 所列。

表 9-2　　　　　　　　　　双氧水法对煤的自燃倾向性分类表

类别	自燃倾向性质	分类指标		
		煤样最高温度/℃	达到最高温度的时间/min	从 50 ℃以 90 ℃的时间/min
Ⅰ	最容易自燃	＞90	＜10	＜1.0
Ⅱ	容易自燃	＞90	10~50	＞1.0
Ⅲ	较容易自燃	55~90	—	—
Ⅳ	不易自燃	＜55	—	—

这个方法主要的缺陷是在该过程中放出的热不仅依赖于煤的氧化特性,而且依赖由于 H_2O_2 分解而产生的热,因此影响分类的结果。

三、交叉点测试方法

将可燃物颗粒样品装入一个立方形或等圆柱形的钢丝网篮中,然后把网篮放入具有循环气流的炉膛中加热。试验时,炉膛内保持很强的循环气流,使样品四周具有很强的对流从而使样品边界的温度与炉温相同。炉膛内温度以一定的速率上升,样品初始时温度低于炉膛温度,在传递的热量及自身反应放出的热量的作用下温度也开始升高。在某时刻,样品中心的温度与炉膛温度相等,在温度对时间的图上表现为样品温度曲线与炉膛温度曲线出现交叉点,如图 9-4 所示,此时的温度,即交叉点温度(crossing point temperature,CPT)。

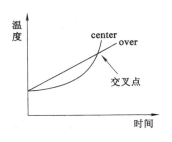

图 9-4　交叉点温度示意图

　　交叉点测试方法要求炉膛内气流充分混合,完全达到这一点要求,并不容易。陈晓东提出了一种改进的交叉点测试方法,无需充分混合。这种方法很好地利用了这样一种现象:把初始温度较低的反应物装入网篮并置于高温的炉膛中后,由于反应放热和热传导的相互作用会使得某个时刻网篮中心附近的热传导项为零,可得到样品在那个时刻即交叉点处的温升速率。实验系统如图 9-5 所示。

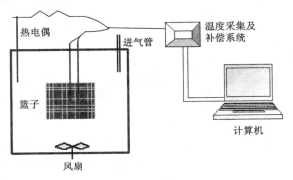

图 9-5　交叉点温度测试装置示意图

　　该方法在测试中采用从顶板进气,以便促进对流(冷上热下)。进气管采用 1.5 m 铜管,炉体内进气口置于顶部。样品内部的一个热电偶置于其几何中心,另一个位于几何中心的附近,且与第一个处于同一高度。对于 CPT 方法来说,气体分析可以忽略,主要考察温度变化。

　　常采用如下基于该方法的指标鉴定煤的自燃倾向性:交叉点温度、交叉点处的温升速率。那些有较高自燃倾向性的煤炭有较低的交叉点温度值,而自燃倾向性较低的煤有相当高的值。纳吉等为许多印度的煤样测定了交叉点温度,他们发现交叉点温度在 120~140 ℃ 之间的煤自燃倾向性最高,交叉点温度在 160 ℃ 以上则自燃倾向性很低。

　　该方法的主要缺点:煤炭交叉点温度值依赖于设备和实验参数,对含有很高水分的煤的交叉点温度值易于出现误导的信息。有许多例子表明,高湿度的煤,当水气释放,交叉点温度发生变化;交叉点温度值还随着煤的挥发分、水分含量和氧气百分比的变化而变化,一般都随着这些成分的增加而降低。另外,需在较高的温度下方能测出交叉点温度(通常大于 120 ℃),因此该方法主要反映的是煤在高温条件下的氧化与自燃特性,并不能反映出煤在低温阶段的氧化特性。

四、色谱吸氧法

目前我国采用色谱吸氧法来鉴定煤的自燃倾向性。该方法是以 1 g 干煤在常温（30 ℃）、常压（101 325 Pa）下的物理吸附氧量作为分类的主要指标，并综合考虑干燥无灰基挥发分及含硫量对煤的自燃倾向性进行分类，如表 9-3、表 9-4 所列。

表 9-3　　　　　　　　　煤样干燥无灰基挥发分 $V_{daf} > 18\%$ 时自燃倾向性分类

自燃倾向性等级	自燃倾向性	煤的吸氧量 V_d/（cm³/g 干煤）
Ⅰ	容易自燃	$V_d > 0.70$
Ⅱ	自燃	$0.40 < V_d \leqslant 0.70$
Ⅲ	不易自燃	$V_d \leqslant 0.40$

表 9-4　　　　　　　　　煤样干燥无灰基挥发分 $V_{daf} \leqslant 18\%$ 时自燃倾向性分类

自燃倾向性等级	自燃倾向性	煤的吸氧量 V_d/（cm³/g 干煤）	全硫
Ⅰ	容易自燃	$V_d \geqslant 1.00$	$\geqslant 2.00$
Ⅱ	自燃	$V_d < 1.00$	
Ⅲ	不易自燃		< 2.00

注：煤样干燥无灰基挥发分 $V_{daf} = V_{ad} \times [100/(100 - M_{ad} - A_{ad})]$。$V_{ad}$、$M_{ad}$、$A_{ad}$ 分别为工业分析仪器测得的挥发分、水分、灰分。

色谱动态吸氧方法利用现代色谱测试技术，测试手段较先进，但测试结果能否反映出煤的自燃倾向性一直受到国内有关防灭火专家的普遍质疑，该方法存在以下不足：

（1）不能反映煤的内在氧化动力学特性。煤的物理吸氧量仅与煤的表面性质和物理孔隙结构有关，反映不出煤的内在自燃特性。煤的物理吸氧在常温下短时间内即达到吸附平衡（见图 9-6），煤的吸附特性与煤的变质程度有关。无烟煤吸氧量大，但其自然发火倾向性弱，这与吸氧法的测试原理相悖。

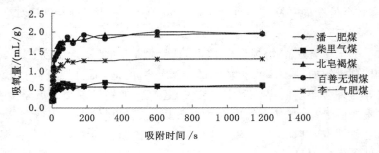

图 9-6　不同吸附时间煤物理吸氧量

（2）低温下煤的物理吸氧量不代表参加氧化反应的氧气量，特别是不包括对煤自燃起决定作用的化学吸附和化学反应的耗氧量，而煤在化学吸附和化学反应阶段的产热量是导致煤自燃的根本原因。

（3）采用多重指标，缺少科学性和系统性。由于高变质程度煤的吸附量与煤自燃倾向性变化相反,该方法不能实现完全依据吸氧量划分煤的自燃倾向性等级,必须根据煤种(干燥无灰基挥发分 V_{daf})和含硫量进行区分,相关的临界指标确定科学性不足,常会因单一指标(V_{daf} 或全硫量)在临界点(V_{daf} 为 18%,全硫量为 2%)允许误差范围内的波动导致煤自燃倾向性的结果差异很大。

五、煤自燃倾向性的氧化动力学测定法

我国从 20 世纪 50 年代初期即开展对煤炭自燃倾向性的研究,先后采用了着火点温度降低值法、双氧水法及静态容量吸氧法;自 20 世纪 90 年代初开始采用色谱吸氧的方法,但该方法一直受到国内有关防灭火专家的质疑。

针对我国现行煤炭自燃倾向性鉴定方法存在的不足,中国矿业大学对煤的自燃特性及测试方法进行了深入、系统的研究,提出了基于氧化动力学的煤自燃倾向性鉴定方法。该方法依据煤低温氧化复合反应和自由基链式反应的基本原理,通过测试在程序升温条件下煤样温度达 70 ℃时煤样罐出气口氧气浓度和之后的交叉点温度,得出煤自燃倾向性的判定指数,根据该指数对煤自燃倾向性的分类作出鉴定。该方法已被确立为安全生产行业标准。

煤炭自燃是煤通过自身反应聚热升温至最终燃烧起来的物理化学反应过程,包括低温缓慢自热阶段(初始温度至临界自燃温度)和加速氧化阶段(临界自燃温度至燃烧),如图9-7 所示。

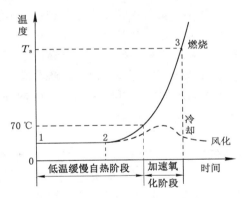

图 9-7　煤炭自燃过程示意图

1. 低温缓慢自热阶段

初始温度至临界自燃温度(一般为 70 ℃)阶段是煤自燃的一个缓慢氧化聚热阶段,其升温速率及变化都较小。国外也常采用煤样在绝热条件下从 40 ℃到 70 ℃的平均升温速率 R_{70} 作为衡量煤样自燃倾向性的指标。

根据煤氧复合学说,煤低温缓慢自热阶段为煤氧之间物理吸附、化学吸附、化学反应的共同作用,温度在 40~50 ℃以上化学吸附已处于主导地位。同等条件下煤与氧结合能力越强,耗氧越多,温升速率越快,煤越易达到临界自燃温度。在进入煤样罐入口的干空气中的氧气含量一定的情况下,煤样氧化耗氧量的大小取决于煤样罐出气口的氧气浓度;出气口氧气浓度越小,煤样氧化耗氧量越大。因此,可通过测试相同实验条件下煤样 70 ℃时煤样罐出气口的氧气浓度来判定该煤样在低温阶段的氧化特性。

2. 加速氧化阶段

煤温一旦达到自热临界温度，煤的自燃升温速率就将快速增加，从而进入加速氧化阶段。随着温度的升高，一方面，煤表面会产生新的自由基；另一方面，自由基链反应和链的激发也随温度升高而加快从而使得自由基浓度快速增加（见图9-8），反应速度加快。

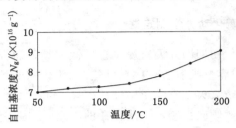

图 9-8   不同煤温下自由基浓度变化曲线图

煤是一种复杂的非均质混合物，不同的煤其煤岩组分、含硫量等各不相同，在低温阶段这些物质不参与反应或反应不明显；但到了加速氧化阶段，随着热量的积聚，促进了这些物质反应，导致热量的进一步积聚，温升速率加快。因此，煤的加速氧化阶段是链式加速和热加速共同作用的结果。由于不同的反应热效应不同，因而消耗同样的氧各反应所产生的热和温升速率也各不相同，所以该阶段仅以耗氧量的大小来判断温升速率的快慢还不全面。由于煤加速氧化在宏观上最终表现为煤本身温升速率的快慢，而交叉点温度是衡量温升速率快慢的指标。所谓交叉点温度是指煤在控温箱内在加速氧化阶段放出的热量而使自身温度升高达到与环境温度相等时的温度。易自燃的煤层自燃活性大、产热量高，其温升速率就快，交叉点温度就低；反之，不易自燃的煤层自燃活性低、产热量小，其温升速率就慢，交叉点温度就高。因此通过测试交叉点温度的大小可以反映出煤的内在氧化自燃特性，特别是在快速氧化阶段的自燃特性。

3. 综合自燃特性的测试

综上所述，煤自热过程在低温阶段主要表现为煤氧复合特性，在加速氧化阶段主要表现为链式与热反应共同作用的特性。煤自燃特性的大量试验表明，有的煤种在低温氧化阶段不敏感，但到了临界温度后氧化加速；有的在低温氧化阶段相对较活跃，但在较高温度下增速也不快。因此，仅采用一种指标难以较全面测试出煤的自燃特性，应采用低温氧化阶段的耗氧指标和加速升温阶段的交叉点温度指标来反映煤不同阶段的自燃特性，最后对这两个指标进行综合从而确定出煤自燃倾向性的判定指数。

本方法的测试系统由干空气瓶、气体预热铜管、煤样罐、控温箱、气体采集及分析系统和数据采集系统等部分组成，如图9-9所示。实验前，先检查仪器的气密性、铂电阻温度传感器和数据采集系统的运行状态，并对气相色谱仪进行调试。确认气密性良好、各种相关仪器运行正常后，装入 50 g 待测煤样，煤样上方均匀覆盖一层厚度为 2~3 mm 的石棉，对气流进行过滤防止堵塞气路。装样完毕后应再次检查仪器气密性。

以 96 mL/min 的稳定流量向煤样罐通入干空气（氧气浓度为 20.96%），同时控温箱设定为 40 ℃恒温运行。煤样温度达到 35 ℃时，将通入煤样罐的干空气流量调为 8 mL/min 并保持稳定，控温箱仍然保持 40 ℃恒温运行。煤样温度达到 40 ℃后，将控温箱设定为 0.8 ℃/min 程序升温，同时开启数据采集系统对温度参数进行采集。煤样温度达到 70 ℃时，利

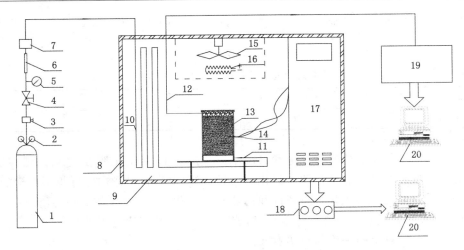

图 9-9　煤自燃倾向性鉴定系统

1——干空气瓶；2——减压阀；3——稳压阀；4——稳流阀；5——压力表；6——气阀；7——流量传感器；

8——隔热层；9——控温箱；10——气体预热铜管；11——进气管；12——出气管；13——煤样罐；

14——铂电阻温度传感器；15——风扇；16——加热器；17——控制器及显示键盘；

18——数据采集系统；19——气相色谱仪；20——计算机

用气相色谱仪对煤样罐出口氧气浓度 C_{O_2} 进行测定，并记录。气相色谱仪进样完毕后立即将通入煤样罐的干空气流量调为 96 mL/min，并继续以 0.8 ℃/min 的速率程序升温。当数据采集系统采集的煤样温度超过控温箱温度 5 ℃时停止数据采集，并记录煤样在程序升温条件下的交叉点温度 T_{cpt}。

将测定的 C_{O_2} 和 T_{cpt} 按式（9-1）和（9-2）求得无量纲量 $I_{C_{O_2}}$ 和 $I_{T_{cpt}}$，并代入式（9-3）得到煤自燃倾向性判定指数 I。

$$I_{C_{O_2}} = \frac{C_{O_2} - 15.5}{15.5} \times 100 \tag{9-1}$$

$$I_{T_{cpt}} = \frac{T_{cpt} - 140}{140} \times 100 \tag{9-2}$$

$$I = \varphi(\varphi_{C_{O_2}} I_{C_{O_2}} + \varphi_{T_{cpt}} I_{T_{cpt}}) - 300 \tag{9-3}$$

式中　$I_{C_{O_2}}$——煤样温度 70 ℃时出气口氧气浓度指数，无量纲；

C_{O_2}——煤样温度达到 70 ℃时煤样罐出气口的氧气浓度，%；

15.5——煤样罐出气口氧气浓度的计算因子，%；

$I_{T_{cpt}}$——煤在程序升温条件下交叉点温度指数，无量纲；

T_{cpt}——煤在程序升温条件下的交叉点温度，℃；

140——交叉点温度的计算因子，℃；

I——煤自燃倾向性判定指数，无量纲；

φ——放大因子，$\varphi=40$；

$\varphi_{C_{O_2}}$——低温氧化阶段的权数，$\varphi_{C_{O_2}}=0.6$；

$\varphi_{T_{cpt}}$——加速氧化阶段的权数，$\varphi_{T_{cpt}}=0.4$；

300——修正因子。

根据计算得到的煤自燃倾向性判定指数 I，按表 9-5 中的分类指标对煤自燃倾向性进行分类。

表 9-5   煤自燃倾向性的氧化动力学分类指标

自燃倾向性分类	容易自燃	自燃	不易自燃
判定指数 I	$I < 600$	$600 \leqslant I \leqslant 1\,200$	$I > 1\,200$

该方法依据煤低温氧化复合反应和自由基链式反应的基本原理，通过测试煤在氧化加热阶段的耗氧量和交叉点温度这两个氧化动力学指标，对煤自燃倾向性进行了科学的分类。测试结果能科学地反映煤氧化自热特性和自热氧化历程，且实验操作简单、耗时短、可重复性好，对指导我国各类具有自然发火倾向性的煤层在开采及储运过程中有效防火，减少自燃火灾的发生率具有重要的理论与现实意义。

思考题

1. 检测煤自燃的倾向性有哪些方法？
2. 简述双氧水法原理。
3. 简述色谱动态吸氧方法存在的不足。
4. 简述煤自然倾向性的氧化动力学测定法机理。
5. 简述煤自燃特性检测中氧化动力学测定法的优点。

第三节　煤自然发火期检测

【本节思维导图】

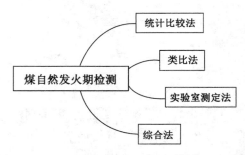

煤的自然发火期是煤炭自然发火危险性的时间量度，即煤体从暴露在空气环境之时起到自燃（温度达到该煤的着火点温度）所需的时间。煤的最短自然发火期是指煤矿某一煤层自然发火观察和记录的数据中最短的一个时间值，故称最短自然发火期。通常所说的煤的自然发火期指的就是最短自然发火期。

尽管自燃倾向性高的煤，自然发火期往往就短，但二者有着明显的不同。煤的自燃倾向性只反映煤自燃的内因条件，而煤的自然发火期，不仅受内因条件的影响，还受煤炭自燃的地质、采矿、通风等外因条件的影响，因此更能表征一个矿井或煤层的自然发火特性。事实上，煤自燃倾向性的高低不能完全决定自然发火期长短，二者没有必然的对应关系。一个弱自燃倾向性的煤层，对形成自然发火的内部条件并不充裕，但遇上许多不利的地质赋存条件、不合理的通风、采矿等技术因素,可能经较短的时间就发火,造成相当严重的自然发火局面。如果煤虽然有较高的自然发火倾向性,但缺少供氧和蓄热环境,那么煤就不会自燃,或者说,自然发火期很长。例如:回采推进速度快,采空区的煤很快进入窒息区,不会着火;采空区或其他区域丢的浮煤少,浮煤氧化产生的热量少,煤炭的蓄热就需较长时间,因此这些区域也不容易自燃。合理的开拓开采方法、良好的通风系统等外因条件可以在很大的程度上控制自燃火灾的发生,或者说,可以延长自然发火期。

截至目前,自然发火期的确定方法有统计比较法、类比法、实验室测定法和综合法4种。

一、统计比较法

统计比较法适用于生产矿井。矿井生产建设期间,通过对煤层的自燃情况作认真的统计和记录,将同一煤层发生的各项自燃火灾逐一比较,以其发火时间最短者作为该煤层的自然发火期,一般以月为单位。

每一煤层的所有回采工作面和巷道,都应进行自然发火期的统计,确定煤层最短发火期。其中,巷道中煤层自然发火期以自然发火地点揭露煤之日起至发生自然发火时为止的时间计算;回采工作面煤层自然发火期一般以工作面开切眼之日起至发生自然发火时为止的时间计算。是否发生自然发火,据以下情况判断,煤层一旦出现下列情况之一,即认定为发生自然发火:

(1)煤炭自燃引起明火;

(2)煤炭自燃产生烟雾;

(3)煤炭自燃产生煤油味;

(4)采空区测得一氧化碳浓度超过矿井实际统计的临界指标。

统计比较法得到的自然发火期受生产实际的影响较大,范围较宽。采用经验统计方法确定煤的自然发火期,由于火源点位置不能确定,就不能确定自然发火地点的揭煤时间;此外,由于煤炭自燃火源点的隐蔽性,也不能准确确定火源点的发火时间。因此,煤层自然发火期的统计都会存在一定的误差,故自然发火期一般以月为单位计算。

二、类比法

类比法适用于新建矿井。对于新建的、开采有自燃倾向性煤层的矿井,为了在设计时选择有利于防火的开拓方案和矿井通风系统类型以及有关的技术参数,往往也要预测煤层的自然发火期。但是由于矿井尚未生产,当然不会有自然发火。因此,用统计的方法无法确定。在这种情况下,只好根据地质勘探时采集的煤样所做的自燃倾向性鉴定资料,并参考煤层、地质条件、赋存条件和开采方法与之相似的采区或矿井,进行类比而估算之,以供设计参考。

三、实验室测定法

针对统计法得出的煤层自然发火期误差较大的不足,一些研究者提出在实验室通过直接测定煤自然发火时间来确定煤的自然发火期,在实验室测定得到自然发火期可以精确到以"天"或"小时"为单位。该类方法一般都是在大型煤自燃实验炉中测试煤从常温状态通过氧化不断升温直至发火的时间,如西安科技大学在国内最早建成1 t的煤炭低温实验炉,将宁夏瓷窑堡煤矿的煤从 24 ℃升温到 120 ℃,耗时 36 天。后来该校又与兖矿集团合作,在兖州南屯煤矿建立了试验用煤 15 t 的煤炭自燃试验台,以期模拟出更接近矿井实际的煤的自然发火期。澳大利亚矿业安全研究与测试中心建立的试验煤量为 15 t 的煤自燃特性试验台,用时 149 天测试出了一个矿井的煤样从自然升温到自燃的时间,这是实验室测试煤自燃发火期的一个典型案例。

应该指出的是,实验室的测试条件与矿井的实际条件差异较大,实验室也很难模拟矿井的地质、开采及通风管理等外因条件,因此实验室测试得出的煤自然发火期只能反映煤自燃倾向性在给定的实验条件下的时间量度。

根据 F-K 热自燃理论,可自燃物质的自然发火期并不是一个物性参数,其发火期受实验物的堆积状态、大小及散热环境的影响。如果材料堆大,则发生自燃的临界温度就低,相应的自然发火期就长。表 9-6 给出了各种尺寸的立方堆活性炭的自然发火期,从表中可以看出,自然发火期与材料的多少(由表中线性尺寸来描述)及临界环境温度有关的量,线性尺寸变化,临界环境温度变化,发火期也随之变化。另一方面,很显然,煤的自然发火期不仅与煤的自然发火内因条件(煤的自燃倾向性)有关,也与影响煤自然发火的外因条件(煤层赋存的地质条件、开采方法、开采工艺、通风和管理等)有关。

表 9-6 方形活性炭堆的着火

线性尺寸 $2x_{oc}$/mm	临界温度 $T_{a,cr}$/℃	着火时间 t_i/h
51	125	1.3
76	113	2.7
102	110	5.6
152	99	14
204	90	24
601	60	68

因此,煤的自然发火期是不能仅仅靠实验确定的。实验室的测定数据不可能包含影响矿井煤层自燃的外因条件(如地质构造、推进速度等),它所能反映的仅仅是实验条件(如气体流速、煤起始温度、散热条件等)下煤的升温时间,并不能代表矿井中煤的实际自然发火期。

如果将发火期视为煤在最易自然发火的外因条件(如绝热条件)下的着火时间,则煤最短自然发火期就可通过实验室试验和计算模型确定,由于排除了外因条件的影响,煤的最短发火期实际上表现为煤的自燃倾向性在时间上的量度。为了区别现场统计得出的发火期,实验室测定出的发火期可称为煤的最短理论发火期。显然,理论发火期远比现场的实际发火期时间短,因为是在最易自燃的条件(绝热)下获得的。对测定出的理论发火期,再考虑现场的实际外因条件,可以建立理论发火期与实际发火期相互间的联系,从而推算出现场的实际发火期。

四、综合法

实践表明,上述 3 种方法都有明显的不足:统计法、类比法的精度都较低,难以准确地反映煤层的易自然发火程度;实验室测定法只能代表在实验室试验条件下的煤自然发火期,与实际矿井的自然发火期仍有很大的区别。为此,综合法就是为弥补这些方法的不足而提出来的一种方法。

该方法认为,煤的自然发火期是煤内、外因条件共同作用的结果,要获得该数据,既要考虑煤的内因影响也要考虑煤的外因条件。其基本步骤是,先在实验室通过试验获取反映煤自燃内在特性的自燃倾向性参数,如升温速率、耗氧量、交叉点温度、活化能、煤氧化产物产生速率等,以此作为基数;然后,列出影响煤层自燃的外因条件因素,如地质构造、煤层埋藏条件(厚度、倾角)、开采方法、顶板管理方式、通风情况等,逐一对这些条件进行分类评分,有利于自然发火的列为正分,不利的列为负分。将基数与各项条件的评分加在一起,依其总和判定矿井或煤层的自然发火危险程度。这样把实验室的煤样测定数据与实际矿井煤层埋藏、开采和通风管理等现场条件相结合,从而获得一个评价煤层自然发火危险程度的综合指标,这个指标更能客观地反映实际矿井的煤自然发火危险程度,对于指导矿井防灭火工作更有实用价值。

思考题

1. 什么是煤的自然发火期?
2. 自然发火期的确定方法有哪些?
3. 简述类比法的适用条件。
4. 简述实验室测定法的局限性。
5. 简述综合法的基本步骤。

第四节　煤炭氧化自燃指标气体检测

【本节思维导图】

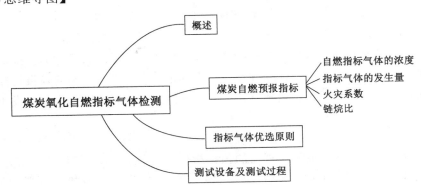

在煤氧化自燃过程中生成,且能用来预报煤炭自然发火的气体称之为指标气体。煤在热解过程时要产生多种气体,且各种气体产生的最低温度以及气体生成量与煤温之间的关系因煤质不同而异。指标气体为煤炭自然火灾早期预报提供了必要的前提条件,一般按照《煤层自然发火标志气体色谱分析及指标优选方法》(AQ/T 1019—2006)进行检测。

一、概述

煤炭氧化后随着氧化进程的不同将依次释放出各种气体,这些气体的出现及释放量基本能准确反映煤炭氧化自燃程度。因此,准确地分析煤炭氧化自燃所放出的气体及其浓度,能够及时地预测预报煤炭自燃情况,为防治工作提供科学指导。

煤自燃指标气体指的是能预测和反映煤自然发火状态的某种气体,这种气体产率随煤温上升而发生规律性变化。虽然仅据井下气体的分析结果不能系统地了解到煤温和指标气体的定量关系,但可通过人工氧化模拟试验过程中气体的形成特征建立这种关系。模拟试验的基本原理是:用一定量的空气流或氧气流与装在一定装置内的煤样均匀地充分接触,同时对煤样以一定的温度加热或程序升温至一定温度,分析煤中放出的气体成分及含量,得出随温度升高而变化的规律,从而优选出指标气体,并建立各种指标气体含量与煤温的定量关系图。反之,应用模拟试验结果,根据井下气体组成和含量的变化,即可推知煤炭温度变化状况,以达到预测预报煤自然发火这一目的。

自燃指标气体分为三类:第一类主要是碳氧化合物,最常用的是 CO 和 $CO/\Delta O_2$(Graham 指数),主要适用于低变质褐煤和长焰煤阶段;第二类主要是饱和烃和链烷比,饱和烃组分包括乙烷(C_2H_6)、丙烷(C_3H_8)、丁烷(C_4H_8)和链烷比(C_2H_6/CH_4,C_3H_8/CH_4,C_4H_{10}/CH_4 和 C_3H_8/C_2H_8,C_4H_{10}/C_2H_8);第三类指标气体主要是不饱和烃,包括 C_2-C_4 烯烃和 C_2H_2 炔烃,以及一系列比值(C_2H_4/CH_4,C_3H_6/CH_4,C_4H_8/CH_4,C_2H_4/C_2H_2)等。第二类和第三类指标气体主要适用于高、中挥发分烟煤阶段。

研究表明,煤在供氧充分的条件下,煤温升到 70~100 ℃,煤的氧化速度加快,出现一氧化碳、甲烷;100~200 ℃时,气体产生物释放加快,出现乙烷、乙烯等烷系、烯系气体;200 ℃以上时,煤样升温速度更快,释放的气体种类和数量增多;达到 300~350 ℃时就冒烟起火。

二、煤炭自燃预报指标

煤炭自燃早期预报的关键是掌握适当的时机,预报过早,气体产生量少,环境干扰大,难以准确预报;预报过迟,则会贻误治理时机。一般以检测到气体浓度指标变化达到某数值时,发出预报,能够有时间采取预防自燃措施。此时的预报指标的数值称为预报临界值。煤炭自燃预报指标的选择是根据具体条件逐渐摸索确定出适合矿井准确的预报指标和预报临界值。目前常用的煤炭自燃预报指标有:① 指标气体的浓度;② 指标气体的发生量;③ 火灾系数;④ 链烷比等。

1. 自燃指标气体的浓度

自燃指标气体的浓度是最简单直接的预报指标,常用的是 CO 气体浓度和乙烯气体浓度,该种指标影响因素多,如发生自燃的煤量多少、风量的大小以及检测仪器的最小量程。很明显参与自燃的煤量多,产生的气体量就多;同样的气体生成量,风量大则浓度小,风量小则浓度大。另外,对于乙烯气体在自燃的规模小时,只要出现乙烯就说明已有 110 ℃ 以上的高温点,则应该发出预报,由于受仪器精度的制约,报警的临界值难以确定。所以,实际中必须依据各矿具体地点、具体情况、观察统计确定。

2. 指标气体的发生量

一般是选用空气中 CO 绝对量为预报指标。

计算方法为

$$F = C \cdot Q \tag{9-4}$$

式中　F——自燃发火预报指标，m^3/min；

C——观测站气样的 CO 浓度，%；

Q——观测站的风量，m^3/min。

这种预报指标虽然可以消去风量的影响，但是还受气体因素的影响，如着火范围的大小、不同的煤种等规格影响，因此也难以定出统一的临界值。

3. 火灾系数

火灾系数即格氏系数，是英国学者格雷哈姆提出的。火灾系数由煤的氧化过程中 CO_2 浓度的增量 $+\Delta_{CO_2}$、CO 浓度增量 $+\Delta_{CO}$ 和 O_2 浓度的减少量 $-\Delta_{O_2}$ 进行计算。计算公式如下

$$R_1 = \frac{+\Delta_{CO_2}}{-\Delta_{O_2}} \times 100 \tag{9-5}$$

$$R_2 = \frac{+\Delta_{CO}}{-\Delta_{O_2}} \times 100 \tag{9-6}$$

$$R_3 = \frac{+\Delta_{CO}}{+\Delta_{CO_2}} \times 100 \tag{9-7}$$

式中　R_1——第一火灾系数，%；

R_2——第二火灾系数，%；

R_3——第三火灾系数，%。

应用火灾系数进行煤炭自燃的预报时，一般以第二火灾系数 R_2 作为主要指标，以第一火灾系数 R_1 作为辅助指标，而第三火灾系数 R_3 的引入旨在消除由于掺入新鲜风流而引起的误差。

这 3 个火灾系数都随着煤炭自燃的发展而增大。一般说来，当煤炭进入自燃阶段，第一火灾系数 R_1 为 0.3～0.4，若继续增大就预示着自燃火灾已经发生；若第二火灾系数 R_2 超过 0.005，就应警惕自燃火灾的发生，如果 R_2 超过 0.01，则说明自燃火灾已经发生。在煤炭低温氧化发热所放出的气体中，占第一位的是水蒸气，第二位就是二氧化碳，CO_2 的放出量远比 CO 大。3 个火灾系数中，R_2 与 R_3 都与 CO_2 有关，但 CO_2 气体通常天然地赋存于煤岩之中，受围岩的影响因素较大。所以目前一般都采用 R_1 作为预测预报煤自燃的指标参数。在实际工作中，应通过长期观测，提出适用于本矿的预报临界值，以便对本矿的煤炭自燃作出准确的预报。

4. 链烷比

链烷比是烷系气体之间浓度的比值，常用的有乙烷（C_2H_6）/甲烷（CH_4）、丙烷（C_3H_8）/乙烷（C_2H_6）。实验证明，链烷比受风流及自燃范围的影响较小。

根据链烷比的变化，可以预报煤炭自燃的发展阶段，这比单独根据 CO 进行预报又前进了一步。

选择合适的煤自燃指标气体组分必须考虑三方面因素：一是煤的着火点温度和煤自燃发火预报温度；二是各类气体组分随煤温的变化规律；三是实际应用是否简便，首先根据煤着火点温度和煤氧化化学反应动力学研究确定煤自然发火预报温度范围，然后在煤自然发火预报范围内选择合适的气体组分，作为煤自燃指标气体。

三、指标气体优选原则

为了使预报煤自然发火更为及时准确,所选择的指标气体必须具备下列条件:

(1) 灵敏性:煤矿井下一旦有煤炭处于自燃状态,且煤温超过一定值时,则该气体一定出现,并且其生成量随煤温升高而稳定增加。

(2) 规律性:生成指标气体的浓度变化与煤温之间有较好的对应关系,且重复性好。

(3) 可测性:普通色谱分析仪能检测到指标气体的存在。

四、测试设备及测试过程

指标气体实验系统图如图 9-10 所示,其主要由气路控制系统、程序控温箱、煤样罐、测温仪、气体分析检测仪、温度控制系统等组成。

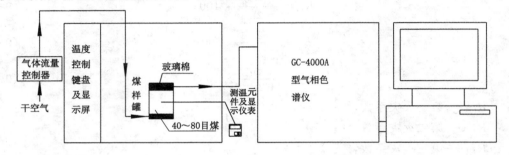

图 9-10 指标气体实验系统图

在实验室内先剥去煤样表面氧化层,然后对其进行破碎并筛分出 40~80 目的颗粒 40 g作为实验煤样。将 40 g 粒度为 40~80 目的煤样置于煤样罐内,将煤样罐置于程序控温箱内,然后连接好进气气路、出气气路和温度探头(探头置于煤样罐的几何中心),检查气路的气密性。测试时向煤样内通入 50 mL/min 的干空气。在程序控温箱控制下对煤样进行加热,当达到指定测试温度时,取气样进行气体成分和浓度分析。

图 9-11、图 9-12 为袁庄矿 CO、CO_2、CH_4 和 C_2H_6、C_2H_4、C_3H_8、C_2H_2 浓度随温度变化曲线图。

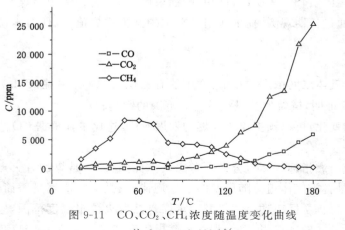

图 9-11 CO、CO_2、CH_4 浓度随温度变化曲线

注:1 ppm=0.000 1%

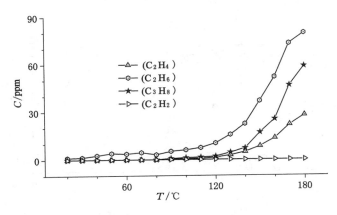

图 9-12　C_2H_6、C_2H_4、C_3H_8、C_2H_2 浓度随温度变化曲线

注:1 ppm＝0.000 1%

思考题

1. 简述检测煤自燃指标气体模拟试验的基本原理。
2. 简述自燃指标气体的分类。
3. 常用的煤炭自燃预报指标有哪些?
4. 选择的指标气体必须具备哪些条件?

第五节　工作面自燃"三带"测试

【本节思维导图】

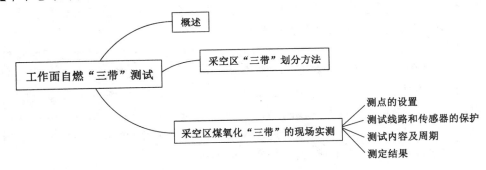

一、概述

无论采用留煤柱开采或无煤柱开采,其工作面后方采空区都存在漏风,其漏风范围及风速的分布不仅受顶板岩性、顶板冒落方式的影响,而且受工作面的推进速度和采空区冒落岩石压实时间的影响。据测定,距工作面 25～35 m 以内漏风较大,30～60 m 范围内漏风较小,50～70 m 以外漏风已很小,100 m 以外则基本不漏风。波兰学者从自然发火的角度出发将采空区划分为 3 个漏风带,即不自燃带(Ⅰ)、氧化带(Ⅱ)和窒息带(Ⅲ),如图 9-13 所示。

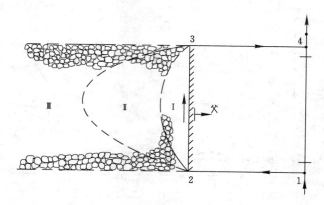

图 9-13　采空区自燃带分布图

（1）不自燃带，如图 9-13 中的 I 带。不自燃带紧靠工作面开采空间，其宽度一般在工作面向采空区内部延伸 5～25 m 以内。该区域虽有遗煤堆积，但由于顶板冒落的岩块呈松散堆积状态，孔隙大，且漏风强度大，煤氧化放出的热量被及时带走而无法聚积，再加上浮煤与空气接触时间尚短，所以一般不会发生自燃。

（2）自燃带，如图 9-13 中的 II 带。自燃带大致位于不自燃带向采空区内部延伸 25～60 m 的范围内。该区域由于冒落岩块逐渐压实，孔隙度降低，风阻增大，漏风强度减弱，遗煤氧化产生的热量不断聚积，并可能最终导致煤自燃的发生，故称自燃带。自燃带的宽度受顶板岩性、冒落岩石块度、压实程度、工作面端点通风压差等因素的综合制约。

（3）窒息带，如图 9-13 中的 III 带。自燃带之后的大部分采空区为窒息带，该区域内冒落岩块已基本压实，漏风基本消失，氧气浓度下降而无法维持煤氧化自燃过程的持续发展。如果自燃带已经发生煤自燃，那么随着工作面的推进，自燃带进入窒息带后，已经发展起来的遗煤自燃会因缺氧而熄灭。另外，窒息带的岩石导热会使煤体在处于自燃带时蓄积的热量逐渐散失，遗煤温度将逐步恢复至正常水平。

采空区"三带"的位置随工作面的推进而前移，自燃带的宽度和前移速度等特性参数是煤自燃防治工作的重要数据。自燃带的宽度越大，前移速度越慢，浮煤遗留在此带内的时间越长，则越容易发生自燃。因此，采取措施加快自燃带前移速度，并缩小其宽度是防止煤自燃的重要手段。加快自燃带前移速度可通过加快回采速度来实现；控制自燃带宽度可通过以下方法实现：① 降低工作面风阻或者进出口端点的通风压差；② 对采空区洒浆以填充其中的孔隙，注水促进再生顶板形成，增大采空区的漏风风阻。

二、采空区"三带"划分方法

采空区"三带"的正确划分能够为煤自燃防治工作的开展提供重要参考，但对于如何划分采空区的自燃"三带"，目前尚无统一的指标参数，当前现场常用的划分方法主要有以下两种：

1. 根据氧气浓度划分

根据氧气浓度划分采空区"三带"是目前最常用的方法，相关的指标参数如下：

① 不自燃带：$O_2\% > 15\%$。该区域具备充足的供氧条件，但由于漏风大造成煤氧化自

燃初期产生的微小热量随风散失,煤的氧化过程始终停留在缓慢发展阶段,不易发生煤自燃现象。应该指出的是,以氧气浓度作为界定不自燃带和自燃带的指标,并不是因为氧气浓度大于某一特定值而不能自然发火,而是由于该区域的漏风风速过大带走了氧化生成的热量所致,因此不自燃带也常称为"冷却带"或"散热带"。

② 自燃带:$15\% \geqslant O_2\% \geqslant 5\%$。该区域既具备充足的供氧条件,又由于漏风量较小,氧化蓄热环境较好,煤的氧化自热过程得以持续进行,最终导致煤自燃的发生。

③ 窒息带:$O_2\% < 5\%$。该区域由于缺氧,煤氧化自燃过程将无法进行。

2. 根据采空区漏风流速划分

根据国内外学者对采场漏风的研究,采空区"三带"的范围根据采空区漏风流速一般可分为:① 不自燃带,流速>0.24 m/min;② 自燃带,0.24 m/min$\geqslant$流速$\geqslant 0.1$ m/min;③ 窒息带,流速<0.1 m/min。以上划分采空区"三带"的风流速度参数主要通过计算机数值模拟得到,如图 9-14 所示。

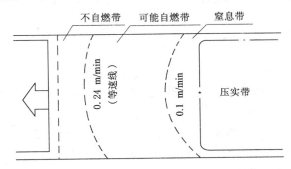

图 9-14 根据采空区漏风流速划分的"三带"范围

采空区的漏风强度能够在一定程度上反映自燃"三带"特性,如图 9-15 所示。但在现场实际测定过程中,由于采空区内设点困难、测量仪器精度不足、采空区风流方向的不可预见性等因素的影响,测定过程往往无法进行或结果可信度较低。因此,该划分标准一般不被采用。

除了以上两个采空区"三带"划分指标外,有人也提出了将采空区内的温度变化作为"三带"划分的依据。实际上,温度不宜作为划分"三带"的主要指标,因为并非所有的采空区内的温度都会上升到某一确定的值。一定条件下自燃带内的遗煤存在自然发火的可能性,但并不表现为很快会升温自燃,在一定时间内采空区内的温度不上升并不能认为"三带"不存在。因此,采空区内的温度变化只能作为条件适合时的辅助指标。

综上所述,根据氧气浓度划分采空区"三带"得到了较广泛地认可。借助束管监测系统能够对采空区氧气浓度进行有效的在线连续监测,这是目前测试"三带"最为简便的一种方法。该方法的关键是采空区测点的设置,采空区测点设置的方法有两种:一种是沿采空区的走向设置测点,即在采空区进、回风巷内设置数个测点;另一种方法是沿采空区的倾斜方向设置数个测点。前一种方法设点简单,但所测参数具有局限性,不能代表整个采空区气体成分的分布;后一种方法设点工作量大,但所测参数能完整地体现采场的实际气体分布规律。

由于煤自燃影响因素的复杂性,采空区内自燃"三带"的划分,还应结合各个矿井的实际情况进行分析,不能仅仅依靠某一种划分指标。

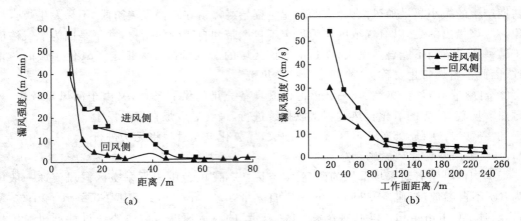

图 9-15　采空区漏风强度与工作面距离的变化曲线

(a) 河南义马常村矿 2106 综放面采空区；(b) 山西大同忻州窑矿 8914 综放面采空区

三、采空区煤氧化"三带"的现场实测

采空区煤氧化"三带"可通过实测确定，下面以中国矿业大学对安徽淮北朱仙庄矿 873 综放工作面采空区"三带"的实测为例，介绍其测定方法。

1. 测点的设置

对采空区气体成分及温度等参数的测定采用采空区埋管的方式，朱仙庄矿 873 综放工作面平均长度 140 m，整个工作面共 85 个支架，由于现场条件的限制，在工作面支架后部采空区沿倾向共设 5 个测点，如图 9-16 所示。

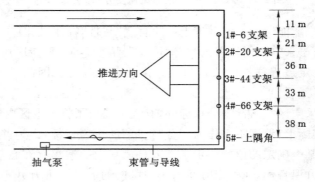

图 9-16　工作面测点布置图

2. 测试线路和传感器的保护

为了防止测温线路、温度传感器和预设气体取样管被采空区冒落的煤岩砸坏，需要在回采工作面以及铺设导线的巷道内设置保护套管，将测温导线和气体取样管置于保护套管内。保护套管如图 9-17 所示。

为了保证工作面生产的正常进行，保护套管的铺设一般按以下原则进行：① 采煤工作面巷道的保护套管沿回风巷铺设在上帮底部；② 采煤工作面的保护套管沿采煤工作面铺设在液压支架后部刮板输送机靠采空区侧。

3. 测定内容及周期

根据划分采空区自燃"三带"的需要,测定内容主要分 2 个方面:① 采空区的气体成分,主要包括 O_2、CO、CO_2、CH_4、C_2H_2 等;② 主要部位的温度。采空区气体状态的分析主要通过束管系统和气相色谱仪进行,温度的测定主要通过热电偶传感器进行。正常情况下气体和温度参数的测定每天进行一次;指标气体浓度出现异常时,应根据实际情况增加测定次数,并积极采取应对措施。

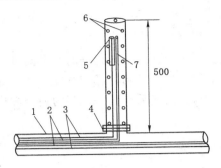

图 9-17　保护套管设置图
1——保护套管;2——预设取样束管;
3——测温导线;4——快速接头;
5——热电偶;6——气孔;7——气体采样器

4. 测定结果

朱仙庄矿 873 工作面采空区自燃"三带"的划分采用氧气浓度作为指标,根据测定结果,得到 5 个测点处的"三带"范围如表 9-7 和图 9-18 所示。由表 9-7 中数据可知:不燃带小于 3～5.2 m,自燃带在 3～13.6 m 之间,窒息带大于 13.6 m。其中,自燃带宽度与其他矿区的采空区相比相对较小,这是由于该工作面的采空区漏风通道较少,顶板的岩性较松软,采用放顶煤开采后冒落充分,使得采空区遗留的空间小,加之松散煤的表面积增大,煤表面物理吸附氧气的能力较强,故采空区在漏风小的条件下,采空区内的氧气消耗量大,使得在采空区内很快达到窒息带。

表 9-7　采空区自燃"三带"范围表

测点	不燃带/m	自燃带/m	窒息带/m
1	5.2	7.8	>13
2	3	9.7	>12.7
3	3.1	10.5	>13.6
4	3.4	6.9	>10.3
5	4.6	6.3	>10.9

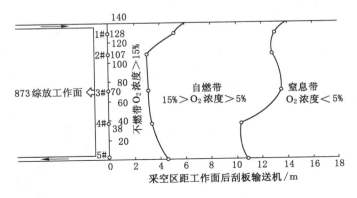

图 9-18　朱仙庄矿 873 工作面采空区实测的"三带"范围

思考题

1. 简述采空区划分的 3 个漏风带。
2. 如何控制自燃带宽度？
3. 简述采空区"三带"的划分方法。

第十章　煤尘爆炸检测技术

☞ **教学目的**

1. 了解煤尘爆炸检测技术发展过程,掌握煤尘的爆炸机理与必要条件;

2. 学习煤尘点火温度、点火能量、最低爆炸浓度检测技术,熟练掌握煤尘爆炸压力和压力上升速率、煤尘爆炸性检测技术;

3. 掌握煤尘爆炸性影响参数及相应的影响作用。

☞ **教学重点**

1. 煤尘爆炸的四大必要条件;

2. 煤尘爆炸压力和压力上升速率、煤尘爆炸性检测技术;

3. 煤的可燃挥发分、水分、灰分检测技术。

☞ **教学难点**

1. 煤尘爆炸压力和压力上升速率检测技术、煤尘爆炸性检测技术;

2. 煤尘可燃挥发分、水分和灰分检测技术。

第一节　煤尘爆炸概述

【本节思维导图】

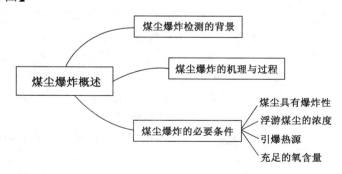

一、煤尘爆炸检测的背景

煤尘是一种特殊的可燃性粉尘,我国大多数煤矿的煤尘都具有爆炸性,据统计,其中有90%以上的国有煤矿的煤尘均具有爆炸性。煤尘一旦发生爆炸后果是极其严重的。据记载,我国历史上最严重的一次煤尘爆炸事故发生在1942年的本溪煤矿,事故导致死亡1 549人,伤

246 人。新中国成立后发生的一起最严重的煤尘爆炸事故是 1960 年 5 月 9 日发生在大同矿务局老白矿洞死亡 682 人的煤尘爆炸事故。根据资料统计,近几年全国煤矿重特大事故中瓦斯煤尘爆炸事故占半数以上。近年发生的最大的煤尘爆炸事故是 2005 年 11 月 27 日七台河东风煤矿发生的一起特别重大煤尘爆炸事故,死亡 171 人,伤 48 人,直接经济损失达 4 293.1 万元。瓦斯煤尘爆炸事故依然是当前安全生产的最大威胁。因此,掌握煤尘爆炸的条件及规律,采取行之有效的防范检测措施,对预防煤尘爆炸事故的发生,减少爆炸所引起的损失,保障煤炭工业持续稳定发展等,都具有十分重要的现实意义和积极的指导作用。

世界各国煤尘爆炸试验研究的兴起,主要还是在 20 世纪初期 1906 年法国 Courriers 矿爆炸导致 1 096 人死亡之后。但是,最早进行系统研究的国家还是美国,由 Nagy 和 Verakis 所著的《粉尘爆炸的发展与控制》一书,详细叙述了美国矿山安全健康局近百年来对粉尘爆炸的研究。它对粉尘爆炸的研究方法、装置、粉尘点火、压力发展及防止爆炸的方法等内容都作了详尽的介绍。继美国之后,英国、法国、德国、日本、挪威以及许多其他欧洲国家也相继开展了这方面的研究,研究领域涉及染料、药物、粮食、饮料、金属、塑料、织物、木材等粉尘。

而我国对粉尘爆炸研究起步较晚,直至 20 世纪 80 年代后期随着几起极具破坏力的粉尘爆炸事故发生,才引起对粉尘爆炸的重视。此前甚至没有一部粉尘防爆标准可供选用。1988 年,原商业部郑州粮食科学研究设计院率先研究粮食粉尘防爆技术,与国外有实力的单位联手,对我国粮食粉尘爆炸的机理进行了研究,特别是通过“九五”国家重点科技攻关,开发了 8 类 12 种生产急需的粉尘防爆型电气装备,替代了进口设备,填补了国内空白;并制定了《粮食加工、储运系统粉尘防爆安全规程》(GB 1477—1998),结束了我国粮食加工、储运系统粉尘防爆技术无章可循的落后局面,粮食粉尘防爆开始纳入安全生产工作,粉尘防爆引起广泛的重视。从 20 世纪 80 年代开始,煤炭科学研究总院重庆分院等单位对我国煤尘爆炸事故的防范进行了系统的研究,煤炭行业也相继出台了煤尘鉴定、防爆、抑爆技术标准,近二十年来,煤尘爆炸事故大幅度减少。因此,煤尘爆炸检测技术的发展对煤尘爆炸事故的防控起到了一定的积极促进作用。

二、煤尘爆炸的机理与过程

煤尘爆炸是在高温或一定点火能的热源作用下,空气中氧气与煤尘急剧氧化的反应过程。它是一种非常复杂的链式反应,一般认为煤尘爆炸的机理如下:

(1)煤本身是可燃物质,当它以粉末状态存在时,总表面积显著增加,吸氧和被氧化的能力大大增强,一旦遇到火源,氧化过程迅速展开。

(2)当温度达到 300～400 ℃时,煤的干馏现象急剧增强,放出大量的可燃性气体,主要成分为甲烷、乙烷、丙烷、丁烷、氢和 1% 左右的其他碳氢化合物。

(3)形成的可燃气体与空气混合后在高温作用下吸收能量,在尘粒周围形成气体外壳,即活化中心,当活化中心的能量达到一定程度后,链反应过程开始,游离基迅速增加,发生了尘粒的闪燃。

(4)闪燃所形成的热量传递给周围的尘粒,并使之参与链式反应,导致闪燃过程急剧地循环发生。当燃烧不断加剧使火焰速度达到每秒数百米后,煤尘的燃烧便在一定临界条件下跳跃式地转变为爆炸。

煤尘爆炸的机理与粉尘爆炸机理相同,不再赘述,具体详见第八章第六节。

浮游于空气中的高密度煤尘,主要是烟煤煤尘,受热后能够迅速释放出大量的可燃气体。例如,1 kg 挥发分为 20％～30％的焦煤,受热后能放出 290～350 L 可燃气体。而这种可燃气体质量小、燃点低,与空气混合后遇到高温容易燃烧。燃烧时所产生的热量又传给已悬浮的其他煤尘,其他煤尘受热燃烧后又产生热量,这样又依次迅速地传播给附近的煤尘,促使氧化反应的速度越来越快,温度愈来愈高,范围越来越大,随即导致气体急剧膨胀运动并在火焰前方形成冲击波,且伴有响声,这样一来,煤尘爆炸过程得以继续传播延续下去。当冲击波强度达到 300 m/s 时,便由燃烧转化为爆炸。燃烧转化为爆炸的充分必要条件是:化学反应产生的热量必须超过热传导和热辐射等所造成的热损失,否则,燃烧既不能持续发展,也不会转为爆炸。

三、煤尘爆炸的必要条件

煤尘爆炸必须同时具备下述几个条件:煤尘本身具有爆炸性;煤尘必须浮游在空气中,并达到一定浓度;要有足以点燃煤尘的热源;空气中保持一定浓度的氧含量。具体内容介绍如下:

（一）煤尘具有爆炸性

煤尘必须具有爆炸性是产生煤尘爆炸的基本条件。在矿井,矿尘分为爆炸性矿尘和无爆炸性矿尘。煤尘有无爆炸性,须经过爆炸性鉴定才能确定,具体的煤尘爆炸性鉴定方法在后文详细介绍。《煤矿安全规程》第一百八十五条规定:新建矿井或者生产矿井每延深一个新水平,应进行 1 次煤尘爆炸性鉴定工作,鉴定结果必须报省级煤炭行业管理部门和煤矿安全监察机构。煤矿企业应根据鉴定结果采取相应的安全措施。

煤尘爆炸性的鉴定方法有以下两种:

1. 实验室大管状煤尘爆炸性鉴定法

如图 10-1 所示,燃烧管 1 为内径 75～80 mm、长 1 400 mm 的耐压玻璃管,一端经弯管和滤尘箱 8 连接,另一端距管口 400 mm 径向对开 2 个小孔,穿过小孔装入铂丝加热器 2;加热器为长 110 mm 的中空细瓷管(内径 1.5 mm 和 3.6 mm),管外缠绕直径为 0.3 mm 的铂丝约 60 圈;铂丝由燃烧管的小孔引出,接在变压器的二次线圈上,该线圈两端电压为 30～40 V;细瓷管内装有铂铑热电偶,热电偶两端接上钢导线,构成冷接点置于冰筒中,然后接到高温计 4 上测定温度。煤尘爆炸试验的程序是通电使加热器升温至 1 100 ℃,将经过处

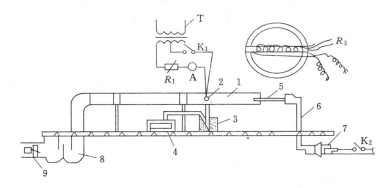

图 10-1　大管状煤尘爆炸鉴定实验仪

1——燃烧管;2——加热器;3——冷藏室;4——高温计;5——试料管;6——导气管;7——打气筒;
8——滤尘箱;9——吸尘器;K₁——电偶;T——变压器;A——电流表;R₁——可变电阻;R₂——铂丝热电器

理的试样(煤尘试样被粉碎后必须全部通过 75 mm 筛孔,并在 105 ℃的温度下烘干 2 h)1 g 放入试料管内,开动电动喷尘装置的打气筒,将煤尘试验呈雾状喷入燃烧管内,此时,操作人员观察燃烧管中煤尘的燃烧或爆炸状态。

如果尘雾通过加热器时,只出现稀少的火星或根本没有火星,则表明该煤尘无爆炸危险;若火焰在燃烧管内向加热器两侧连续或不连续蔓延,则煤尘属于有微弱爆炸性的煤尘;若火焰在管内向加热器两侧迅速蔓延,甚至火焰冲出燃烧管以外,有时会听到爆炸的冲击浪声,则煤尘属于有强烈爆炸性的煤尘。

同一试样应反复进行 5 次试验,其中只要有 1 次出现燃烧火焰,就定为爆炸危险煤尘。在 5 次试验中都没有出现火焰或只出现稀少火星,必须重复做 5 次试验,如果仍然如此,则定为无爆炸危险煤尘,在重做的试验中,只要有 1 次出现燃烧火焰,仍应定为爆炸危险煤尘。

目前,我国多用此法进行煤尘爆炸性试验和鉴定。

2. 大型煤尘爆炸实验模型巷道鉴定法

该方法是在近似于矿井条件的试验巷道内进行的,具有明显的优点,但同时也有一定的缺点。优点是:比较接近实际情况,鉴定结果比较准确;缺点是:工作比较繁重、复杂,消耗的人力、物力大,时间较长。

我国煤炭科学研究总院重庆分院已于 1981 年建成模拟巷道,这条模拟巷道全长一共达到了 896 m,主试验段 710 m,横断面积 7.2 m²,锚喷与砌碹支护。该模拟试验巷道仅作为标准鉴定用。

(二)浮游煤尘的浓度

井下空气中呈悬浮状态的煤尘只有在一定的浓度范围内才能发生爆炸,这个范围通常称为煤尘的爆炸界限。单位体积空气中能够发生爆炸的最低煤尘含量,称为煤尘爆炸的下限浓度;单位体积空气中能够发生爆炸的最高煤尘含量,称为煤尘爆炸的上限浓度。煤尘爆炸就是在下限浓度到上限浓度的范围内发生的,而浓度较低或浓度较高时,煤尘都不会发生爆炸。

根据我国的试验表明,在模拟矿井条件下,一般褐煤的爆炸下限浓度为 45~55 g/m³,烟煤的爆炸下限浓度为 110~335 g/m³;煤尘爆炸上限浓度一般为 1 500~2 000 g/m³,爆炸力最强的煤尘浓度为 300~400 g/m³。

必须指出的是,在煤矿井下各个生产环节中,在正常情况下,矿尘的浓度不会达到爆炸界限,但是当沉积煤尘较多时,因受到冲击波作用或气流的吹扬,就有可能达到爆炸浓度。可见沉积煤尘是引起爆炸的重大隐患。

(三)引爆热源

煤尘爆炸的引燃温度变化范围较大,它因煤尘性质、试验条件的不同而发生变化。我国煤尘爆炸的引燃温度为 610~1 050 ℃,更具体地说,一般为 700~800 ℃,有时需要达到 1 050 ℃才能引爆。

在煤矿井下能引燃煤尘的高温热源有:

① 瓦斯燃烧与爆炸事故火源,煤体自燃等井下火灾或明火;

② 不正确爆破时出现的火焰;

③ 电气设备产生的电火花;

④ 架线电机车及电缆破坏时产生的电弧;

⑤ 斜井提升时跑车产生的摩擦火花;

⑥ 电焊的明火；

⑦ 矿灯故障产生的火花。

根据 20 世纪 80 年代的统计，由于爆破和机电火花引起的煤尘爆炸事故分别占总数的 45％和 35％。

而枣庄矿务局对煤尘爆炸事故的统计（见表 10-1），也证明了爆破和机电火花是引起煤尘爆炸的主要的原因。

表 10-1　　　　　　　　　枣庄矿务局煤尘爆炸事故统计

矿井	爆炸地点	爆炸时间	死亡人数	直接原因
山家林	采煤工作面	1960 年	2	爆破
山家林	采煤工作面	1970 年	2	爆破
甘林	上山掘进工作面	1989 年 11 月	0	爆破
远大东煤井	采煤工作面	1994 年 3 月 15 日	9	电火花
柴井	331 采煤工作面	1979 年 6 月 30 日	29	使用矿灯爆破
柴井	2345 采煤工作面	1999 年 3 月 27 日	17	放糊炮

（四）充足的氧含量

足够的氧含量是煤尘燃烧与爆炸的先决条件。实验证明，氧气浓度低于 12％～16％时，煤尘的燃烧速度就会大大下降，甚至会自动熄灭，不会引起爆炸，由此，说明了氧气含量的有效控制是破坏煤尘爆炸的重要途径之一。但是，是矿井实际应用当中，《煤矿安全规程》作出明确规定：采掘工作面的进风流中，氧气浓度不低于 20％（体积百分比）。这是为了保证作业人员正常工作而作出的具体规定措施。所以，在采掘工作面和其他有人作业的地方，一般不能考虑采用控制氧含量的办法来防止煤尘参与燃烧和爆炸。

课外拓展

为了更直观了解煤尘爆炸事故的危害性，表 10-2 列举了从 1949 年以来的矿井一次死亡 100 人以上的事故，共计 25 起，每一起事故都给矿井企业和安全工作者带来了血的教训。在这 25 起事故中，有煤尘参与的共有 11 起。由此可见，煤尘对矿井的危害十分严重、破坏力极大。为保证煤矿企业的安全生产，对煤尘进行有效防控就更加显得迫在眉睫。

表 10-2　　　　　　　　1949 年以来的一次死亡 100 人以上的事故

序号	时间	事故矿井名称	事故性质	死亡人数
1	1950.02.27	河南义马局宜洛矿老李沟井	瓦斯爆炸	187
2	1954.12.06	内蒙古包头大发煤矿	瓦斯爆炸	104
3	1960.05.09	山西大同局老白洞煤矿	煤尘爆炸	684
4	1960.05.14	四川江津专区同华煤矿	煤与瓦斯突出	125
5	1960.11.28	河南平顶山局龙山庙煤矿	瓦斯煤尘爆炸	187
6	1960.12.05	四川中梁山局南井	瓦斯爆炸	124
7	1961.03.16	辽宁抚顺局胜利矿	电气火灾	110

序号	时间	事故矿井名称	事故性质	死亡人数
8	1968.10.24	山东新汶华丰煤矿	煤尘爆炸	108
9	1969.04.04	山东新汶潘西煤矿	瓦斯煤尘爆炸	115
10	1975.05.11	陕西铜川焦坪煤矿前卫斜井	瓦斯煤尘爆炸	101
11	1977.02.24	江西丰城局坪湖煤矿	瓦斯爆炸	114
12	1981.12.24	河南平顶山局五矿	瓦斯煤尘爆炸	133
13	1991.04.21	山西洪洞县三交河煤矿	瓦斯煤尘爆炸	147
14	1996.11.27	山西大同郭家窑乡东村煤矿	瓦斯煤尘爆炸	114
15	2000.09.27	贵州水城局木冲沟煤矿	瓦斯煤尘爆炸	162
16	2002.06.20	黑龙江鸡西局城子河煤矿	瓦斯爆炸	124
17	2004.10.20	河南郑州煤业集团公司大平煤矿	瓦斯爆炸	148
18	2004.11.28	陕西铜川矿务局陈家山煤矿	瓦斯爆炸	166
19	2005.02.14	辽宁阜新矿业集团公司海州立井	瓦斯爆炸	214
20	2005.08.07	广东梅州市大兴煤矿	透水	123
21	2005.11.27	黑龙江七台河矿务局东风煤矿	煤尘爆炸	171
22	2005.12.07	河北唐山市刘官屯煤矿	瓦斯爆炸	108
23	2007.08.17	山东新泰市华源公司	透水	172
24	2007.12.05	山西洪洞县瑞之源煤矿	瓦斯爆炸	105
25	2009.11.21	黑龙江龙煤集团鹤岗分公司新兴煤矿	瓦斯爆炸	108

思考题

1. 简要论述煤尘爆炸检测技术的发展背景。
2. 概述煤尘爆炸的机理和特点分别是什么。
3. 思考煤尘爆炸有哪几个的必要条件。

第二节　煤尘爆炸的相关检测技术

【本节思维导图】

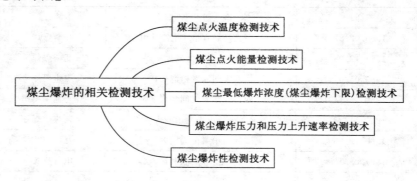

一、煤尘点火温度检测技术

煤尘点火温度的检测技术主要包括了煤尘云、煤尘层点火温度的检测技术。而煤尘云和煤尘层的点火温度都是在高德伯尔特-格润瓦尔德炉（简称为 G 炉）中进行测定的，该装置结构详见第八章第六节相关内容。

二、煤尘点火能量检测技术

衡量煤尘点火能量的一个重要指标叫做煤尘云最小点火能量，它也是衡量煤尘云爆炸敏感性的重要指标。通常用 Hartmanm 管测试装置测定煤尘云的最小点火能量，该装置结构详见第八章第六节内容。

必须注意，在最小点火能量测试中应确定一组最佳参数，以使煤尘浓度、煤尘粒度、喷尘压力和喷尘与电火花之间产生的延迟时间有一个合理的匹配关系。

最小点火能量与煤尘浓度有很大的关系，而每种煤尘都有一个最易点燃的浓度，所以在测量最小点火能量之前，应首先通过试验测定最佳煤尘浓度。

最小点火能量常用的计算方法有两种，一种比较粗糙的方法，即按下式计算

$$E = \frac{1}{2}CU^2 \tag{10-1}$$

式中　E——电火花能量；

　　　C——电容量；

　　　U——电极两端的电压。

此法忽略了电路中某些因素所造成的能量损失。另一种比较精确的方法是直接测出电极两端的电压和电流波形，然后以功率曲线对时间积分，求得放电火花的能量为

$$E = \int_0^t (UI - I^2R)\mathrm{d}t \tag{10-2}$$

式中　I——电极两端的电流；

　　　I^2R——放电回路电阻引起的功耗。

三、煤尘最低爆炸浓度（煤尘爆炸下限）检测技术

煤尘云悬浮在空气中达到一定的浓度是煤尘爆炸的必要条件之一。所谓煤尘最低爆炸浓度是指低于这个浓度之后，煤尘云就不能发生爆炸。煤尘最低爆炸浓度也叫做煤尘爆炸下限，爆炸下限浓度也是在 Hartmanm 管中进行测定的。测定时，将一定量的试验煤尘用蘑菇头喷嘴喷出的压缩空气将其吹起，使其均匀悬浮在整个管中，在喷尘后延迟零点几秒后由连续的电火花放电点火。点火与否的判据与上述点火温度测量相同，一般根据火焰是否充满容器来测定，也可以根据封在顶部的纸膜突然破裂来判别。煤尘在容器中虽然是不均匀的，但这种试验装置所测得的值和大规模试验所获得的结果几乎一致。

电火花放电点火，往往会干扰测量结果。前人的一些研究试验表明，火花放电往往会出现无尘区，因此，在爆炸下限测量中要注意点火装置的设计合理性。单纯的高压火花放电型装置，放电时会产生冲击波效应，形成局部无尘区，使下限浓度测量不准确，较好的一种设计方案是"高压击穿，低压续弧"，该方案设计有足够的能量释放时间，不致引起强烈的激波

干扰。

四、煤尘爆炸压力和压力上升速率检测技术

煤尘云的最大爆炸压力及压力上升速度也可用 Hartmanm 管测量,即在管顶部装一个压力传感器,记录爆炸压力随时间变化的过程,而最大压力上升速度则是以最大压力除以从点火到出现最大压力的时间得到。

大多数试验都是用压缩空气来分散煤尘,这导致空气引入过量,并产生湍流。不同的空气压力有不同的氧浓度,形成的爆炸压力和压力上升速度也不同。当湍流度不同时,燃烧速度不同,压力和压力上升速度也不同。因此,测量中应当保持完全一致的条件,结果才能相互比较。

五、煤尘爆炸性检测技术

对煤尘爆炸性鉴定检测技术而言,应严格依照《煤尘爆炸性鉴定规范》(AQ 1045—2007)进行检测。使用大管状煤尘爆炸性鉴定仪器进行煤尘爆炸性鉴定的内容已经在前文作了介绍,下面对煤尘爆炸性鉴定所需煤样的具体要求进行介绍。按照标准制备经机械破碎研磨而成的、粒度小于 0.075 mm(即 200 目)的煤样,称量 50～100 g 煤样放入干燥箱内进行干燥,干燥箱温度为 105～110 ℃,干燥时间为 50～60 min,然后打开干燥箱上侧孔,待温度自然降低至 40 ℃后,再将煤样取出并放到干燥皿内进一步干燥。这样就完成了煤尘爆炸性鉴定所需的煤样,这也是煤尘爆炸性检测的第一步。

使用制备好的煤样就可以进一步进行煤尘爆炸性鉴定与检测了。在进行煤尘爆炸性鉴定过程中,需要使用的仪器叫做煤尘爆炸性鉴定仪。目前国内外市场上用于科研性质的煤尘爆炸性鉴定仪器众多,包括大管状煤尘爆炸性鉴定装置、CJD-Ⅱ煤尘爆炸性鉴定仪、MCB-Ⅲ智能煤尘爆炸性鉴定装置等等。在这里,以 MCB-Ⅲ智能煤尘爆炸性鉴定装置为例进行介绍,图 10-2 为 MCB-Ⅲ智能煤尘爆炸性鉴定装置结构示意图。该装置由玻璃管体系统、喷尘系统、高温点火系统、高速摄像系统、自动清扫系统、支架系统、数据采集系统组成。其中,管体长 1.3 m,材质为透明石英玻璃,管壁上以 mm 为单位标有刻度,便于使用摄像系

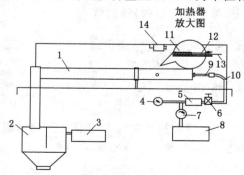

图 10-2　MCB-Ⅲ智能煤尘爆炸性鉴定装置

1——玻璃管;2——集尘仓;3——集尘器;4——压力表;5——气室;6——电磁阀;
7——调节阀;8——空气压缩机;9——试样管;10——弯管;11——铂丝;12——加热器瓷管;
13——热电偶;14——高速摄像机

统收集不同时刻的火焰长度。在喷尘方式上,当试样管中盛好煤尘后,用空气压缩机形成的高压空气将试样管中的煤尘携带进入玻璃管内形成煤尘云,并在高温铂丝的引燃作用下一同发生煤尘爆炸。

用煤尘爆炸性鉴定装置进行爆炸性检测时,每次称取 1 g 煤尘样品,轻轻敲击样品管夯实样品后装上样品管,一般情况下,待温度升至 1 100 ℃开始加压,压力升至 0.05 MPa 时开始喷粉并瞬间发生爆炸。还可通过摄像功能采集煤尘爆炸瞬间视频录像,通过观察慢放视频捕捉到的画面,可更精准地得出火焰长度数据。对于每种煤样,如果在 10 次鉴定试验中均未出现火焰,则该鉴定试样为"无煤尘爆炸性",若在前 5 次鉴定试验中有一次存在火焰长度大于 3 mm,则该鉴定试样为"有煤尘爆炸性"。此外,要选取 5 次试验中火焰最长的一次火焰长度作为该鉴定试样的火焰长度。

由此可见,煤尘爆炸火焰长度是衡量煤尘爆炸性强弱的重要指标,若经过检测后的煤尘爆炸性很强,则应该做出相应防控措施,预防煤尘爆炸事故的发生。另外,煤尘爆炸火焰长度作为煤尘爆炸后传播特性的重要参数,煤尘爆炸火焰长度越长,煤尘爆炸性相对越强,反之越弱。

课外拓展

当前国有煤矿中突出的安全问题有哪些?

1. 地质条件复杂

在国有重点煤矿中,地质构造复杂或极其复杂的煤矿占 36%,地质构造简单的煤矿占 23%。据调查,大中型煤矿平均开采深度 456 m,采深大于 600 m 的矿井产量占 28.5%。小煤矿平均采深 196 m,采深超过 300 m 的矿井产量占 14.5%。

2. 瓦斯灾害

国有重点煤矿中,高瓦斯矿井占 21.0%;突出矿井占 21.3%;低瓦斯矿井占 57.7%。地方国有煤矿和乡镇煤矿中,突出矿井占 15%。随着开采深度的增加,瓦斯涌出量的增大,高瓦斯和突出矿井的比例还会增加。

3. 水害

中国煤矿水文地质条件较为复杂。国有重点煤矿中,水文地质条件属于复杂或极复杂的矿井占 27%,属于简单的矿井占 34%。地方国有煤矿和乡镇煤矿中,水文地质条件属于复杂或极复杂的矿井占 8.5%。中国煤矿水害普遍存在,大中型煤矿有 500 多个工作面受水害威胁。在近 2 万处小煤矿中,有突水危险的矿井 900 多处,占总数的 4.6%。

4. 自然发火危害

中国具有自然发火危险的煤矿所占比例大、覆盖面广。大中型煤矿中,自然发火危险程度严重或较严重(Ⅰ、Ⅱ、Ⅲ、Ⅳ级)的煤矿占 72.9%。国有重点煤矿中,具有自然发火危险的矿井占 47.3%。小煤矿中,具有自然发火危险的矿井占 85.3%。由于煤层自燃,中国每年损失煤炭资源 2 亿 t 左右。

5. 煤尘灾害

中国煤矿具有煤尘爆炸危险的矿井普遍存在。全国煤矿中,具有煤尘爆炸危险的矿井占煤矿总数的 60% 以上,煤尘爆炸指数在 45% 以上的煤矿占 16.3%。国有重点煤矿中具有煤尘爆炸危险性的煤矿占 87.4%,其中具有强爆炸性的占 60% 以上。

6. 顶板灾害

中国煤矿顶板条件差异较大。多数大中型煤矿顶板属于Ⅱ类（局部不平）、Ⅲ类（裂隙比较发育），Ⅰ类（平整）顶板约占11%，Ⅳ类、Ⅴ类（破碎、松软）顶板约占5%。

7. 冲击地压

中国是世界上除德国、波兰以外煤矿冲击地压危害最严重的国家之一。大中型煤矿中具有冲击地压危险的煤矿占5.16%。随着开采深度的增加，现有冲击地压矿井的冲击频率和强度在不断增加，还有少数无明显冲击地压的矿井也将逐渐显现出来。

8. 热害

热害已成为中国矿井的新灾害。国有重点煤矿中有70多处矿井采掘工作面温度超过26℃，其中30多处矿井采掘工作面温度超过30℃，最高达37℃。随着开采深度的增加，矿井热害日趋严重，已经逐渐成为煤矿企业中重要的安全问题。

思考题

1. 煤尘爆炸点火温度和点火能量有什么不同？分别使用什么仪器进行测试？
2. 简要叙述20 L煤尘爆炸试验装置的结构。
3. 衡量煤尘爆炸性强弱的重要指标是什么？

第三节　煤尘爆炸性影响参数的检测技术

【本节思维导图】

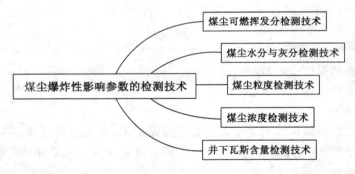

一、煤尘可燃挥发分检测技术

可燃挥发分是煤的工业分析指标之一，挥发分是指煤样在规定条件下，隔绝空气加热，并进行水分校正后的质量损失。煤尘的可燃挥发分是煤尘爆炸性的重要影响因素。对于可燃挥发分的测定，需要严格依照《GB/T212—2008煤的工业分析方法》规定要求，所用仪器为煤的工业分析仪，所使用的煤样粒径为0.2 mm。

一般情况下，挥发分越高，煤尘越容易发生爆炸，爆炸的强度也越高。煤尘中挥发分主要取决于煤的变质程度。变质程度越低，挥发分含量越高；变质程度越高，挥发含量就越低。我国各种牌号的煤尘挥发含量依次增高的顺序为无烟煤、贫煤、焦煤、肥煤、气煤、长焰煤和褐煤，具体参见表10-3。

表 10-3　　　　　　　　　　　　　　不同煤质的挥发分含量

类别	无烟煤	贫煤	瘦煤	焦煤	肥煤	气煤	长焰煤	褐煤
挥发分含量/%	0~10	10~20	14~20	14~30	>26	>30	>37	>40

另外,还常用可燃挥发分指数(V_{daf})(又称为煤尘爆炸指数)作为判断煤尘爆炸强弱的一个指标,其计算式如下

$$V_{daf} = \frac{100V_f}{100 - A_g - W_f} \qquad (10-3)$$

式中　V_{daf}——煤尘爆炸指数,%;

　　　V_f——分析煤样的挥发分,%;

　　　A_g——分析煤样的灰分,%;

　　　W_f——分析煤样的水分,%。

可燃挥发分指数越高,煤尘的爆炸性越强,煤尘的爆炸下限也越低,其变化规律如表 10-4 所列。

表 10-4　　　　　　　　　　　　可燃挥发分指数与爆炸性的关系

可燃挥发分指数/%	<10	10~15	15~28	>28
爆炸性	一般不爆炸	较弱	较强	强烈

应该注意,此方法仅仅用来判断煤尘爆炸的强弱,不能以此作为判断煤尘是否爆炸的根据。这是因为煤的成分很复杂,影响煤尘爆炸的因素也很多,同一类煤的挥发分成分和含量也不一样。有的煤尘可燃挥发分指数虽高于 10%,却无爆炸危险。例如,四川松藻二井煤尘可燃挥发分指数为 12.92%,但该井煤尘经试验确定为无爆炸危险的煤尘。有的煤尘可燃挥发分指数虽低于 10%,却具有爆炸危险。例如,萍乡矿务局青山煤矿煤尘可燃挥发分指数为 9.05%,但该矿煤尘经试验确定为有爆炸危险的煤尘。

二、煤尘水分与灰分检测技术

煤尘的水分与灰分均是煤的工业分析指标,可以使用工业分析仪对其进行试验检测。其中,水分是指在一定条件下,煤样与周围空气湿度达到平衡时失去的水分。灰分是指煤样在规定条件下,完全燃烧后所得的残留物。

煤尘中的水分对尘粒起着黏结作用,使颗粒变大,从而降低了煤尘的飞扬能力。同时,水分起着吸热降温的作用,降低了煤尘的燃烧和爆炸性,因此,煤尘的水分只是在煤尘起爆时有抑制作用。煤尘爆炸一旦发生,煤尘本身的水分所起的抑制而减弱煤尘爆炸的作用就显得微不足道了。根据试验,即使含水分 25% 的煤尘,其湿润程度已呈稠泥状,它仍能参与强烈的爆炸。

煤尘中的灰分是不可燃烧物质,灰分能吸收热量起到降温阻燃的作用,并能阻止煤尘飞扬,使其迅速沉降,以及对煤尘爆炸的传播起到隔爆作用。煤尘中的灰分对煤尘爆炸性的影响见表 10-5。煤的天然灰分和水分都很低,降低煤尘爆炸性的作用不显著,只有人为地掺入灰分(撒岩粉)或水分(洒水)才能防止煤尘的爆炸。

表 10-5   灰分对煤尘爆炸性影响

煤尘的灰分/%	<20	30~40	60~70
对煤尘爆炸性的影响	影响不大	显著减弱	失去爆炸性

三、煤尘粒度检测技术

煤尘粒度对爆炸性的影响作用极大。粒径 1 mm 以下的煤尘粒子都可能会参与爆炸，而且爆炸的危险性随粒度的减小呈现出迅速增加的趋势。75 μm 以下的煤尘特别是 30~75 μm 的煤尘爆炸性最强，因为单位质量煤尘的粒度越小，总表面积及表面能越大。粒径小于 10 μm 后，煤尘爆炸性增强的趋势变得平缓。煤尘粒度对爆炸压力（最大压力与最大压力上升速率）也有明显的影响。

煤炭科学研究院重庆分院的试验结果表明：在同一煤种不同粒度条件下，爆炸压力随粒度的减小而增高，爆炸范围也随之扩大，即爆炸性增强，粒度不同的煤尘引燃温度也不相同。煤尘粒度越小，所需引燃温度越低，且火焰传播速度也越快。

经进一步检测分析表明：粒径小于 100 μm 的煤尘都能参与爆炸，而粒径小于 75 μm 的煤尘是爆炸的主体。但是，粒径小于 30 μm 的煤尘，其爆炸性增强的趋势较平缓，当粒径小于 10 μm 时，煤尘爆炸呈现出减弱趋势，这是因为过细的煤尘极易在空气中迅速被氧化成灰烬，因此，对爆炸的发生起不到促进的作用。

煤尘粒度也可以通过煤尘分散程度体现，煤尘分散度的检测仪器可以使用粉尘形貌分析仪。煤尘分散度指煤尘中不同粒径颗粒的数量或质量分布的百分比，通常采用数量分布百分比表示。一般情况下，煤尘分散度越高，粒径越小，接触空气的表面积越大，煤尘对空气分子的吸收性就越强，就越容易受热和氧化，也加快了煤尘释放可燃气体的速度。

四、煤尘浓度检测技术

煤尘浓度包括呼吸性煤尘浓度和总煤尘浓度。对于呼吸性煤尘浓度检测而言，其检测原理是通过采样器上的预分离器，分离出的呼吸性粉尘颗粒，采集在已知质量的滤膜上，由采样后的滤膜增量和采气量，计算出空气中呼吸性粉尘的浓度。对于总煤尘浓度而言，其检测原理是用已知质量的滤膜采集煤尘，由滤膜的增量和采气量，进一步计算出空气中总粉尘的浓度。

煤尘的浓度是决定煤尘由燃烧能否转为爆炸以及爆炸性强弱的重要条件。其规律如下：超过 30~45 g/m³（煤尘爆炸的下限浓度），则随着煤尘浓度增加，爆炸强度也增大；而当浓度达 300~400 g/m³（煤尘爆炸威力最强的浓度）时，则随着煤尘浓度增加，爆炸强度将减弱；当煤尘浓度超过 1 500~2 000 g/m³（爆炸的上限浓度）时，就不会发生爆炸。

根据煤尘在空气中完全燃烧反应式：$C+O_2=CO_2$，可知 12 g 的碳与 32 g 的氧为完全反应，1 m³ 空气含氧量为 1 293 g/m³×23%=297.39 g/m³，煤尘在空气中爆炸反应最强含量为 32：297.39=12：X，即 $X=112$ g/m³。而据试验测定，空气中煤尘含量为 300~400 g/m³ 时爆炸威力最强。

五、井下瓦斯含量检测技术

井下瓦斯的参与会使煤尘爆炸下限明显降低，经研究发现：模拟瓦斯爆炸场景，随着瓦斯浓度的增高,煤尘爆炸浓度下限急剧下降。这一点说明:在有瓦斯煤尘爆炸危险的矿井,更应该对爆炸事故高度重视。一方面来讲,煤尘爆炸往往是由瓦斯爆炸引起的;另一方面,有煤尘参与时,小规模的瓦斯爆炸极有可能演变为大规模的爆尘瓦斯爆炸事故,造成严重的恶性重大安全事故。

为进一步具体说明井下空气中瓦斯的存在对煤尘爆炸下限浓度的影响作用,即当瓦斯浓度越高,煤尘爆炸的下限浓度就越低,表 10-6 给出了瓦斯浓度与煤尘爆炸下限的关系。

表 10-6 　　　　　　　　　　　　　瓦斯浓度与煤尘爆炸下限的关系

空气中的瓦斯浓度/%	0.5	1.0	1.5	2.0	2.5	3.0
煤尘爆炸下限浓度/(g/m³)	35	28	22	16	10	6

辽宁省煤矿研究所曾对不同挥发分含量的煤尘试样分别在不同瓦斯浓度下进行爆炸试验,其结果如图 10-3 所示。表明:曲线 1、2、3、4 指的是挥发分较高的煤尘,在没有瓦斯存在的条件下也能够单独爆炸;而曲线 5、6、7、8 指的是中等挥发分含量的煤尘,单独不易爆炸,只有在瓦斯浓度达到一定数值时才能爆炸。由此可以看出,尽管煤尘的挥发分含量不同,但瓦斯的存在也可使煤尘爆炸下限降低。

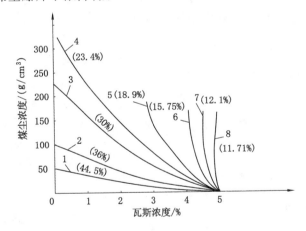

图 10-3　瓦斯浓度对煤尘爆炸性的影响

六、其他影响因素

任何一种有爆炸性的煤尘,若能够发生爆炸,环境温度必须达到或超过最低点燃温度。引爆热源的温度越高,能量越大,就越容易引爆煤尘,且初始爆炸强度也越大;反之,温度越低,能量越小,则引燃煤尘的可能性也就越小,即使能引起爆炸,其威力也不大。此外,煤尘爆炸的空间状况对煤尘爆炸的强烈程度也有很大的影响。例如,爆炸空间的形状和容积的大小,空间的长短和断面积大小及其变化情况,空间内有无障碍物,通道中间有无拐弯等,都对爆炸的发展有一定的影响。

课外拓展

井下防尘措施的制定与煤尘爆炸性影响参数是密切相关的。针对相应的影响参数,切实有效地展开防尘工作,对井下煤尘防爆是十分重要的。目前,使用比较广泛的井下防尘措施有以下 8 个:

(1) 煤层注水;

(2) 湿式打眼和使用水炮泥;

(3) 采掘机械喷雾降尘;

(4) 运输巷道和转载巷道喷雾;

(5) 水幕净化;

(6) 对井下巷道清扫、冲刷;

(7) 通风除尘;

(8) 个体防护。

思考题

1. 简述如何根据煤尘可燃挥发分指数对煤尘爆炸性进行分级。

2. 简要叙述煤尘水分、灰分、挥发分分别对煤尘爆炸的影响。

3. 分析瓦斯的存在对煤尘爆炸下限浓度的影响原因。

参 考 文 献

[1] 陈海群,王凯全.安全检测与控制技术[M].北京:中国石化出版社,2008.

[2] 陈衡,侯善敬.电力设备故障红外诊断[M].北京:中国电力出版社,1999.

[3] 程玉兰.红外诊断现场使用技术[M].北京:机械工业出版社,2002.

[4] 董文庚,刘庆洲,高增明.安全检测原理与技术[M].北京:海洋出版社,2004.

[5] 董文庚,刘庆洲,苏昭桂.安全检测技术与仪表[M].北京:煤炭工业出版社,2007.

[6] 董文庚.安全检测与监控[M].北京:中国劳动社会保障出版社,2011.

[7] 傅贵,秦跃平,杨伟民,等.矿井通风系统分析与优化[M].北京:机械工业出版社,1995.

[8] 高洪亮.安全检测监控技术[M].北京:中国劳动社会保障出版社,2009.

[9] 国家安全生产监督管理总局,国家煤矿安全监察局.煤矿安全规程[M].北京:煤炭工业出版社,2016.

[10] 侯国章.测试与传感技术[M].哈尔滨:哈尔滨工业大学出版社,1998.

[11] 淮南煤炭学院通风安全教研室.矿井通风技术测定及其应用[M].北京:煤炭工业出版社,1980.

[12] 黄仁东,刘敦文.安全检测技术[M].北京:化学工业出版社,2006.

[13] 黄元平.矿井通风[M].徐州:中国矿业大学出版社,1986.

[14] 贾伯年,俞朴.传感器技术[M].南京:东南大学出版社,1992.

[15] 李雨成.矿井粉尘防治理论及技术[M].北京:煤炭工业出版社,2015.

[16] 刘君华.现代检测技术与测试系统设计[M].西安:西安交通大学出版社,1999.

[17] 刘君华.智能传感器系统[M].西安:西安电子科技大学出版社,1999.

[18] 沈庆根,郑水英.设备故障诊断[M].北京:化学工业出版社,2006.

[19] 施德恒,刘新建,许启富.利用红外光谱吸收原理的 CO 浓度测量装置研究[J].光学技术,2001,27(1):91-94.

[20] 王德明.矿井通风与安全[M].徐州:中国矿业大学出版社,2007.

[21] 王家桢,王俊杰.传感器与变送器[M].北京:清华大学出版社,1996.

[22] 吴正毅.测试技术与测试信号处理[M].北京:清华大学出版社,1991.

[23] 张国枢.通风安全学[M].2 版.徐州:中国矿业大学出版社,2011.

[24] 张建民.传感器与检测技术[M].北京:机械工业出版社,1997.

[25] 张乃禄.安全检测技术[M].2 版.西安:西安电子科技大学出版社,2012.

[26] 赵汝林.安全检测技术[M].天津:天津大学出版社,1999.